Globalisierung und Internationales Finanzmanagement

Martin Bösch

Globalisierung und Internationales Finanzmanagement

Umfeld, Investition, Finanzierung und Risikomanagement

1. Auflage

Schäffer-Poeschel Verlag Stuttgart

Bibliografische Information der Deutschen Nationalbibliothek

Die Deutsche Nationalbibliothek verzeichnet diese Publikation in der Deutschen Nationalbibliografie; detaillierte bibliografische Daten sind im Internet über http://dnb.dnb.de abrufbar.

Print: ISBN 978-3-7910-4533-7 Bestell-Nr. 12006-0001
ePub: ISBN 978-3-7910-4535-1 Bestell-Nr. 12006-0150
ePDF: ISBN 978-3-7910-4534-4 Bestell-Nr. 12006-0100

Martin Bösch
Globalisierung und Internationales Finanzmanagement
1. Auflage, August 2019

www.schaeffer-poeschel.de
service@schaeffer-poeschel.de

Produktmanagement: Frank Katzenmayer

Vorwort

Im Jahr 2018 exportierten deutsche Unternehmen Waren und Dienstleistungen im Wert von 1.316 Mrd. Euro, fast die Hälfte des Bruttoinlandsprodukts Deutschlands. Darüber hinaus waren über sieben Millionen Menschen in mehr als 35.000 ausländischen Tochtergesellschaften von deutschen Firmen beschäftigt. Die hohe weltwirtschaftliche Verflechtung deutscher Unternehmen verleiht betriebswirtschaftlichen Fragestellungen mit internationalem Bezug eine hohe praktische Relevanz. Deshalb ist das weite Angebot deutschsprachiger Literatur zu den verschiedenen Aspekten der internationalen Betriebswirtschaft nicht überraschend, sei es im Marketing, im Personalmanagement, beim Organisationsmanagement, im Steuermanagement oder bei strategischen Fragestellungen. Eine erstaunliche Ausnahme bildet jedoch die Finanzwirtschaft. Während es im englischsprachigen Raum viele Lehrbücher zur internationalen Finanzwirtschaft gibt, sind deutsche Lehrbücher hierzu die Ausnahme. Das vorliegende Buch will helfen, diese Lücke zu verkleinern.

Der Untertitel des Buchs gibt das Programm vor:

Umfeld

Die grundsätzlichen finanzwirtschaftlichen Fragestellungen sind unabhängig vom Internationalisierungsgrad eines Unternehmens, doch die Rahmenbedingungen für unternehmerisches Handeln ändern sich stark mit ihrer internationalen Ausrichtung. Abschnitt I hat diese veränderten Rahmenbedingungen und die sich daraus ergebenden strategischen und operativen Herausforderungen zum Thema. Dieser skizziert darüber hinaus die Entwicklung und das Ausmaß der Globalisierung sowie die Faktoren, die die Globalisierung immer weiter vorantreiben.

Abschnitt II beschreibt die aktuellen Währungssysteme und analysiert den Zusammenhang zwischen Zahlungsbilanzungleichgewichten und Devisenmarktreaktionen. Dabei wird ein besonderes Augenmerk auf die Vorgänge im Euroraum gelegt.

Ein weiteres Thema ist der Zusammenhang zwischen Zins, Inflation und Wechselkursentwicklung, weil gerade bei grenzüberschreitenden Investitionen der Erfolg maßgeblich von der Entwicklung dieser Größen abhängt und die richtige Beurteilung einer Auslandsinvestition das Wissen um diese zentralen Zusammenhänge voraussetzt.

Mehrere Kapitel in Abschnitt II stellen den Devisenmarkt dar, beginnend von den Teilnehmern, den »Spielregeln« bis hin zu den Devisenmarktprodukten. Klassische Kassamarktprodukte finden sich dort ebenso wie alle Varianten von Terminprodukten, seien es Forwards, Währungsoptionen oder Währungsswaps. Mit den Instrumenten werden bereits erste Einsatzmöglichkeiten aufgezeigt, wie sich Unternehmen gegen Währungsrisiken absichern können.

Investition und Finanzierung
Bei grenzüberschreitenden Investitions- und Finanzierungsentscheidungen sind stets mindestens zwei Länder involviert, die sich in ihrem Steuersystem unterscheiden. Da aus Unternehmersicht nur die Nachsteuerrendite einer Investition und die Finanzierungskosten nach Steuern entscheidungsrelevant sind, beginnt Abschnitt III mit einem Kapitel zum internationalen Steuerrecht. Dabei werden nicht nur Grundbegriffe und Grundkonzepte erläutert, sondern auch Ansatzpunkte aufgezeigt, mit welchen Maßnahmen und mit welchen Tricks sich internationale Unternehmen einer gerechten Besteuerung entziehen.

Auslandsinvestitionen werden generell mit demselben methodischen Ansatz beurteilt wie inländische Investitionsprojekte. Grenzüberschreitende Investitionen weisen aber eine Reihe von Besonderheiten auf, die zwingend in der Kalkulation berücksichtigt werden müssen, um eine richtige Entscheidung treffen zu können. Am Beispiel eines Investitionsprojekts in Brasilien wird das Vorgehen ausführlich illustriert und die vorgestellten theoretischen Beurteilungskonzepte numerisch dargestellt und interpretiert.

Kapitel 19 zeigt, dass die Finanzierungsstruktur der Tochtergesellschaft irrelevant für den angestrebten Verschuldungsgrad innerhalb eines Gesamtkonzerns ist. Die Muttergesellschaft kann daher die Kapitalstruktur ihrer Tochtergesellschaften im Rahmen der lokalen rechtlichen Vorschriften nach Belieben festlegen und sich dabei ausschließlich an wirtschaftlichen Kriterien orientieren. Dabei stehen die Reduktion von Länder- und Währungsrisiken und die Vermeidung von Steuerzahlungen auf Konzernebene an oberster Stelle. Ergänzt wird das Kapitel mit Überlegungen, ob und inwieweit die Internationalisierung Einfluss auf die Finanzierungskosten eines Konzerns hat.

Risiko- und Steuerungsmanagement
Das Risikomanagement und die finanzwirtschaftliche Steuerung von internationalen Konzernen werden themenbezogen einzelnen Kapiteln im Buch zugeordnet. Den Schwerpunkt bildet dabei Abschnitt III, der das Management von Währungsrisiken und politischen Risiken zum Inhalt hat. Zunächst werden die verschiedenen Ausprägungen und Erscheinungsformen von Währungsrisiken dargestellt. Währungsrisiken, die sich aus einzelnen Fremdwährungstransaktionen ergeben, haben einen völlig anderen Charakter wie Änderungen der unternehmerischen Wettbewerbsfähigkeit als Folge von Wechselkursverschiebungen. Das Währungsrisikomanagement eines Betriebs muss daher die Quellen und Ursachen ihres Währungsrisikos genau verstehen und quantifizieren, bevor sie passende Instrumente zur Absicherung einsetzen kann.

Unternehmen, die im Ausland mit Niederlassungen oder Tochtergesellschaften vertreten sind, unterliegen politischen Risiken, da sie sich im Rechtsraum des Gastlands bewegen. Da wirtschaftliches Handeln nur im vorgegebenen Rechts- und Politikrahmen souveräner Staaten stattfinden kann, spielt die Beurteilung dieses Rahmens eine wichtige Rolle in der Entscheidungsfindung, wo investiert wird und wie die Marktbearbeitung erfolgt. Unternehmen verfügen dabei über ein breites Handlungsspektrum, um firmenspezifische politische Risiken und Länderrisiken zu managen.

Abschnitt IV greift Fragen des Finanz- und Außenhandelsmanagements auf. Neben den klassischen Fragen der Finanz- und Liquiditätssteuerung werden dort auch die Besonderheiten im Cash-Management von internationalen Konzernen aufgegriffen, sei es das konzerninterne Netting oder auch ein länder- und währungsübergreifendes zentrales Cash-Management.

Gerade für deutsche Unternehmen spielen Fragen des Außenhandels und der Außenhandelsfinanzierung eine besondere Rolle, werden doch über 40 % aller in Deutschland produzierten Waren und Dienstleistungen exportiert. Das Buch greift dieses wichtige Thema in einem eigenen Kapitel auf und stellt die gängigen Instrumente des dokumentären Zahlungsverkehrs sowie die kurz- und langfristigen Instrumente in der Außenhandelsfinanzierung vor. Darüber hinaus werden auch die privaten und staatlichen Organisationen vorgestellt, die hierbei Unterstützung anbieten.

Das Buchprojekt hatte viele Helfer. Ich möchte mich bei meinen Kollegen Helmut Assfalg, Notger Carl, Helmut Geyer, Hans Klaus und Matthias Stoetzer für ihre Unterstützung und Diskussionsfreude bedanken. Wertvolle Aspekte steuerten die Studenten in meinen Kursen bei. Bei der Durchsicht des Manuskripts standen mir Laura Yunussov und Marten Schwinge hilfreich zur Seite. Last but not least, geht mein besonderer Dank an Frank Katzenmayer und Adelheid Fleischer für die professionelle Unterstützung.

Da ich trotz aller Helfer und Sorgfalt davon ausgehen muss, dass der ein oder andere Fehler unentdeckt geblieben ist, möchte ich mich schon im Voraus bei den Lesern bedanken, die sich die Mühe machen, mir ihren Fund an meine E-Mail-Adresse martin.boesch@eah-jena.de zu melden.

Hinweis zum Arbeiten mit dem Buch
Die Abschnitte I bis V können unabhängig voneinander gelesen und bearbeitet werden. Sie bauen nicht aufeinander auf. Dies gilt grundsätzlich auch für alle 21 Kapitel des Buchs. Die einzige Ausnahme bilden die umfangreichen Kapitel 18 (Investition) und 19 (Finanzierung). Hier wird empfohlen, zumindest das Kapitel 17.1 zur internationalen Gewinnbesteuerung als Vorbereitung zu lesen, da dieses Thema bei grenzüberschreitenden Investitionen eine Rolle spielt.

Martin Bösch — Jena, Juli 2019

Inhaltsverzeichnis

Abkürzungsverzeichnis

AFA	Abschreibungen
AG	Aktiengesellschaft
AktG	Aktiengesetz
c.p.	Ceteris paribus (unter sonst gleichen Umständen)
EBIT	Earnings before Interest and Taxes
EBIT(1-t)	Operatives Ergebnis nach Steuern (NOPAT)
EK	Buchwert des Eigenkapitals
EK^M	Marktwert des Eigenkapitals
FK	Buchwert des Fremdkapitals
FK^M	Marktwert des Fremdkapitals
FMH	Finanzmittelherkunft
FMV	Finanzmittelverwendung
g	Wachstumsrate
GK	Gesamtkapital
GmbHG	GmbH-Gesetz
HGB	Handelsgesetzbuch
i	Fremdkapitalzinsen
IAS	International Accounting Standards
JÜ	Gewinn im Sinne des Jahresüberschusses
k(VG)	Eigenkapitalkosten bei Mischfinanzierung
k_0	Eigenkapitalkosten bei reiner EK-Finanzierung
KSt	Körperschaftsteuern
L	Liquidität
LuL	Lieferungen und Leistungen
NCFI	Netto-Cashflow einer Investition
NOPAT	Net Operating Profit after Taxes
OCF	Operativer Cashflow
OCF*	OCF inklusive Zinsaufwand
$\hat{P}$	Preisänderung in %

r	Nominalzinssatz
RST	Rückstellungen
SA	Standardabweichung
ß	Beta eines Unternehmens
t	Steuersatz
U.S. GAAP	U.S. Generally Accepted Accounting Principles
UV	Umlaufvermögen
VG	Verschuldungsgrad
$\hat{W}$	Wechselkursänderung in Prozent
W(Euro)	Wechselkurs mit Basiswährung Euro
WC	Nicht monetäres Working Capital
Z	Regelmäßige Zahlung, Annuität
Z_t	Ein- oder Auszahlung zum Zeitpunkt t
Δx	Veränderung einer Größe x $(x_1 - x_0)$
ZCM	Zentrales Cash-Management

I Globales finanzwirtschaftliches Umfeld

LERNZIELE

- Was unterscheidet einen international ausgerichteten Konzern von einem rein national ausgerichteten Unternehmen?
- Welche Rahmenbedingungen ändern sich für Unternehmen durch ihre Internationalisierung?
- Welche Motive treiben Unternehmen an, eine Internationalisierungsstrategie zu wählen, und welche veränderten strategischen Fragestellungen ergeben sich dadurch?
- Welche Markteintrittsformen für ausländische Märkte stehen Unternehmen zur Verfügung, was sind deren spezifische Vor- und Nachteile und nach welchen Kriterien soll ein Unternehmen eine Entscheidung treffen?
- Was sind die Antriebskräfte für Internationalisierung und Globalisierung? Welche Rolle spielen dabei grenzüberschreitende konzerninterne Produktionsketten und Freihandelsabkommen?
- Wie haben sich Welthandel und grenzüberschreitenden Direktinvestitionen seit Beginn der Globalisierungswelle entwickelt und welche Länder spielen dabei eine herausragende Rolle?
- Wie ist die spezifische Faktenlage für Deutschland und deutsche Unternehmen hinsichtlich Handel und physischer Präsenz im Ausland?
- Wer profitiert von der Globalisierung und ist Globalisierung gut?

1 Das Bühnenbild des internationalen Finanzmanagements

1.1 Identische Grundfragen

Fast alle Entscheidungen von Unternehmen haben finanzielle Auswirkungen, egal, ob neue Investitionsprojekte geplant werden, ob das Unternehmen seinen Marktanteil erhöhen will oder ob ein neues Marketingkonzept umgesetzt werden soll. Dabei spielt es keine Rolle, ob es sich um ein börsennotiertes Unternehmen mit Hunderttausenden von Aktionären und Mitarbeitern handelt, wie etwa die Siemens AG, um einen kleinen oder mittelständischen Betrieb oder um ein öffentlich-rechtliches Unternehmen. Die dabei zu lösenden klassischen finanzwirtschaftlichen Fragen unterscheiden sich zunächst nicht zwischen rein national ausgerichteten Unternehmen oder international tätigen Konzernen.

1. Investitionsfrage:
   Welche Investitionen sollen nach welchen Kriterien vorgenommen werden, um in Zukunft weiterhin erfolgreich zu sein? Wie soll ein Unternehmen zwischen alternativen Investitionsprojekten eine Wahl treffen? Wie wirkt sich die Umsetzung eines Investitionsprojekts auf den Wert des Unternehmens aus?
2. Finanzierungsfrage:
   Wie können und wie sollen diese Investitionen finanziert werden? Mit Eigenkapital, über den betrieblichen Umsatzprozess oder durch Fremdkapital? Soll die Finanzierung über Banken oder über den Kapitalmarkt erfolgen? Wie hoch sind die Finanzierungskosten, die Vor- und Nachteile der verfügbaren Finanzierungsquellen?
3. Eigenkapital- und Wertfrage:
   Was soll mit dem erwirtschafteten Gewinn erfolgen? In welcher Form kann und soll er an die Eigentümer ausgeschüttet werden? Wie viel Eigenkapital benötigt ein Unternehmen? Wie hoch sind die Eigenkapitalkosten und welche Faktoren bestimmen ihre Höhe?
4. Planung und Steuerungsfrage:
   Wie kann man das Unternehmen unter finanzwirtschaftlichen Aspekten am besten steuern? Wie erfolgen die Finanzplanung und das Liquiditätsmanagement?

Diese vier Kernfragen der Finanzwirtschaft sind für national ausgerichtete Unternehmen genauso zu beantworten wie für jeden multinationalen Konzern. Der zentrale Unterschied besteht allerdings darin, dass sich die Rahmenbedingungen für das unternehmerische Handeln ändern, sich erhöhte Chancen und Risiken ergeben und zusätzliche strategische Fragestellungen entstehen. Beginnen wir mit den veränderten Stakeholderstrukturen.

1.2 Veränderte Stakeholderstrukturen

Unternehmen können auf vielfältige Weise mit dem Ausland verbunden sein. Betrachten wir hierzu Abbildung 1.1. Im unteren Bereich zeigt sie die nationalen Interessengruppen

(Stakeholder) eines Unternehmens. Sofern keine Stakeholder aus dem Ausland existieren, handelt es sich um ein rein national ausgerichtetes Unternehmen. Dieser Fall ist allerdings sehr selten. Viele Unternehmen beliefern nämlich von ihrem Heimatmarkt aus über Exporte auch ausländische Kunden oder sie beziehen Vorprodukte und Vorleistungen aus dem Ausland.

Das inländische Unternehmen kann auch ausländische Anteilseigner haben oder es hat einen Kredit im Ausland aufgenommen. Üblicherweise tritt dieser Fall aber erst dann ein, wenn ein Unternehmen über seine Kunden und Zulieferer im Ausland bereits einen gewissen Bekanntheitsgrad erreicht hat. Im Folgenden werden wir immer dann von einem internationalen Unternehmen sprechen, wenn ein signifikanter Teil der Zulieferer oder Kunden aus dem Ausland stammt. Das konstituierende Merkmal »Zulieferer und Kunde« wird in der Abbildung 1.1 deshalb grau unterlegt. Wie hoch der prozentuale Auslandsanteil mindestens sein sollte, um von einem internationalen Unternehmen sprechen zu können, ist akademischer Natur und ohne weitere praktische Relevanz.

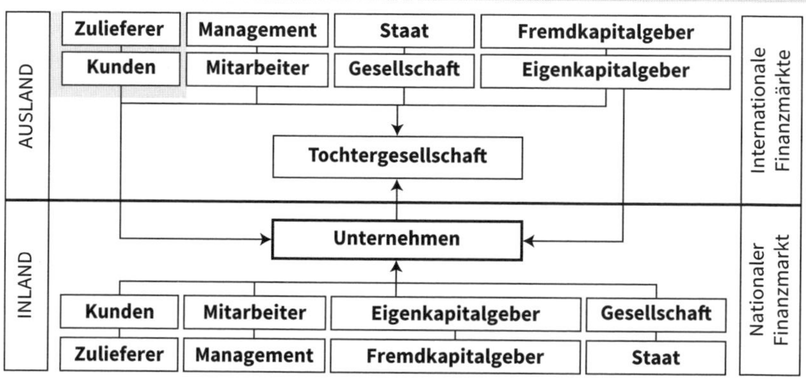

Abb. 1.1: Stakeholder eines internationalen Unternehmens (Quelle: Eigene Darstellung)

Unternehmen können nicht nur über Exporte ausländische Märkte bedienen, sondern auch durch die Gründung von Tochtergesellschaften im Ausland.

Info

Eine Tochtergesellschaft ist ein rechtlich eigenständiges, aber wirtschaftlich unselbstständiges Unternehmen, das von der Muttergesellschaft kontrolliert wird. Eine Niederlassung hingegen ist lediglich ein Standort eines Unternehmens, von dem aus wirtschaftliches Handeln erfolgt, der allerdings keine eigene juristische Einheit darstellt.

Die Tochtergesellschaft bedient vor Ort Kunden und greift auf lokale Zulieferer zurück. Sie hat Mitarbeiter und ein Management, das die Tochtergesellschaft vor Ort leitet. Da die Tochtergesellschaft ihren Sitz im Ausland hat, sind nun auch staatliche Organisationen, Steuerbehörden und gesellschaftliche Gruppen Bestandteil der Stakeholder. Die Finanzierung der Tochtergesellschaft kann über das Mutterunternehmen erfolgen, doch häufig wird die Tochtergesellschaft zumindest teilweise über den Banken- und Kapitalmarkt im Ausland mit Fremdkapital ausgestattet. Das Mutterunternehmen ist Eigentümer der Tochtergesellschaft, doch finden sich auch Konstellationen, bei denen sich ausländische Eigenkapitalgeber an der Tochter beteiligen.

Ein Unternehmen mit ausländischen Tochtergesellschaften ist sicherlich ein internationales Unternehmen, weil es das konstituierende Merkmal Kunden und Zulieferer im Ausland ausweist. Doch ist das Spektrum der Internationalisierung nun offenkundig größer als Unternehmen, die »nur« über Kunden und Zulieferer international ausgerichtet sind. In der Literatur werden Unternehmen mit Tochtergesellschaften im Ausland »multinationale Unternehmen« genannt, wenngleich die Sprachregelung nicht einheitlich ist. Multinationale Unternehmen sind typischerweise in mehreren Ländern mit eigenen Niederlassungen und Tochtergesellschaften vertreten. Häufig handelt es sich um große börsennotierte Konzerne mit internationalen Eigenkapital- und Fremdkapitalgebern. Das konstituierende Wesensmerkmal ist die Produktion von Gütern und Dienstleistungen in verschiedenen Ländern vor Ort. In Kutschker/Schmid finden Sie eine ausführliche Darstellung der historischen Suche nach einer »richtigen« Definition (siehe Kutschker/Schmid, 2012, S. 244 ff.). Multinationale Unternehmen nutzen dabei die lokalen Vorteile wie niedrige Löhne und Steuersätze oder ein für sie vorteilhaftes regulatorisches Umfeld, um höhere Gewinne zu erzielen. Die Steuerung multinationaler Unternehmen erfolgt häufig aus globaler Perspektive und nicht primär aus nationaler Sicht.

1.3 Veränderte Rahmenbedingungen

Mit der Internationalisierung ändern sich für Unternehmen nicht nur die Stakeholderstrukturen, sondern auch die Rahmenbedingungen ihres wirtschaftlichen Handelns. Offensichtlich kann die Veränderung der verwendeten Sprache zu Verständigungsproblemen führen. Zwar wird in vielen Ländern Englisch gesprochen und Englisch wird oft als Arbeitssprache in ausländischen Tochtergesellschaften verwendet, doch zwei Menschen können sich in ihrer Muttersprache meist schneller und mit weniger Missverständnissen austauschen als in einer Fremdsprache.

Weniger offenkundig als Sprachunterschiede sind kulturelle Unterschiede zwischen Ländern. Da wirtschaftliches Handeln immer von Menschen ausgeht, die ihre kulturelle Prägung durch ihr Land und ihre Region erfahren haben, ist das Wissen um die Unterschiedlichkeit der Kulturen und das Verständnis für das Andere ein essenzieller Erfolgsfaktor für internationale Unternehmen. Wir haben deshalb diesem Punkt ein eigenes Kapitel (3.3) gewidmet.

Beim Überschreiten der Landesgrenze ändert sich stets auch das rechtliche und politische Umfeld für Unternehmen. Rechtsordnungen und die Rolle von Institutionen unterscheiden sich, Behörden haben in unterschiedlichen Ländern unterschiedliche Kompetenzen und Aufgaben. Der Wechsel des rechtlichen und politischen Umfelds ist dabei für Unternehmen mit einer eigenen Präsenz im Ausland noch bedeutsamer als für Unternehmen, deren Internationalisierung sich auf Importe und Exporte beschränkt. Doch selbst in diesem Fall muss man die »Spielregeln« und Abläufe in den jeweiligen Ländern kennen. Wegen der großen Bedeutsamkeit wird dieses Thema innerhalb eines eigenen Kapitels behandelt (Kapitel 16), in dem auch das Management politischer Risiken beschrieben wird.

Sprache und Kultur (Kapitel 3.3)	Jedes Land ist »einzigartig«
Rechtliches und politisches Umfeld (Kapitel 16)	Rahmenbedingungen für unternehmerisches Handeln ändern sich durch veränderte Rechtsordnungen, Wertevorstellungen und beteiligte Institutionen
Währungsfragen (Kapitel 8–15)	Währungssystem, Devisenmarkt, Währungsinstrumente
Investition und Finanzierung (Kapitel 17–19)	Grenzüberschreitende Investitionen, deren Gewinnbesteuerung und Finanzierung
Erweiterte Chancen (Kapitel 2)	Nutzung von Marktunvollkommenheiten
Erweitere Strategiefelder (Kapitel 3)	Internationaler Marktauftritt, Zielmarktstrategien, Organisationsstruktur usw.

Tab. 1.1: Veränderte Rahmenbedingungen

Im Außenhandel und bei Investitionen im Ausland werden Fremdwährungen benötigt. Dies wirft bedeutsame Fragen auf: Wer legt die Austauschrelationen zwischen zwei Währungen (d. h. den Wechselkurs) fest? Welche Rolle spielen dabei staatliche Institutionen und das freie Spiel der Marktkräfte? Kann man Wechselkurse prognostizieren? Welches Währungsrisiko entsteht für ein Unternehmen im Außenhandel und bei Auslandsinvestitionen und mit welchen Instrumenten kann man Währungsrisiken messen und vermeiden? Wegen ihrer außerordentlichen Bedeutung für finanzwirtschaftliche Fragestellungen werden diesen Themen die Kapitel 8–15 gewidmet.

Bei grenzüberschreitenden Investitionsprojekten sind stets zwei Länder involviert, die sich in wichtigen Investitionsparametern unterscheiden können, etwa der Inflationsrate, den Zinssätzen, den politischen Risiken, den Wechselkursen oder der Steuergesetzgebung. Auch Leistungsbeziehungen zwischen Mutter- und Tochtergesellschaft im Rahmen des Projekts sind entscheidungsrelevant, etwa die Lieferung von Vorprodukten oder die Finanzierung durch einen konzerninternen Kredit. Die Ermittlung der Vorteilhaftigkeit einer Investition sowie die Besonderheiten seiner Finanzierung und Besteuerung sind bei grenzüberschreitenden Investitionen deutlich komplexer als bei inländischen Investitionen (Kapitel 17–19).

International tätige Unternehmen sind Risiken ausgesetzt, die national ausgerichtete Firmen nicht kennen. Diese Risiken nehmen sie nur deshalb in Kauf, weil die Internationalisierung ihnen offenkundig auch entsprechende Chancen bietet. Die Quelle aller Chancen liegt in der Unvollkommenheit der Märkte, die profitabel genutzt werden können. Diese »Unvollkommenheit« kann auf Faktormärkten vorliegen, etwa, weil Arbeitskosten in Vietnam deutlich billiger sind als in Deutschland oder bestimmte Rohstoffe nur im Ausland gefördert und gekauft werden können. Auch Gütermärkte sind unvollkommen, man denke nur an die Ungleichverteilung der Kaufkraft oder die unterschiedliche Bevölkerungszahl in den einzelnen Ländern. Die Unvollkommenheit kann im politisch-rechtlichen System begründet sein, etwa, wenn Gewinne im Ausland nicht oder viel geringer besteuert werden als im Inland oder einzelne Länder Unternehmen über hohe Subventionszahlungen ins Land locken. Selbst Finanzmärkte sind nicht vollkommen. In manchen Ländern und in manchen Währungen lassen sich Finanzmittel leichter und günstiger beschaffen als in anderen. All diese Unvollkommenheiten können durch eine passende Internationalisierungsstrategie genutzt werden, um den betrieblichen Umsatz zu steigern, die Produktionskosten zu reduzieren oder Ressourcen zu nutzen, die im Inland nicht verfügbar sind.

Internationale Unternehmen und insbesondere multinationale Unternehmen stehen vor erweiterten strategischen Fragestellungen. Von herausragender Bedeutung ist die Entscheidung über den richtigen Marktauftritt im Ausland. Sollen ausländische Kunden über Exporte bedient werden oder durch eine Produktion vor Ort in einer eigenen Tochtergesellschaft? Soll man den Marktauftritt allein oder mit einem Partner durchführen? Wir werden diesen Fragen detailliert in Kapitel 2 nachgehen. Alle weiteren strategischen Fragestellungen werden in Kapitel 3 skizziert.

2 Internationalisierung aus Unternehmenssicht

2.1 Motive für Internationalisierung: Ein erster Blick

Warum nehmen Unternehmen Risiken wie unbekannte Rechtsordnungen, Sprachbarrieren, eine fremde Kultur, fremde Institutionen, Währungsrisiken usw. in Kauf, um über Exporte oder eigene Tochtergesellschaften im Ausland aktiv zu werden? Die Gründe sind im Einzelfall sehr unterschiedlich, jedoch lassen sie sich auf vier Grundmotive reduzieren.

Marktsucher und absatzorientierte Ziele

Mit einer Internationalisierung werden häufig absatzorientierte Ziele verfolgt. Im Vergleich zum eigenen nationalen Markt ist der Weltmarkt immer viel, viel größer. Damit besteht aus absatzpolitischer Sicht stets ein großer Anreiz, ausländische Märkte ins Visier zu nehmen. Man spricht in diesem Zusammenhang von »Marktsuchern«. Je größer ein Land hinsichtlich Einwohner und Kaufkraft, desto attraktiver wird es, diese Länder zu bedienen. Länder wie China oder Indien mit ihren zusammen über zwei Milliarden Einwohnern, aber auch Europa und die USA mit ihrer hohen Kaufkraft, genießen dabei ein besonderes Augenmerk.

Manche Unternehmen sehen sich gezwungen, vor Ort zu produzieren, weil ihr Hauptkunde beschließt, im Ausland zu investieren. Als Daimler 2016 begann den GLA und die C-Klasse in Brasilien zu montieren, mussten viele Zulieferer ihrerseits nach Brasilien gehen, um Daimler nicht als Kunde zu verlieren. Teilelieferungen von Deutschland nach Brasilien sind logistisch »just in time« nicht machbar.

Die Produktion vor Ort ist häufig auch die Antwort auf tarifäre und nicht-tarifäre Handelshemmnisse bzw. -vergünstigungen. Um bei Daimler zu bleiben: Ein Grund für die geplante Produktion in Brasilien ist einerseits sicherlich der große Absatzmarkt. Brasilien ist nach Stückzahlen der drittgrößte Absatzmarkt weltweit. Ein weiterer Anreiz liegt sicher aber auch darin, dass mit einer Produktion vor Ort die bestehenden hohen Importzölle auf Autos vermieden werden können und die brasilianische Regierung Steuervergünstigungen gewährt, die mit dem lokalen Wertschöpfungsanteil steigen.

Kostenreduzierer und kostenorientierte Motive

Unternehmen verfolgen mit ihrer Internationalisierungsstrategie oft auch kostenorientierte Motive (»Kostenreduzierer«). Zu den häufigsten Gründen gehören auch Produktionskostenunterschiede zwischen den einzelnen Ländern, allen voran Lohnkostendifferenzen.

Die Abbildung 2.1 zeigt die starke Lohnspreizung zwischen ausgewählten Ländern. Sie verdeutlicht den enormen Anreiz, Teile der Produktion aus Lohnkostengründen ins Ausland zu verlagern.

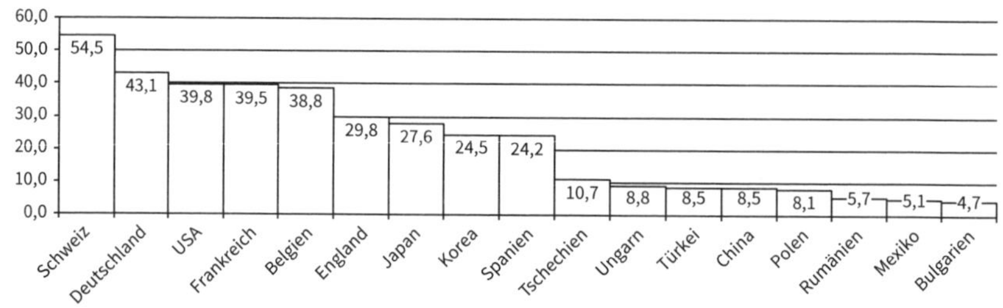

Abb. 2.1: Arbeitskosten in Euro in der Metall- und Elektroindustrie, 2016 (Quelle: www.gesamtmetall.de)

Lohnkostenunterschiede zwischen Länder lassen oft ganze Branchen abwandern, wie das Beispiel der deutschen Textilbranche deutlich macht. Nach Angaben des Bundeswirtschaftsministeriums gab es 1970 in Deutschland noch 7.704 Betriebe mit 869.911 Beschäftigten in der Textil- und Bekleidungsindustrie. 2012 waren es nur noch 553 Firmen mit 81.565 Beschäftigten. Die Textilproduktion findet heute fast ausschließlich in Asien, vor allem in China, Bangladesch und Vietnam statt.

Auch finanzielle und investitionsfördernde Anreize des Gastlands oder niedrige Steuersätze können ausschlaggebend für die Gründung einer Tochtergesellschaft sein. Ein Gewinnsteuersatz von 12,5 % in Irland ist deutlich attraktiver als ein Satz von knapp 40 % in Japan. Auch Rohstoff- oder Energiekosten fließen in Investitionsentscheidungen ein. So erleben die USA derzeit einen Boom als Chemiestandort, weil durch Fracking gewonnenes Schiefergas derzeit nur ein Drittel so viel kostet, wie in Europa. Da Gas sowohl als Rohstoff als auch als Energieträger von großer Bedeutung ist, reagiert die weltweite Chemiebranche mit sehr vielen neuen Projekten in den USA.

Mit einer Internationalisierung verfügen Unternehmen über mehr Möglichkeiten, ihre Wertschöpfungskette durch Outsourcing und Auslagerung zu optimieren.

Info

Beim Outsourcing werden Teile der bisherigen Wertschöpfungskette an Fremdanbieter vergeben, während bei einer Auslagerung Teile der bisherigen Wertschöpfungskette in eine eigenständige Gesellschaft (z. B. GmbH) ausgelagert werden. Inhaber der Gesellschaft bleibt weiterhin die Mutter.

International stehen logischerweise mehr und preiswertere Outsourcingpartner zur Verfügung als nur national. Folglich werden Rechenzentrumsleistungen in Indien eingekauft, die Softwareentwicklung wird in einer eigenen US-amerikanischen Gesellschaft gebündelt usw.

Auch Skaleneffekte (im Englischen Economies of Scale) können eine Internationalisierung erklären. Skaleneffekte, d. h. Stückkosten, die mit der Ausbringungsmenge sinken, treten immer dann auf, wenn bei der Herstellung von Waren und Dienstleistungen Fixkosten auftreten. Dies ist fast immer der Fall. Man denke nur an die allgemeinen Gemeinkosten, den

Marketingaufwand oder an die Aufwendungen für Forschung und Entwicklung. In dem Maße aber, in dem Skaleneffekte auftreten, haben Unternehmen einen starken Anreiz, ihre Produktion auszudehnen. Häufig geht das aber nur über Auslandsmärkte, weil der nationale Markt bereits erschöpft ist. Unternehmen aus der Schweiz, Belgien oder den Niederlanden sind nicht zuletzt deshalb international so stark vertreten, weil ihr nationaler Markt sehr klein und begrenzt ist.

Die Senkung von Kosten durch eine Internationalisierungsstrategie ist nicht zwangsläufig eine freie Wahlentscheidung, sondern kann auch vom Markt erzwungen werden. Wenn ein Unternehmen durch die Gründung von ausländischen Tochtergesellschaften seine Kosten reduziert, erzielt es einen Wettbewerbsvorteil. Um im Markt zu bleiben, müssen die konkurrierenden Anbieter ihrerseits nach Wegen suchen, ihre Kosten auf ein wettbewerbsfähiges Niveau zu senken und folgen oft dem Beispiel des »First Mover«.

Rohstoffsucher

Beschaffungsorientierte Motive (»Rohstoffsucher«) stellen die dritte Kategorie dar. Darunter fallen Rohstoffe im engeren Sinne, etwa die Exploration von Gasfeldern oder der Abbau von Erzen oder Mineralien, die es nur im Ausland gibt. Rohstoffkonzerne sind daher zwangläufig stark im Ausland vertreten, um ihr bisheriges Geschäft abzusichern bzw. auszudehnen. Man kann den Begriff Rohstoff aber auch weiter fassen und auf den Erwerb von intellektuellem Know-how oder die Nutzung von qualifizierten Arbeitskräften erweitern. Länder wie die USA, Deutschland oder Japan sind für Rohstoffsucher deshalb so interessant, weil dort sehr gute Voraussetzungen für Innovation und Forschung bestehen. Die Kombination von qualifizierten Mitarbeitern, von geeigneten Forschungseinrichtungen und Universitäten ist oft der Auslöser, warum Forschung und Entwicklung eines Konzerns in einem bestimmten Land angesiedelt werden.

Suche nach politischer Sicherheit und geeigneten Rahmenbedingungen

Da wirtschaftliches Handeln stets im Rahmen des bestehenden politischen und rechtlichen Systems erfolgt, können diese Rahmenbedingungen ebenfalls ein Motiv sein, ins Ausland zu gehen. Dabei geht es in erster Linie nicht um gravierende Risiken wie z. B. eine befürchtete Enteignung. Viel häufiger sind Einschränkungen der unternehmerischen Freiheiten, seien sie gerechtfertigt oder nicht. Nehmen wir als Beispiel Amazon Deutschland: Die Streiks in den deutschen Logistikwerken 2013 für eine angemessenere Bezahlung veranlasste Amazon, über eine Standortverlagerung nach Polen »nachzudenken«. Auch Forschungsbedingungen eignen sich gut zur Illustration: Die Rahmenbedingungen etwa zur Forschung an gentechnisch veränderten Lebensmitteln in Kontinentaleuropa sind sehr viel schwieriger als in den USA, wo ein breiter gesellschaftlicher Konsens zur Nutzung der Forschungsergebnisse und der daraus entstehenden Lebensmittel besteht. Gleiches gilt für die Forschung an Stammzellen, die in Deutschland rechtlich sehr viel restriktiver gehalten wird als in den USA, wo offenkundig geringere ethische Bedenken bestehen. Die Folge davon ist eine Abwanderung von Forschungs- und Entwicklungsstandorten für diese Fragestellungen in die USA.

2.2 Markteintritt und Marktbearbeitung

Abbildung 2.2 gibt einen Überblick, in welch vielfältiger Form der Eintritt in einen ausländischen Markt und seine Marktbearbeitung durchgeführt werden kann. Auf der x-Achse ist der Präsenzgrad im Ausland abgetragen und auf der y-Achse in umgekehrter Reihenfolge das Ausmaß der hierfür notwendigen Investitionen (in Anlehnung an Eiteman/Stonehill/Moffet, 2010, S. 11). Die Marktbearbeitung vom Inland aus über Exporte erfordert kaum Anpassungen und Investitionen. Alternativ kann die Marktbearbeitung auch vom Ausland aus erfolgen, sei es kapitalschonend über Lizenzierungs- und Franchisingverträge oder durch Investitionen, die das Unternehmen selbst vornimmt. Betrachten wir die Ausprägungen nun im Einzelnen.

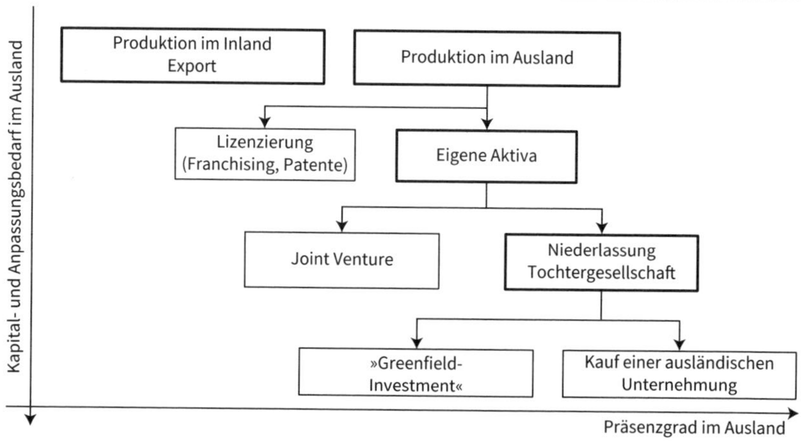

Abb. 2.2: Durchführungswege zur Internationalisierung

Export

Der geringste Kapitalbedarf und die geringste physische Auslandspräsenz entstehen beim Export von Waren und Dienstleistungen. Hierzu müssen lediglich die heimische Produktion im Umfang des angestrebten Exportvolumens erweitert und die Waren vom Heimatland an die ausländischen Abnehmer geliefert werden. Die Berührungspunkte zum Ausland finden nur auf der Vertriebs- und Marketingseite statt. Weder die Produktion noch die Beschaffungsseite sind beim Export nennenswert anzupassen.

Indirekter Export: Die Vertriebsseite des Exportgeschäfts kann dabei sehr unterschiedlich gestaltet sein. Erfolgt sie über inländische Handelsmittler (Außenhandelsunternehmen), spricht man von einem indirekten Export. Hier hat das exportierende Unternehmen keine direkten Berührungspunkte zum Ausland. Die zentralen Vorteile sind die schnelle Umsetzung und die geringen organisatorischen Kosten. Auch der Ausstieg aus dem Export ist jederzeit möglich. Nachteilig sind die fehlende Nähe zum Endkunden, die Reduktion des Gewinnpotenzials durch das zwischengeschaltete Außenhandelsunternehmen und ungenutzte Chancen im Ausland. Weder baut das exportierende Unternehmen Know-how über die Importländer und -kunden auf, noch kann es eine darauf aufbauende gezielte Marketing- und Vertriebsstrategie entwickeln.

Direkter Export: Diese Nachteile werden beim direkten Export vermieden. Das Exportunternehmen muss dabei entscheiden, über welchen Vertriebskanal die Kunden bedient werden sollen. Infrage kommt ein direkter Verkauf ohne Mittler an Endkunden oder über den Großhandel. Alternativ kann der Verkauf über Mittler im Ausland erfolgen, sei es über Handelsvertreter, Kommissionäre, Makler oder Generalimporteure. Ein Handelsvertreter handelt dabei in fremden Namen auf fremde Rechnung, wohingegen ein Kommissionär in eigenen Namen auf fremde Rechnung handelt. Beide erhalten eine Provision vom Exporteur. Ein Makler hingegen übernimmt lediglich die Anbahnung des Geschäfts, während ein Generalimporteur auf eigenen Namen und auf eigene Rechnung handelt.

Risiken: Der direkte Export ist mit spezifischen Erfüllungs- und Lieferrisiken verbunden, da Lieferung und Bezahlung grenzüberschreitend erfolgt. Das größte Risiko für den Exporteur besteht darin, dass die ausgelieferten Waren nicht bezahlt werden. Um dieses Risiko zu reduzieren, gibt es zahlreiche Instrumente wie Bankgarantien oder dokumentäre Zahlungsbedingungen, die alle ausführlich in Kapitel 21 dargestellt werden.

Ein weiteres Exportrisiko geht von möglichen tarifären und nicht tarifären Handelshemmnissen aus. Die Einführung von Zöllen in einem bedeutsamen Auslandsmarkt kann für ein heimisches Unternehmen eine existenzbedrohende Situation auslösen. So führten die USA etwa 2002 Zölle auf Stahlimporte aus der EU in Höhe von 30 % ein, was den Export von Stahl in die USA nahezu zum Erliegen brachte. Anfang 2013 kündigte die EU Strafzölle gegen chinesische Solarmodule an, die dann auch tatsächlich am 06.12.2013 in Höhe von 48 % eingeführt wurden.

Mit der Präsidentschaft von Donald Trump und der damit verbundenen Ausrichtung der US-amerikanischen Außenpolitik hin zu »America first« haben Zölle wieder massiv Einzug in den Welthandel gefunden. Trump führte zunächst im März 2018 Zölle in Höhe von 25 % auf Stahl- und Aluminiumimporte für ausgewählte Länder ein. Im September 2018 belegte er China mit Zöllen von 10 %–25 % bei Waren im Wert von mehr als 250 Mrd. USD. Im Gegenzug führte China Zölle auf amerikanische Waren im Wert von mehr als 60 Mrd. USD ein. Derzeit ist nicht absehbar, wie der »Handelskrieg« zwischen den USA und China weitergeht.

Auch die Einführung von nicht-tarifären Handelsbeschränkungen kann den Export stark beeinträchtigen, etwa, wenn Importbeschränkungen verhängt werden oder administrative und technische Maßnahmen wie die Einführung von neuen Normen oder Standards ergriffen werden. Der Hauptgrund für die Einführung derartiger protektionistischer Maßnahmen ist häufig eine Verschlechterung des politischen Klimas zwischen beiden Ländern oder der Schutz bzw. die Förderung der eigenen Industrie. Die politischen Risiken, deren Ursache und das Risikomanagement von politischen Risiken werden im Detail in Kapitel 16 behandelt.

Lizenzierung
Ein alternativer Internationalisierungspfad ist die Vergabe einer Lizenz. Eine Lizenz bezeichnet eine vertragliche Vereinbarung, in der die Überlassung und Nutzung von Schutzrechten geregelt wird. Der Lizenzgeber erhält dabei vom Lizenznehmer eine Nutzungsgebühr. Die Lizenz kann sich auf ein Patent, ein Muster, eine Marke oder auf ein Urheberrecht beziehen.

Info

Ein Patent ist ein Schutzrecht für eine Erfindung, die dem Inhaber das Recht gibt, anderen deren Nutzung zu untersagen oder zu erlauben. Bei einem Gebrauchsmuster, auch kleines Patent genannt, geht es nicht um die Neuartigkeit einer Erfindung, sondern um die Neuartigkeit im Gebrauch oder der Gestaltung des Gegenstands. Ein Geschmacksmuster (z. B. eine neue Ziegelform oder ein neues Textilmuster) kann gegen Nachbildung geschützt werden. Eine Marke ist ein Wort/Bildzeichen, mit dem Waren oder Dienstleistungen unterscheidbar gemacht werden können. Ein Urheberrecht bezieht sich auf Werke der Kunst, sei es Musik, Literatur, Film oder Bild.

Stehen Rechte an einer Technologie im Vordergrund spricht man auch häufig von einem Technologieabkommen.

Coca-Cola ist ein gutes Beispiel für die Nutzung der Lizenzierung als Markteintrittsstrategie. Coca-Cola ist in rund 200 Ländern vertreten. Dabei werden an lokale Unternehmen Lizenzen zur Herstellung und Abfüllung von Coca-Cola-Getränken vergeben, die nur in vereinbarten Regionen vertrieben werden dürfen. In Deutschland ist die Coca-Cola-Erfrischungsgetränke AG seit 2007 der einzige Lizenznehmer.

Vorteile: Die Vorzüge einer Lizenzierung sind der schnelle Markteintritt sowie die geringen finanziellen Risiken, da typischerweise der Lizenznehmer den Marktauftritt im Ausland organisiert und finanziert. Da der Lizenzgeber über gute Markt- und Kundenkenntnisse verfügt, können selbst große Absatzmärkte von mittelständischen Unternehmen schnell bedient werden. Als Beispiel sei hier die Marinomed Biotechnologie GmbH in Wien genannt, die im Juli 2013 ihr gesamtes Produktportfolio für den chinesischen Markt auslizenziert hat.

Eine Lizenzierung kann auch eingesetzt werden, um bestehende Handelshemmnisse zu umgehen. So wird derzeit das Sturmgewehr G36 von der staatseigenen Firma MIG in Saudi-Arabien und in mindestens zwölf weiteren Staaten in Lizenz des deutschen Rüstungsproduzenten Heckler&Koch gebaut. Ein Export wäre wegen der erforderlichen Ausfuhrgenehmigungen politisch unmöglich oder zumindest deutlich schwieriger. Darüber hinaus wollen viele Staaten nicht von Waffenimporten abhängig sein.

Lizenzierungsverträge sind nicht nur eine Markteintrittsform, sondern auch eine beliebte Maßnahme, um Gewinne innerhalb eines Konzerns über entsprechende Preisgestaltung zu

»repatriieren« bzw. um Gewinne im gesetzlich möglichen Umfang zwischen den betroffenen Ländern zu verschieben. Lizenzen werden dabei nicht als Markteintrittsvehikel, sondern primär aus steuerpolitischen Gründen eingesetzt. Details finden Sie in Kapitel 17.5.

Nachteile: Die lizenzgebende Unternehmung hat geringere Erlöse als bei einer eigenen Marktbearbeitung, denn eine parallele Marktbearbeitung ist selten möglich. Darüber hinaus besitzt der Lizenzgeber nur eine eingeschränkte Kontrolle über den Einsatz der Lizenz. Möglicherweise unterstützt er ungewollt einen potenziellen Wettbewerber, wenn mit der Lizenzvergabe eine Weitergabe von Know-how erfolgt und der Lizenznehmer Technologien weiterentwickelt und zukünftig selbstständig nutzt. Coca-Cola schützt sich, indem die »Coca-Cola-Essenz« an die Lizenznehmer abgepackt verteilt wird, d. h. die »Coca-Cola-Formel« bleibt weiterhin Betriebsgeheimnis. Oft ist der Know-how-Schutz aber nicht so einfach wie bei Coca-Cola, wodurch für den Lizenzgeber hohe »Überwachungskosten« entstehen. Aus Angst vor einem Verlust von Know-how werden deshalb Lizenzen gerne nur konzernintern oder innerhalb eines Joint Ventures vergeben.

Franchising

Franchising ist eine weitere Methode, um Auslandsmärkte zu bedienen. Dabei überlässt ein inländischer Franchisegeber einem rechtlich selbstständigen ausländischen Franchisenehmer ein unternehmerisches Geschäftsmodell, das häufig bei der Beschaffung beginnt, die Produktion umfasst und beim Vertrieb und Marketing endet. Der Franchisegeber erhält hierfür eine entsprechende Nutzungsgebühr. Multinationale Unternehmen wie McDonalds, Holiday oder Body Shop nutzen Franchising als wichtigste Markteintrittsstrategie. Die Vorteile des Franchisings stimmen weitgehend mit denen einer Lizenzierung überein, nämlich Umsetzungsgeschwindigkeit und geringer Kapitaleinsatz. Da der Franchisegeber über starke Weisungsrechte verfügt, können bei dieser Marktbearbeitungsform zentrale Nachteile vermieden werden, die bei einer Lizenzierung auftreten, allen voran Know-how-Verlust und eine unkontrollierte Nutzung der Rechte.

Joint Venture

Bei einem Joint Venture (JV) betrachten wir erstmalig eine Marktbearbeitungsstrategie, bei der das Unternehmen substanzielle Finanzmittel zur Verfügung stellen muss und eigene Aktiva im Ausland aufbaut. Bei einem Joint Venture (JV) gründen zwei Unternehmen A und B eine neue Gesellschaft JV C. Ziel des JV ist ein gemeinsamer Marktauftritt. A und B stellen hierfür jeweils Ressourcen für das JV zur Verfügung, sei es in Form von Know-how, finanziellen Mitteln, Personal, Kundenbeziehungen, Lizenzen usw. Idealerweise ergänzen sich die bereitgestellten Mittel und Kompetenzen von A und B. So hat A etwa ein gutes Vertriebsnetz und eine breite Kundenbasis im Ausland, während B über die Produkte verfügt, die im Ausland vertrieben werden sollen.

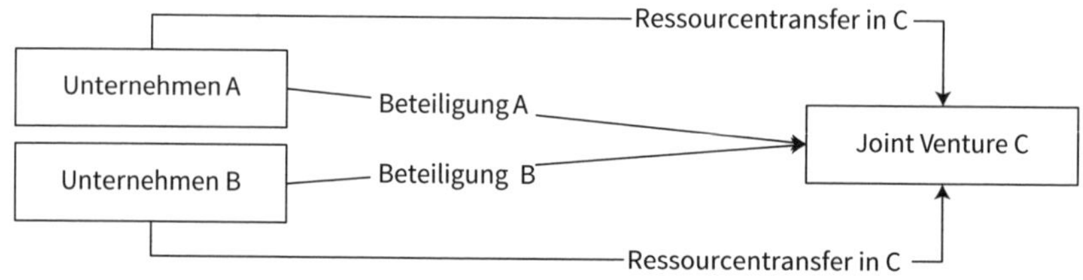

Abb. 2.3: Grundstruktur eines Joint Ventures (Quelle: Eigene Darstellung)

A und B sind am JV gemeinsam beteiligt, wobei die jeweilige Beteiligungshöhe von der Werthaltigkeit der Ressourcen abhängt, die die beiden JV-Partner in C einbringen. Damit werden auch die Managementverantwortung, das unternehmerische Risiko und der Gewinn geteilt. Die meisten JV werden für einen längeren Zeitraum geplant und angelegt.

Vorteile: Da idealerweise sich ergänzende Kompetenzen in C einfließen, kann über ein Joint Venture ein schnellerer und besserer Markteintritt erfolgen, als es jeder Partner einzeln vermag. Durch die Teilung der Verantwortung und die Beteiligung eines Partners am JV ist auch das finanzielle und unternehmerische Risiko geringer als bei einem »Alleingang«. Darüber hinaus können A und B am Wissen und den Erfahrungen des Partners profitieren. Da in einem JV üblicherweise ein lokaler Partner beteiligt ist, findet das JV oft eine bessere Akzeptanz im Gastland, sei es bei den Behörden oder den Konsumenten. In einigen Fällen sehen die Bestimmungen des Gastlands sogar vor, dass eine Marktbearbeitung vor Ort nur zusammen mit einem lokalen Partner erfolgen darf, wie das in China und Korea teilweise noch heute gilt.

Nachteile*:* Die Hauptschwierigkeit bei einem Joint Venture besteht darin, den »richtigen Partner« zu finden, der mit derselben Geschwindigkeit, mit demselben finanziellen Engagement und mit vergleichbarem strategischem Ansatz das Geschäft betreiben will oder kann. Sind die Interessenlagen bzw. die finanziellen und organisatorischen Möglichkeiten der Partner sehr unterschiedlich, können daraus schnell Interessenkonflikte entstehen. Hat man dann den richtigen Partner gefunden, taucht bei der Bewertung der eingebrachten Ressourcen und Kompetenzen ein weiterer Konfliktpunkt auf. Wie viel ist das Vertriebsnetz von A im Vergleich zum Produkt-Know-how von B wert? Danach bemisst sich nämlich die »faire« Beteiligungshöhe von A und B am JV C. Im laufenden Betrieb ist die Werthaltigkeit von erbrachten Leistungen ein neues Konfliktpotenzial. Wie hoch werden die Verrechnungspreise für Teilelieferungen von B nach C angesetzt? Wie viel Aufwand darf A für die Nutzung des Vertriebsnetzes an C verrechnen? Jeder der Partner möchte natürlich für seine Leistungen einen möglichst hohen Preis verrechnen.

Ein weiterer Nachteil ist, dass weder A noch B das JV in seinen Konzern organisatorisch und strategisch vollständig integrieren können. Daher entsteht ein höherer Koordinationsaufwand als bei einer eigenen Tochtergesellschaft.

Ähnlich wie bereits bei der Lizenzierung kann auch bei JVs ein Abfluss von Know-how an den Partner eintreten. Zwar ist es bei einem JV grundsätzlich gewollt, dass die beiden Partner voneinander lernen und sich ergänzen, doch kann der Know-how-Transfer schnell das gewünschte Maß übersteigen, insbesondere, wenn einer der beiden Partner dies bewusst anstrebt. Auf diese Weise wird der JV ungewollt zum zukünftigen Konkurrenten. So bietet die China Aviation Industry Corporation in der Zwischenzeit eine Magnetschwebebahn an, welche die Transrapid-Technologie zur Basis hat.

Um sich vor einem ungewollten Know-how-Transfer zu schützen, installieren A und B oft aufwendige Kontroll- und Überwachungsmechanismen, die wiederum das Vertrauen untergraben, das zum erfolgreichen Durchführen von JVs notwendig wäre.

Bei der falschen Wahl des Partners steigt das Risiko eines JV enorm. Nicht nur ist die geplante Marktbearbeitung mit einem falschen Partner gefährdet, sondern das Fehlverhalten des Partners kann sich im schlimmsten Fall sehr negativ auf das eigene Image auswirken.

JVs werden auch eingesetzt, um politische Restriktionen zu unterlaufen. Der deutsche Rüstungshersteller Rheinmetall etwa will in einem Joint Venture mit dem türkischen Konzern BMC zukünftig Panzer vor Ort bauen und hat dafür die Tochtergesellschaft RBSS in Ankara gegründet. Auch die Produktion von Munition für Kampfjets ist geplant, um die Ausfuhrgenehmigungen zu unterlaufen.

Niederlassung und Tochtergesellschaft
Wenn Unternehmen ihren Markteintritt ohne Partner gestalten wollen, kann dies in Form einer Betriebsstätte, Filiale, Niederlassung oder Repräsentanz erfolgen. All diese Begriffe sind nicht scharf abgegrenzt. Umgangssprachlich bezeichnet eine Betriebsstätte eher eine produzierende organisatorische Einheit, wohingegen Filiale und Niederlassung auf Dienstleistungen und Vertriebstätigkeiten abstellen. Der Begriff Repräsentanz wiederum wird meistens im Zusammenhang mit einer Bank verwendet. All diesen organisatorischen Einheiten ist gemein, dass es sich um rechtlich unselbstständige Einheiten handelt. Im Gegensatz dazu steht eine Tochtergesellschaft, die ein eigenes Rechtssubjekt darstellt und daher Verträge jeder Art abschließen kann. Da multinationale Unternehmen ihre Auslandspräsenz üblicherweise in Form von Tochtergesellschaften aufbauen, verwenden wir im Folgenden auch nur diesen Begriff.

Vorteile*:* Eine Marktbearbeitung auf Basis einer eigenen Tochtergesellschaft vermeidet all die Schwierigkeiten, die im Zusammenhang mit einer Lizenzierung oder einem Joint Venture angesprochen wurden: Eine Tochtergesellschaft ermöglicht einen einheitlichen Auftritt im Ausland, der ohne langwierige Abstimmung mit einem Partner vollzogen werden kann. Die organisatorische Eingliederung mit der gewünschten Aufgabenverteilung innerhalb des Gesamtkonzerns ist problemlos möglich. Da kein Abfluss von Know-how befürchtet werden muss, sind auch keine entsprechenden Überwachungsmaßnahmen notwendig. Darüber hinaus wird die

Ansiedlung einer Tochtergesellschaft häufig von den Gastländern finanziell gefördert, sei es durch Steuererleichterungen, Subventionen oder Infrastrukturleistungen.

Nachteile: Bei den Nachteilen sind in erster Linie die erhöhten finanziellen Risiken zu nennen, denn der Aufbau eigener Produktions- und Vertriebsstätten ist teuer. So investierte ThyssenKrupp rund 8 Mrd. Euro in sein Stahlwerk in Rio de Janeiro, ein Betrag, der viermal so hoch ist wie ursprünglich geplant. Dazu kommen politische Länderrisiken, insbesondere bei Investitionen in Ländern mit unklarer politischer Zukunft.

Neben Risikoaspekten spielt die Zeitdimension eine bedeutsame Rolle. Während Exporte, Lizenzierungen oder Franchising innerhalb eines sehr kurzen Zeitraums durchgeführt werden können, benötigt der Aufbau einer Tochtergesellschaft eine lange Vorlaufzeit. Im Falle von ThyssenKrupp betrug allein die reine Bauzeit fast vier Jahre. Auch die Durchführungsflexibilität und die Reversibilität sind sehr gering: Während Exporte über Nacht angepasst oder sogar eingestellt werden können, ist die Auflösung einer Tochtergesellschaft ein sehr teurer und langwieriger Prozess.

Greenfield- und Brownfield-Investments im Vergleich
Eine Tochtergesellschaft kann als Neugründung oder als Kauf (Übernahme, Akquisition) einer bestehenden Unternehmung implementiert werden. Da eine Neugründung auf der sprichwörtlich grünen Wiese erfolgt, spricht man von einem Greenfield-Investment, wohingegen ein Kauf auch Brownfield-Investment genannt wird. ThyssenKrupp hat sich in Brasilien und auch in den USA für eine Neugründung entschieden. Ein Konkurrent von ThyssenKrupp, Mittal Steel, hat sich hingegen durch systematische Übernahmen von Stahlwerken ab 1989 in mittlerweile 18 Ländern von einem indischen zum weltweit größten Stahlproduzenten entwickelt.

Neugründungen haben im Vergleich zum Kauf eine Reihe von Vor- und Nachteilen: Vorteilhaft ist, dass Neugründungen mit dem neuesten Stand der Technik ausgestattet werden können, vorteilhaft ist auch die problemlosere Integration in den Konzern und dass keine wettbewerbsrechtlichen Bedenken entstehen können wie bei einem Kauf. Darüber hinaus gibt es keine »Altlasten«, die die strategische Ausrichtung behindern könnten. Nachteilig hingegen ist der sehr lange Zeitraum von der Planung bis zur Fertigstellung. Darüber hinaus kann die Integration einer Neugründung in die Strukturen im Ansässigkeitsstaat schwieriger verlaufen als beim Kauf einer eingesessenen Firma mit ihren qualifizierten Mitarbeitern, ihren festen Kundenbeziehungen und ihrem Netzwerk in Politik und Gesellschaft. Neugründungen können auch den Konkurrenzdruck im Gastland erhöhen, falls mit der Neugründung ein neuer Wettbewerber entsteht. Beim Kauf hingegen erhält ein bereits bestehender Anbieter nur einen neuen Eigentümer.

Die Vor- und Nachteile eines Kaufs sind spiegelbildlich zu den Ausführungen zur Neugründung zu sehen. Wird ein passendes Unternehmen im Ausland gekauft, spart sich die Muttergesellschaft Zeit. Sie ist sofort aktiv und präsent im Markt, sei es mit bereits vorhandenen Kunden, einer vorhandenen Produktionsbasis, eingespielten Lieferanten, geeignetem Personal usw.

Eine Akquisition ist immer ein Kauf von Zeit. Allerdings sind die mit dem Kauf verbundenen »Altlasten« häufig sehr markant, sei es ein schlechtes Management, zu viele Mitarbeiter für die neuen Aufgaben im Konzern, veraltete Produktionsabläufe oder schlecht abgeschlossene Verträge. All dies anzupassen und neu zu strukturieren, kostet Geld und bindet viel Aufmerksamkeit, die nicht der Marktbearbeitung gewidmet werden kann. Hinzu kommen mögliche Schwierigkeiten, die Zukäufe organisatorisch in den Konzern einzubinden, oder kulturelle Differenzen. Dies ist insbesondere dann sehr gefährlich, wenn der Käufer nicht »erwünscht« ist, sei es von den Mitarbeitern, einigen alten Eigentümern oder staatlichen Organisationen.

Es gibt viele Beispiele für gescheiterte Käufe ausländischer Unternehmen, denken wir an BMW und Rover oder an Daimler und Chrysler.

Zusammenfassender Vergleich
Zusammenfassend lässt sich sagen, dass die einzelnen Markteintritts- und -bearbeitungsformen mit sehr unterschiedlichen Vor- und Nachteilen behaftet sind. Die Kriterien zur Beurteilung sind hierbei die mögliche Umsetzungsgeschwindigkeit, die Kontrolle über das eigene Know-how, der dafür notwendige Kapitalbedarf sowie die mögliche Abhängigkeit von einem Kooperationspartner. Die Tabelle 2.1 fasst die Ergebnisse zusammen.

	Kapital	**Kontrolle**	**Abhängigkeit**	**Geschwindigkeit**
Export				
- indirekt	gering	hoch	gering	hoch
- direkt	gering	hoch	gering	hoch
Lizenz	gering	gering	hoch	hoch
Franchising	gering	gering	mittel	hoch
Direktinvestitionen (hängt stark von der Art ab)				
Joint Venture	mittel	mittel	hoch	mittel
Tochter/Greenfield	hoch	hoch	gering	gering
Tochter/Brownfield	hoch	hoch	gering	hoch

Tab. 2.1: Charakteristika der verschiedenen Markteintrittsformen

2.3 Wissenschaftliche Ansätze zur Internationalisierung

In den letzten beiden Kapiteln wurden die Motive zur Internationalisierung und mögliche Marktbearbeitungsstrategien dargestellt. Doch warum nehmen Unternehmen die mit dem Auslandsgeschäft verbundenen Risiken in Kauf? Was sagt die wissenschaftliche Literatur dazu? Um es gleich vornweg zu sagen: Es gibt keinen allumfassenden Ansatz, der in der Lage wäre, Handel und Direktinvestitionen befriedigend zu erklären, sondern nur Teilerklärungen.

Komparative Vorteile

Die Theorie der komparativen Vorteile aus dem Jahre 1817 von David Ricardo liefert einen ersten wissenschaftlichen Ansatz, warum Nationen untereinander Handel betreiben. Die Quintessenz ist einfach: Jedes Land konzentriert sich auf die Produktion der Güter, bei denen es einen relativen Kostenvorteil hat. Dadurch steigt die Güterproduktion insgesamt. Der Austausch der verschiedenen Güter erfolgt dann durch internationalen Handel, d. h. durch Export und Import. Der Kostenvorteil und damit der Wettbewerbsvorteil eines Landes für ein einzelnes Produkt erklärt sich in der natürlichen Ausstattung des Landes wie Sonne, gute Erde, viele und damit billige Arbeitskräfte, Fischreichtum usw.

Porters Diamant

Eine weitaus modernere Version die Wettbewerbsfähigkeit eines Landes für bestimmte Produkte oder Branchen zu erklären, liefert Porters Diamant der nationalen Wettbewerbsvorteile (siehe Porter, 1990). Demnach bestimmen vier zentrale Faktoren die Wettbewerbsfähigkeit (vgl. Abb. 2.4). Bei entsprechender Ausprägung im Inland können daraus Wettbewerbsvorteile für Unternehmen entstehen, die auf ausländische Märkte übertragen werden können.

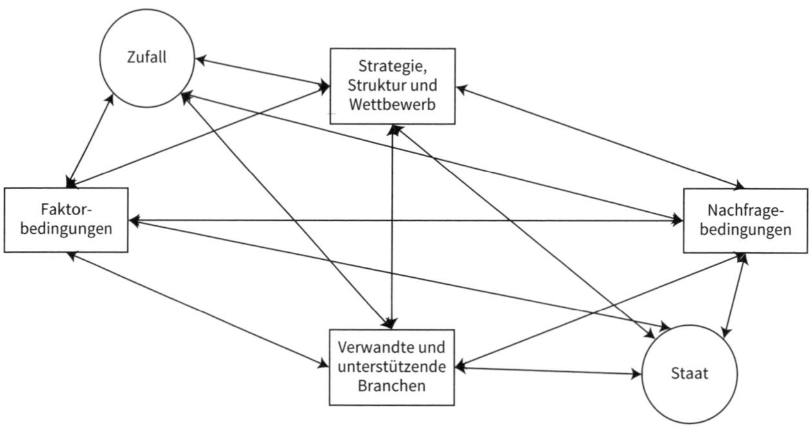

Abb. 2.4: Porters Diamant

- Verfügbarkeit von Produktionsfaktoren (Faktorbedingungen)
  Sie ist für diese Branche relevant. Dazu zählen insbesondere qualifizierte und gut ausgebildete Fachkräfte, das Know-how der Menschen und der Institutionen im Land, die Infrastruktur im Land oder der Entwicklungsstand des Finanzmarkts.
- Verwandte und unterstützende Branchen:
  Ein Unternehmen allein kann keine hochwertigen Produkte herstellen, wenn es nicht auf ein Netzwerk von qualifizierten Lieferanten und Zulieferern zurückgreifen kann. Die Bündelung von erfolgreichen Branchen mit ihren vor- und nachgelagerten Wertschöpfungsketten führt innerhalb eines Landes häufig zu regionalen Clustern. Ein Beispiel ist die Computerin-

dustrie rund um das Silicon Valley, die Modeindustrie in Norditalien, die Fahrzeugindustrie rund um Stuttgart oder die Bankenindustrie in London.

- Nachfragebedingungen:
  Je kritischer, selbstbewusster und abwanderungsfreudiger die Kunden im Heimatmarkt sind, desto mehr sind die Unternehmen gezwungen, Produkte und Dienstleistungen auf höchstem Niveau anzubieten. Dies wiederum ist eine gute Basis, um auf ausländischen Märkten erfolgreich zu sein.
- Unternehmensstrategie, Struktur und Wettbewerb
  Eine hohe Wettbewerbsintensität im Inland zwingt Unternehmen ihre Strategie und ihre organisatorische Struktur zu optimieren. Je höher die Wettbewerbsintensität im Heimatmarkt, desto besser muss ein Unternehmen die für sie relevanten Abläufe, Technologien, Lieferanten, Kundenbeziehungen usw. beherrschen und steuern.

Neben den vier hier angesprochenen Kernfaktoren kann auch der Zufall eine wichtige Rolle spielen für die Entwicklung einer bestimmten Technologie. Man denke etwa an die Frackingtechnologie, die über das billige Gas der Wettbewerbsfähigkeit der US-amerikanischen Chemieindustrie einen großen Schub verliehen hat. Auch der Staat kann fördern oder behindernd eingreifen, indem er auf die Ausprägung der hier genannten vier Faktoren über Subventions- und Steuerpolitik, Infrastruktur- und Bildungspolitik einwirkt.

Der Erfolg des deutschen Fahrzeugbaus ist ein gutes Beispiel, um den Diamanten zu erläutern: Zum Automobilbau gehören gut ausgebildete Ingenieure, über die Deutschland in ausreichendem Maße verfügt. Daneben können deutsche Hersteller auf ein großes Netz von Zulieferern zurückgreifen, die es in dieser Dichte kaum ein zweites Mal in der Welt gibt. Da zum Automobilbau auch passende Werkzeuge benötigt werden, ist der Maschinenbau eine erfolgskritische unterstützende Branche, die in Deutschland eine herausragende Position hat. Die deutschen Kunden gehören zu den kritischsten Autokunden weltweit. Wer in Deutschland Autos verkaufen kann, schafft es überall. Daneben gab und gibt es zwischen VW, BMW, Daimler, Porsche und Audi eine hohe nationale Wettbewerbsintensität. Offenkundig hat Deutschland bei allen vier Erfolgsfaktoren eine sehr gute Ausgangsbasis im Heimatmarkt, um darauf aufbauend im Ausland erfolgreich Autos verkaufen zu können. Auch der Zufall half, da der Konstrukteur und Ingenieur Gottfried Daimler in Cannstatt geboren wurde und nicht 100 km weiter westlich in Frankreich.

Der Theorieansatz von Porter hilft zu verstehen, warum Unternehmen erfolgreich exportieren und auf dem Heimatmarkt erworbene wettbewerbsrelevante Vorteile erfolgreich für Direktinvestitionen nutzen können. Er hilft aber wenig bei der Frage, in welcher Form Unternehmen ihre Marktbearbeitung betreiben sollen. Er lässt auch unberücksichtigt, dass nicht nur die Bedingungen im Inland wettbewerbsrelevant sind, sondern auch die Bedingungen im Gastland selbst die Entscheidungen von Unternehmen wesentlich beeinflussen, ob und wie sie ihre Internationalisierungsstrategie durchführen.

OLI-Paradigma

Alle Theorieansätze, die die Bedingungen im Gastland selbst berücksichtigen, setzen an der Unvollkommenheit der Märkte an, die multinationale Unternehmen für sich nutzen wollen. Diese »Unvollkommenheit« kann auf Faktormärkten vorliegen, auf Gütermärkten, auf Finanzmärkten, im politisch-rechtlichen System begründet sein oder aber im Wettbewerb selbst. Dabei muss bedacht werden, in welcher Marktbearbeitungsform ein Unternehmen diese Unvollkommenheiten am besten profitabel für sich nutzen kann.

Den umfassendsten Theorieansatz stellte Dunning in einer Reihe von Artikeln vor (vgl. Dunning, 1977; Dunning, 2001) ein Ansatz, der von vielen Autoren aufgegriffen und weiterentwickelt wurde (vgl. Devinney, 2004). Da er ein Sammelsurium verschiedener Theorieansätze darstellt, wird er auch als eklektischer Ansatz bezeichnet. Dunning will erklären, warum Unternehmen ihren angestammten Heimatmarkt verlassen und welche Markteintrittsform hierzu die beste ist. Dabei kombiniert er drei mögliche Vorteile einer Unternehmung: ihre Eigentumsvorteile, die Standortvorteile des Gastlands und die Internalisierungsvorteile, d. h. die Vorteile einer unternehmensinternen Durchführung. Da diese drei Begriffe im Englischen **O**wnership, **L**ocation und **I**nternalization heißen, bezeichnet man den Ansatz von Dunning auch als OLI-Paradigma.

Eigentumsvorteile sind unternehmensspezifische Wettbewerbsvorteile, die auf dem Besitz bestimmter Aktiva bzw. Kompetenzen beruhen. Eigentumsvorteile können sich aus dem exklusiven Zugang zu bestimmten Ressourcen ergeben wie etwa Abbau- und Schürfrechte. Sie können aber auch auf technologischen Vorsprüngen basieren: Patenten, Managementkompetenzen, Produktionsvorteilen, einer herausragenden Marke usw. Auf diesen Eigentumsvorteilen beruhen die Kernkompetenz und die Wettbewerbsfähigkeit des Unternehmens in seinem Heimatmarkt.

Internalisierungsvorteile sind die Vorteile einer unternehmensinternen Durchführung von Geschäftsaktivitäten verglichen mit einer Marktlösung. Einkauf oder Eigenerstellung von IT-Dienstleistungen ist ein klassisches Beispiel hierfür. Je unvollkommener ein Markt ist, desto mehr können Unternehmen von diesen Unvollkommenheiten profitieren, falls sie Aktivitäten unternehmensintern durchführen. Dunning nennt hier die Ausnutzung von Steuervorteilen, von Subventionen oder mögliche Gewinnverschiebungen über eine konzerninterne Leistungsverrechnung. Eine Internalisierung kann auch eine Schutzreaktion auf unvollkommenen Märkten sein. Wenn geistiges Eigentum z. B. nicht ausreichend geschützt ist, ist es sinnvoll Wissen nicht mit Dritten zu teilen.

Standortvorteile sind die Vorzüge des ausländischen Standorts im Vergleich zum Heimatmarkt. Die Vorteile können in der Größe des Absatzmarkts begründet sein, in billigen Arbeitskräften, in der niedrigen Gewinnbesteuerung, den laxen Umweltvorschriften, den vorhandenen Rohstoffen, der hohen Qualifikation der Menschen, den positiven politischen und rechtlichen Rahmenbedingungen usw.

Standortvorteile und Eigentumsvorteile sind über das Internationalisierungsmotiv stark verwoben. Ein «Marktsucher« hat signifikant andere Eigentumsvorteile und sucht nach anderen Standortvorteilen als ein »Kostenreduzierer« oder »Rohstoffsucher«.

Ablauf des Entscheidungsprozesses: Ein Unternehmen muss sich zunächst die Frage stellen, ob seine Eigentumsvorteile auf das Ausland übertragbar sind. Falls ja, stellt sich die Frage, ob diese Vorteile bei einer Internalisierung größer sind als bei einer vertraglichen Lösung. Nehmen wir als Beispiel für einen Eigentumsvorteil einen neuen patentierten Wirkstoff, den das Unternehmen bereits im Inland vermarktet. Dieser Wirkstoff kann sicher auch im Ausland verkauft werden, d. h. die firmenspezifischen Eigentumsrechte sind ins Ausland transferierbar. Doch ist das Unternehmen darin besser als die Konkurrenz? Hat es ausreichend Finanzmittel und Know-how, um im Ausland erfolgreich zu sein? Falls diese Frage verneint wird, ist eine Internalisierung, d. h. eine konzerninterne Durchführung nicht empfehlenswert, sondern eher eine Lizenzierung.

Betrachten wir als weiteres Beispiel ein Unternehmen mit einer starken bekannten Marke, die ihre Produkte gut im Ausland verkaufen könnte. Da Produkt und Marke untrennbar mit dem Unternehmen selbst verbunden sind, ist eine Internalisierung der Aktivitäten der richtige Ansatz. Nun hängt es von den spezifischen Standortvorteilen des ausländischen Marktes ab, ob eine Marktbearbeitung in Form von Exporten oder in Form einer Produktion vor Ort besser ist. Gibt es in dem Land Importbeschränkungen, hohe Zölle oder gewährt das Land markante Steuervorteile bei einer Produktion vor Ort, dann geben die Standortvorteile den Ausschlag für die Entscheidung zur Marktbearbeitungsform.

Der Vorteil des OLI-Ansatzes besteht darin, zuvor unverbundene Theorieelemente verknüpft zu haben. Darüber hinaus kann mit den Begriffen Eigentumsvorteil, Standort- und Internalisierungsvorteil die Internationalisierungsfrage gut strukturiert werden.

Lerntheoretische Ansätze

Ein Nachteil des OLI-Paradigmas ist sein statischer Charakter. Tatsächlich aber kann sich die Marktbearbeitungsstrategie im Zeitablauf ändern. Hier setzen die lerntheoretischen Ansätze an. Dieser Ansatz wird auch als »Uppsala-Ansatz« bezeichnet. Prominente Vertreter sind Johansson und Vahlne (vgl. Johansson/Vahlne, 1977). Die Grundaussage ist: Je mehr ein Unternehmen über das Ausland und die ausländischen Märkte lernt, desto mehr entfernt es sich von seinem Heimatmarkt. Unternehmen folgen dabei häufig einem »klassischen Internationalisierungspfad«, bei dem sie wie in der Abbildung 2.5 schrittweise ihre Marktbindung auf ausländischen Märkten erhöhen. Die erste Phase im Internationalisierungspfad sind Exportaktivitäten, die von einer systematischeren Bearbeitung des ausländischen Markts mithilfe von Vertriebspartnern, Joint Ventures, Lizenzvergabe usw. in den nachfolgenden Phasen abgelöst wird. Mit zunehmendem Wissen über den Markt und mit zunehmender Erfahrung erfolgen mehr und mehr Direktinvestitionen wie die Gründung eigener Tochtergesellschaften in Form eigener Verkaufsniederlassungen bis hin zu eigenen Produktionsstätten.

Dieser Ansatz klingt nicht nur plausibel, sondern hat auch einen hohen empirischen Erklärungswert für viele Unternehmen, die am Beginn ihrer Internationalisierungsentwicklung stecken. Wenn eine Branche aber bereits stark international ausgerichtet ist (z. B. die Rohstoffbranche), haben die Unternehmen keine Zeit, sich entlang des klassischen Entwicklungspfads zu entwickeln. Eine ähnliche Einschränkung gilt für Unternehmen, die bereits über einen längeren Zeitraum internationale Erfahrungen gesammelt haben. Wenn diese Unternehmen einen neuen Auslandsmarkt bearbeiten, dann können ihre Erfahrungen unmittelbar auch den neuen Markt übertragen und so »Entwicklungsstufen« übersprungen werden.

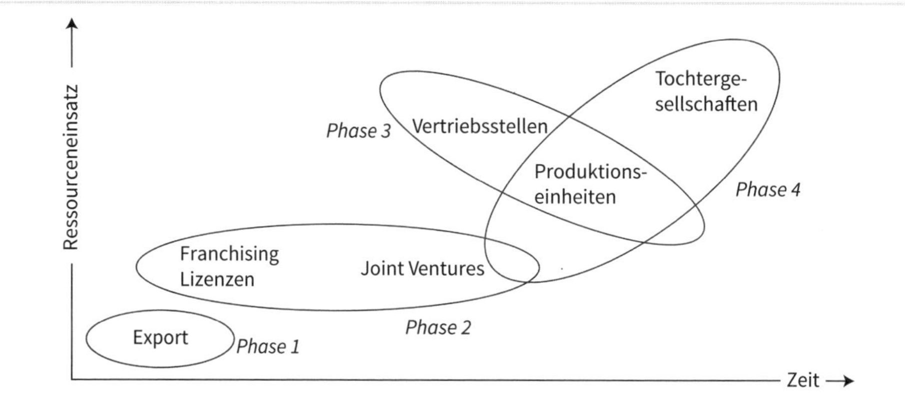

Abb. 2.5: Phasenmodell der Internationalisierung (Quelle: angelehnt an Müller-Stewens/Lechner, 2002, S. 398)

Empirisch zeigt sich, dass selbst Unternehmen der gleichen Branche ihre Internationalisierungsstrategie sowohl zeitlich als auch in Bezug auf die gewählte Markteintrittsform sehr unterschiedlich gestalten können. So betrat z. B. das japanische Pharmaunternehmen Otsuka den chinesischen Markt in Form eines Joint Ventures bereits im Jahre 1984, während der japanische Konkurrent Takeda erst 1992 über ein Lizenzabkommen den chinesischen Pharmamarkt bearbeitete (Bruche, 1998, S. 71).

3 Erweiterte strategische Grundfragen

Multinationale Unternehmen und national ausgerichtete Unternehmen stehen grundsätzlich vor den gleichen betriebswirtschaftlichen Grundfragen hinsichtlich Beschaffung, Produktion und Absatz. Auch die methodische Herangehensweise zur strategischen Positionierung oder zur Analyse ihres Wettbewerbsumfelds unterscheidet sich nicht. Allerdings gibt es eine Reihe von Fragestellungen, die nur multinationale Unternehmen betreffen und eng mit ihrer Internationalisierungsstrategie verknüpft sind.

3.1 Internationalisierungsstrategien

Internationalisierungsstrategien lassen sich auf vielfältige Art systematisieren und die einzelnen Felder voneinander abgrenzen. Kutschker und Schmid (Kutschker/Schmid: Internationales Management, 2012, S. 823–1066) etwa unterteilen die Internationalisierungsstrategien in die fünf Felder Zielmarkt, Marktbearbeitung, Timing, Allokation und Koordination.

Zielmarkt

Welche Zielländer mit welcher Marktpräsenz sollen gewählt werden? Sollen die Ressourcen auf wenige ausgewählte Länder konzentriert werden (Konzentrationsstrategie) oder soll versucht werden, möglichst viele Länder in kurzer Zeit zu bearbeiten (Diversifikationsstrategie)? Welche geografische Präsenz wird angestrebt? Entscheidet sich das Unternehmen für ausgewählte Einzelmärkte, für ganze Regionen oder gar für eine Weltmarktstrategie? Fragen der Marktpräsenz können nur beantwortet werden, wenn die Zielerreichung der relevanten Entscheidungskriterien analysiert wird. Die relevanten Kriterien sind die Attraktivität eines Landes (Marktvolumen, Infrastruktur, Wachstum usw.), die Länderrisiken (Sicherheit, politische, rechtliche und wirtschaftliche Risiken), institutionelle Markteintrittsbarrieren (Zölle, nicht-tarifäre Hindernisse, Genehmigungspflichten) oder Barrieren marktseitiger Art (Sprach- und Kulturprobleme, hoher Konkurrenzdruck, Bevorzugung einheimischer Unternehmen bei Konsumenten oder Behörden usw.). Jedes Unternehmen wird seine höchst individuellen Antworten auf diese Fragen finden, wenngleich es immer wieder allgemeine Trends gibt, wie etwa China oder Brasilien als bevorzugter Zielmarkt.

Markteintritt und Marktbearbeitung

Das Spektrum möglicher Markteintrittsformen reicht vom einfachen Export bis hin zum Aufbau eigener Tochtergesellschaften. Wegen der überragenden finanzwirtschaftlichen Bedeutung wurde dieser strategischen Fragestellung ein eigenes Kapitel (2) gewidmet und wird hier deshalb nicht weiter erläutert.

Timing

Zunächst muss die Unternehmung die Frage beantworten, wann sie in ein bestimmtes Land eintritt, ob sie eine First-Mover(Pionier)-Strategie wählt oder eine Follower-Strategie. Bei einer

First-Mover-Strategie tritt ein Unternehmen zeitlich vor der internationalen Konkurrenz auf einem Markt auf. Damit muss sie sich nur gegen den lokalen Wettbewerb behaupten, falls der für die angebotenen Produkte und Dienstleistungen existiert. First-Mover haben einen zeitlichen Vorsprung gegen die internationalen Konkurrenten und können deshalb versuchen Markteintrittsbarrieren zu errichten, sei es durch den Aufbau von besonderen Beziehungen zu Kunden, zu Lieferanten oder zu Regierungsstellen. Diese Vorteile müssen den Mehrkosten der Markterschließung und dem erhöhten Risiko des Scheiterns durch mangelnde Erfahrungen in den länderspezifischen Märkten gegenübergestellt werden.

Bei einer Follower-Strategie wird ein Markteintritt erst dann in Erwägung gezogen, wenn andere Unternehmen bereits seit geraumer Zeit dort tätig waren. Der Follower ist damit zwar langsamer, muss folglich den zeitlichen Vorsprung der Konkurrenz aufholen, kann jedoch von den Fehlern der Vorgänger profitieren. Es gibt keine Blaupause für ein richtiges Vorgehen, da die richtige Strategie stets die höchst individuellen Stärken und Schwächen eines Unternehmens berücksichtigen muss.

Tabelle 3.1 zeigt den Markteintritt von internationalen Pharmaunternehmen in den chinesischen Markt (Bruche, 1998, S. 71). Der Markteintritt vollzog sich zeitlich sehr unterschiedlich und nicht immer waren die größten Unternehmen der damaligen Zeit auch die First-Mover. Die Nummer 1 der damaligen Zeit, Glaxo aus England, trat erst drei Jahre nach Otsuka aus Japan auf dem chinesischen Markt in Erscheinung.

Unternehmen	Rang 1995	Markteintritt	Unternehmen	Rang 1995	Markteintritt
Otsuka JP	28	1984	Hoechst D	2	1991
Roche CH	8	1985	Upjohn USA	16	1992
Pfizer USA	7	1985	Sanofi FR	24	1996
Ciba-Geigy CH	10	1985	Bayer D	12	1998
Bristol MS USA	4	1986	Rhone-P FR	11	1998
Glaxo UK	1	1986	Lily USA	13	1998
Schering D	27	1989	Boehringer-I D	21	1998

Tab. 3.1: Markteintritt internationaler Pharmaunternehmen in den chinesischen Markt

Neben dem länderspezifischen Timing muss ein Unternehmen auch die Frage entscheiden, in welchem zeitlichen Ablauf die Zielländer bearbeitet werden sollen. Das Spektrum reicht von einer Wasserfallstrategie, bei der kaskadenartig jedes Land der Reihe nach bearbeitet wird, bis hin zur Sprinklerstrategie, einer parallelen Bearbeitung aller Zielmärkte. Die Vorteile einer Wasserfallstrategie liegen im versetzten Ressourcenbedarf von Kapital und Managementeinsatz sowie im Lerneffekt. Selbst für große etablierte Unternehmen ist es nämlich zuweilen ein Kraftakt, wenn ein neues Produkt parallel in verschiedenen Ländern angeboten wird. So plant Daimler 2014 seine neue C-Klasse innerhalb von nur sechs Monaten in Deutschland, Südafrika,

USA und China einzuführen, ein Novum in der Geschichte des Unternehmens. Das Hauptrisiko bei diesem Vorgehen liegt darin, dass etwaige Produktions- und Qualitätsmängel in der Hochlaufphase an vielen Produktionsstandorten gleichzeitig eintreten und somit eine sehr große Zahl von Autos nachgebessert werden müsste.

Wenn es schon für Daimler eine Herausforderung ist, dann umso mehr für mittelständische Unternehmen. Sie wählen deshalb häufig zunächst vertraute und geografisch nahe Märkte. Die dabei gewonnenen Erfahrungen werden dann auf weitere Länder übertragen, was das Risiko des Scheiterns reduziert.

Allokation

Bei Allokationsentscheidungen wird festgelegt, welche Einheit innerhalb eines Unternehmens welche Aufgabe wahrnimmt und welchen Freiheitsgrad die betroffenen Einheiten erhalten. Die konkrete Ausgestaltung findet dabei in einem Kontinuum zwischen Zentralisierung und Dezentralisierung statt.

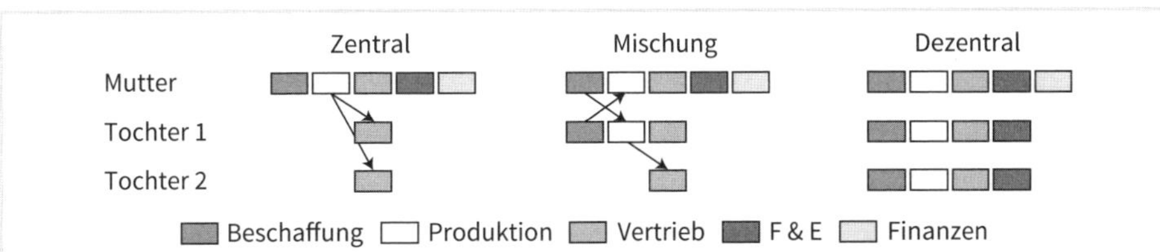

Abb. 3.1: Konfigurationsstrategien

Abbildung 3.1 zeigt mögliche Konfigurationen, wie Aufgaben verteilt werden können. Bei der stark zentralisierten Lösung im linken Teil der Abbildung 3.1 wird nur der Vertrieb bei den jeweiligen Tochtergesellschaften angesiedelt, während alle anderen Wertschöpfungsaktivitäten zentral bei der Muttergesellschaft durchgeführt werden. Bei der überwiegend dezentralen Konfiguration auf der rechten Seite hingegen verbleibt nur die konzernweite Finanzierung ausschließlich bei der Mutter.

Selbstverständlich sind auch Mischkonfigurationen möglich. In der Abbildung 3.1 etwa sind die Mutter und Tochter 1 für die Beschaffungsseite verantwortlich. Die Produktion für Tochter 2 wird bei Tochter 1 durchgeführt. Der Vertrieb findet dezentral statt, wohingegen die Finanzen sowie die F&E-Aktivitäten zentral bei der Mutter angesiedelt sind.

Neben der Konfiguration ist die Art der Leistungserbringung eine weitere zentrale strategische Allokationsentscheidung bei internationalen Unternehmen. Sollen die in den einzelnen Ländern angebotenen Produkte weitgehend identisch sein (Standardisierung) oder ist es sinnvoll, in unterschiedlichen Ländern mit differenzierten Leistungen aufzutreten? Die Vorteile einer Standardisierungsstrategie liegen klar auf der Kostenseite, während die Vorteile einer Differenzierung sich auf der Erlösseite bemerkbar machen.

Koordination
Internationale Unternehmen müssen ihre länderübergreifenden Aktivitäten koordinieren. Der Koordinationsbedarf entsteht dabei durch die gewählte funktionale Arbeitsteilung (Konfigurationsentscheidung) sowie der produktspezifischen und geografischen Spezialisierung (wo wird welches Produkt hergestellt). Je höher der Grad der Arbeitsteilung ist, desto größer sind die konzerninternen Schnittstellen und gegenseitigen Abhängigkeiten zwischen den betroffenen Einheiten. Die Koordinationsprobleme werden dabei durch unterschiedliche Landeskulturen und das divergierende rechtliche und politische Umfeld noch vergrößert.

Der Koordinationsbedarf kann einerseits über strukturelle Maßnahmen befriedigt werden. Die gewählte Organisationsstruktur ist hierzu ein zentrales Instrument, denn jede Organisationsstruktur impliziert eine bestimmte Art der Koordination. Auch der Aufbau von zentralen Stäben oder die Zentralisierung von Entscheidungen sind mögliche Bestandteile von strukturellen Maßnahmen. Es muss dabei betont werden, dass die Zentralisierung von Entscheidungen nicht im Widerspruch zu einer dezentralen Konfiguration ist. Die Produktion oder der Vertrieb kann vor Ort erfolgen und gleichzeitig können alle relevanten Entscheidungen zentral von Stäben oder Zentralabteilungen innerhalb der Muttergesellschaft getroffen werden.

Der Koordinationsbedarf kann auch über technokratische Maßnahmen gelöst werden, etwa, wenn strategische und operative Pläne abgestimmt werden, wenn die Steuerung von Auslandseinheiten über vorgegebene Budgets erfolgt oder wenn ein standardisiertes Berichts- und Kontrollsystem eingeführt wird.

3.2 Organisationsstrukturen und Holdings

Auf welche Weise und wie stark sich das internationale Geschäft eines Unternehmens in seiner Organisationsstruktur niederschlägt, hängt maßgeblich davon ab, welche Bedeutung das Auslandsgeschäft im Vergleich zum Inlandsgeschäft hat. Steht das Unternehmen am Beginn seiner Internationalisierung, ist sein Auslandsengagement noch vergleichsweise gering und wird deshalb kaum Auswirkungen auf seine Organisationsstruktur haben. Gelegentliche Exporte oder der Bezug von Vorleistungen aus dem Ausland werden in den bestehenden Strukturen bearbeitet. Selbst die Gründung einer ausländischen Tochtergesellschaft kann durch eine direkte Berichtslinie an die inländische Geschäftsleitung organisatorisch gelöst werden. Da das Auslandsgeschäft keine erkennbaren Spuren in der Organisation hinterlässt, spricht man in diesem Zusammenhang von einer unspezifischen Organisationsstruktur.

Segregierte Strukturen
Überschreitet das Auslandsgeschäft eine kritische Größe, bieten sich segregierte Organisationsstrukturen an, bei dem das Auslandsgeschäft im Organigramm zwar erscheint, aber »vom Rest« getrennt (segregiert) wird. Der obere Teil der Abbildung 3.2 zeigt eine funktionale Organisationsstruktur mit einer segregierten Einheit »Auslandsgeschäft«. Es gibt hierfür viele alternative

Bezeichnungen wie »Internationaler Bereich« oder »Internationale Division«. In analoger Weise kann das Auslandsgeschäft selbstverständlich auch in einer nach Geschäftsbereichen, nach Produkten oder nach Regionen strukturierten Unternehmung segregiert werden.

Funktionale Organisation	Beschaffung	Produktion	Absatz	Stab/Finanzen	Auslandsgeschäft
Organisation nach Geschäftsbereichen	Geschäftsbereich 1	Geschäftsbereich 2		Stab/Finanzen	Auslandsgeschäft

Abb. 3.2: Segregierte Organisationsstrukturen

Segregierte Organisationsstrukturen haben den Vorzug, dass sie dem internationalen Geschäft organisatorisch ein Gesicht und damit Gewicht geben. Da sich die für das Auslandsgeschäft verantwortlichen Führungskräfte und deren Mitarbeiter ausschließlich auf das Ausland konzentrieren, entstehen ein größeres Problembewusstsein und eine erhöhte Aufmerksamkeit für auslandsbezogene Fragestellungen. Nachteilig ist, dass einige Aufgaben doppelt durchgeführt werden, seien es funktionale Aufgaben wie Beschaffung oder zentrale Aufgaben wie Controlling oder Personalmanagement. Da der Inlands- und Auslandsbereich organisatorisch kaum Berührungspunkte haben, können kaum Synergien gehoben werden. Auch ein Wissensaustausch wird organisatorisch nicht unterstützt.

Integrierte Strukturen

Ein großes Gewicht erhält das internationale Geschäft in Organisationsstrukturen, bei denen das Inlands- und Auslandsgeschäft integriert erfolgt wie Abbildung 3.3.

Funktionale Organisation	Beschaffung Inland/Ausland	Produktion Inland/Ausland	Absatz Inland/Ausland	Stab/Finanzen Inland/Ausland
Organisation nach Geschäftsbereichen	Geschäftsbereich 1 Inland/Ausland	Geschäftsbereich 2 Inland/Ausland		Stab/Finanzen Inland/Ausland

Abb. 3.3: Integrierte Organisationsstrukturen

Im oberen Teil der Abbildung 3.3 wird das Inlands- und Auslandsgeschäft eines nach Funktionen gegliederten Unternehmens zusammengeführt. Die Leiter der einzelnen Funktionsbereiche erhalten eine weltweite Verantwortung. Die Vorteile einer integrierten Funktionalstruktur liegen in ihrer hohen Ressourceneffizienz, weil Spezialisierungsvorteile innerhalb jeder Funktion erreicht werden können. Man muss sich nur die Kostenvorteile vor Augen halten, die etwa eine weltweite Beschaffung mit sich bringt. Auch die Prozesseffizienz ist bei dieser Organisationsform hoch, weil gleichartige Tätigkeiten in einer Einheit zusammengefasst und verantwortet werden, wodurch hohe Lerneffekte entstehen können. Der gravierende Nachteil liegt jedoch in der geringen Markteffizienz, weil Produkt und Markt organisatorisch keine Rolle spielen. Während dies bei Einproduktunternehmen noch vertretbar erscheint, nutzen Mehrproduktunternehmen deshalb vorwiegend Organisationsstrukturen, die nach Geschäftsbereichen, nach

Produkten oder auch nach Regionen gegliedert sind. Die »Funktion« als Gliederungsmerkmal erscheint erst in der zweiten oder dritten Gliederungsebene.

Der Vorteil eines nach Geschäftsbereichen strukturierten Unternehmens liegt in erster Linie in der Markteffizienz, weil eine gesamtheitliche Verantwortung für einen Geschäftsbereich oder ein Produkt vorliegt. Damit können Marktchancen weltweit wahrgenommen werden und Know-how und Ressourcen zwischen den Ländern im Bedarfsfall transferiert werden. Da die einzelnen Einheiten als Profit-Center geführt werden, entsteht eine Verantwortung für Erlöse und Kosten, was eine verantwortungsbewusste Einschätzung der Chancen und Risiken der Auslandsmärkte nach sich zieht. Die hohe Selbstständigkeit der einzelnen Geschäfts- und Produktbereiche führt aber auch zu »Geschäftsfeldegoismen« und erschwert die abgestimmte und koordinierte Bearbeitung von gemeinsamen Auslandsmärkten. Auch geschäftsfeldübergreifende Verbundeffekte (Economies of Scope), Wissenstransfer sowie Lerneffekte werden erschwert.

Ein zentrales Problem von allen integrierten Organisationsformen besteht darin, dass die im Ausland vertretenen Tochtergesellschaften fast nie eindeutig einer Funktion, einer Geschäftseinheit oder einem Produkt zugeordnet werden können. Damit kommt es aber zu Mehrfachunterstellungen oder zu Interessenkollisionen.

BEISPIEL

Integrierte Organisationsformen – Tochtergesellschaften

Ein nach Funktionen organisiertes Unternehmen gründet eine Tochtergesellschaft in Brasilien, das vor Ort produziert und alle Produkte des Konzerns in Südamerika vermarktet. Damit hat die Tochtergesellschaft aber Überschneidungen zu allen zentralen Funktionsbereichen. Die organisatorische Eingliederung in den Bereich »Beschaffung« ist daher genauso willkürlich wie die Eingliederung in »Vertrieb« oder »Produktion«.

Netzwerkstrukturen

Wir haben gezeigt, wie multinationale Unternehmen die Unvollkommenheit der Märkte als Marktsucher, Rohstoffsucher und als Kostenreduzierer für sich nutzen. Dabei müssen sie die sich bietenden Vorteile oft flexibel umsetzen, sei es in Form von strategischen Partnerschaften, Kooperationen, Outsourcingpartnern, Joint Ventures, Tochtergesellschaften mit Minderheitsbeteiligung usw. Wenn man berücksichtigt, dass die eigene Wertschöpfung dabei oft nur einen kleinen Teil des Umsatzes ausmacht, wird klar, warum diese Partner oft von herausragender Bedeutung für den unternehmerischen Erfolg sind. Ein maßgeblicher Erfolgsfaktor liegt daher fast immer in der richtigen Auswahl und in der guten Zusammenarbeit mit den externen Partnern. Nehmen Sie das Beispiel von Apple, das einen großen Teil seiner Produktion in China bei Foxconn fertigen lässt oder Puma, das Produktion und Logistik nahezu vollständig an Kooperationspartner ausgelagert hat. Angesichts dieser Strukturen wird oft von internationalen Netzwerken gesprochen, die oft ein höheres Lösungspotenzial besitzen als klassische Organisationsstrukturen. Netzwerke ermöglichen Kosteneinsparungen, Netzwerke bieten oft aber auch einen ansonsten verschlossenen Zugang zu Ressourcen, Know-how, Technologien oder zu politischen Entscheidungsträgern. Eine typische Netzwerkstruktur zeigt Abbildung 3.4.

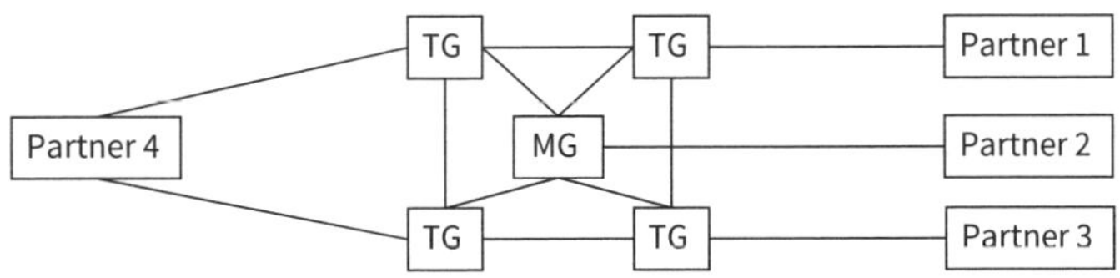

Abb. 3.4: Netzwerkstrukturen internationaler Unternehmen

Konzern- und Holdingstrukturen

In der Unternehmenspraxis spielen Konzernstrukturen schon seit langer Zeit eine wichtige Rolle, da die Mehrheit aller Kapitalgesellschaften konzernverbunden ist. Das Wesensmerkmal eines Konzerns ist die Zusammenfassung rechtlich selbstständiger Unternehmen unter einer einheitlichen wirtschaftlichen Leitung. Die Gründung einer ausländischen Tochtergesellschaft führt damit automatisch zu einer Konzernstruktur.

Konzernstruktur und Organisationsstruktur einer Einheitsunternehmung sind kein Widerspruch. Sobald rechtlich selbstständige Einheiten Teile der Organisationsstruktur bilden und nicht nur Niederlassungen oder Betriebsstätten, »verwandelt« sich, bei gleichem organisatorischem Aufbau, eine Einheitsunternehmung in einen Konzern.

Mit dem Konzernbegriff eng verbunden ist der Begriff der Holding. Eine Holding ist keine gesetzlich geregelte Gesellschaftsform, sondern bezeichnet eine Organisationsform, bei der ein Unternehmen auf Dauer angelegte Beteiligungen an anderen rechtlich selbstständigen Unternehmen hält. Die oberste Gesellschaft wird Holdinggesellschaft oder auch Dachgesellschaft genannt, während der Gesamtverbund aller beteiligten Unternehmen als Holding bezeichnet wird. Da in einem Konzern die Konzernspitze Eigentümer der rechtlich selbstständigen Tochtergesellschaften ist, hat jeder Konzern automatisch auch die Merkmale einer Holding.

Von zentraler Bedeutung für das Organisationsverständnis ist die Funktion, die der Holdinggesellschaft zugeschrieben wird und welche Weisungskompetenz sie für die nachgelagerten Einheiten hat. Grundtypen sind die Operative Holding, die Strategische Holding und die Finanzholding, die wir im Folgenden kurz skizzieren.

Operative Holding: Hier tritt die Dachgesellschaft selbst über die gesamte Wertschöpfungskette am Markt auf und verantwortet zusätzlich die in- und ausländischen Tochtergesellschaften, die sie gezielt in ihr operatives Geschäft integriert. Deren Aktivitäten sind auf die Unterstützung und Ergänzung der Muttergesellschaft ausgerichtet und besitzen keine strategische Selbstständigkeit. Eine operative Holding wird auch als Stammhauskonzern bezeichnet. Operative Holdings findet man häufig bei größeren Unternehmen, die aus einem dominierenden Geschäftsfeld herausgewachsen sind und sich international positionieren wollen.

Strategische Holding: Sie wird von einigen Autoren auch als Managementholding oder als strategische Managementholding bezeichnet. Bei diesem Konzept konzentriert sich die Dachgesellschaft – wie der Name schon besagt – auf strategische Fragestellungen, während das operative Geschäft vollständig von den nachgelagerten Einheiten verantwortet wird. Zu den Aufgaben der Dachholding gehören die Auswahl der Führungskräfte der nachgelagerten Einheiten, die Festlegung der strategischen Geschäftsfelder und Ziele sowie die M&A-Aktivitäten. Die betriebliche Steuerung erfolgt über Budgets und Finanzkennzahlen. Teilweise sind Vorstände der Holdinggesellschaft gleichzeitig die obersten Verantwortlichen für nachgelagerte Geschäftsfelder. Managementholdings findet man bei vielen Konzernen, etwa bei Daimler, RWE, E.ON, ThyssenKrupp, um nur einige zu nennen. Ihr Vorteil liegt darin, dass die nachgelagerten Einheiten nahe am Markt sind und durch die operative Selbstständigkeit eine hohe Flexibilität aufweisen und gleichzeitig die finanzielle und strategische Kraft eines Großkonzerns vorhanden ist.

Die klare Trennung zwischen strategischer und operativer Verantwortung ist in der betrieblichen Wirklichkeit oft weder gegeben noch gewünscht. Bedingt durch die organisatorische Selbstständigkeit der nachgelagerten Einheiten ist die Zentrale auf deren Informationen über Markt, Wettbewerb, Technologien usw. angewiesen. Antworten auf strategische Fragen werden deshalb oft mehr im Dialog und nicht einseitig von der Dachgesellschaft beantwortet. Hier sind viele Zwischentöne möglich, die stark von der jeweiligen Unternehmenskultur abhängen.

Finanzholding: Bei einer Finanzholding reduziert sich der Verantwortungsbereich der Dachgesellschaft auf die Aufgaben Finanzierung, Investition, Beteiligungsentscheidungen und zentrales Controlling. Da diese betrieblichen Aufgaben zentral für die Entwicklung eines Konzerns sind, kann der Einfluss der Finanzholding immer noch merklich sein, insbesondere, weil sie auch über die Managementbesetzung der nachgelagerten Einheiten entscheidet. Wie stark eine Finanzholding faktisch in die strategischen und operativen Entscheidungen der Teilbereiche des Konzerns einwirkt, kann nicht pauschal beantwortet werden, sondern hängt vom Einzelfall und den handelnden Personen ab.

Der Übergang zwischen den drei hier vorgestellten Holdingkonzepten ist fließend und kann in der konkreten Ausgestaltung sehr unterschiedlich sein. Es ist jedoch klar, dass der Verantwortungsbereich der Dachgesellschaft von der operativen Holding über die strategische Holding bis zur Finanzholding immer mehr abnimmt.

Finanzierungsgesellschaft und Zwischenholdings

Trotz großer sprachlicher Nähe sind Finanzierungsgesellschaften ein völlig anderes Konzept als Finanzholdings. Finanzierungsgesellschaften werden häufig von multinationalen Unternehmen mit dem Ziel gegründet, über sie die Finanzierung der Mutter- und Tochtergesellschaften operativ durchzuführen. Ein Grund dafür ist die Bündelung des konzerninternen Finanzmittelbedarfs, was zu besseren Kreditkonditionen führt. Darüber hinaus kann ein konzerninterner Ausgleich von Finanzmittelangebot und -nachfrage durchgeführt werden, der ebenfalls die Finanzierungskosten senkt. Ein weiterer wesentlicher Grund für die Gründung von Finanzierungsgesellschaften ist die »Vermeidung« von Steuerzahlungen. Hierzu wird die Finanzierungsgesellschaft als Zwischenholding geführt, die die Beteiligungen an den rechtlich selbstständigen Tochtergesellschaften hält. Durch diese Konstruktion fließen die Gewinne der Tochtergesellschaften nicht direkt an die Dachholding (Muttergesellschaft), sondern an die Zwischenholding. Der steuerliche Sitz der Zwischenholding wird dabei so gewählt, dass die Steuerzahlungen im Konzern möglichst gering gehalten werden. Mit diesem Thema werden wir uns ausführlich in Kapitel 17 beschäftigen.

3.3 Landeskultur, Unternehmenskultur und Führungsstile

Internationale und insbesondere multinationale Unternehmen bewegen sich in anderen Kultur- und Sprachräumen. So offenkundig Sprachunterschiede sind, so unsichtbar sind oft kulturelle Unterschiede, die sich aber im täglichen Geschäftsleben deutlich auswirken können. Unter Kultur versteht man die Gesamtheit aller Werte, Normen, Einstellungen und Überzeugungen einer sozialen Einheit. Diese Werte werden von den Mitgliedern der sozialen Einheit erlernt und geteilt. Ein Teil der Kultur eines Landes ist beobachtbar und sichtbar wie ihre Sprache, Kunst, Architektur, Verhaltensweisen, ihre »Küche« oder die Essensgewohnheiten. Ein Teil jedoch wie Normen und Werte entzieht sich der Beobachtung und ist immateriell. Dieser unsichtbare Teil einer Kultur wird oft mit einem Eisberg verglichen, dessen Hauptvolumen unter der Wasseroberfläche liegt und viel mächtiger und stabiler ist als der sichtbare Teil.

Die Kultur eines Landes ist zwar ein kollektives Phänomen, doch gibt sie jedem Einzelnen Orientierung und setzt Standards für gutes Verhalten. Kultur erfüllt aber auch eine wichtige Ordnungsfunktion, da sie das Verhältnis zwischen der Stellung und Aufgabe eines Einzelnen zur gesamten sozialen Einheit regelt.

Für multinationale Unternehmen ist ein Verständnis der Kultur eines Landes von großer Bedeutung, da nur so kulturbedingte Ineffizienzen vermieden oder zumindest reduziert werden können. Diese Ineffizienzen lassen sich zurückführen auf kulturbedingte Kommunikationsmissverständnisse, auf unterschiedliche Geschäftsusancen, auf die Arbeitsorganisation, die das Verhalten des Einzelnen im Gesamttext der Gruppe nicht ausreichend berücksichtigt, auf nicht kulturangepasste Anreizsysteme oder schlicht auf ethnozentrische Überheblichkeit und Ignoranz des Führungspersonals.

Landeskultur

Die Kultur eines Landes hat nahezu unbegrenzte Ausgestaltungs- und Erscheinungsformen. Es ist daher schwer und sicher auch etwas willkürlich, die Dimensionen festzulegen, mit denen die Unterschiede und Gemeinsamkeiten von Landeskulturen aufgezeigt werden sollen. Exemplarisch soll hier auf die Kulturdimensionen von Hofstede zurückgegriffen werden, der eine Kultur anhand von fünf Dimensionen beschreibt.

Info

Geert Hofstede wurde 1928 geboren und gilt als einer der wichtigsten Gelehrten auf dem Gebiet der Kulturforschung, der maßgeblich die kulturorientierte Managementlehre geprägt hat.

Machtdistanz

Die Machtdistanz ist das Ausmaß, bis zu dem die Mitglieder einer Gesellschaft oder Institution akzeptieren, dass Macht ungleich verteilt ist. Bei der Machtdistanz geht es nicht um das tatsächliche Ausmaß der Machtunterschiede, sondern um die Akzeptanz des Unterschieds. Sie prägt den Umgang zwischen hierarchisch unterschiedlich positionierten Mitgliedern einer Gesellschaft. Je höher der Wert, desto mehr werden Anweisungen von Vorgesetzten und Autoritäten blind und kritiklos akzeptiert.

Die Auswirkungen unterschiedlicher Werte zeigen sich in vielfältiger Weise: Länder und Organisationen mit niedrigen Werten wie nord- und mitteleuropäische Länder können flachere Hierarchiestufen aufweisen und dezentralisierter organisiert sein, während in Ländern mit hohen Werten Machtunterschiede nach außen hin durch Privilegien und Statussymbole sichtbar gemacht werden. Ein Umgehen von Hierarchiestufen ist dort ein unakzeptabler Vorgang. In solchen Ländern sind Stabstellen mit mehr Personal besetzt, da sie gleichzeitig auch Überwachungsaufgaben wahrnehmen. Beispiele sind südamerikanische, asiatische, aber auch arabische Länder.

Unsicherheitsvermeidung

Hierunter versteht man das Ausmaß, in dem sich Mitglieder einer Gesellschaft durch unbekannte und ungewisse Situationen bedroht fühlen. Länder, in denen die Unsicherheitsvermeidung stark ausgeprägt ist, haben einen Hang zur Sicherheit und Risikovermeidung. Man versucht sich abzusichern, holt den Rat von Expertengruppen und regelt Arbeitsabläufe umfassend, detailliert und schriftlich. Veränderung wird weniger als Chance, sondern als Gefahr und Bedrohung gesehen. Beispiele hierfür sind nach Hofstede Deutschland und Japan. Auf der anderen Seite des Spektrums liegen Länder wie die USA und Großbritannien, in denen das Risiko und das Unbekannte mehr akzeptiert und als Chance begriffen werden. Organisationen sind in diesen Ländern deshalb weniger formal strukturiert, Mitarbeiter zeigen eine höhere Bereitschaft zu kreativen und außergewöhnlichen Problemlösungen, aber auch eine höhere Bereitschaft zum Wechsel der Arbeitsstelle.

Individualismus versus Kollektivismus

Die dritte Kulturdimension spannt den Bogen zwischen Individualismus und Kollektivismus. Sie legt das Selbstverständnis des Einzelnen im Vergleich zu den anderen Mitgliedern fest. In individualistischen Gesellschaften sind die Bindungen zwischen den einzelnen Mitgliedern locker. Jeder fühlt sich nur für sich und seine unmittelbaren Familienangehörigen verantwortlich. Individualistische Gesellschaften weisen oft eine hohe protestantische Arbeitsethik auf, großen individuellen Einsatz und ein berufliches Weiterkommen auf Basis von Kompetenz und Einsatz. Beispiele sind die USA und Kanada. Deutschland weist ebenfalls hohe Werte für Individualismus auf, wenngleich deutlich weniger als die USA.

Mitglieder von kollektivistischen Gesellschaften hingegen haben ein ausgeprägtes Wir-Gefühl und daher eine große Loyalität. Die Beziehung zu Mitarbeitern und Vorgesetzten ist ein wichtiges Element. Die Arbeit wird weniger als Selbstverwirklichung verstanden, sondern als Teil der Integration und Geborgenheit. Beispiele sind viele südamerikanische Länder, Taiwan und Südkorea.

Maskulinität/Feminität
Hofstede unterscheidet zwischen maskulinen und femininen Kulturen. Maskuline Gesellschaften trennen stark zwischen den Geschlechtern und weisen Männern und Frauen die »klassischen Rollen« zu. Maskuline Gesellschaften sind stark wettbewerbsorientiert mit einer Dominanz materieller Werte und des persönlichen Erfolgs. Individuen stehen in einem starken Wettbewerb untereinander und verfolgen kraftvoll persönliche Ziele. Länder mit stark maskuliner Ausprägung sind Japan und Italien. Deutschland befindet sich nach Hofstede wie die USA im oberen Drittel.

In femininen Gesellschaften hingegen überlappen sich die Rollen der Geschlechter viel stärker. Gleichzeitig erhalten immaterielle Werte, Lebensqualität und ein sorglicher Umgang miteinander eine viel größere Bedeutung. Es wird nach einem Konsens und nach Kompromissen gesucht, die von allen getragen werden. Länder mit den höchsten Werten für Feminität sind die skandinavischen Länder.

Langfrist-/Kurzfristorientierung
Die fünfte Kulturdimension unterscheidet, ob Kulturen eher zukunftsorientiert und dynamisch (Kurzfristorientierung) oder mehr gegenwartsbezogen sind (Langfristorientierung). Kennzeichen einer Langfristorientierung sind für Hofstede eine große Beharrlichkeit im Verfolgen von gesetzten Zielen, auch wenn sie weit in der Zukunft liegen. Selbst kurzfristige Nachteile werden in Kauf genommen, um das langfristige Ziel zu verfolgen. Länder mit starker Ausprägung sind China, Taiwan und Japan.

Ganz anders in Ländern mit Kurzfristorientierung. Hier ist die Ausrichtung operativ und berücksichtigt stark die unmittelbaren Wirkungen des Handelns. Kurzfristige Vorteile werden gesucht, selbst wenn es zulasten der Zukunft geht. Länder wie die USA, Großbritannien, aber auch Deutschland weisen eher unterdurchschnittliche Werte für Langzeitorientierung auf.

Unternehmenskultur und Führungsstile
Für multinationale Unternehmen sind nicht nur die Landeskulturen von großer Bedeutung, sondern auch die angestrebten Führungsmodelle in den jeweiligen Tochtergesellschaften. Das Mutterunternehmen steht dabei vor der grundsätzlichen Frage, welche Freiräume den ausländischen Einheiten zugestanden werden sollten. Standardisierung oder Differenzierung ist eine der strategischen Grundfragen, wie oben dargelegt wurde. Die zunehmende Konvergenz von Kundenwünschen und die einfache Übertragung von technischen Vorgaben in andere Länder sprechen aus Kostengründen für eine weitgehende Standardisierung und eine zentrale Leitung

und Kontrolle. Nur so lassen sich konzerninterne Kostensynergien optimal heben. Andererseits grenzen länderspezifische Eigenarten sowie kulturelle und rechtliche Besonderheiten den Vorteil einer Gleichbehandlung stark ein und sprechen für eine Differenzierung zwischen Mutter und Töchtern. Eine uniforme Antwort für alle Unternehmen gibt es nicht.

Perlmutter beschreibt in diesem Zusammenhang idealtypische Erscheinungsformen multinationaler Unternehmen, die der Eigenständigkeit der Tochterunternehmen jeweils sehr unterschiedliches Gewicht geben (vgl. Perlmutter, 1969; Meckl, 2014, S. 101–104).

- **Ethnozentrisches Führungsmodell**: Hier geht die Muttergesellschaft von einer »Überlegenheit« gegenüber ihren Tochterunternehmen aus. Die Mutter gibt Weisungen, die im Ausland umgesetzt werden müssen. Um einen größtmöglichen Zugriff auf das Geschehen zu haben, besteht das Management im Ausland häufig weitgehend aus Führungskräften aus dem Stammland. Stammhauskonzerne sind für ethnozentrische Führungsmodelle »gefährdet«.
- **Polyzentrisches Führungsmodell**: Hier verkehren sich die Dinge. Das Management vor Ort wird lokal rekrutiert, um die kulturellen und rechtlichen Besonderheiten zu würdigen und zu nutzen. Dadurch können auch Märkte bearbeitet werden, die sich vom Mutterland deutlich unterscheiden. Es besteht ein hohes Maß an Eigenverantwortung vor Ort. Die Kontrolle durch die Mutterunternehmen beschränkt sich auf die vereinbarten Ziele. Jeder Markt und jedes Land stellt weitgehend ein eigenes Zentrum dar, wodurch sich auch der Name »polyzentrisch« erklärt. Dieses Führungsmodell ist mit einer strategischen Managementholding sehr kompatibel.
- **Regiozentrisches Führungsmodell:** Dieses Modell gleicht im Wesentlichen dem vorausgegangenen Ansatz. Allerdings werden nun Länder, in denen das Unternehmen vertreten ist, zu Regionen zusammengeführt. Dies setzt voraus, dass sich die rechtlichen und kulturellen Eigenarten der zusammengefassten Länder stark gleichen. Innerhalb der Regionen werden die Aktivitäten in den jeweiligen Ländern von einem regionalen Zentrum gesteuert und kontrolliert, das wieder weitgehend unabhängig von der Mutter agiert. Das Führungspersonal in den jeweiligen Regionen setzt sich aus Personen der dort zusammengefassten Länder zusammen.
- **Geozentrisches Führungsmodell**: Hier wird der Zusammenhalt zwischen den über die Welt verstreuten Einheiten des Unternehmens noch weiter gelockert.

4 Globalisierung

4.1 Globalisierung versus Internationalisierung

Die Begriffe »Globalisierung« und »global« sind in aller Munde und werden inflationär gebraucht. Doch was genau versteht man unter Globalisierung? Das Wort leitet sich vom lateinischen »Globus« ab, was so viel bedeutet wie Kugel oder Erde. Offenbar beinhaltet Globalisierung ein Phänomen, das den gesamten Globus, die gesamte Welt umfasst.

Globalisierung kennzeichnet den Prozess der zunehmenden Verflechtung aller Lebensbereiche auf der Erde. »Global« beinhaltet die Vorstellung einer »Weltgemeinschaft«, in der wir uns bewegen. Der Begriff Globalisierung betont daher Gemeinsamkeiten zwischen Ländern und Regionen, die sich immer stärker vernetzen und ähnlicher werden.

Globalisierung bezieht sich häufig auf Märkte und Unternehmen einschließlich ihrer Tätigkeiten. Doch Globalisierung kann über den wirtschaftlichen Bereich hinausgehen und auch als Verflechtungs- und Angleichungsprozess anderer Lebensbereiche wie Politik, Kultur, Freizeit, Umwelt usw. verstanden werden. Denken Sie etwa an die »Amerikanisierung der Welt«, worunter der dominante kulturelle Einfluss der USA auf den Rest der Welt verstanden wird.

Globalisierung geht in gewisser Weise mit einem schwindenden Einfluss von Nationalstaaten einher. Man spricht in diesem Zusammenhang von einer Denationalisierung, d. h. einem rückläufigen Einfluss der Nationalstaaten auf das Geschehen. Da multinationale Unternehmen in vielen Ländern aktiv sind, hat oft nicht einmal mehr das Mutterland des Konzerns die vollständige rechtliche und regulatorische Kontrolle über den Konzern, geschweige denn die Ansässigkeitsstaaten der einzelnen Tochtergesellschaften.

Der Begriff »Internationalisierung« ist mit »Globalisierung« verwandt, aber nicht deckungsgleich. In der Literatur existieren aber weder eine allgemein akzeptierte Definition der beiden Begriffe noch eine allgemein akzeptierte Abgrenzung. Manchmal wird Globalisierung als besonders ausgeprägte und weitreichende Form der Internationalisierung der Welt angesehen, gewissermaßen als Spezialform der Internationalisierung. Einige Autoren (siehe etwa Sitkin/Bowen, 2013, S. 4) haben allerdings ein anderes Verständnis von den Begriffen. Während ihrer Ansicht nach »global« das Gemeinsame betont, den Weg hinein in die Weltgemeinschaft, beinhaltet »international« den weiterhin bestehenden Unterschied zwischen den Regionen, Ländern und Kulturen, ein Unterschied, der trotz der unübersehbaren Tendenz zur Angleichung weiterhin besteht und bestehen bleiben wird. Und in der Tat beschäftigen sich die Literatur und auch dieses Buch ja gerade mit den Unterschiedlichkeiten zwischen den Ländern, die Unternehmen erkennen, bewerten und bewältigen müssen. Für uns ist der sprachliche Unterschied zwischen Globalisierung und Internationalisierung im Weiteren aber ohne besondere Bedeutung.

4.2 Entwicklung des Welthandels

Der Welthandel hat sich in den letzten Jahren mit großer Geschwindigkeit entwickelt. Im Zeitraum 1990 bis 2017 explodierte das Weltexportvolumen von 2,2 Billionen US-Dollar um 500 % auf 17,7 Billionen US-Dollar (in jeweiligen Preisen, Daten vom Internationalen Währungsfonds. Unter IFM/Data and Statistics finden Sie eine reiche Auswahl volkswirtschaftlicher Daten). Da das Exportwachstum schneller verlief als der Anstieg der Weltproduktion, stieg der relative Anteil der Exporte am Bruttoinlandsprodukt (BIP) im gleichen Zeitraum von 15 % auf 22 % an. Die Abbildung zeigt, dass der deutliche Rückgang des Welthandels 2009 im Zuge der Finanzmarktkrise in den Jahren danach schnell wieder wettgemacht wurde.

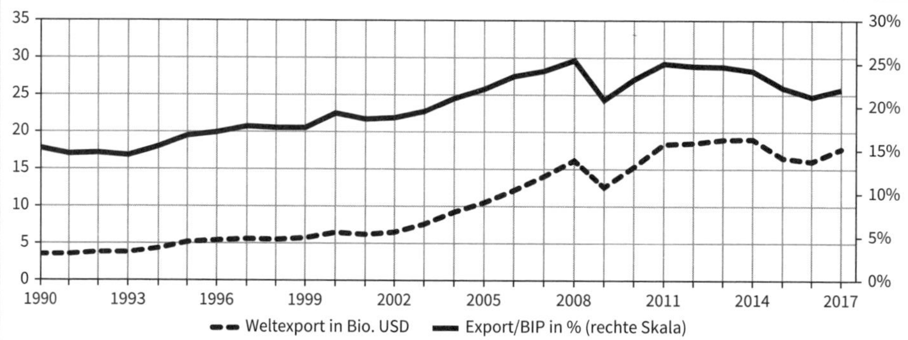

Abb. 4.1: Entwicklung der Weltexporte

Nicht alle Exportnationen konnten von der Welthandelsentwicklung gleichermaßen profitieren. Abbildung 4.2 zeigt die Anteile der größten Exportnationen im Zeitablauf. Der Exportanteil der USA fiel stetig von 16 % im Jahre 1950 auf derzeit 8,7 %. Auch Englands Anteil schrumpfte markant von 10 % auf unter 2,5 %. Deutschlands Anteil sank zwar auch in den letzten 25 Jahren, doch er verharrt auf hohem Niveau.

Die steile Entwicklung Chinas begann erst in den 1990er Jahren. Der chinesische Anteil am Weltexport ist in den letzten zehn Jahren förmlich explodiert. Auch in den kommenden Jahren wird China die größte Exportnation mit derzeit knapp 13 % Anteil bleiben.

Bis in die 1990er Jahre war Japan für den Westen das, was China heute ist, eine aufstrebende Wirtschaftsmacht. Japans Anteil stieg bis in die 1980er Jahre kontinuierlich an. Nach dem Platzen der weltweit größten Immobilienblase Anfang der 1990er Jahre fiel das Land in eine wirtschaftliche Depression, unter der es heute noch leidet.

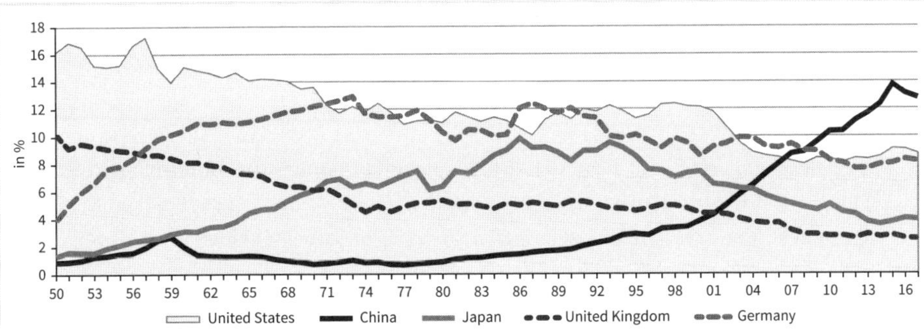

Abb. 4.2: Exportanteile ausgewählter Länder am Welthandel in Prozent

Einige Länder exportieren mehr Waren, als sie importieren. Die Differenz zwischen Warenexport und Warenimport wird Handelsbilanzsaldo genannt. Sind die Exporte eines Zeitraums größer (kleiner) als die Importe, spricht man von einem Handelsbilanzüberschuss bzw. einem Handelsbilanzdefizit. Das Land mit dem größten Handelsbilanzdefizit ist schon seit vielen Jahren die USA. Im Jahr 2017 erreichte das Defizit die unvorstellbar große Summe von 863 Mrd. US-Dollar. China und Deutschland auf der anderen Seite waren 2017 die Länder mit den größten Überschüssen von 421 Mrd. US-Dollar bzw. 281 Mrd. US-Dollar.

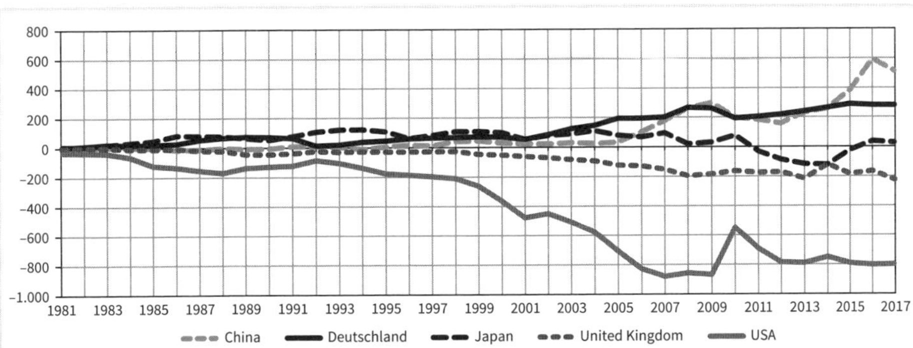

Abb. 4.3: Handelsbilanzsalden in Mrd. US-Dollar

4.3 Entwicklung der Direktinvestitionen

Die Globalisierung zeigt sich nicht nur an der Entwicklung und am Umfang des Welthandels, sondern auch an der Zunahme der Direktinvestitionen. Unter Direktinvestitionen versteht man dabei grenzüberschreitende Investitionen mit dem Ziel, einen dauerhaften Einfluss auf ein Unternehmen in einem anderen Land auszuüben. Neben dem langfristigen Interesse stellt das Kontrollmotiv die konstituierende Komponente für Direktinvestitionen dar. Es wird immer dann unterstellt, wenn eine Beteiligung von mindestens 10 % an einem ausländischen Unternehmen vorliegt.

Direktinvestitionen liegen nicht nur bei Erstinvestitionen vor, sondern auch bei Folgeinvestitionen. Von Direktinvestitionen spricht man daher auch, wenn im Ausland erzielte Gewinne thesauriert werden und damit im Ausland bleiben.

Direktinvestitionen können aus Sicht der empfangenden ausländischen Unternehmen nicht nur aus Eigenkapital d. h. aus Beteiligungskapital bestehen, sondern auch aus Fremdkapital. Ein solcher Fall liegt vor, wenn die Muttergesellschaft an ihre Auslandstochter einen Kredit vergibt.

Zur besseren Abgrenzung sei an dieser Stelle erwähnt, dass das Gegenstück von Direktinvestitionen Portfolioinvestitionen sind, die auch Wertpapiertransaktionen genannt werden. Sie liegen dann vor, wenn Wertpapiere von ausländischen Emittenten gekauft werden, etwa britische Aktien oder amerikanische Anleihen. Hier steht die Kapitalanlage im Vordergrund und damit Kursgewinne, Zins- und Dividendenerträge. Kapitalanlagen werden teilweise auch langfristig vorgenommen, doch es fehlt das Kontrollmotiv wie bei Direktinvestitionen, die wir nun genauer betrachten.

Abbildung 4.4 zeigt die enorme Entwicklung der Direktinvestitionen seit 1980 aus Sicht der empfangenden Ländergruppen. Die Daten stammen von der UNCTAD – United Nations Conference on Trade and Development – www.unctad.org. Dort stehen zahlreiche Zeitreihen zum Welthandel und zu Direktinvestitionen zur Verfügung. Weltweit stiegen die Direktinvestitionen von 13 Mrd. US-Dollar auf etwa 1.430 Mrd. US-Dollar an. Dabei floss bis 2008 der Löwenanteil in die entwickelten Länder. Erst seit dem markanten Rückgang im Jahr 2009 holten Entwicklungsländer – China wird bei der UNCTAD als Entwicklungsland geführt – deutlich auf, weil die Direktinvestitionen in die asiatischen Länder, allen voran China, deutlich zugelegt haben. Im Jahr 2017 liegen die beiden Ländergruppen in etwa auf gleicher Höhe.

Bitte beachten Sie, dass es sich bei den hier aufgeführten Zahlen um Stromgrößen handelt, d. h. um die jährlichen Zuflüsse von Direktinvestitionen in ein Land bzw. eine Region. Der Bestand an Direktinvestitionen liegt natürlich um ein Vielfaches über diesen Werten. Betrachtet man den weltweiten Bestand der Direktinvestitionen, sprechen wir über einen Wert von rund 30.000 Mrd. US-Dollar!

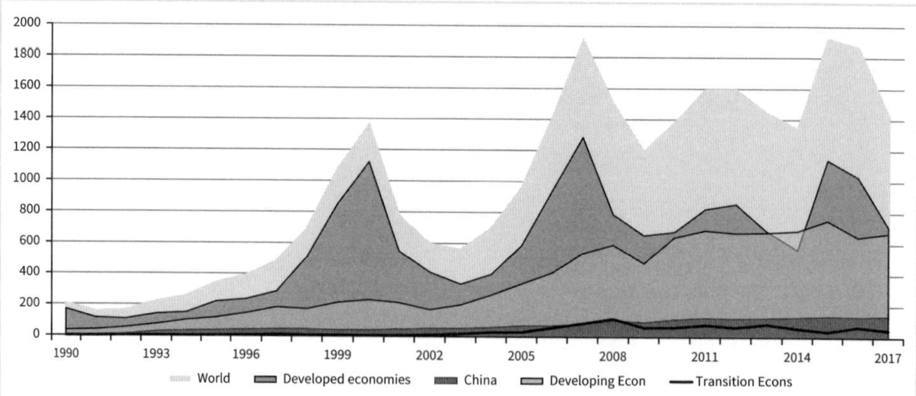

Abb. 4.4: Entwicklung der Direktinvestitionen in Mrd. US-Dollar (Empfänger)

Direktinvestitionen sind für die Kapitalbildung in vielen Ländern von großer Bedeutung. Bezieht man die Direktinvestitionen auf die Höhe der im gleichen Zeitraum durchgeführten Bruttoinvestitionen, erhält man weltweit einen Wert von durchschnittlich rund 12 % für die Jahre seit 2000. In einzelnen Ländern liegt der Anteil natürlich deutlich höher.

Abbildung 4.5 zeigt die Direktinvestitionen aus Sicht der wichtigsten Empfängerländer für 2017. Die USA lagen mit 275 Mrd. US-Dollar deutlich vor China (inklusive Hongkong) mit 104 Mrd. Deutschland liegt mit einem Wert von rund 35 Mrd. US-Dollar deutlich dahinter. Einzelne Jahreswerte sind allerdings nur bedingt aussagekräftig, da die Direktinvestitionen sehr stark schwanken.

Negative Zahlen wie für Belgien bedeuten, dass im entsprechenden Jahr Kapital abgezogen wurde.

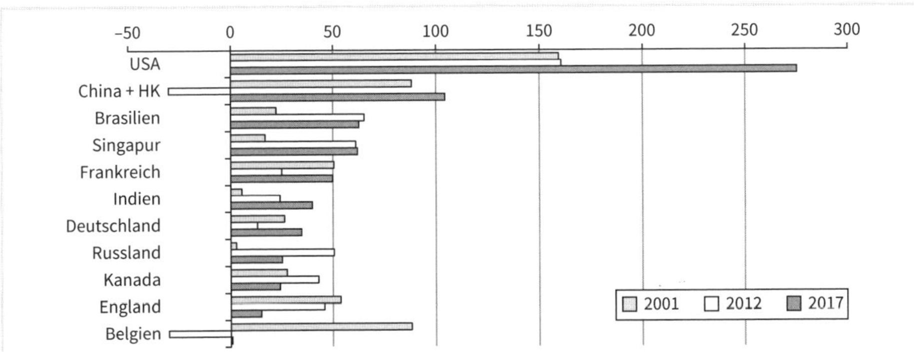

Abb. 4.5: Empfängerländer von Direktinvestitionen (in Mrd. US-Dollar)

Direktinvestitionen können auch aus Sicht der Geberländer wie in Abbildung 4.6 betrachtet werden. Hier liegen die USA unangefochten an der Spitze mit fast 343 Mrd. US-Dollar im Jahr 2017. Es folgen Japan, England, China und Deutschland. Dass relative kleine Länder wie Belgien in der Liste der größten Geberländer erscheinen, hängt mit den großen multinationalen Unternehmen in diesen Ländern zusammen. Denken Sie etwa an Anheuser-Busch oder die KBC-Gruppe in Belgien.

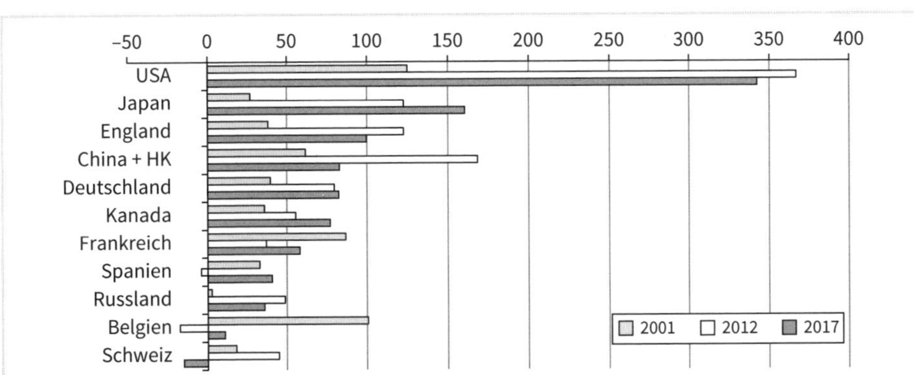

Abb. 4.6: Geberländer von Direktinvestitionen (in Mrd. US-Dollar)

4.4 Globalisierung aus deutscher Sicht

Exporte, Importe und Zielländer

Das letzte Kapitel hatte bereits gezeigt, dass Deutschland eine wichtige Rolle im internationalen Handel spielt. Abbildung 4.7 zeigt die Entwicklung des deutschen Warenhandels über einen längeren Zeitraum. Es wird deutlich, dass sowohl die Exporte als auch die Importe in den vergangenen 40 Jahren stetig angestiegen sind. Der Anteil der Exporte am Bruttoinlandsprodukt ist dabei von 16% in 1991 auf 43% in 2017 gestiegen. Da die Exporte schneller stiegen als die Importe, nahm auch der Überschuss in der Handelsbilanz stetig zu und erreichte 2017 269 Mrd. Euro.

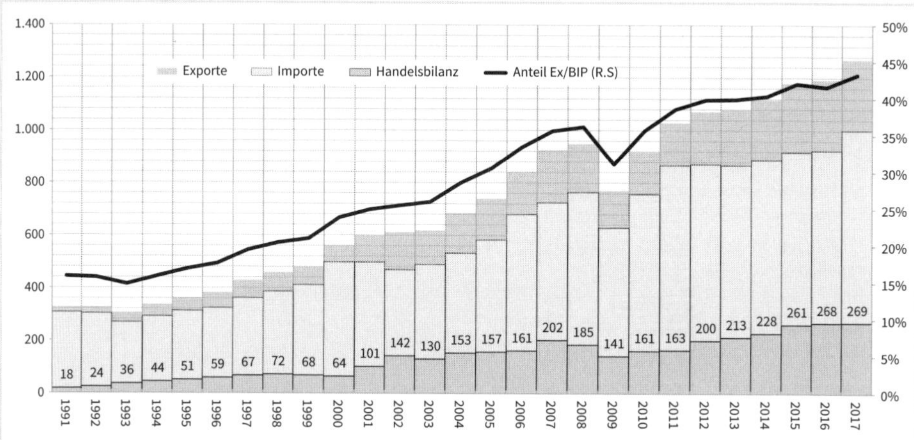

Abb. 4.7: Exporte und Importe Deutschlands

Die wichtigsten Produkte im Export sind Fahrzeuge und Fahrzeugteile mit rund 19% Exportanteil im Durchschnitt der vergangenen zwölf Jahre, gefolgt von elektronischen und optischen Erzeugnissen (15%), Maschinen (15%) und chemischen Erzeugnissen (14%) in diesem Zeitraum. Zusammen bringen es diese vier Produktgruppen auf über 60% des gesamten deutschen Exports (Zahlungsbilanzstatistik 12/2018 der Deutschen Bundesbank, S. 16).

Sortiert man die Exporte nach Empfängerländern, zeigt sich die hohe Bedeutung Europas. 2017 wurden 67,4% aller deutschen Exporte in Höhe von 1.270 Mrd. Euro innerhalb Europas bzw. 57,6% innerhalb der 28 Länder der Europäischen Union verkauft. Der Anteil der Euroländer lag bei 35,7%. Ihr Anteil ging, verglichen mit 2000, von 46,3% damit aber deutlich zurück.

in Mrd. €	2000	in %	2004	2012	2016	2017	in %
Alle Länder	562,2	100%	686,1	1074,1	1192	1270	100%
Europa	412,6	73,4%	508	728,8	802,8	856,6	67,4%
EU-Länder (28)	368	65,5%	444	598,8	683,8	731,6	57,6%
Großbritannien	46,2	8,2%	59	77,5	90,8	90,1	7,1%
Euroländer (19)	260,1	46,3%	305,1	384	421,7	454	35,7%

in Mrd. €	2000	in %	2004	2012	2016	2017	in %
Frankreich	62,1	11,0 %	68,9	89,6	91,7	97,7	7,7 %
Schweiz	23,1	4,1 %	24,4	48,3	52	51,6	4,1 %
Russland	5,8	1,0 %	15,4	39,7	23,4	28,3	2,2 %
Afrika	9,1	1,6 %	12,5	24,9	25,3	26,6	2,1 %
Amerika	77,2	13,7 %	78,8	122,2	141,8	151,3	11,9 %
USA	57,7	10,3 %	58,6	81,6	95,7	104,7	8,2 %
Südamerika	10,1	1,8 %	9,5	21,2	18,1	18,7	1,5 %
Asien	57,9	10,3 %	79,8	183,5	207,3	219,2	17,3 %
China	8,6	1,5 %	19,9	69,6	84,5	95,7	7,5 %
Japan	11,5	2,0 %	10,8	15,1	18,2	18,9	1,5 %
Naher/Mittlerer Osten	10,7	1,9 %	13,1	31,2	36,3	32,8	2,6 %

Tab. 4.1: Exportstruktur Deutschlands

Bei den Euroländern ragt Frankreich mit einem Anteil von 7,7 % hervor, bei den EU-Ländern ohne Eurowährung ist England wichtigstes Land mit einem Anteil von 7,1 %.

Auch die übrigen Länder Europas außerhalb der EU (»Rest« Europas) sind wichtig für den deutschen Export, allen voran Russland und die Schweiz. Nach Amerika fließen 11,9 % aller Waren, vorwiegend in die USA. Asien hat an Bedeutung kräftig zugelegt, insbesondere auch weil die Exporte nach China zwischenzeitlich 7,5 % aller Exporte ausmachen.

Tochtergesellschaften deutscher Unternehmen im Ausland

Eine internationale Marktbearbeitung muss nicht notwendigerweise über Exporte vollzogen werden, sondern kann auch durch eine Produktion vor Ort erfolgen. Abbildung 4.8 zeigt, wie stark deutsche Unternehmen im Ausland vertreten sind.

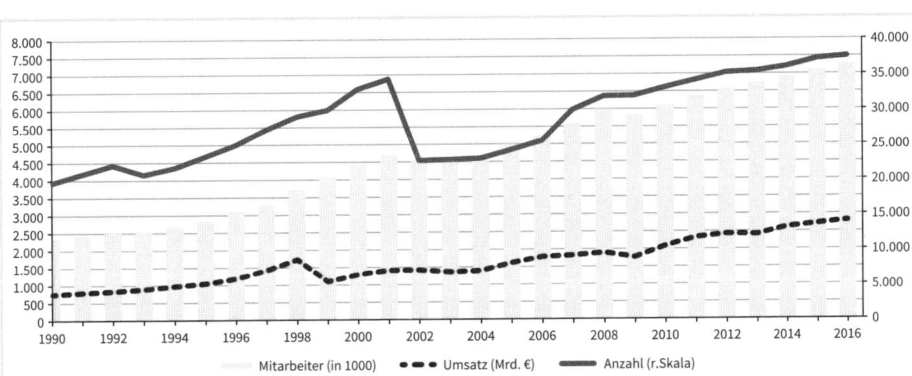

Abb. 4.8: Tochtergesellschaften deutscher Unternehmen im Ausland 1990–2016 (Eigene Darstellung; Daten der Deutschen Bundesbank)

Die Zahl der im Ausland vertretenen Unternehmen mit deutscher Beteiligung ist von 18.000 im Jahr 1989 auf über 37.500 in 2016 gestiegen, trotz des markanten Rückgangs in 2002 im Zuge der Dotcom-Krise. Parallel dazu entwickelte sich der Umsatz von umgerechnet 260 Mrd. Euro auf knapp 2,8 Billionen Euro und erreichte damit ein Niveau, das nahezu der Größenordnung des Bruttoinlandsprodukts Deutschlands in diesem Jahr entsprach (3,15 Billionen). Wenngleich der Umsatz wegen der vorgelagerten Produktionsstufen nicht direkt mit dem BIP verglichen werden kann, so zeigt diese Zahl dennoch auf beeindruckende Weise, in welchem Ausmaß deutsche Unternehmen ihre Produktion ins Ausland verlagert haben. Dies wird auch in der Zahl der im Ausland beschäftigten Mitarbeiter deutlich, die in diesem Zeitraum von 2,2 Mio. auf 7,3 Mio. markant anstieg.

Rund 56 % der Auslandseinheiten sind in Europa angesiedelt, ca. 50 % in einem EU-Land. Dies verdeutlicht einmal mehr, wie wichtig die räumliche Nähe zu den Absatzmärkten ist. 23 % haben ihren Sitz in Amerika, fast 70 % davon in den USA. Asien wurde als Standort in den letzten Jahren immer wichtiger. Dort befinden sich bereits rund 16 % aller Auslandseinheiten, vor allem in China. (Deutsche Bundesbank, Struktur und Tätigkeit von Auslandsunternehmenseinheiten, 11/2018).

Selbstverständlich sind auch viele ausländische Konzerne in Deutschland vertreten. Im Jahr 2016 gab es in Deutschland 32.531 auslandskontrollierte Unternehmen mit 3,3 Mio. Beschäftigten und einem Umsatz von 1,46 Billionen. Die meisten der Firmen haben ihre Muttergesellschaft in Europa (76 %), Nordamerika (15 %) und Asien (8,5 %).

5 Treiber des Globalisierungsprozesses

In diesem Kapitel wird den Gründen für die rasante Entwicklung des Welthandels und der Direktinvestitionen in der jüngeren Vergangenheit nachgegangen.

5.1 Reduktion von Handelsbeschränkungen

In den letzten Jahrzehnten wurden große Anstrengungen unternommen, um den Freihandel, d. h. den internationalen Handel von Waren und Dienstleistungen voranzutreiben, indem tarifäre und nicht-tarifäre Handelshemmnisse regional und global abgebaut wurden. Auf globaler Ebene stellt hierzu die Welthandelsorganisation WTO die wichtigste Organisation dar.

Info

WTO steht für World Trade Organization. Sie wurde 1995 als Nachfolgeorganisation der GATT (General Agreement on Tariffs and Trade) gegründet. Sie hat 164 Mitgliedstaaten und beschreibt ihr Ziel folgendermaßen: «The WTO provides a forum for negotiating agreements aimed at reducing obstacles to international trade and ensuring a level playing field for all, thus contributing to economic growth and development. The WTO also provides a legal and institutional framework for the implementation and monitoring of these agreements, as well as for settling disputes arising from their interpretation and application.«

Die Beitritte Chinas zur WTO im Jahr 2001 und Russlands 2012 waren wichtige Meilensteine zur weiteren Liberalisierung des Welthandels. Nach Aussagen der WTO wurden die Zölle von rund 40 % in den Jahren nach dem Zweiten Weltkrieg auf derzeit unter 5 % des Handelswerts reduziert.

Das Regelwerk der WTO fußt auf zwei Pfeilern, das Meistbegünstigungsprinzip und die Inländergleichbehandlung. Das erste Prinzip soll sicherstellen, dass Handelsvorteile wie z. B. reduzierte Zollsätze, im Zuge der Gleichberechtigung allen Mitgliedern offenstehen. Keiner darf bevorzugt oder begünstigt werden. Der englische Ausdruck hierfür ist »Most favoured nation« (MFN). Zudem dürfen ausländische Unternehmen nicht schlechtergestellt werden als inländische.

Eine zentrale Funktion der WTO ist die Schlichtung von Auseinandersetzungen zwischen ihren Mitgliedern durch den »Dispute Settlement Body«. Seit 1995 bis Ende 2018 gelangten 582 Streitfälle vor das Schiedsgericht der WTO. Am häufigsten traten dabei die USA in Erscheinung: 123 Mal als Beschwerdeführer und 151 Mal als Antragsgegner. Die Entscheidungen der WTO sind zwar mehr im Sinne eines Lösungsvorschlags zu sehen, doch haftet ihnen der Charakter einer moralisch wichtigen Instanz an. Die WTO-Abkommen berühren dennoch nationales Recht, weil sich ihre Mitglieder verpflichtet haben, die Abkommen und das Streitbeilegungsverfahren anzuerkennen. Rechtsverletzungen können aber nur von nationalen Regierungen der WTO angezeigt werden und nicht von Privatpersonen oder einzelnen Unternehmen. Allerdings üben betroffene Unternehmen häufig Druck auf ihre nationalen Regierungen aus, um den Fall der WTO vorzulegen.

Das Schlichtungsverfahren ist dem US-Präsidenten Trump ein Dorn im Auge, weil er einen Eingriff in US-Belange befürchtet. Die USA blockieren deshalb das System der Streitschlichtung in der WTO mit ihrer Weigerung, neue Richter für die Berufungsgremien zu benennen. Mit dem Ende der Amtszeit zweier Richter wird es Ende 2019 handlungsunfähig sein.

In den letzten Jahren gelang es der WTO kaum mehr, multilaterale Abkommen zu schließen, d. h. Abkommen, die für alle Mitglieder der WTO bindend sind. Neben der ablehnenden Haltung der USA ist ein wesentlicher Grund dafür der Interessenskonflikt zwischen Nord und Süd. Während die Entwicklungsländer, sie stellen 2/3 der WTO-Mitglieder dar, auf ein Ende der Agrarsubventionen in den Industrieländern drängen, fordern die Industrieländer eine weitere Öffnung der heimischen Märkte. Wegen der stockenden Entwicklung hin zu weltumspannenden Freihandelsabkommen entstanden eine Reihe von regionalen Handelsvereinbarungen und Handelszonen, die den Austausch von Waren und Dienstleistungen deutlich vereinfachten. Je nach dem angestrebten Integrationsumfang der Mitgliedsländer spricht man von
- einer Freihandelszone (freier Verkehr von Waren und Dienstleistungen),
- einer Zollunion (Freihandelszone plus einheitliches Verhalten gegenüber Nichtmitgliedern),
- einem Gemeinsamen Markt (Zollunion plus freier Verkehr von Kapital und Arbeit),
- einer Wirtschaftsunion (Gemeinsamer Markt plus Koordination der Wirtschaftspolitik),
- einer Währungsunion (Wirtschaftsunion mit gemeinsamer Währung).

Den größten Integrationsschritt unternahm Europa durch die Schaffung der Europäischen Union. Sie ist eine Wirtschaftsunion, die seit den beiden Osterweiterungen in 2004 (Estland, Lettland, Litauen, Polen, Tschechien, Slowakei, Ungarn, Slowenien, Malta, Zypern) und in 2007 (Rumänien und Bulgarien) sowie dem Beitritt Kroatiens in 2013 derzeit 28 Mitgliedsländer umfasst. Die EU 28 umfasst 2018 einen Wirtschaftsraum mit rund 510 Mio. Menschen und einem Bruttoinlandsprodukt von rund 16 Billionen Euro.

5.2 Freihandelsabkommen

Die Entwicklung des Freihandels wurde durch zwischenstaatliche Freihandelsverträge (= regional trade agreements) maßgeblich forciert. Weltweit gibt es 255 Freihandelsabkommen (Stand 31.12.2018) über den Austausch von Waren und Dienstleistungen. Die Ziele, die mit Freihandelsabkommen erreicht werden sollen, sind:
- Marktöffnung für Waren und Dienstleistungen,
- Abbau von tarifären und nicht-tarifären Handelshemmnissen,
- Schutz von grenzüberschreitenden Investitionen,
- Verbesserung der Rechtssicherheit,
- Förderung einer nachhaltigen Entwicklung sowie
- verstärkte politische Zusammenarbeit.

Grundsätzlich verstoßen Freihandelsabkommen gegen das Meistbegünstigungsprinzip der WTO, räumen sie doch den Mitgliedern des Freihandelsabkommens eine Sonderstellung hinsichtlich der tarifären und nicht-tarifären Regelungen ein. Allerdings ist es den Mitgliedern der WTO gestattet Freihandelsverträge zu schließen, sofern dadurch die Handelsbarrieren für die Nichtmitglieder nicht erhöht werden.

Info

Wesentliche nicht-tarifäre Barrieren
Hierbei handelt es sich um technische Barrieren wie gesundheitspolizeiliche und pflanzenschutzrechtliche Maßnahmen, Etikettierungszwänge oder technische Normen. Aber auch nicht technische Barrieren wie handelspolitische Schutzmaßnahmen (z. B. bei Antidumping), Lizenzierungen, Quoten, Verbote, Mengen- und Preiskontrollen, Vertriebsbeschränkungen, Beschränkungen bei Post-Sales-Dienstleistungen und bei der Teilnahme im öffentlichen Beschaffungswesen sowie Einschränkungen der Rechte des geistigen Eigentums stellen nicht-tarifäre Handelshürden dar.

Freihandelsabkommen der EU

Freihandelsabkommen variieren stark im Umfang der im Abkommen niedergelegten Vereinbarungen. Im Sprachgebrauch der Europäischen Union (EU) wird dabei zwischen vier Kategorien von Abkommen unterschieden:

Die **Freihandelsabkommen der neuen Generation** betreffen Abkommen, die nach 2006 mit der EU verhandelt wurden. Sie sind umfassend ausgerichtet und beinhalten tarifäre, nicht-tarifäre Handelshemmnisse, Dienstleistungen, den Investitionsschutz, den Schutz des geistigen Eigentums und Regeln zum Wettbewerb. Ein hierfür auch verwendeter Begriff ist WTO-Plus Abkommen, da diese Freihandelsverträge inhaltlich über die WTO-Agenda hinausgehen. Die beiden letzten vereinbarten derartigen Abkommen der EU betreffen Kanada (Comprehensive Economic and Trade Agreement, CETA) in 9/2017 und Japan (JEFTA) in 2/2019. Derzeit verhandelt die EU auch mit den MERCOSUR-Staaten Argentinien, Brasilien, Paraguay und Uruguay. Mit Zentralamerika (Honduras, Panama, Nicaragua, Costa Rica, El Salvador, Guatemala) und Südamerika (Kolumbien, Ecuador, Peru) bestehen Abkommen seit 2013, mit Südkorea seit 2011.

Vertiefte und umfassende Freihandelszonen gehen einen Schritt weiter, weil diese Freihandelsabkommen die Basis für eine vertiefte politische und wirtschaftliche Zusammenarbeit bilden sollen. Die gegenseitige Abschaffung von Handelshemmnissen stehen auf der Agenda, doch sollen die Drittstaaten sukzessive an die EU-Rechtsnormen für Handelsthemen herangeführt werden, um sie langfristig in den EU-Binnenmarkt zu integrieren. Beispiele sind die drei im Jahr 2016 abgeschlossenen Assoziierungsabkommen mit Georgen, der Ukraine und der Republik Moldau.

Die dritte Kategorie sind Wirtschaftspartnerschaftsabkommen der EU. Neben klassischen Handelsthemen geht es verstärkt auch um die nachhaltige Entwicklung und die Erhöhung des Lebensstandards der Drittstaaten. Beispiele hierfür sind die jeweils 2016 in Kraft getretenen

Abkommen mit Ghana, Kamerun oder den SADC-Staaten (für Southern African Development Communities; Botsuana, Lesotho, Namibia, Südafrika, Swasiland, Mosambik).

Die vierte Kategorie sind die **Freihandelsabkommen der ersten Generation**. Sie umfassen alle Handelsverträge vor 2006 und regeln meist nur den gegenseitigen Handel von Waren und landwirtschaftlichen Produkten. Beispiele sind Freihandelsabkommen mit Asien (Aserbaidschan, Jordanien, Kasachstan, Kosovo, Libanon, Mazedonien, Palästina, Syrien; seit 1977), in Europa mit Island, Liechtenstein, Norwegen und der Schweiz (Europäische Freihandelsassoziation (EFTA) seit 1994), Mexiko (2000) oder Chile (2005). Da die EU den Freihandel mit einigen dieser Länder intensivieren will, gibt es Verhandlungen zu Erweiterungen der entsprechenden Verträge.

Deutschland selbst kann keine Freihandelsabkommen abschließen, weil die Kompetenz hierfür die EU-Mitglieder in weiten Teilen im AEUV (=Vertrag über die Arbeitsweise der Europäischen Union) der EU übertragen haben. Demnach hat nur die EU die Kompetenz Freihandelsabkommen auszuhandeln. Da die Freihandelsabkommen der neuen Generation allerdings nicht nur klassische Inhalte wie den Abbau tarifärer Handelshemmnisse oder Direktinvestitionen beinhalten, die in den ausschließlichen Zuständigkeitsbereich der EU fallen, sondern oft auch Zuständigkeitsbereiche der EU-Mitgliedsstaaten tangieren (Umwelt- und Verbraucherschutzaspekte, Sozialpolitik, Landwirtschaft, Energie usw.), liegen häufig »gemischte Abkommen« vor, die dann auch von den Parlamenten der einzelnen Mitgliedstaaten ratifiziert werden müssen. Die Bestimmungen im Abkommen sind deshalb von immenser Bedeutung, wenn es um die Klärung der Frage geht, ob die EU alleine die Verträge abschließen darf.

Wie bereits erwähnt, gibt es über 200 Freihandelsabkommen weltweit. Die meisten davon betreffen nur wirtschaftlich kleinere Regionen, einige aber sind von sehr großer Bedeutung:

NAFTA/USMCA: Eine sehr wichtige regionale Wirtschaftszone stellen die Länder der NAFTA dar, die 1994 als Freihandelszone gegründet wurde. NAFTA steht für North American Free Trade Agreement und umfasst neben den USA noch Kanada und Mexiko. Sie umfasst rund 500 Mio. Menschen und erwirtschaftet mit 23 Billionen US-Dollar 2018 ein BIP in ähnlicher Größenordnung wie das der EU 28. Das wesentliche Ziel der Vereinbarung war die Abschaffung von Zöllen und die Aufhebung von Importbeschränkungen. US-Präsident Trump zwang Mexiko und Kanada zu Neuverhandlungen des Abkommens. Auf amerikanischen Druck hin kam es im August 2018 zur Einigung auf ein Nachfolgeabkommen mit dem Namen USMCA, was für United States-Mexico-Canada-Agreement steht.

Die wichtigste Wirtschaftsgemeinschaft auf dem südamerikanischen Kontinent ist der 1991 gegründete MERCOSUR, Mercado Común del Sur (Gemeinsamer Markt des Südens), ein gemeinsamer Markt zwischen den Mitgliedsländern Argentinien, Brasilien, Paraguay, Uruguay und Venezuela. Im Jahr 2015 wurde beschlossen, Bolivien als neues Mitglied aufzunehmen. Derzeit laufen die Aufnahmeformalitäten. Die Mitgliedschaft Venezuelas hingegen wurde 2016 wegen der anhaltenden Menschenrechtsverletzungen ausgesetzt. Der Wirtschaftsraum (ohne Venezuela und Bolivien) umfasste 2018 rund 262 Mio. Menschen bei einem BIP von rund 2,9 Billionen US-Dollar.

Der wichtigste Wettlauf findet aktuell aber in Asien statt. Derzeit verhandelt China mit weiteren 15 Ländern des Pazifikraums über die Schaffung einer neuen Freihandelszone mit dem Namen RCEP (Regional Comprehensive Economic Partnership). Die 16 Länder bilden einen Wirtschaftsraum mit 3,5 Mrd. Menschen und einem BIP von über 50 Billionen US-Dollar, rund 40 % des weltweiten BIP. Die 16 Staaten setzen sich aus den 10 Mitgliedern der ASEAN zusammen (Association of South East Asian Nations mit Brunei, Kambodscha, Indonesien, Laos, Malaysia, Myanmar, Philippinen, Singapur, Thailand, Vietnam) plus den sechs wirtschaftlich bedeutsamen Ländern Australien, China, Japan, Indien, Neuseeland und Südkorea. Die Gespräche sind zwar schwierig, doch China hat großes Interesse an einem Abkommen, sichert es doch die chinesische Dominanz in der Region.

Für die USA wäre das Zustandekommen dieser Freihandelszone eine wirtschaftliche Niederlage, da sie nicht Mitglied des Abkommens sind. Um ihre wirtschaftlichen Interessen im südostasiatischen Raum zu verteidigen, warb der damalige US-Präsident Barack Obama für ein Alternativkonzept, die Freihandelszone Transpazifische Partnerschaft (TPP). In einer seiner ersten Amtshandlungen hat der jetzige US-Präsident Donald Trump die Verhandlungen zu TPP abgebrochen und damit den Einfluss Amerikas deutlich geschwächt. Nach jahrelangen Verhandlungen schien das TPP-Projekt durch den Rückzug der Amerikaner vor dem Aus, doch im Dezember 2018 trat ein in weiten Teilen identisches Freihandelsabkommen in Kraft mit den Ländern Japan, Mexiko, Kanada, Neuseeland, Singapur und Australien und Vietnam. Die Länder Brunei, Chile, Peru und Malaysia wollen das Freihandelsabkommen 2019 ratifizieren. Es trägt den Namen CPTPP (Comprehensive and Progressive Agreement for Trans-Pacific Partnership) und steht für 480 Mio. Menschen und rund 14 % des weltweiten BIPs.

Seit Juli 2013 wurde zwischen der EU und den USA das Transatlantische Freihandelsabkommen TTIP verhandelt. Mit über 800 Mio. Einwohnern und einem BIP, das für die Hälfte der weltweiten Wirtschaftsleistung steht, wäre es weltweit das größte Freihandelsabkommen gewesen. Es sollten, ähnlich wie im CPTPP, unerwünschte Regulierungen beseitigt, unterschiedliche Standards angeglichen, Zölle gesenkt werden, wechselseitige Anerkennungen von Qualitätsüberprüfungen oder klinischen Studien erfolgen und vieles mehr. TTIP ereilte allerdings das gleiche Schicksal wie TPP. Es fiel der »America first« Politik zum Opfer. Fairerweise muss man allerdings anmerken, dass der Widerstand auch in der EU-Bevölkerung gegen das Abkommen sehr groß war. Gegenstand großer Befürchtungen war der Verbraucherschutz (»Chlorhühnchen und gentechnisch veränderte Lebensmittel«) und die Regelungen zum sogenannten Investitionsschutz. Dies wird Gegenstand sein in Kapitel 16 über »Politische Risiken«.

5.3 Deregulierung, Privatisierung, Transformation

Selbst in marktwirtschaftlich orientierten Ländern waren in der Vergangenheit zahlreiche Branchen im Staatsbesitz und stark reguliert. Dazu zählten insbesondere die Energieversorgung, die Telekommunikation, das Transportwesen und die Finanzindustrie. Der Trend zur Deregulierung und zur Veräußerung von Staatsunternehmen begann in den 1970er Jahren in den USA, setzte sich in den 1980ern in Großbritannien fort und erreichte in den 1990er Jahren Kontinentaleuropa. Nach Berechnungen der OECD wurden in den Jahren 1990 bis 2001 in den OECD-Staaten Privatisierungserlöse von insgesamt 650 Mrd. US-Dollar erzielt. In Deutschland etwa wurden Staatsanteile an der Deutschen Telekom, der Bundesdruckerei oder am Hamburger Flughafen verkauft.

Info

Die OECD ist eine Interessensorganisation der Industriestaaten. Sie wurde 1961 als Nachfolgeorganisation der Organisation für europäische wirtschaftliche Zusammenarbeit gegründet und hat aktuell 36 Mitglieder. Die OECD umfasst ein Gebiet von 18 % der Weltbevölkerung.

Die Deregulierung dieser Branchen und die Aufnahme von privaten Investoren führten zu einer deutlichen Zunahme der Wettbewerbsintensität und zu einem erleichterten Zugang von ausländischen Investoren in diese Märkte.

Transformation der Planwirtschaften

Eine weitere Triebkraft für die Entwicklung des Welthandels und der Direktinvestitionen war die Auflösung der Planwirtschaften in den Ländern der ehemaligen Sowjetunion und in Osteuropa. Mehr als 60.000 mittlere und große Staatsunternehmen wurden in den betroffenen Ländern bis 2003 privatisiert. Hinzu kommen Hunderttausende von kleinen Betrieben (Schaft/Schläger-Zirlik/Schnitzer: Privatisierungen in Osteuropa, 2003). Der Weg und der wirtschaftliche Erfolg waren dabei sehr unterschiedlich.

Man unterscheidet vier wichtige Methoden für die Durchführung von Privatisierungen:

- Verkauf: Staatsunternehmen werden direkt an strategische Investoren oder über eine Börsenplatzierung verkauft. Dieses Verfahren etwa wurde beim Verkauf von Staatsanteilen der Deutschen Telekom bei der Börseneinführung im Jahre 1996 angewendet und beim Verkauf eines 4,5 %-Pakets an den Finanzinvestor Blackstone in 2006.
- Restituierung: Hierunter versteht man die Rückgabe von Staatseigentum an die früheren Besitzer, falls die vorausgegangene Enteignung als ungerecht angesehen wird. Dieses Vorgehen wählte Deutschland für den Grund, Boden und die Immobilien auf dem Gebiet der ehemaligen DDR.
- Gutscheinprivatisierung: Bei diesem Verfahren erhalten die Bürger eines Landes kostenlos oder sehr preiswert Gutscheine, die sie für den Erwerb von Unternehmensanteilen einsetzen können. Russland entschied sich für dieses Verfahren und privatisierte zwischen 1992 und 1994 mehr als 16.000 Staatsbetriebe. Da das Rechtssystem Russlands, seine Behörden

und die Aufsicht in weiten Teilen korrupt waren, gelang es einer kleinen Gruppe von sogenannten Oligarchen sehr schnell diese Anteile aufzukaufen. Bereits 1996 kontrollierten die Oligarchen die zentralen Branchen Russlands wie Öl, Gas und die Finanzbranche. Ähnlich verlief die Entwicklung in der Ukraine.
- Insiderprivatisierung: Hier werden Geschäftsanteile an die Manager und an die Mitarbeiter der betroffenen Unternehmen verteilt bzw. verkauft. Dieser Weg wurde vorwiegend von den Nachfolgestaaten Jugoslawiens gewählt.

Nicht nur die Staaten der ehemaligen Sowjetunion und Osteuropa durchliefen einen Transformationsprozess ihrer Volkswirtschaften, sondern auch China und Indien, Länder, die zusammen für ein Viertel der Weltbevölkerung stehen. Angestoßen von Deng Xiaoping, wurden Ende der 1970er Jahre zunehmend marktorientierte Reformen durchgeführt. Die Unterordnung der Ideologie unter den Erfolg verdeutlicht sein bekannter Spruch: »Es ist egal, ob die Katze weiß oder schwarz ist. Hauptsache sie fängt Mäuse.« Die Landwirtschaft wurde dekollektiviert, Privateigentum und ausländische Direktinvestitionen zugelassen und Staatsbetriebe erhielten nach und nach weitreichende eigene Entscheidungsspielräume. Die Entfesselung der wirtschaftlichen Potenziale machte China zur zweitgrößten Wirtschaftsmacht hinter den USA und zu einem der wichtigsten Länder für den Welthandel und Direktinvestitionen. Da die kommunistische Partei allerdings weiterhin die Entwicklung vorgibt und steuert, spricht man von Chinas Weg einer »Sozialistischen Marktwirtschaft«.

Indien ist bekannt für die großen Outsourcingzentren, in denen sehr viele internationale Unternehmen ihre IT-Abteilungen, ihre Backoffice-Tätigkeiten und ihre Forschungs- und Entwicklungsaktivitäten ausgelagert haben. Bis in die 1990er Jahre nannte man Indiens gelenktes Wirtschaftssystem spöttisch »License-Raj« (Lizenzherrschaft), ein kompliziertes und undurchschaubares Geflecht von Auflagen und bürokratischer Willkür, in dem Korruption ein wesentlicher Bestandteil war. Die ab 1991 einsetzende Liberalisierung des Außenhandels, die Deregulierung des Binnenmarkts und die Förderung von Auslandsinvestitionen durch die Abschaffung der gesetzlich vorgeschriebenen indischen Mehrheitsbeteiligung macht Indien immer mehr zu einem wichtigen Teilnehmer im Globalisierungsprozess, wenngleich mit weitem Abstand hinter China.

5.4 Neue Technologien und Produktionsketten

Der technologische Fortschritt war schon in den vergangenen Jahrhunderten ein Motor für die Entwicklung des internationalen Handels. Neue Technologien ermöglichen neue Produkte und Dienstleistungen und verändern die Wettbewerbsfähigkeit der betroffenen Unternehmen. Neue Technologien im Transport- und Kommunikationswesen sind dabei von herausragender Bedeutung. Waren es früher Eisenbahnen und Dampfschiffe, die den Transport revolutionierten, so sind es heute Containerschiffe und Verbesserungen in der Luftfracht. Die größte Rolle spielt heute sicherlich der Fortschritt im Bereich der Kommunikationstechnologien, allen voran das Internet und darauf aufbauende Anwendungen. Erst dadurch wurde es möglich, dass multinationale Unternehmen mit ihren vielen Tochtergesellschaften heute über Landesgrenzen hinweg ähnlich wie nationale Unternehmen Daten und Informationen austauschen und die gewünschte Arbeitsteilung innerhalb des Konzernverbunds umsetzen können. Das Internet veränderte nicht nur die Arbeitsabläufe innerhalb einer Unternehmung radikal, sondern auch die Vertriebsmöglichkeiten.

Ein zentraler Treiber für die Ausweitung des Welthandels ist die zunehmende Auslagerung von konzerninternen Produktionsketten ins Ausland. Um diesen Punkt zu verstehen, muss man wissen, dass ein länderübergreifender konzerninterner Leistungsaustausch als Export bzw. Import gezählt wird. Verlagert BMW z. B. die Produktion von Automobilkomponenten nach Polen und liefert die Komponenten dann nach Deutschland zur Endfertigung, dann stellt dieser Vorgang aus deutscher Sicht einen Import bzw. aus polnischer Sicht einen Export dar. In dem Maße, in dem Unternehmen ihre Produktion weltweit organisieren, steigt auch der Welthandel. Schätzungen der OECD zur Folge stellt der Austausch innerhalb eines Konzerns mehr als 60 % des gesamten Welthandels dar. Sein steiler Anstieg ist damit nicht nur Ausdruck eines gestiegenen Bedürfnisses nach ausländischen Waren und Vorprodukten, sondern auch Ausdruck der zunehmenden Internationalisierung des Produktionsprozesses innerhalb der Konzernverbunde. Brähler (2011, S. 390) und Baumann (2011, S. 197) sprechen gar von einem Anteil um die 70 %. Zahlen darüber sind kaum zu ermitteln und sehr ungenau. Doch es gilt in jedem Fall die Aussage, dass konzerninterne, länderübergreifende Produktionsketten einen wesentlichen Teil des Anstiegs des Welthandels erklären. VW etwa hat 72 Werke in 20 Staaten Europas, 29 Werke in 6 Staaten Asiens, 9 Werke in Südamerika und jeweils 4 Werke in den USA und Afrika.

Länderübergreifende Produktionsketten sind häufig sehr stark ausgeprägt. Für die iPhones an Apple etwa liefern 766 verschiedene Unternehmen Einzelkomponenten, 346 davon sind aus China, 126 aus Japan, 41 aus Taiwan und immerhin 69 aus den USA. Aber auch amerikanische Zulieferer lassen nicht immer in den USA fertigen (Konstantin Kakaes, Technology Review).

Die Exportaktivitäten konzentrieren sich weltweit auf die jeweils größten Unternehmen – so auch in Deutschland. Von den rund 300.000 Firmen, die Exporttätigkeiten haben, bestreiten die Top 10 Firmen 23 % des gesamten deutschen Exportvolumens. Nimmt man die Top 100 (Top 1.000) steigt die Zahl auf 35 % (55 %). Die entsprechenden Zahlen für die Konzentration beim Import von Waren sind ähnlich. Von den rund 720.000 importierenden Firmen in Deutschland bestreiten die Top 10 bzw. Top 100 (Top 1.000) 12 % bzw. 29 % (50 %) aller Importe. Damit konzentriert sich der internationale Warenhandel auf sehr wenige große Konzerne (Quelle: Statistik der OECD; stats.oecd.org).

5.5 Ist Globalisierung gut?

Eine gute Frage, die allerdings nicht ohne Einschränkungen mit ja oder nein beantwortet werden kann. Die Bewertung eines Phänomens als gut oder schlecht hängt ja oft entscheidend davon ab, wer die Frage beantwortet. Ein geeigneter methodischer Rahmen für eine Antwort ist daher das Stakeholdermodell, das ein Unternehmen aus der Perspektive der verschiedenen Interessengruppen betrachtet. Hier zeigt sich schnell die Unterschiedlichkeit der möglichen Antworten.

Kunden: Fangen wir mit den unumstrittenen Gewinnern der Globalisierung an, den Kunden. Die Globalisierung hat vielen Kunden den Zugang zu zahlreichen neuen Produkten geschaffen. Sie müssen sich hierzu nur die »ausländischen Produkte« in ihrem persönlichen Umfeld anschauen: Rechner aus Japan, Smartphone aus Korea, Kleidung aus Indien, Möbel aus Schweden, Wein aus Südafrika und Blumen aus Kenia. Die Liste lässt sich beliebig fortsetzen. In der Mehrzahl der Fälle wissen wir nicht einmal, aus welchen Ländern die Einzelteile stammen, aus denen sich das fertige Produkt zusammensetzt.

Abb. 5.1: Globalisierung beeinflusst Stakeholderinteressen (Eigene Darstellung)

Nicht nur die Anzahl der neuen Produkte kommt den Kunden zugute, sondern auch die Preise. Die internationale Arbeitsteilung des Produktionsprozesses innerhalb eines Konzerns sowie die Nutzung von internationalen Outsourcingpartnern und Zulieferern haben die Herstellungskosten und damit die Produktpreise deutlich gesenkt. Es ist unfassbar, wie preiswert man etwa selbst bei renommierten Bekleidungshäusern Textilien und Bekleidung einkaufen kann. Die tiefen Preise sind dabei aber leider auch Folge von unzumutbaren Produktionsbedingungen bei den lokalen Zulieferern.

Mitarbeiter und Staaten: Ist Globalisierung für Mitarbeiter gut? Erinnern wir uns an den Beschluss von Nokia, im Jahre 2008 die Produktion von Mobilfunkgeräten von Bochum nach Rumänien zu verlagern. Die Verlagerung führte dazu, dass 2.000 Mitarbeiter in Bochum ihren Arbeitsplatz verloren. Im Gegenzug entstanden aber ebenfalls rund 2.000 Arbeitsplätze in der rumänischen Stadt Jucu nahe bei Cluj. Eine Produktionsverlagerung im Zuge der Globalisierung kennt daher bei den davon betroffenen Mitarbeitern Gewinner und Verlierer. Die Freude der rumänischen Mitarbeiter währte übrigens nur kurz, denn bereits 2011 wurde das Werk in Jucu aus Kostengründen geschlossen und die Produktion von Basis-Handys nach Vietnam verlagert. Die Karawane zieht immer weiter.

Ähnlich schaut es bei allen betroffenen Staaten aus. Werden Arbeitsplätze in einem Land abgebaut, dann reduziert sich das Steueraufkommen in diesem Land. Dem staatlichen Globalisierungsopfer steht aber ein anderer Staat gegenüber, der sich über die Auslandsinvestitionen und die damit verbundenen neuen Arbeitsplätze freut.

Zulieferer: Zulieferer können analog zu Mitarbeitern ebenfalls Gewinner oder Verlierer sein. Allerdings wandern sie häufig mit dem Hauptkunden ins Ausland. Ein Zulieferer muss daher nicht zwangsläufig seinen Absatz verlieren, wenn sein Kunde seine Produktionskette verlagert. Oft bilden sich in bestimmten Auslandsmärkten Cluster, in denen dann ein Zulieferer eine Vielzahl seiner »alten Kunden« wiederfindet. Verloren sind aber definitiv wiederum die Mitarbeiter des mitwandernden Zulieferers, da der seine neuen Mitarbeiter vorwiegend im Ausland rekrutieren wird.

Eigenkapitalgeber und Management: Wenn sinkende Produktionskosten im Zuge der Globalisierung nicht vollständig oder nur verzögert in sinkenden Produktpreisen weitergegeben werden, steigt der Gewinn und damit die Verzinsung des Eigenkapitals. Diese Hoffnung treibt die Eigenkapitalgeber und das ausführende Management an. Teilweise sind sie proaktive Treiber des Globalisierungsprozesses, indem sie versuchen, den Vorteil des Schnelleren in eine höhere Profitabilität zu verwandeln. Die Betroffenen agieren aber auch oft defensiv und sind Getriebene des Prozesses. Sie versuchen, »das Feld« nicht vollständig der Konkurrenz zu überlassen und die Erosion ihres Umsatzes und ihrer Gewinnmarge zu stoppen. Ob und wie stark die Internationalisierung eines Unternehmens die Eigenkapitalverzinsung im Durchschnitt erhöht hat und wertsteigernd wirkt, lässt sich nur empirisch beantworten. Eine Feststellung kann man aber auf jeden Fall treffen: Die zunehmende Globalisierung ist eine der treibenden Faktoren für den extremen Reichtum einzelner. Die weltweit reichsten 62 Personen verfügen ein Vermögen, das so groß ist wie das der ärmeren Hälfte der Weltbevölkerung. Nach einer Studie von Oxfam reichen dazu sogar nur die acht reichsten Personen. Oxfam stellt auch die Zahl in den Raum, dass das reichste Prozent der Weltbevölkerung über 99 % des Vermögens verfügt. So schwierig es im Einzelnen ist, diese Zahlen zu erheben und zu begründen, die Grundaussage bleibt: Die Vermögenskonzentration hat im Zuge der Globalisierung deutlich zugenommen.

Fremdkapitalgeber: Diese Interessengruppe ist von der Globalisierung am wenigsten betroffen, denn grundsätzlich kann es einer Bank oder dem Käufer einer Unternehmensanleihe egal sein, ob der Kreditnehmer damit eine Tochtergesellschaft im Inland oder im Ausland gründet, solange die Zins- und Tilgungsleistungen vertragsgemäß erfolgen. Selbst falls die Internationalisierung die Ausfallwahrscheinlichkeit steigert, können sich die Fremdkapitalgeber durch einen entsprechenden Zinsaufschlag vor erwarteten Verlustausfällen schützen. Positiv ist zu bewerten, dass Käufer von Anleihen eine erweiterte Auswahl an Anlagemöglichkeiten haben.

Aufgaben

1. In welchen Fragestellungen unterscheiden sich national orientiere Unternehmen
   a) von multinational aufgestellten Unternehmen?
   b) von international aufgestellten Unternehmen?
2. An welchen Kenngrößen lässt sich die Entwicklung der Globalisierung quantitativ gut nachvollziehen?
3. Was besagen die fünf Felder Zielmarkt, Marktbearbeitung, Timing, Allokation und Koordination im Zusammenhang mit der Internationalisierungsstrategie eines Unternehmens?

4. In welchen fünf Dimensionen charakterisiert Hofstede die Kultur eines Landes?
5. Benennen Sie wesentliche Faktoren, die den Prozess der Globalisierung angetrieben haben (= Treiber der Globalisierung)?
6. Was sind die wesentlichen Motive von Unternehmen, ihren Marktauftritt zu internationalisieren?
   a) Welche unterschiedlichen Markteintrittsformen stehen Unternehmen hierfür zur Verfügung und
   b) nach welchen Entscheidungskriterien kann die Wahl erfolgen?
7. Was versteht man unter dem Diamanten von Porter?
8. Was sind mögliche negative Begleiterscheinungen der Globalisierung?

II Währungssystem, Zahlungsbilanz und Devisenmarkt

LERNZIELE

- Was versteht man unter einem internationalen Währungssystem und welche Ausprägungen und Entwicklungen gibt es?
- Wie ist eine Zahlungsbilanz aufgebaut und welche Verbindung hat die Zahlungsbilanz zur Devisennachfrage und zum Devisenangebot einer Währung? Wie wirken sich Ungleichgewichte in der Zahlungsbilanz aus, welche Gegenkräfte werden dadurch mobilisiert und welche besondere Funktion hat dabei die Zentralbank eines Landes?
- Welche Besonderheiten und Abweichungen ergeben sich im gemeinsamen Währungsraum der Euroländer? Welche Ausgleichsmechanismen existieren zwischen Defizit- und Überschussländern und wie erfolgt die Finanzierung eines Leistungsbilanzdefizits eines Eurolandes?
- Wie schaut die Zahlungsbilanz Deutschlands aus und welche Entwicklungen nahm sie seit 1990?
- Welche Erklärungsansätze existieren, um Wechselkursentwicklungen zu erklären und um Wechselkursprognosen zu machen? Welche besondere Rolle kommt dabei der Kaufkraftparität zu?
- Was versteht man unter einem Devisenmarkt, wer sind die Teilnehmer, wo sind die Handelsplätze und welche Währungen werden gehandelt?
- Was ist der Unterschied zwischen dem Devisenkassamarkt und Devisenterminmarkt? Wie können Devisenterminkurse eingesetzt werden, um Währungsrisiken abzusichern (= hedgen)? Was hat ein Devisenterminkurs mit dem zukünftigen, erwarteten Wechselkurs zu tun? Wie kann man Devisenterminkurse einfach selber berechnen?
- Was sind Währungsoptionen, wie werden sie gehandelt, wie werden sie eingesetzt, um Währungsrisiken zu hedgen?
- Was ist ein Währungsswap, welche Verbindung besteht zu einem Zinsswap? Wie werden Währungsswaps gehandelt, wie werden die Swappreise bestimmt und wie werden Swaps abgewickelt? Wie können Währungsswaps eingesetzt werden, um Währungsrisiken abzusichern?

6 Internationales Währungssystem

Wenn multinationale Unternehmen oder Investoren grenzüberschreitend tätig sind, verlassen sie in den meisten Fällen ihren nationalen Währungsraum. Hierzu müssen sie Fremdwährungen kaufen und verkaufen. Das Tauschverhältnis zwischen eigener Währung und Fremdwährung wird Wechselkurs genannt. Durch ihn wird festgelegt, wie viel heimische Währung man für Verkäufe im Ausland erhält oder wie viel man für Waren und Dienstleistungen bezahlen muss, die aus dem Ausland bezogen werden. Je stärker die Wechselkurse schwanken, desto schwieriger ist die Planung für Unternehmen und Investoren.

Das internationale Währungssystem ist definiert als der institutionelle Rahmen, in dem die Wechselkurse zwischen den jeweiligen Ländern festgelegt und grenzüberschreitende Zahlungen vollzogen werden. Es ist ein sehr komplexes System von Regeln und gesetzlichen Bestimmungen zwischen den beteiligten Institutionen. Diese Rahmenbedingungen können von Land zu Land sehr unterschiedlich sein.

Bevor ein kurzer historischer Abriss des Weltwährungssystems seit 1875 gegeben wird, beginnen wir die Ausführungen mit einer Darstellung von fixen und flexiblen Wechselkursen. Dabei geht es nicht um detaillierte volkswirtschaftliche Analysen, sondern nur um die Vermittlung der Grundstrukturen, die zum Verständnis finanzwirtschaftlicher Zusammenhänge notwendig sind.

6.1 Fixe und flexible Wechselkurse

Wirkungen von Auf- und Abwertungen

Wenn man im Ausland Waren oder Vermögenswerte kauft, kann man dazu die heimische Währung nicht unmittelbar einsetzen, falls im Ausland eine andere Währung genutzt wird. Zuerst muss die heimische Währung, etwa der US-Dollar ($) in Fremdwährung, z. B. das britische Pfund (£) getauscht werden. Angenommen der Wechselkurs beträgt 1 $ = 0,5 £. Bei diesem Tauschverhältnis erhält man für einen US-Dollar ein halbes britisches Pfund. Man kann das Tauschverhältnis auch aus Sicht des britischen Pfundes betrachten und sagen, dass man für ein britisches Pfund zwei US-Dollar erhält.

BEISPIEL

Eine britische Firma verkauft ein Produkt in England für ein Pfund. Das gleiche Produkt wird in den USA für zwei US-Dollar vertrieben. Wenn der US-Hersteller beim Wechselkurs von 1 $ = 0,5 £ seine Waren in England für ein Pfund verkauft und das Pfund in zwei US-Dollar umtauscht, erhält er denselben Preis wie in den USA. Gleiches gilt für die britische Firma.

Unterstellen wir nun, dass der US-Dollar teurer wird und das Austauschverhältnis auf 0,8 steigt. Pro US-Dollar erhält man nun 0,8 £ bzw. für ein Pfund erhält man nur noch 1,25 $. Man sagt dazu, dass der US-Dollar zum britischen Pfund aufwertet bzw. das britische Pfund zum US-Dollar abwertet. Würde der amerikanische Hersteller seine Waren weiterhin nach England zum Preis von einem Pfund exportieren, erhielte er nur noch 1,25 $ pro Stück. Sollen die exportierten Waren weiterhin zwei US-Dollar erlösen, müsste er den Verkaufspreis in England auf 1,6 £ erhöhen. Damit aber ist er deutlich teurer als die lokalen Anbieter in England. Importe aus den USA werden damit aus britischer Sicht durch die Abwertung ihrer Währung deutlich teurer.
Die britischen Hersteller hingegen profitieren von der Pfundabwertung, denn die englischen Waren würden in den USA zum dort herrschenden Preis von zwei US-Dollar einen Erlös von 1,6 £ generieren. Englische Exporteure könnten den Preis ihrer Waren in den USA bis auf 1,25 $ absenken und würden dennoch noch ein Pfund erzielen. Damit aber werden Importe aus England billiger.

Das Beispiel zeigt: Wertet ein Land seine Währung ab, wird der Export des Landes unterstützt und der Import aus dem Ausland erschwert. Für sich betrachtet wirkt sich das positiv auf die Produktion und die Zahl der Arbeitsplätze im Abwertungsland aus.

Fixe Wechselkurse
In einem System fixer Wechselkurse wird das Austauschverhältnis zwischen zwei Währungen fixiert. Wenn sich der Wert der Währungen nicht ändert, gibt es auch kein Währungsrisiko bei grenz- und währungsüberschreitenden Transaktionen. Der größte Vorteil eines Systems fixer Wechselkurse aber liegt darin, dass sich kein Land durch Abwertungen einen Wettbewerbsvorteil auf Kosten anderer Länder verschaffen kann.

Das System hat jedoch zwei gravierende Nachteile. Der erste Nachteil besteht darin, dass sich Preissteigerungen in einem Land negativ auf das Produktionsniveau und damit auf die Höhe der Beschäftigung auswirken. Angenommen in den USA steigen die Preise um 5 %, während sie in England stabil bleiben. Das in den USA hergestellte Produkt im letzten Beispiel kostet nach einem Jahr damit 2,10 US-Dollar, während es in England weiterhin für ein Pfund verkauft wird. Da amerikanische Produkte nun teurer sind, werden englische Waren in den USA beim gleichen Wechselkurs billiger, während sich amerikanische Waren in England entsprechend verteuern. Die höhere Inflation in den USA wirkt sich damit negativ auf die Beschäftigung aus, während England von der Preisstabilität profitiert und ein höheres Produktionsniveau erreicht.

Der zweite gravierende Nachteil ist, dass fixierte Währungsrelationen nur dann aufrechterhalten werden können, wenn die Zentralbanken der jeweiligen Länder bereit und in der Lage sind, unbegrenzt die eigene Währung am Devisenmarkt zu kaufen bzw. zu verkaufen. Betrachten wir auch hierzu wieder unser Beispiel: Die Preissteigerungen in den USA verteuern US-Exporte nach England und verbilligen US-Importe aus England. Durch die gestiegenen englischen Exporte und die höheren US-Importe steigt die Nachfrage nach Pfund. Damit droht das Pfund teurer zu werden als erlaubt. Um das Gleichgewicht zwischen Nachfrage und Angebot wiederherzustellen, müsste die amerikanische Zentralbank zum fixierten Wechselkurs britische Pfund verkaufen und im Gegenzug US-Dollar kaufen. Man spricht in diesem Zusammenhang von Devisenmarktinterventionen einer Zentralbank. Dies ist allerdings nur möglich, falls die amerikanische Zentralbank Währungsreserven in Form von britischen Pfund besitzt. Mögliche Stützungskäufe für die eigene Währung sind damit auf die Währungsreserven eines Landes beschränkt. Allerdings könnte die britische Zentralbank helfen: Die Überschussnachfrage an Pfund lässt sich auch beseitigen, wenn die britische Zentralbank die eigene Währung verkauft und im Gegenzug US-Dollar ankauft. Da jede Zentralbank eines Landes die Menge der eigenen Währung selbst festlegen und schaffen kann, ist dies grundsätzlich in unbegrenzten Umfang möglich. Mit britischer Hilfe könnte eine Überschussnachfrage nach Pfund beliebig lang befriedigt werden. Doch das hat Folgen: Im Umfang der Fremdwährungskäufe steigt die Geldmenge in England und löst so möglicherweise Preissteigerungen aus. Die Preissteigerungen in den USA werden deshalb auf längere Sicht durch ein System fixer Wechselkurse auf England übertragen, falls England die Last des Ausgleichs trägt.

Fassen wir zusammen: Grundsätzlich können fixierte Wechselkurse von Zentralbanken durch entsprechende Devisenmarktinterventionen »verteidigt« werden. Allerdings sind die Stützungskäufe der Zentralbank mit der »schwachen Währung« auf das Volumen der vorhandenen Währungsreserven beschränkt. Damit ist das »Schwachwährungsland« aber auf die Hilfe des »Hartwährungslandes« angewiesen, das theoretisch unbegrenzt eigene Währung verkaufen kann. Der Preis dafür ist allerdings der Verlust an autonomer Geldmengensteuerung.

Falls sich fixierte Wechselkurse zu weit von ihren durch Angebot und Nachfrage bestimmten Marktwerten entfernen, dann erfolgen Anpassungen oft eruptiv, wenn die Zentralbanken nicht mehr willens oder in der Lage sind, die festgelegten Paritäten zu verteidigen. Ein System fixer Wechselkurse ist damit in Wahrheit immer nur für einen gewissen Zeitraum stabil und wird immer wieder von größeren Anpassungen durchbrochen.

Flexible Wechselkurse

Der Vorteil variabler Wechselkurse ist die Vermeidung all der Nachteile, die in einem System fixer Wechselkurse vorliegen. Divergieren Nachfrage und Angebot in einer Währung, ändert sich der Wechselkurs. Greifen wir hierzu wieder auf unser Beispiel zurück: Falls die Preissteigerungen in den USA zu einer Überschussnachfrage nach Pfund führen, sinkt der Wert des US-Dollars zum Pfund solange, bis sich die umgerechneten Preise in den USA und England wieder angleichen. Theoretisch ist das dann der Fall, wenn der US-Dollar in Höhe der Inflationsdifferenz von 5 % zu England abwertet. Dieser Zusammenhang wird als Kaufkraftparität bezeichnet, die in Kapitel 8.2 dargestellt wird.

Flexible Wechselkurse verhindern somit eine Übertragung von Preissteigerungen eines Landes auf ein anderes Land. Flexible Wechselkurse ermöglichen eine autonome Geldmengensteuerung und schotten Länder vor wirtschaftlichen Ungleichgewichten im Ausland ab. Ihr Nachteil allerdings ist die schwierige Planbarkeit von Erlösen und Kosten bei grenzüberschreitenden Aktivitäten. Darüber hinaus besteht die politische Gefahr, dass Länder den Wert ihrer Währung durch entsprechende Maßnahmen der nationalen Zentralbanken verbilligen, um sich einen Wettbewerbsvorteil im internationalen Handel zu verschaffen.

Die bisherigen Ausführungen verdeutlichen die Schwierigkeiten von fixen und flexiblen Währungssystemen. Ein kurzer historischer Abriss soll das Verständnis vertiefen und reale Währungssysteme in ihren konkreten historischen Kontext stellen.

6.2 Kurzer historischer Abriss

Klassischer Goldstandard: 1875–1914

Die wichtigsten Handelsnationen der damaligen Zeit wie die USA, Großbritannien, Frankreich, Deutschland, Russland und Japan etablierten den Goldstandard zwar zu unterschiedlichen Zeiten, aber gemeinhin wird das Jahr 1875 als der Zeitpunkt festgelegt, der den Beginn des internationalen Währungssystems auf Basis des klassischen Goldstandards markiert. Das Prinzip ist einfach: Jedes Land legt ein Austauschverhältnis seiner nationalen Währung zum Goldpreis fest. Damit kann das Austauschverhältnis zwischen allen Währungen ermittelt werden. Musste man in dieser Zeit für eine Feinunze Gold z. B. 4,25 britische Pfund (£) bezahlen, während eine Feinunze Gold 20,67 US-Dollar ($) kostete, dann lässt sich leicht berechnen, dass man für ein britisches Pfund einen Betrag von 4,8635 $ tauschen konnte.

$$\frac{20{,}67\ \$\,/\,\textit{pro Goldunze}}{4{,}25\ £\,/\,\textit{pro Goldunze}} = 4{,}8635\ \$\,/\,£$$

In den Jahrzehnten des klassischen Goldstandards waren die Schwankungen der Wechselkurse sehr gering. Die damit verbundene hohe Preissicherheit war sicher auch ein Grund für die stark wachsende Bedeutung des Außenhandels und der Auslandsinvestitionen in diesem Zeitraum.

Der klassische Goldstandard setzt voraus, dass man nationale Währungen unbegrenzt in Gold tauschen kann und Gold grenzüberschreitend frei handelbar ist. Es setzt ferner voraus, dass sich alle freiwillig »an diese Spielregeln« halten, denn es gibt keinen internen Mechanismus, der die beteiligten Länder dazu zwingt.

Zeit vom ersten bis zum Ende des Zweiten Weltkriegs: 1915–1944

Mit dem Ausbruch des Ersten Weltkriegs galten diese Spielregeln nicht mehr. Gold wurde nicht mehr ausgeführt, ausländische Banknoten nicht mehr in Gold getauscht. Nach dem Ersten Weltkrieg versuchten die USA zwar wieder einen Goldstandard zu etablieren, aber das Vorhaben scheiterte. Im Umfeld von politischer und wirtschaftlicher Instabilität, einer Hyperinflation wie in Deutschland 1923, dem Zusammenbruch von vielen Bankhäusern und der Großen

Depression 1929, war die Währungspolitik fast aller Länder stark am nationalen Interesse orientiert und nicht am übergeordneten Interesse eines stabilen Währungssystems. Viele Länder strebten nach 1929 bewusst eine schwache eigene Währung an, um sich Wettbewerbsvorteile im Außenhandel zu sichern. Im Jahr 1931 gab Großbritannien den Goldstandard auf, ein Schritt, dem Japan und 1933 die USA folgten. Eines jedoch änderte sich in diesen drei Jahrzehnten mit aller Deutlichkeit: Der US-Dollar wurde mehr und mehr zur Weltwährung, während das britische Pfund diese Rolle zunehmend verlor.

Bretton Woods System: 1945–1972
In der amerikanischen Kleinstadt Bretton Woods wurde noch während des Kriegs im Juli 1944 von 44 Staaten ein neues Weltwährungssystem aus der Taufe gehoben, dass bis 1972 Bestand haben sollte. Die Architekten dieses Abkommens – der britische Vertreter war John Maynard Keynes – wollten wieder verbindliche internationale Regeln einführen, die dem Nationalismus der Zwischenkriegszeit entgegenwirken und stabile Wechselkurse fördern sollten. Das Prinzip von Bretton Woods ist einfach: Der Preis des US-Dollars wurde wie beim klassischen Goldstandard fest an den Goldwert mit 35 US-Dollar pro Feinunze Gold gebunden, während der Wert aller anderen Währungen in einer festen Relation zum US-Dollar fixiert wurde. Damit hatte jedes Land theoretisch das Recht, bei der amerikanischen Zentralbank (FED) Gold zum festgelegten Kurs von 35 US-Dollar zu kaufen. Da die Mitgliedsländer ihre offiziellen Währungsreserven in Form von Gold und in Form von US-Dollar halten konnten, spricht man beim Bretton-Woods-System auch von einem Gold-Devisen-Standard.

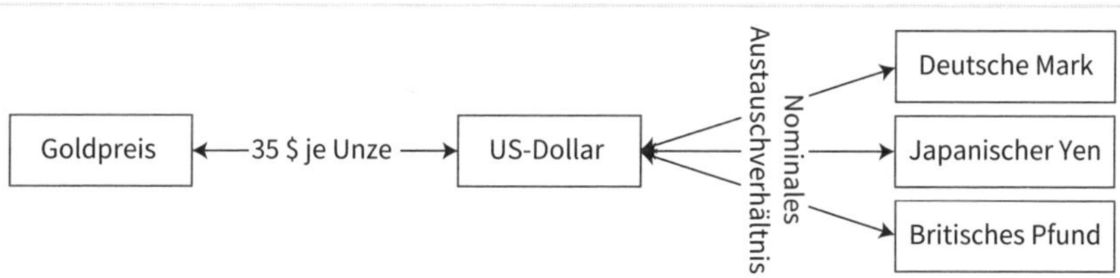

Abb. 6.1: Das System von Bretton Woods

Um die Währungsschwankungen möglichst gering zu halten, war jedes Land verpflichtet, den Wechselkurs seiner Währung zum US-Dollar in einer Bandbreite von +/- 1 % zum festgelegten Austauschverhältnis zu halten. Die Einhaltung der vereinbarten Regeln sollte der Internationale Währungsfonds (IWF) überwachen, der eigens zu diesem Zweck im Jahre 1945 gegründet wurde. Eine weitere zugedachte Rolle des IWF waren Fremdwährungskredite, die Mitgliedsländer immer dann erhalten sollten, falls ihre Devisenreserven nicht ausreichen, um den Wechselkurs ihrer Währung in der festgelegten Bandbreite zu halten. Der Wert des US-Dollars wurde fest und verbindlich an den Goldpreis gekoppelt. Die übrigen Mitgliedsländer hingegen konnten den Wert ihrer Währung zum US-Dollar in Absprache mit dem IWF neu festlegen, falls es dafür berechtigte, fundamentale Gründe gab.

Während der US-Dollar bereits 1945 wieder voll konvertibel wurde, d. h. unbegrenzt in Fremdwährungen getauscht werden konnte, folgten die meisten europäischen Staaten diesem Schritt erst Ende der 1950er Jahre. Der Welthandel wurde im ersten Jahrzehnt nach dem Krieg daher nahezu ausschließlich in US-Dollar abgerechnet. Durch seine frühe Konvertierbarkeit sowie seine Sonderstellung im Bretton-Woods-System avancierte der US-Dollar zur Welthandelswährung, zur internationalen Recheneinheit und zum universellen Wertaufbewahrungsmittel aller Zentralbanken.

Der US-Ökonom Robert Triffin machte bereits 1960 auf eine Sollbruchstelle dieser Konstruktion aufmerksam, an der schließlich auch das System von Bretton-Woods zerbrach: Alle Mitgliedsländer, außer den USA, mussten entweder Gold oder US-Dollar kaufen, um an Währungsreserven zu kommen. Da die Menge an Gold aber kaum verändert werden kann, geht das faktisch nur über den Erwerb von US-Dollar. US-Dollar wiederum können die Mitgliedsländer aber nur erhalten, wenn sie einen Handelsüberschuss mit den USA erzielen, was im Umkehrschluss bedeutet, dass die USA sich immer mehr im Ausland verschulden. Diese Verschuldung wiederum untergräbt langfristig das Vertrauen, dass die USA bereit und in der Lage sind, die Dollarbestände der ausländischen Zentralbanken in Gold umzutauschen.

Bereits Anfang der 1960er Jahre waren die in Dollar gehaltenen Währungsreserven der Zentralbanken größer als der Wert der amerikanischen Goldbestände. Mitte der 1960er Jahre stiegen dann auch noch die Preise in den USA wegen hoher Militärausgaben für den Vietnamkrieg und hoher Sozialleistungen (Great Society Program). Wenn aber die Preise in den USA stärker steigen als im Rest der Welt, dann werden ausländische Waren in den USA immer billiger, was das amerikanische Handelsbilanzdefizit weiter vergrößert. Zwar kauften die Zentralbanken der größten Überschussländer der damaligen Zeit, Deutschland und Japan, in dieser Periode massiv US-Dollar, doch blieben diese Devisenmarktinterventionen am Ende erfolglos. US-Präsident Nixon setzte im August 1971 die Konvertierbarkeit des US-Dollars gegen Gold aus. Im Dezember 1971 wurde der Preis je Feinunze auf 38 US-Dollar angehoben, die meisten Währungen werteten gegen den US-Dollar auf und die erlaubte Schwankungsbreite wurde auf ±2,25 % angehoben. Trotz einer baldigen erneuten Anpassung des Goldpreises auf 42 US-Dollar und trotz massiver Interventionen der Zentralbanken brach das System von Bretton-Woods im März 1973 endgültig zusammen und der Kurs des US-Dollars gegen den Yen und viele europäische Währungen wurde freigegeben. Das System fixer Wechselkurse war zu Ende.

Das System flexibler Wechselkurse: 1973 bis heute

Naheliegenderweise schwankten die Wechselkurse der Hauptwährungsländer ab Frühjahr 1973 viel stärker als je zuvor. Bei einem Treffen der Notenbankchefs Anfang 1976 wurde nachvollzogen, was an den Devisenmärkten schon lange Wirklichkeit war: Flexible Wechselkurse wurden den Mitgliedsländern des IWF nun offiziell erlaubt (Jamaika-Abkommen). Die extremen Schwankungen des US-Dollars in der Folgezeit führten aber dazu, dass die Zentralbanken 1987 offiziell zu einem System kontrollierten Floatings übergingen (Plaza Accord), das auch »schmutziges Floating« genannt wird. Dabei ist der Wechselkurs zwar grundsätzlich flexibel, doch die

Notenbanken vereinbarten am Devisenmarkt zu intervenieren, um aus ihrer Sicht ungerechtfertigte Schwankungen zu korrigieren und zu glätten. Dies sollte dazu beitragen, die Wechselkurse stabiler zu halten. Während dieses Prinzip vom Grundsatz noch heute gilt, so muss man doch festhalten, dass das Weltwährungssystem heute viel differenzierter ist, als es damals war. Es gibt kein einheitliches, alle Länder dieser Erde überspannendes Weltwährungssystem mehr, sondern die jeweiligen Staaten bewegen sich in einem weiten Spektrum zwischen flexiblen und fixen Wechselkursen.

6.3 Aktuelle Währungsregime

Man kann die Wechselkurssysteme der einzelnen Mitgliedsstaaten des IWF in fünf große Kategorien unterteilen. Die Länderzahl in Klammern und die Länderauflistung entsprechen dem Stand 12/2016. Da der IWF die Klassifikation der Wechselkurssysteme jährlich vornimmt, kommt es immer wieder zu Veränderungen (Annual Report on Exchange Arrangements and Exchange Restrictions 2016).

- Länder ohne eine eigene Währung (33):
  Dazu zählen die Mitglieder einer Währungsunion wie die 19 Mitgliedsstaaten der Eurozone. Aber auch kleinere Staaten, die den US-Dollar (Ecuador, El Salvador, Panama, Marshall Islands, Mikronesien) oder den Euro (Montenegro, Kosovo, San Marino) als gesetzliches Zahlungsmittel in ihrem Land verwenden, fallen darunter.
- Currency Board (11):
  Bei diesem System wird die Währung eines Landes einseitig an eine Auslandswährung fixiert. Da jeder inländische Währungsbetrag zum fixierten Kurs in die festgelegte Auslandswährung umgetauscht werden kann, muss die inländische Geldmenge vollständig mit der festgelegten Auslandswährung gedeckt sein. Djibouti, Hongkong und die Antillenstaaten der Karibik haben ein Currency Board zum US-Dollar, während Bosnien und Herzegowina oder Bulgarien ehemals an die Deutsche Mark und nun an den Euro gekoppelt sind. In der Vergangenheit wurde ein Currency Board vor allem in den Kolonien der europäischen Staaten eingesetzt.
- Fixe Wechselkurse (90):
  Hier gibt es einige Untervarianten, die sich jeweils darin unterscheiden, wie stark die Wechselkurse von ihren fixierten Leitkursen abweichen dürfen, bevor Interventionen erfolgen. Die wichtigsten Länder, die ihren Kurs zum US-Dollar fixieren, sind Katar, Saudi-Arabien, Irak, Jordanien. Eine feste Bindung zum Euro haben insbesondere die ehemaligen Kolonialländer Frankreichs in Afrika.
- Kontrolliertes Floaten (40):
  Wie bereits erläutert sind beim kontrollierten Floating die Wechselkurse grundsätzlich frei. Allerdings greifen die Zentralbanken häufiger glättend in den Devisenmarkt ein. Wichtige Schwellenländer wie Indonesien, Indien und die Philippinen fallen in diese Kategorie, aber auch Länder wie die Türkei, Brasilien, Israel oder Singapur.

- Freies Floaten (12):
  Bei einem freien Floaten sind Devisenmarktinterventionen der Zentralbanken nur sehr selten, beschränken sich auf einen kurzen Zeitraum und sind auf außergewöhnliche Situationen beschränkt. Die wichtigsten Länder hierzu sind Australien, Chile, Polen, Südkorea, Kanada, Mexiko, Norwegen, Südafrika, Schweden, England, Japan, Schweiz und natürlich die USA. Auch der Euro kann gegen die Währungen dieser Staaten frei floaten.

6.4 Die Euroeinführung und seine Wirkungen

Die größte Änderung im Weltwährungssystem seit dem Zusammenbruch von Bretton Woods war sicherlich die Einführung des Euro als gemeinsame Buchwährung in 11 EU-Ländern am 01.01.1999 (Deutschland, Frankreich, Italien, Belgien, Niederlande, Luxemburg, Österreich, Finnland, Spanien, Portugal, Irland). Als gesetzliches Zahlungsmittel löste der Euro die nationalen Währungen am 01.01.2002 ab. Griechenland trat dem Euroraum 2001 bei. Es folgten Slowenien (2007), Zypern und Malta (2008), die Slowakei (2009), Estland (2011), Lettland (2014) und Litauen (2015).

Durch die großen Schwierigkeiten, die im Zuge der europäischen Staatsschuldenkrise innerhalb der Euroländer aufgetreten sind, entwickelt sich Europa seit 2009 immer mehr hin zu einer politischen Union. Damit umfasst der Euroraum aktuell 19 Länder, weshalb diese Länder oft mit Euro-19 bezeichnet werden.

Info

Der Euro in Monaco, Vatikanstadt, Andorra und San Marino

In diesen Ländern wird der Euro ebenfalls als gesetzliches Zahlungsmittel genutzt. Allerdings sind diese Länder weder Mitglied der EU, noch werden sie in das Eurosystem der EZB eingebunden. Formal gelten sie im Verhältnis zur EU als Drittstaaten, die allerdings über verschiedene Abkommen in die Eurozone und die Regelungen der EU eingebunden sind. So ist diesen Ländern gestattet, eine bestimmte Anzahl von Euromünzen mit nationalen Münzen auf der Rückseite zu prägen.

Vor der Einführung des Euro hatten die EU-Länder im Rahmen der westeuropäischen Währungsschlange bereits seit 1972 versucht, ihre Währungen in einer engen Bandbreite um einen festgelegten Leitkurs zu halten, um in der Auflösungsphase des Bretton-Woods-Systems zumindest ihre eigenen Währungen stabil zu halten und gemeinsam durch die sich abzeichnenden Währungsturbulenzen zu führen. Die Währungsschlange wurde 1979 durch das Europäische Währungssystem (EWS) abgelöst, ein System, in dem die teilnehmenden Länder ihre nationalen Währungen in einer engen Bandbreite von ±2,25 % um einen festgesetzten Leitkurs halten mussten. Italien wurde eine Bandbreite von ±6 % zugestanden. Drohte der Wechselkurs aus der festgelegten Bandbreite auszubrechen, waren die beiden betroffenen Zentralbanken zu Devisenmarktinterventionen verpflichtet. War der Wechselkurs nicht mehr zu halten, dann wurde in einem sogenannten Realignment ein neuer Leitkurs festgelegt. Zwischen 1979 und 1993 wurde davon 17 Mal Gebrauch gemacht.

Das EWS wurde zunächst von acht Ländern praktiziert, die Beneluxstaaten, Dänemark, Deutschland, Frankreich, Irland und Italien. Später folgten Spanien (1989), England (1990), Portugal (1992), Österreich (1995), Finnland (1996) und Griechenland (1998).

Der europäische Währungsverbund hielt 20 Jahre, bis die deutsche Wiedervereinigung zu solchen Spannungen zwischen den europäischen Währungen führte, dass das System 1992 fast zerbrach.

Info

Georg Soros wettete mit seinem Fonds gegen die britische Zentralbank und verdiente an der Pfundabwertung im September 1992 einige Milliarden Pfund.

Trotz sehr hoher Devisenmarktinterventionen wertete die italienische Lira um 17 %, die spanische Peseta um 10 % und das Pfund um 15 % ab. Großbritannien verließ daraufhin auch das EWS.

Die Schwierigkeiten im EWS hatten immer wieder den Wunsch aufkommen lassen, die Dominanz der Deutschen Mark und der Deutschen Bundesbank innerhalb des EWS mit einer gemeinsamen Währung zu brechen. Deutschland zögerte, da man dem Stabilitätswillen der anderen Staaten misstraute. Die Möglichkeit der deutschen Wiedervereinigung änderte dann aber das Kalkül grundlegend. Frankreich (Mitterand) versuchte anfangs noch die Wiedervereinigung politisch zu bekämpfen, wurde dann aber durch die Bereitschaft Deutschlands umgestimmt, eine gemeinsame Währung zu akzeptieren. Letztendlich war die Euroeinführung der Preis der deutschen Wiedervereinigung (vgl. hierzu Sauga/Simons/Wiegrefe, 2010). Die Einführung einer gemeinsamen Währung wurde im Vertrag von Maastricht beschlossen, der im Februar 1992 unterzeichnet wurde.

Die Einführung einer gemeinsamen Währung hat für die Euromitgliedsländer gravierende Konsequenzen. Die wichtigste Änderung besteht darin, dass nationale Zentralbanken keine eigenständige Geld- und Zinspolitik mehr betreiben können, sondern die Europäische Zentralbank für alle Länder verbindlich die Geld- und Zinspolitik festlegt. Zwar gibt es noch nationale Notenbanken, doch deren Funktion beschränkt sich auf die Sicherstellung des nationalen Zahlungsverkehrs und die Umsetzung der geldpolitischen Beschlüsse.

Vorteile einer gemeinsamen Währung

Vor dem Hintergrund zweier Weltkriege war die treibende Kraft für die Euroeinführung sicherlich der Friedensgedanke, der bereits die Gründungsväter der Europäischen Union anspornte. »Die bösen Geister der Vergangenheit sind keineswegs gebannt, sie könnten immer wieder zurückkommen. ... Europa bleibt eine Frage von Krieg und Frieden und der Friedensgedanke also das Bewegungsgesetz der europäischen Integration«, schrieb Helmut Kohl in verschiedenen Zeitungsbeiträgen 2012. Die Vereinigten Staaten von Europa zu schaffen, eine Politische Union zu werden, dazu sollte eine gemeinsame Währung Wegbereiter sein.

Natürlich waren auch wirtschaftlich motivierte Faktoren Treiber der Einführung. Vier große Vorteile sollte eine gemeinsame Währung bringen: Da ist zunächst die naheliegende Verringerung der Transaktionskosten, die beim Umtausch von Währungen entsteht. Sie mögen im Einzelfall gering erscheinen, doch Unternehmen, die grenzüberschreitend im Euroraum tätig sind, tätigen sehr viele Transaktionen, deren Kosten sich auf gewaltige Beträge summieren.

Der zweite naheliegende Vorteil ist die Beseitigung der Währungsrisiken bei grenzüberschreitenden Transaktionen und damit der Wegfall von Absicherungskosten im Außenhandel und bei Auslandsinvestitionen.

Während die bisher genannten zwei Vorteile zweifelsfrei existieren, ist der dritte Vorteil weniger offenkundig und weniger greifbar. In der Schlusserklärung der Lissabon-Agenda aus dem Jahre 2000 heißt es: »Die Union hat sich heute ein neues strategisches Ziel für das kommende Jahrzehnt gesetzt: das Ziel, die Union zum wettbewerbsfähigsten und dynamischsten wissensbasierten Wirtschaftsraum in der Welt zu machen ...«.

Wie sollte das Ziel umgesetzt werden? In einem gemeinsamen Währungsraum lösen Preisunterschiede für Waren und Renditedifferenzen bei Finanzinvestitionen schneller länderübergreifende Transaktionen aus als in einer Region mit unterschiedlichen Währungen. Auch Investitionen in Realkapital und M&A-Aktivitäten können sich ausschließlich an der erwarteten Rendite orientieren, ohne durch Währungsrisiken behindert zu werden. Dies erhöht den Wettbewerbsdruck und verbessert die Wettbewerbsfähigkeit der Eurozone. Mit der Einführung des Euro war somit die Erwartung verknüpft, dass sich Waren und Dienstleistungen verbilligen, Kapital in die Regionen mit der höchsten Rendite fließt und so die Beschäftigung insgesamt steigt.

Der vierte erhoffte wirtschaftliche Vorteil bezieht sich auf sinkende Finanzierungskosten von Unternehmen. Je größer die Liquidität und die Anzahl der Teilnehmer auf einem Finanzmarkt ist, desto geringer sind die Kosten einer Kreditaufnahme. In der Vergangenheit waren die Finanzmärkte in Europa stark fragmentiert, durchzogen von nationalen Vorschriften und Regelungen und durch Währungsschranken getrennt. Jeder einzelne nationale Markt war klein im Vergleich zum riesigen US-Finanzmarkt, auf dem sich die US-Konkurrenz Kapital leihen kann. Durch den Wegfall der Währungsgrenzen und einer einheitlichen Währung entstand ein Kapitalmarkt, der sich von der Größe her auf Augenhöhe mit dem amerikanischen Pendant befindet.

Nachteile einer gemeinsamen Währung und Ausgleichsmechanismen bei Ungleichgewichten
Der offenkundige Nachteil einer gemeinsamen Währung besteht im Verlust einer eigenständigen Geld- und Währungspolitik seiner Mitgliedsstaaten. Der Außenwert des Euro zu den übrigen Währungen der Welt gilt nun für den gemeinsamen Euroraum und berücksichtigt nicht die Besonderheiten einzelner Mitgliedsstaaten. Gleiches gilt für die Geld- und Zinspolitik. Die Zinssätze der Europäischen Zentralbank gelten für jedes Land und für jede dort ansässige Bank. Ein Zinsniveau, das im Schnitt für alle Länder das richtige ist, muss aber nicht notwendigerweise für jedes einzelne Land passend sein.

Bei einer einheitlichen Geld- und Währungspolitik können sich Anpassungen an volkswirtschaftliche Ungleichgewichte im einzelnen Mitgliedstaat nicht mehr über Zins- und Wechselkursänderungen vollziehen, sondern über Preise und den Arbeitsmarkt. Betrachten wir hierzu ein Beispiel: Nehmen wir an, dass der Tourismus in Spanien einen deutlichen Nachfragerückgang erleidet, weil mehr und mehr Touristen in der preisgünstigeren Türkei Urlaub machen. Da der Tourismus in Spanien ein wichtiger Wirtschaftszweig ist, erleidet Spanien einen Wirtschaftseinbruch. Hätte Spanien eine eigene Zins- und Währungspolitik, würde wegen der ausbleibenden Touristen die Nachfrage nach spanischen Pesetas zurückgehen. Da dies den Wert der Peseta senkt, werden spanische Reiseangebote aus Sicht der Ausländer wieder billiger. Parallel könnte eine eigenständige spanische Zentralbank die Zinsen senken, um die Konsum- und Investitionsausgaben anzuregen. Diese Maßnahmen sind im Rahmen einer gemeinsamen Währung nicht möglich. Spanien muss daher einen schmerzvolleren Weg gehen, um das wirtschaftliche Ungleichgewicht zu beseitigen.

Anpassungsmechanismen in einem gemeinsamen Währungsraum

Eine Möglichkeit ist, dass arbeitslose Spanier in der Tourismusindustrie anderer EU-Staaten eine Beschäftigung suchen. Dem stehen aber oft sprachliche und kulturelle Hürden entgegen. Europäer sind es, unabhängig von Sprachbarrieren, nicht gewohnt, eine Arbeitsstelle im Ausland zu suchen. Dies gilt häufig nicht nur für Arbeitnehmer, sondern auch für mittelständische Betriebe.

Die zweite Möglichkeit besteht in einer Senkung des allgemeinen Preis- und Lohnniveaus in Spanien. Wenn in Spanien alle Preise um 5 % sinken, dann hat das für den internationalen Preiswettbewerb den gleichen Effekt wie eine Abwertung der heimischen Währung um 5 %. Eine sogenannte interne Abwertung über sinkende Löhne und Preise ist aber ein weitaus schmerzhafterer und längerer Anpassungsprozess als eine externe Abwertung über sinkende Wechselkurse. Eine externe Abwertung ist Spanien aber nur möglich, wenn es den Euro aufgibt und die Peseta wieder einführt, ein »Experiment« mit schwer abschätzbaren Folgen.

Ein weiterer Nachteil eines gemeinsamen Währungsraums ist die steigende Insolvenzwahrscheinlichkeit seiner Mitgliedsländer bei einer externen Verschuldung, was zu höheren Zinssätzen für Staatskredite führt. Der Grund dafür ist einfach: In einem gemeinsamen Währungsraum hat kein Mitgliedsstaat einen eigenständigen Zugang zur Staatsfinanzierung durch die Zentralbank. Die Schuldendienstfähigkeit eines Staates wird einzig durch sein tatsächliches und potenzielles Steueraufkommen determiniert. Entstehen Zweifel, ob ein EU-Staat seine Schulden zurückzahlen kann, dann ist er auf Kredite oder Transferzahlungen anderer Staaten angewiesen, für die es aber keinen Rechtsanspruch gibt. Im Gegensatz dazu können Staaten mit einer eigenen Zentralbank grundsätzlich ihre Schulden immer durch »Drucken von Geld« zurückzahlen, sofern die Schuldaufnahme in der eigenen Währung erfolgt ist. Staaten mit einer Papierwährung können daher kaum insolvent werden. Staaten hingegen, die sich im Ausland in Fremdwährung verschulden, sind sehr wohl insolvenzgefährdet. Da diese Staaten Fremdwährung selbstständig nur durch Exporte erhalten können, hängt deren Schuldendienstfähigkeit vom Außenhandel ab.

Info

Papierwährung ist eine Währung, deren umlaufende Banknoten nicht durch Gold oder andere Edelmetalle gedeckt sind. Das Gegenstück ist eine Goldwährung.

Das Insolvenzrisiko einzelner Staaten im Euroraum kann nur dann reduziert werden, wenn die Schulden vergemeinschaftet werden und jeder für jeden haftet. Dann allerdings entsteht ein massives Moral-Hazard-Problem, denn dann hat kein Staat mehr einen Anreiz, seine Schulden zu begrenzen oder gar zurückzuzahlen.

Es gibt einige Untersuchungen, die zum Ergebnis kommen, dass die Eurozone kein optimaler Währungsraum ist. Ein optimaler Währungsraum zeichnet sich dabei durch eine ausreichend hohe Mobilität von Arbeit und Kapital aus, um wirtschaftliche Ungleichgewichte in einer Region auszugleichen. Die größte Hürde hierzu liegt sicher in der unzureichenden Mobilität der Arbeitnehmer, denn man kann sich nur schwer vorstellen, dass Millionen von Arbeitnehmern aus Portugal, Spanien oder Griechenland in einer deutschen Kleinstadt für ein paar Jahre eine neue Arbeit suchen und finden. Ob es durch eine Angleichung der allgemeinen Wirtschafts- und Finanzpolitik oder durch hohe Transferzahlungen gelingt, den Euro dauerhaft in allen Eurostaaten zu halten, ist eine spannende und offene Frage.

7 Zahlungsbilanz und Devisenmarkt

7.1 Aufbau und Komponenten einer Zahlungsbilanz

Transaktionen zwischen dem Inland und Ausland finden in vielfältiger Form statt und werden in der Zahlungsbilanz (Balance of Payment) eines Landes erfasst. Sie stellt eine Auflistung aller finanziellen Transaktionen in einem bestimmten Zeitraum (üblicherweise ein Jahr) zwischen einer Volkswirtschaft (Inland) und »der übrigen Welt« (Ausland) dar und ist daher ein Abbild der außenwirtschaftlichen Verflechtung eines Landes. Weil in der Zahlungsbilanz die Zahlungseingänge und die Zahlungsausgänge des Inlands mit dem Ausland erfasst werden, zeigt die Zahlungsbilanz auch die Nachfrage und das Angebot an Devisen und ist folglich auch ein Spiegel des wirtschaftlichen Erfolgs eines Landes. Der Begriff »Zahlungsbilanz« ist dabei etwas irreführend, da eine Bilanz ja üblicherweise auf Bestandsgrößen fußt. Bei einer Zahlungsbilanz hingegen werden Transaktionen, d. h. Stromgrößen wie z. B. der Exportwert aufgeführt.

Die in einer Zahlungsbilanz erfassten Transaktionen beziehen sich auf Inländer und Ausländer. Um Daten richtig interpretieren zu können, ist es wichtig zu wissen, dass Inländer als gebietsansässige Einheiten verstanden werden, die ihren Sitz ständig im Inland haben, d. h. weder Staatszugehörigkeit noch Besitzverhältnisse sind entscheidend, sondern einzig der Standort. Die Tochtergesellschaft eines deutschen Unternehmens im Ausland zählt folglich zur »übrigen Welt« aus Sicht der deutschen Zahlungsbilanz, wohingegen ein Unternehmen in Deutschland auch dann zum Inland gezählt wird, wenn es sich im Eigentum von Ausländern befindet. Liefert z. B. die britische Tochtergesellschaft von BMW Motorteile nach Deutschland, dann handelt es sich aus deutscher Sicht um einen Import aus England. Mit gleicher Logik werden die Autos, die Opel nach Polen exportiert, als deutscher Export gezählt, obwohl der Eigentümer von Opel das US-amerikanische Unternehmen GM ist. Diese Systematik gilt nicht nur für Unternehmen, sondern auch für Privatpersonen. Ein ausländischer Mitbürger, der dauerhaft in Deutschland lebt, gilt aus Sicht der deutschen Zahlungsbilanz als Inländer.

Um Zahlungsbilanzen aussagekräftiger zu machen, wird sie in sinnvolle Unterbilanzen gegliedert, wie Abbildung 7.1 zeigt.

In der Handelsbilanz (Merchandise Transactions) werden alle grenzüberschreitenden Warentransaktionen erfasst, d. h. der Export und der Import von Waren. Im Folgenden werden die Begriffe »Export« oder »Import« immer aus Sicht des Inlands betrachtet, sofern nicht anders vermerkt.

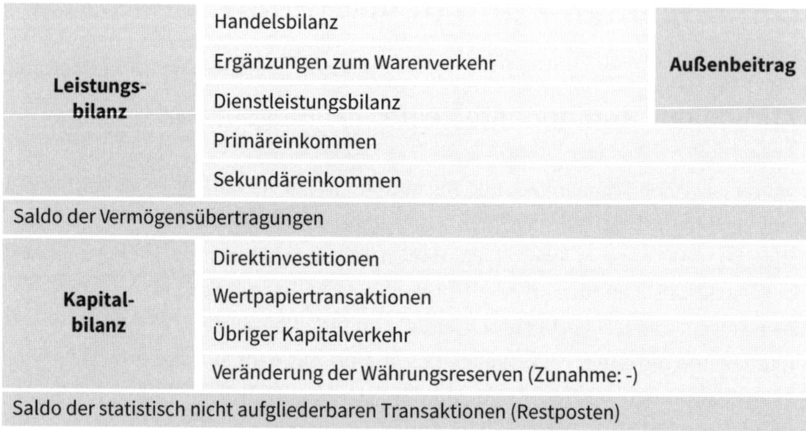

Abb. 7.1: Aufbau der Zahlungsbilanz

Info

Waren sind materielle Gegenstände wie Maschinen, Autos, Lebensmittel, Öl usw. Die Bundesbank weist die »Ergänzungen zum Warenverkehr« als Bestandteil der Handelsbilanz separat aus. Darunter verbergen sich einerseits beanstandete Rückwaren und der Zolllagerverkehr. Zollgrenze und Landesgrenze müssen ja nicht übereinstimmen.

In der Dienstleistungsbilanz (Services) wird die Ein- und Ausfuhr von Dienstleistungen erfasst, d. h. immaterielle Leistungen. Diese sind im Wesentlichen der Reiseverkehr, Transport- und Versicherungsleistungen, Finanzdienstleistungen sowie Regierungsleistungen (etwa Einnahmen von ausländischen militärischen Dienststellen), Messekosten, Lizenzen und Patente. Dienstleistungen müssen nicht notwendigerweise »gehandelt« werden, um in der Dienstleistungsbilanz erfasst zu werden. Auch Dienstleistungen, die von Inländern im Ausland in Anspruch genommen werden, wie z. B. der Tourismus fallen darunter.

In der Position »Primäreinkommen« werden Vermögenserträge aus in der Vergangenheit getätigten Portfolioinvestitionen und Direktinvestitionen erfasst wie ausgeschüttete oder thesaurierte Gewinne, Dividendenzahlungen, Kredit- und Anleihezinsen, usw. Eine weitere Komponente sind die erzielten Erwerbseinkommen aus bzw. an das Ausland. Wenn etwa ein Inländer ins Ausland pendelt und dort arbeitet, erzielt er Erwerbseinkommen aus dem Ausland. Allerdings ist diese Größe, verglichen mit den Vermögenserträgen, unbedeutend. Vor Mai 2014 wurde diese Kategorie »Primäreinkommen« in den Statistiken »Erwerbs- und Vermögenseinkommen« genannt.

Die Position »Sekundäreinkommen« enthält wiederkehrende Zahlungen, für die keine unmittelbare Gegenleistung existiert. Beispiele sind Zahlungen an und von internationalen Organisationen (wie die EU, UNO, IWF) oder Überweisungen von Gastarbeitern in ihre Heimatländer. Vor Mai 2014 wurde diese Kategorie »Laufende Übertragungen« genannt.

Sofern die Übertragungen einmaligen Charakter haben, sind sie nicht mehr Bestandteil der Leistungsbilanz, sondern gehen in die Vermögensübertragungsbilanz ein. Ein Beispiel hierfür ist ein gewährter Schuldenerlass oder auch Zuschüsse aus dem EU-Fonds für Infrastrukturmaßnahmen. Es handelt sich dabei aber um einen sehr kleinen Betrag, wie wir später in der konkreten Zahlungsbilanz Deutschlands sehen werden. Die Summe aus Leistungsbilanz plus Saldo der Vermögensübertragungen wird als korrigierte Leistungsbilanz bezeichnet.

In der Kapitalbilanz (Financial Account) werden alle Änderungen in den Forderungen und Verbindlichkeiten gegenüber dem Ausland erfasst. Wenn sich die inländischen Verbindlichkeiten erhöhen, liegt ein Kapitalimport vor, d. h. das Inland erhält Kapital vom Ausland und die inländische Verschuldung steigt. Ein Beispiel ist der Kauf von inländischen Wertpapieren durch Ausländer. Ein Kapitalimport kann aber auch indirekt erfolgen, nämlich durch die Verringerung von bestehenden inländischen Forderungen, etwa wenn das Ausland bestehende Kredite tilgt – exakt würde man hier von einem negativen Kapitalexport sprechen, weil ehemals exportiertes Kapital ins Inland zurückfließt. Die Wirkung ist aber wie bei einem Kapitalimport. Auch in diesem Fall wird Kapital »importiert«, weil es vom Ausland ins Inland fließt.

Kapitalimport = Erhöhung der Verbindlichkeiten + Reduktion der Forderungen

Ein Kapitalexport dagegen sind Transaktionen, bei denen Kapital vom Inland ins Ausland fließt. Dies ist dann der Fall, wenn sich Forderungen gegenüber dem Ausland erhöhen (z. B. Kauf einer ausländischen Produktionsstätte durch Inländer) oder wenn bestehende Verbindlichkeiten reduziert werden (Verkauf von inländischen Wertpapieren durch Ausländer). Auch hier spricht man von einem negativen Kapitalimport, weil ursprünglich importiertes Kapital wieder ins Ausland zurückfließt. Die Wirkung ist aber wie beim Kapitalexport.

Kapitalexport = Erhöhung der Forderungen + Reduktion der Verbindlichkeiten

Alle Kapitalimporte und -exporte werden nun addiert und saldiert. Ist der Saldo positiv, d. h. fließt netto mehr Kapital ins Inland als umgekehrt, liegt ein Nettokapitalimport vor und die Kapitalbilanz weist einen Überschuss aus. »Positiv« ist hier keine Wertung, sondern zeigt nur die Flussrichtung des Kapitals an, d. h. vom Ausland zum Inland. Eine positive Kapitalbilanz ist ein Synonym für einen Kapitalbilanzüberschuss bzw. für einen Nettokapitalimport. Fließt hingegen saldiert mehr Kapital ins Ausland, ist die Kapitalbilanz negativ, d. h. es liegt ein Kapitalbilanzdefizit bzw. ein Nettokapitalexport vor.

Bestandteil der in der Kapitalbilanz erfassten Transaktionen sind Direktinvestitionen (Direct Investment), Wertpapiergeschäfte (Portfolio Investment) und der übrige Kapitalverkehr (Other Investment). Direktinvestitionen sind Transaktionen, bei denen ein hohes unternehmerisches Engagement sichtbar wird. Die Verwendung der Mittel in realwirtschaftlicher Form oder in Unternehmensbeteiligungen spielt dabei keine Rolle. Folgerichtig umfassen Direktinvestitionen grenzüberschreitende Unternehmensbeteiligungen (die Beteiligung muss größer als 10 % sein), reinvestierte Gewinne im Ausland und Kredite zwischen Konzerneinheiten.

In der Kategorie »Wertpapiergeschäfte und Finanzderivate« werden Kapitalanlagen erfasst, bei denen die Ertragserzielung und nicht die Unternehmenskontrolle das treibende Motiv ist. Wertpapiertransaktionen umfassen daher lang- und kurzfristige Schuldverschreibungen, Aktien oder Investmentfonds oder entsprechende Finanzderivate.

Der »Übrige Kapitalverkehr« fasst alle anderen, sehr heterogenen Kapitaltransaktionen zusammen wie etwa Finanz- und Handelskredite, Veränderungen von Bankguthaben oder staatlicherseits Entwicklungshilfekredite.

Transaktionen der Zentralbank mit dem Ausland werden wegen ihrer besonderen Rolle gesondert erfasst und ausgewiesen. Kauft eine Zentralbank z. B. ausländische Anleihen, dann werden diese Käufe nicht in der Kategorie »Wertpapiertransaktionen« in der Kapitalbilanz erfasst, sondern als Währungsreserven des Landes. Währungsreserven sind nichts anderes als Aktiva der Zentralbank in Fremdwährung oder Gold.

Währungsreserven sind Forderungen der Zentralbank gegen das Ausland, denn die Aktiva stellen einen Anspruch gegen das Ausland dar. Erhöhen sich die Währungsreserven, steigen die Forderungen, d. h. es liegt ein Kapitalexport vor. Umgekehrt entspricht ein Rückgang einem Kapitalimport, da bestehende Forderungen reduziert werden. Üblicherweise legen die Zentralbanken ihre Währungsreserven zinsbringend an, indem sie risikoarme Aktiva wie etwa Geldmarktpapiere des entsprechenden Landes kaufen.

Währungsreserven der Deutschen Bundesbank umfassen seit Einführung des Euro nur noch Forderungen in Fremdwährung außerhalb des Eurowährungsgebiets, den Goldbestand sowie die Reserveposition im Internationalen Währungsfonds. Die Auslandsforderungen der Bundesbank gegenüber Gebietsansässigen des Eurowährungsgebiets werden aus den Währungsreserven herausgerechnet und als Forderungen innerhalb des Eurosystems separat ausgewiesen. Diesen wichtigen Punkt greifen wir in Kapitel 7.5 auf, wenn die Besonderheiten des Eurosystems dargestellt werden.

7.2 Zusammenhang zwischen Leistungs- und Kapitalbilanz

Die Zahlungsbilanz eines Landes muss stets ausgeglichen sein, weil jede Transaktion nach dem Prinzip der doppelten Buchführung doppelt erfasst und gebucht wird. Lediglich die Teilbilanzen können einen Überschuss oder ein Defizit aufweisen. Machen wir uns den Vorgang an einem Beispiel klar.

BEISPIEL

Siemens exportiert eine Turbine in die USA für 100 Mio. Euro. Der amerikanische Importeur überweist den Betrag von seinem Eurokonto bei der Deutschen Bank. Das Exportgeschäft führt für sich betrachtet zu einem Leistungsbilanzüberschuss. Die Bezahlung der Turbine löst aber ein Kapitalbilanzdefizit in gleicher Höhe aus, weil die

Euroguthaben des Auslands und damit die inländischen Verbindlichkeiten gegen das Ausland sinken (= Kapitalexport in der Kategorie »Übriger Kapitalverkehr«). Die beiden Teilbilanzen gleichen sich genau aus. Sollte Siemens die Bezahlung in US-Dollar vereinbaren, sagen wir 130 Mio. US-Dollar, dann ergibt sich das gleiche Bild: Dem Leistungsbilanzüberschuss steht ein Kapitalbilanzdefizit gegenüber, weil der Käufer zugunsten von Siemens auf ein Konto bei einer amerikanischen Bank 130 Mio. US-Dollar überweist. Damit nehmen die Forderungen gegenüber dem Ausland zu, d. h. es liegt auch hier ein Kapitalbilanzdefizit vor.

Für jede betrachtete Periode muss daher gelten

Leistungsbilanzsaldo + Kapitalbilanzsaldo + Devisenbilanzsaldo = 0

Streng genommen müsste man zwar vom korrigierten Leistungsbilanzsaldo sprechen, sofern die Vermögensübertragungen nicht null sind. Aus sprachlichen Gründen verzichten wir im Folgenden auf den Zusatz »korrigiert«.

Übertragen wir das Beispiel auf ein gesamtes Land: Angenommen das Leistungsbilanzdefizit des Inlands beträgt 80 Geldeinheiten (GE), d. h. das Inland kauft für 80 GE mehr vom Ausland, als es selbst ins Ausland verkauft. In Höhe von 80 GE muss sich daher das Inland zwangsläufig im Ausland verschulden, d. h. der Kapitalimport des Inlands beträgt 80 GE, sofern die Veränderung der Währungsreserven null ist. Beträgt der Kapitalimport nur 60 GE, müssen zwangsläufig die Währungsreserven des Inlands um 20 GE sinken. In diesem Fall würden die Inländer ihre Landeswährung bei der Zentralbank gegen Fremdwährung tauschen und damit die Waren und Dienstleistungen bezahlen. Damit sinken die Fremdwährungsbestände der Zentralbank. Unsere Gleichung würde lauten:

$$-80\text{ GE} + 60\text{ GE} + 20\text{ GE} = 0$$

Die Vorzeichen erklären sich durch den jeweiligen Geldfluss bzw. die Veränderung der Forderungen: Das Leistungsbilanzdefizit des Inlands erklärt -80, der Kapitalimport +60. Die +20 sind auf den ersten Blick verwirrend, da doch die Währungsreserven abnehmen. Währungsreserven sind jedoch Forderungen gegenüber dem Ausland. Wenn die Währungsreserven abnehmen, sinken die Schulden des Auslands. Dies ist aber die gleiche Wirkung wie beim Kapitalimport. Abnehmende Währungsreserven sind gleichbedeutend mit einem Kapitalimport und schlagen sich in einem positiven Vorzeichen nieder, während eine Zunahme der Währungsreserven sich wie ein Kapitalexport negativ auswirkt.

Der saldenmechanische Zusammenhang lässt sich veranschaulichen, wenn die Situation eines Landes auf eine einzelne Person übertragen wird: Gibt eine Person mehr aus, als sie verdient, hat sie im übertragenen Sinne ein Leistungsbilanzdefizit. Das ist aber nur möglich, wenn die Person jemanden findet, der ihr das dazu notwendige Geld leiht (positiver Kapitalbilanzsaldo) oder wenn sie ihre Ersparnisse reduziert (positive Devisenbilanz). Die Summe der drei Größen wird stets null sein.

Leistungsbilanz und Kapitalbilanz sind zwei Seiten einer Medaille und nicht unabhängig voneinander. Das Leistungsbilanzdefizit eines Landes zeigt, durch welche Transaktionen sich das Land im Ausland verschuldet, während der damit verbundene Nettokapitalimport inklusive Devisenbilanz verdeutlicht, welche Wirtschaftseinheiten in welcher Form diese Verbindlichkeiten eingegangen sind. Umgekehrt spiegelt ein Leistungsbilanzüberschuss den Anstieg des Vermögens eines Landes wider. Der damit verbundene Kapitalexport (inklusive Devisenbilanz) macht deutlich, wer in welcher Form dieses zusätzliche Vermögen hält.

Der rechnerische Ausgleich zwischen Kapitalbilanz, Devisenbilanz und Leistungsbilanz wird aus Erfassungslücken, Erfassungsfehlern, unterschiedlichen Erfassungszeitpunkten und Bewertungsdifferenzen nie erreicht. Diese Differenzen schlagen sich im »Saldo der statistisch nicht aufgliederbaren Transaktionen« nieder, wie Abbildung 7.1 zeigte. Ökonomisch ist der Restposten als Teil der Kapitalbilanz zu interpretieren.

7.3 Die Zahlungsbilanz aus Sicht Deutschlands

Übertragen wir die allgemeine Darstellung einer Zahlungsbilanz in Tabelle 7.1 auf Deutschland in ausgewählten Jahren.

Gliederung der Zahlungsbilanz	2001	2008	2013	2015	2017
Handelsbilanz	101,3	184,5	212,7	261,1	265,4
+ Dienstleistungsbilanz	-62,8	-31,5	-41,4	-16,9	-20,9
+ Primäreinkommen	-17,2	24,7	62,4	67,2	67,4
+ Sekundäreinkommen	-29,2	-34,5	-43,6	-40,0	-54,1
= Leistungsbilanz (LB)	**-7,9**	**143,3**	**190,1**	**271,4**	**257,7**
Saldo Vermögensübertragung (V)	**-3,3**	**-0,9**	**-0,6**	**0,5**	**-0,3**
Direktinvestitionen	15,1	43,3	20,1	67,5	42,2
+ Wertpapieranlagen/Finanzderivate	-39,0	-4,3	182,0	218,9	209,1
+ Übriger Kapitalverkehr	30,9	80,3	22,4	-44,8	29,8
= Kapitalbilanz (KB)	**7,0**	**119,3**	**224,5**	**241,6**	**281,2**
Δ Währungsreserven (W)	**-6,0**	**2,0**	**0,8**	**-2,2**	**-1,3**
Restposten R	**12,1**	**-21,1**	**35,8**	**-32,5**	**22,5**
Summe = LB + V +(-) KB +(-) W + R	**0,0**	**0,0**	**0,0**	**0,0**	**0,0**

Tab. 7.1: Zahlungsbilanz Deutschland

Die Tabelle verdeutlicht, dass die Summe aller Teilbilanzen, d. h. die Summe aus Leistungsbilanz, den Vermögensübertragungen, der Kapitalbilanz, den Veränderungen der Währungsreserven plus den statistisch nicht aufgliederbaren Transaktionen (Restposten) null ergibt. Ein wenig verwirrend ist dabei die Handhabe der Vorzeichen, die in den offiziellen Statistiken nicht immer mit dem Zahlungsfluss übereinstimmt. Betrachten wir hierzu das Jahr 2017. Der Leistungsbilanzüberschuss ist mit einem Geldzufluss von 257,7 Mrd. € verbunden, daher das positive Vorzeichen. Analog wird der Saldo der Vermögensübertragung V und der Restposten R behandelt. Ein positives Vorzeichen bedeutet einen Zufluss von 22,5 Mrd. € bei R und einen Abfluss bei V von 0,3 Mrd. €. Aus der Reihe fällt die Kapitalbilanz KB. Der Betrag von 281,2 Mrd. € wurde netto exportiert, d. h. aus der Kapitalbilanz resultierte ein Abfluss. Allerdings werden in allen offiziellen Zahlungsbilanzstatistiken Kapitalexporte mit einem positiven Vorzeichen dargestellt. Um den Abfluss von Kapital ins Ausland zu verdeutlichen, wurde deshalb in der letzten Zeile KB mit (-) versehen. Ähnliches gilt für Währungsreserven. Steigen sie, steigen die Forderungen ans Ausland und damit findet ein Kapitalexport statt, der mit einem Zahlungsabfluss verknüpft ist. Am leichtesten kann man es sich so vorstellen, dass die Zentralbank Fremdwährung aufkauft und damit Aktiva im Ausland in Fremdwährung erwirbt, etwa Staatsanleihen. Damit wird deutlich, dass eine Erhöhung der Währungsreserven mit einem Zahlungsausgang verknüpft ist. Daher auch das Zeichen (-) vor W in der letzten Zeile der Tabelle.

Zurück zu den Teilbilanzen: Treiber der positiven Leistungsbilanz ist der hohe Handelsbilanzüberschuss. Der Saldo der Vermögensübertragungen ist für Deutschland unerheblich. Die einzelnen Komponenten der Kapitalbilanz und der Restposten sind sehr starken Schwankungen unterworfen. Die wesentlichen Entwicklungen der Zahlungsbilanz lassen sich am besten in einer längeren Zahlungsreihe ablesen.

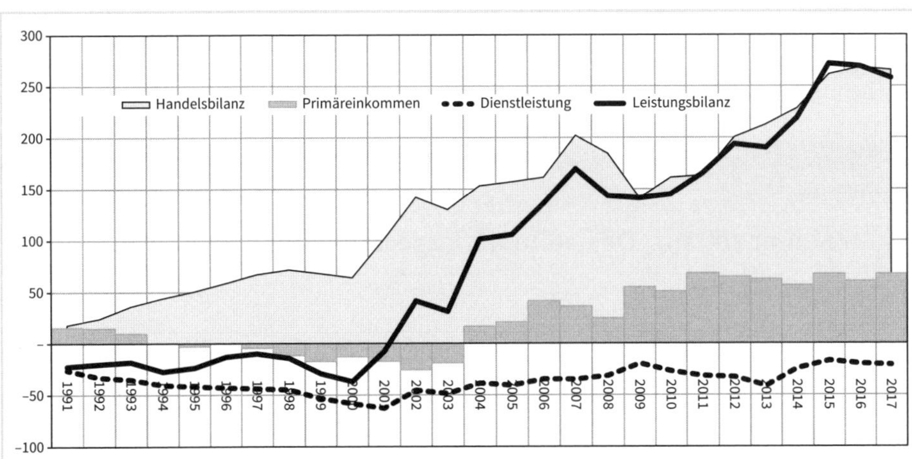

Abb. 7.2: Entwicklung von relevanten Teilbilanzen (in Mrd. Euro)

Deutschland erzielt seit vielen Jahrzehnten traditionell einen Handelsbilanzüberschuss, der nach der deutschen Wiedervereinigung für wenige Jahre kurz absackte, weil sich die Wirtschaft stark auf das innerdeutsche Geschäft konzentrierte. Einen kometenhaften Anstieg erlebte Deutschland nach Einführung des Euro. Ein Grund hierfür waren sicher die in Deutschland langsamer steigenden Preise und Löhne als in der übrigen Eurozone, was der deutschen Wirtschaft einen preislichen Vorteil im Euroraum brachte. Die Finanzmarktkrise führte 2009 zu einer spürbaren Absenkung, doch der Überschuss nahm danach unerwartet schnell wieder Fahrt auf.

Die Dienstleistungsbilanz war traditionell negativ, was vorwiegend den hohen Ausgaben im Reiseverkehr geschuldet ist. Das jährliche Defizit im Reiseverkehr erreicht seit vielen Jahren eine Größenordnung von rund 35 Mrd. Euro. Das Minus im Dienstleistungsbereich hat sich in den letzten zehn Jahren aber deutlich zurückgebildet. Grund hierfür waren steigende Überschüsse in den Bereichen Transport und Logistik, bei Finanzdienstleistungen und bei Bau- und Ingenieurdienstleistungen.

Das rückläufige Minus in der Dienstleistungsbilanz und der stark wachsende Überschuss in der Handelsbilanz führten zu einer starken Zunahme des Leistungsbilanzüberschusses. 2001 war die Leistungsbilanz noch ausgeglichen, 2013 erreichte sie einen Wert von rund 209 Mrd. Euro und 2017 lag der Leistungsbilanzüberschuss sogar bei 258 Mrd. Euro.

Im letzten Kapitel wurde gezeigt, dass ein Leistungsbilanzüberschuss mit einem gleichhohen Nettokapitalexport (inklusive Devisenbilanz und Restposten) einhergeht. Ein Kapitalexport in Form von Direktinvestitionen, Wertpapieranlagen oder anderen Kreditformen ins Ausland führt zu Zins- und Dividendeneinkommen, das in der Teilbilanz »Primäreinkommen« erfasst wird. Die logische Folge des zunehmenden Leistungsbilanzüberschusses seit 2001 ist daher ein markanter Anstieg dieser Position. 2001 lag das Primäreinkommen noch bei -17,2 Mrd. Euro, d. h. Deutschland musste netto Vermögenseinkommen leisten. Im Zuge der hohen Leistungsbilanzüberschüsse und des damit einhergehenden Kapitalexports erzielte Deutschland einen stetig steigenden Überschuss bei den Vermögenseinkommen. Im Jahr 2017 lag er bei 67,4 Mrd. Euro. Das Erwerbseinkommen spielt in der Position »Primäreinkommen« keine Rolle. Der Saldo war 2017 bei lediglich 36 Mio. Euro, d. h. so gut wie ausgeglichen.

7.4 Zahlungsbilanz, Devisennachfrage und Währungspolitik

Ungleichgewichte in der Leistungsbilanz

Werden Waren oder Dienstleistungen im Ausland gekauft, können sie in Fremdwährung (US-Dollar) bezahlt werden oder der Verkäufer akzeptiert die Währung des Käufers (Euro). Fremdwährung und Inlandswährung sind keine eindeutigen Begriffe, da sie aus Sicht des Inlands oder aus Sicht des Auslands betrachtet werden können. Zur Illustration verwenden wir daher hier und auch in späteren Beispielen zwei konkrete Währungen: als Inlandswährung den Euro und als Auslandswährung den US-Dollar.

Gehen wir zunächst davon aus, dass Inländer ihre Transaktionen in Fremdwährung (US-Dollar) durchführen. Die inländischen Käufer der ausländischen Waren und Dienstleistungen müssen daher Devisen am Devisenmarkt kaufen. Importe führen folglich zu einer Nachfrage nach Devisen. Werden umgekehrt Waren oder Dienstleistungen ins Ausland verkauft, erhalten die Inländer Devisen, die sie am Devisenmarkt anbieten, d. h. verkaufen. Exporte stellen daher ein Devisenangebot in gleicher Höhe dar.

Devisenangebot = Exportwert, gemessen in Auslandswährung
Devisennachfrage = Importwert, gemessen in Auslandswährung

Bei einem Land mit einem Leistungsbilanzdefizit ist die Nachfrage nach Devisen daher größer als das Angebot. Netto möchten die Marktteilnehmer Devisen kaufen, was den Fremdwährungskurs ceteris paribus (c.p.) steigen lässt.

Leistungsbilanzdefizit = Nachfrageüberschuss nach Devisen

Info

Ceteris paribus ist ein lateinischer Ausdruck und heißt übersetzt »unter sonst gleichen Umständen«. Ökonomen benutzen diesen Ausdruck häufig, um klarzustellen, dass alle anderen relevanten Größen – mit Ausnahme der gerade diskutierten – konstant gehalten werden. Oft wird ceteris paribus abgekürzt mit c.p.

Diese Aussage ändert sich nicht, wenn wir nun unterstellen, dass die Transaktionen in der Währung der Inländer (Euro) durchgeführt werden. Da am Devisenmarkt Währungen getauscht werden, ist der Tauschwert beider Währungen nämlich stets gleich hoch: Angenommen Sie wollen einen Euro in 1,27 US-Dollar tauschen. Hierzu verkaufen Sie einen Euro und erhalten dafür 1,27 US-Dollar. Ihre Devisennachfrage von 1,27 US-Dollar ist damit exakt so groß wie das zum Fremdwährungskurs umgerechnete Angebot an heimischer Euro-Währung.

Bezogen auf unseren Fall heißt dies, dass die Ausländer die Inlandswährung (Euro) für ihre Importe kaufen und ihre Exporterlöse in Inlandswährung verkaufen. Bei einem Leistungsbilanzdefizit des Inlands erhalten die Ausländer daher mehr Inlandswährung (Euro) als sie für ihre eigenen Importe benötigen. In Höhe des inländischen Leistungsbilanzdefizits entsteht deshalb am Devisenmarkt ein Überangebot an Inlandswährung (Euro), was gleichbedeutend ist mit einem Nachfrageüberschuss nach Devisen (US-Dollar). Wir erhalten die gleiche Aussage wie zuvor: Ein Leistungsbilanzdefizit entspricht einem Nachfrageüberschuss nach Devisen.

Sofern Zentralbanken nicht regulierend eingreifen, führt ein Leistungsbilanzdefizit eines Landes zu einem Nachfrageüberschuss nach Devisen und damit zu einem Anstieg des Devisenkurses. Damit sinkt der Wert der heimischen Währung. Dies verteuert die Importe, verbilligt die heimischen Waren im Ausland und führt zu einem Rückgang des Leistungsbilanzdefizits. Dieser Anpassungsprozess kann sich allerdings über viele Jahre erstrecken. Dabei ist es durchaus vorstellbar, dass sich das Leistungsbilanzdefizit zunächst vergrößert, weil sich wegen der schwächeren heimischen Währung die Importe verteuern. Man spricht in diesem Zusammenhang vom J-Kurveneffekt einer Abwertung, weil auch bei einem »J« die Kurve zunächst sinkt.

Diese Überlegungen gelten analog auch für einen Leistungsbilanzüberschuss. Unabhängig davon, in welcher Währung die Transaktionen durchgeführt werden, stets gilt:

Leistungsbilanzüberschuss = Angebotsüberschuss an Devisen

Der Anpassungsmechanismus ist analog zu oben: Die Fremdwährung verliert zur heimischen Währung an Wert, dadurch verteuern sich die Exporte, während sich die Importe verbilligen. Beide Effekte führen zu einem Rückgang des Leistungsbilanzüberschusses.

Ungleichgewichte in der Kapitalbilanz

Transaktionen, die in der Kapitalbilanz erfasst werden, führen ebenfalls zu einem Angebot bzw. einer Nachfrage nach Devisen. Kapitalexporte wie Direktinvestitionen im Ausland oder Käufe von ausländischen Wertpapieren führen zu einer Devisennachfrage in gleicher Höhe, weil sich Inländer die entsprechende Fremdwährung besorgen müssen, um die gewünschten Investitionen im Ausland tätigen zu können. Je attraktiver ein Land für Direktinvestitionen (z. B. wegen hohen Wirtschaftswachstums, hoher lokaler Nachfrage oder wegen günstiger Produktionsbedingungen) oder für Portfolioinvestitionen (hohe Zinsen, niedrige Aktienkurse) ist, desto höher ist die Devisennachfrage. Umgekehrt führen Kapitalimporte zu einem Devisenangebot, da ausländische Investoren ihre Währung verkaufen müssen, um im Inland investieren zu können. Ist der Kapitalimport größer als der -export, entsteht in Höhe des Kapitalbilanzüberschusses ein Angebotsüberschuss an Devisen und umgekehrt. Sofern die hier beschriebenen Kapitalimporte und -exporte »freiwillig« erfolgen und nicht Folge von Waren- und Dienstleistungstransaktionen sind, werden sie als »autonom« bezeichnet.

Autonomer Kapitalbilanzüberschuss = Angebotsüberschuss an Devisen
Autonomes Kapitalbilanzdefizit = Nachfrageüberschuss an Devisen

Transaktionen, die sich in der Leistungsbilanz oder in der Kapitalbilanz niederschlagen, werden von sehr vielen Wirtschaftseinheiten getätigt, die völlig unabhängig voneinander agieren. Grundsätzlich ist es möglich, dass das Leistungsbilanzdefizit des Inlandes »freiwillig« vom Umfang her von all den ausländischen Personen und Unternehmen finanziert wird, die gerne im Inland investieren würden. Die mit dem Leistungsbilanzdefizit verbundene Überschussnachfrage nach Devisen wird in diesem Fall genau durch den mit dem Kapitalbilanzüberschuss verbundenen Devisenüberschuss ausgeglichen. Der Normalfall wird aber sein, dass die Summe der beiden Teilbilanzen nicht null ergibt.

Devisenbilanz und Währungspolitik
Sollten sich die Teilbilanzen nicht ausgleichen, wie kann dann der beschriebene saldenmechanische Ausgleich der Teilbilanzen erfolgen?

$$\text{Leistungsbilanzsaldo} + \text{Kapitalbilanzsaldo} + \text{Devisenbilanzsaldo} = 0$$

Betrachten wir zunächst die Situation, dass die Zentralbank des Inlands nicht in den Devisenmarkt eingreift und der Devisenbilanzsaldo null ist.

Fall 1: Aufwertung: Leistungsbilanzsaldo + autonomer Kapitalbilanzsaldo > 0

Eine solche Situation liegt vor, wenn der Überschuss in der Leistungsbilanz der Höhe nach nicht durch autonome Kapitalexporte ausgeglichen wird. In Höhe der Differenz kommt es zu einem Überschussangebot an Devisen mit der Folge, dass der Fremdwährungskurs sinkt und die heimische Währung aufwertet. Dies führt zu den oben beschriebenen Anpassungsprozessen bei Exporten und Importen. Der saldenmechanische Ausgleich zwischen Leistungs- und Kapitalbilanz wird in diesem Fall nicht durch autonome Kapitalbilanztransaktionen, sondern durch unfreiwillige oder buchungstechnisch bedingte Transaktionen erreicht. Diese sind »unfreiwillige« Kapitalexporte (z. B. Warenexporte, die nicht oder zu spät von den Kunden bezahlt werden), vor allem aber buchungstechnisch bedingte Kapitalexporte in Form von Devisenbestandszunahmen der Exporteure (wie im Beispiel 1).

Fall 1 kann auch dann auftreten, wenn ein Leistungsbilanzdefizit vorliegt, das durch autonome Kapitalimporte überkompensiert wird. In diesem Fall will das Ausland Direktinvestitionen und Portfolioinvestitionen netto im Inland tätigen, die vom Umfang her größer sind als das Leistungsbilanzdefizit, wodurch die inländische Währung trotz Leistungsbilanzdefizits aufwertet. Eine solche Situation lag für die USA in den 1980er Jahren vor.

Fall 2: Abwertung: Leistungsbilanzsaldo + autonomer Kapitalbilanzsaldo < 0

Der mit dem Leistungsbilanzdefizit verbundene Nachfrageüberschuss an Devisen kann nicht durch freiwillige Kapitalimporte ausgeglichen werden. Die Folge ist eine Abwertung der Inlandswährung und entsprechende Anpassungsprozesse beim Export und Import. Der saldenmechanische Ausgleich wird auch hier durch nicht autonome Kapitalimporte erzwungen, etwa, wenn Warenimporte nicht oder verspätet bezahlt werden oder wenn sich durch Importe die Fremdwährungsbestände reduzieren. »Treiber« der Devisenkursentwicklung ist jedoch ein Leistungsbilanzdefizit, das nicht vollständig durch autonome Kapitalexporte finanziert wird.

Der Vollständigkeit halber sei angemerkt, dass Fall 2 auch bei einem Land mit einem Leistungsbilanzüberschuss eintreten kann, wenn der Überschuss durch sehr hohe Kapitalexporte überkompensiert wird.

Zentralbank und Devisenbilanz

Der hier beschriebene Anpassungsprozess bei den Währungskursen kann sich nur dann vollziehen, wenn Zentralbanken nicht regulierend eingreifen. Betrachten wir ein Land wie China, das im Handel mit den USA wie unter Fall 1 einen hohen Überschuss erzielt, der nicht durch einen freiwilligen Kapitalexport ausgeglichen wird. In Höhe der Differenz entsteht ein Angebotsüberschuss an US-Dollar, der zu einer Abwertung des US-Dollars bzw. einer Aufwertung der chinesischen Währung Renminbi führen müsste mit entsprechenden Anpassungen des chinesischen Leistungsbilanzüberschusses. Tatsächlich aber neutralisiert die chinesische Zentralbank den US-Dollar-Angebotsüberschuss, indem sie Dollar am Devisenmarkt kauft und so die unerwünschte Währungsänderung verhindert. Die Devisenkäufe erhöhen die chinesischen Währungsreserven, die wiederum vorwiegend in US-amerikanischen Staatsanleihen angelegt werden. Der Ausgleich zwischen Kapitalbilanz und Leistungsbilanz kann also auch über Devisenmarktinterventionen der Zentralbank durchgeführt werden, die die Währungsreserven des Landes verändern.

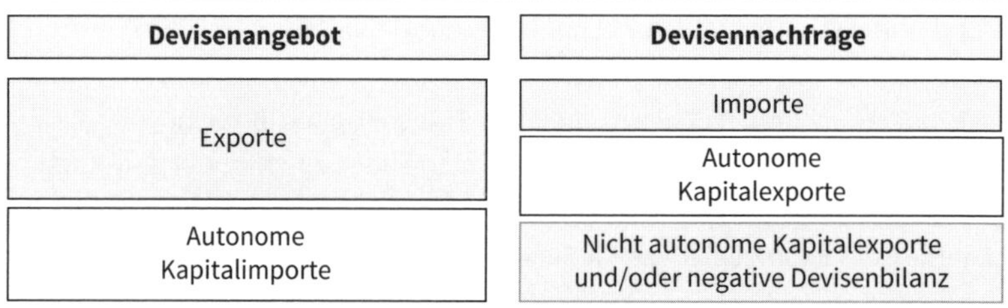

Abb. 7.3: Zahlungsbilanz, Devisennachfrage und -angebot (Fall 1)

Abbildung 7.3 fasst die zentralen Ergebnisse zusammen. Sie zeigt die Komponenten der Devisennachfrage und des Devisenangebots eines Landes. Im vorliegenden Fall ist das Angebot an Devisen größer als die Nachfrage. Dies führt zu einer Aufwertung der heimischen Währung, sofern die Zentralbank des Landes das Überschussangebot an Devisen nicht durch Käufe neutralisiert (negative Devisenbilanz). Sollte die Zentralbank nicht intervenieren, erfolgt der Saldenausgleich über nicht autonome Kapitalexporte.

7.5 Die Besonderheiten im Euroraum

Der Zusammenhang zwischen Kapitalbilanz und Leistungsbilanz gilt grundsätzlich auch für jedes einzelne Land im Euroraum. Allerdings gibt es zwei wesentliche Unterschiede, die auf die länderübergreifende Nutzung einer gemeinsamen Währung zurückgeführt werden können. Der erste Unterschied betrifft mögliche Wechselkursanpassungen, wenn ein Euroland einen Überschuss bzw. ein Defizit mit einem Nicht-Euroland aufweist.

Zahlungsbilanzungleichgewicht mit Ländern außerhalb des Euroraums

Nehmen wir Deutschland als Beispiel: Deutschland erzielte im Außenhandel mit den USA einen deutlichen Leistungsbilanzüberschuss, der im Jahre 2017 rund 64 Mrd. Euro betrug. Dieser Überschuss führt c.p. zu einem Überschussangebot an US-Dollar, was eine Euro-Aufwertung nach sich ziehen müsste. Da nun aber nicht nur Deutschland den Euro nutzt, ist nicht die bilaterale Zahlungsbilanzsituation entscheidend, sondern die des gesamten Euroraums. Da alle übrigen Euroländer (ex Deutschland) im Handel mit den USA im gleichen Zeitraum ein Leistungsbilanzdefizit von rund 46 Mrd. Euro hatten, wurden die Überschüsse Deutschlands folglich durch die Defizite der übrigen Euroländer fast vollständig kompensiert, was für sich allein betrachtet eine entsprechende Abwertung des US-Dollars verhinderte. Aus Sicht der Defizitländer ist es allerdings nachteilig, wenn ihr Leistungsbilanzdefizit zu keiner Abwertung und damit zu keiner Verbesserung ihrer preislichen Wettbewerbsfähigkeit führt.

Zahlungsbilanzungleichgewicht innerhalb der Eurozone

Komplexer sind Zahlungsbilanzungleichgewichte zwischen den Ländern des Euroraums. Was passiert, wenn der Leistungsbilanzüberschuss eines Eurolandes nicht durch einen autonomen Nettokapitalexport ausgeglichen wird? Was passiert, wenn ein Leistungsbilanzdefizit nicht durch einen autonomen Kapitalimport finanziert werden kann? Da alle Länder die gleiche Währung nutzen, kann es weder zu einer Veränderung der Devisenbilanz noch zu einer Änderung der Wechselkurse kommen. Um die Abläufe zu verstehen, muss man die prinzipielle Funktionsweise des länderübergreifenden Zahlungsverkehrs im Euroraum kennen. Betrachten wir hierzu einen spanischen Importeur, der für 1,0 Mio. Euro Abfüllmaschinen bei der deutschen Firma Krones kauft. Der Importeur beauftragt seine spanische Hausbank, den Kaufbetrag an die deutsche Geschäftsbank von Krones zu überweisen. Um die dadurch ausgelösten Buchungen zu verstehen, muss man wissen, dass jede Geschäftsbank ein Konto bei ihrer nationalen Zentralbank führt, über das alle Zahlungen zwischen den Geschäftsbanken durchgeführt werden. Zur sprachlichen Vereinfachung und zur leichteren Darstellung gehen wir zunächst davon aus, dass alle betroffenen Institute und Personen einen anfänglichen Kontostand von Null haben.

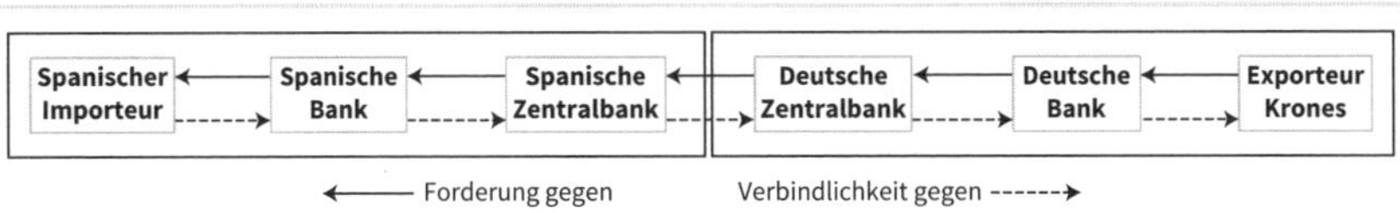

Abb. 7.4: TARGET-Buchungen

Zahlungstechnisch wird zunächst das Konto des Importeurs bei seiner spanischen Bank intern belastet und es entsteht eine Forderung der spanischen Geschäftsbank gegen den Importeur. Die Gegenbuchung erfolgt auf dem Zentralbankkonto der nationalen Zentralbank Banco de España, d. h. das Zentralbankkonto der spanischen Geschäftsbank wird mit 1,0 Mio. Euro belastet. Damit hat die Spanische Zentralbank eine Forderung gegen die spanische Geschäftsbank. Die Spanische Zentralbank überweist den Betrag anschließend an die Deutsche Bundesbank, die ihrerseits 1,0 Mio. Euro dem Zentralbankkonto der deutschen Geschäftsbank gutschreibt. Die deutsche Geschäftsbank erwirbt dadurch eine Forderung gegen die Deutsche Bundesbank, die ihrerseits eine Forderung an die Banco de España hat. Am Ende der Kette wird der Betrag dem Konto von Krones bei der deutschen Geschäftsbank gutgeschrieben. Dadurch erwirbt Krones eine Forderung gegen die deutsche Geschäftsbank. Jede der beteiligten Banken ist zwar »ausgeglichen« in dem Sinne, dass sich die Forderungen mit den Verbindlichkeiten decken, doch es handelt sich um Forderungen und Verbindlichkeiten gegen jeweils zwei unterschiedliche Institutionen.

Info

TARGET2

Das Zahlungsverkehrssystem zur Abwicklung der Zahlungen zwischen den nationalen Zentralbanken heißt TARGET2. Das unverständliche Akronym steht für **T**rans-European **A**utomated **R**eal-time **G**ross Settlement **E**xpress **T**ransfer System. Über das Target-System werden alle Geldüberweisungen zwischen den nationalen Zentralbanken der Euroländer vorgenommen, die durch länderübergreifende Überweisungsaufträge der Geschäftsbanken entstehen. Nach Angaben der Deutschen Bundesbank sind das täglich rund 340.000 Zahlungen im Gegenwert von 1.700 Mrd. €.

Bei den Buchungsvorgängen fließt kein Geld, sondern es erfolgen lediglich Gutschriften bzw. Belastungen auf den jeweiligen Konten. Allerdings entstehen dadurch wie gezeigt Forderungen und Verbindlichkeiten. Die Forderung von Krones läuft über die Kette deutsche Geschäftsbank, Deutsche Bundesbank, Banco de España, spanische Geschäftsbank zurück bis zum spanischen Importeur. Man kann es auch einfacher formulieren: Der spanische Importeur leiht sich Geld bei seiner Bank und zahlt damit die Rechnung für die Waren. Die spanische Geschäftsbank leiht sich das Geld von der Spanischen Zentralbank, die ihrerseits bei der Deutschen Bundesbank »anschreiben« lässt.

Selbstverständlich können die betroffenen Konten in der Ausgangssituation auch Guthaben aufweisen. Dann handelt es sich nicht um Forderungen, sondern um eine Verminderung der Verbindlichkeiten.

Bezogen auf die Länder Deutschland und Spanien entsteht eine Kreditbeziehung zwischen der Deutschen Bundesbank und der Banco de España. Die wirtschaftliche Folge dieses scheinbar harmlosen technischen Vorgangs ist, dass die Deutsche Bundesbank faktisch den Warenkauf des spanischen Importeurs finanziert.

Am Ende des Geschäftstages werden alle innertäglichen bilateralen Verbindlichkeiten und Forderungen automatisch in einem multilateralen Verrechnungsverfahren zusammengeführt und auf die EZB übertragen (Novation), sodass nur noch eine einzige Verbindlichkeit oder Forderung der nationalen Zentralbank gegenüber der EZB besteht.

Am Ende eines Geschäftstages werden alle innertäglichen bilateralen Verbindlichkeiten und Forderungen automatisch in einem multilateralen Verrechnungsverfahren zusammengeführt und auf die EZB übertragen (Novation), sodass nur noch eine einzige Verbindlichkeit oder Forderung der nationalen Zentralbank gegenüber der EZB besteht. Die Forderung der Deutschen Bundesbank im Beispiel richtet sich daher nicht unmittelbar gegen die Banco de España, sondern gegen die EZB. Die Laufzeit des Kredits ist grundsätzlich unbegrenzt, da es keine Pflicht im Eurosystem gibt Zentralbankforderungen auszugleichen. Der Zinssatz für diesen Kredit entspricht dem jeweiligen Leitzins, aktuell damit 0,0 %.

Die Deutsche Bundesbank hat aktuell einen Target-Forderungsbestand von 966 Mrd. Euro (Stand 12/2018), der unter der Bezeichnung »Salden im grenzüberschreitenden Zahlungsverkehr innerhalb des Eurosystems« ausgewiesen wird. Der Saldo hat sich während der Eurokrise explosionsartig vergrößert, sich dann aber seit seinem vorläufigen Höhepunkt im Oktober 2012 deutlich zurückgebildet. Ein Grund war sicher die historische Rede des EZB-Präsidenten Mario Draghi, der am 26. Juli 2012 mit den drei berühmten Worten »whatever it takes« den Märkten klar signalisierte, dass die EZB innerhalb ihres Mandats bereit sei, zu tun, »was immer nötig sein wird«, um den Euro zu schützen. Dies beruhigte die Märkte, konnte aber nicht verhindern, dass die Leistungsbilanzdefizite der Südländer weiterhin finanziert werden mussten und in Folge der TARGET-Saldo der Deutschen Bundesbank wieder anstieg.

Neben Deutschland weisen laut Statista noch Luxemburg (217 Mrd. €), die Niederlande (102 Mrd. €) und Finnland (50 Mrd. €) beträchtliche Forderungen an die EZB aus. Die größten Schuldnerländer sind Italien (-492 Mrd. €), Spanien (-402 Mrd. €), Portugal (-79 Mrd. €) und Frankreich (-46 Mrd. €). Die TARGET-Forderungen und Verbindlichkeiten bedeuten, dass die Zentralbanken der Überschussländer, allen voran Deutschland, faktisch die Leistungsbilanzdefizite der Südländer zu einem wesentlichen Teil finanzieren, ein Umstand, auf den erstmalig H.W. Sinn mit aller Deutlichkeit hingewiesen hat (vgl. hierzu Sinn, 2012).

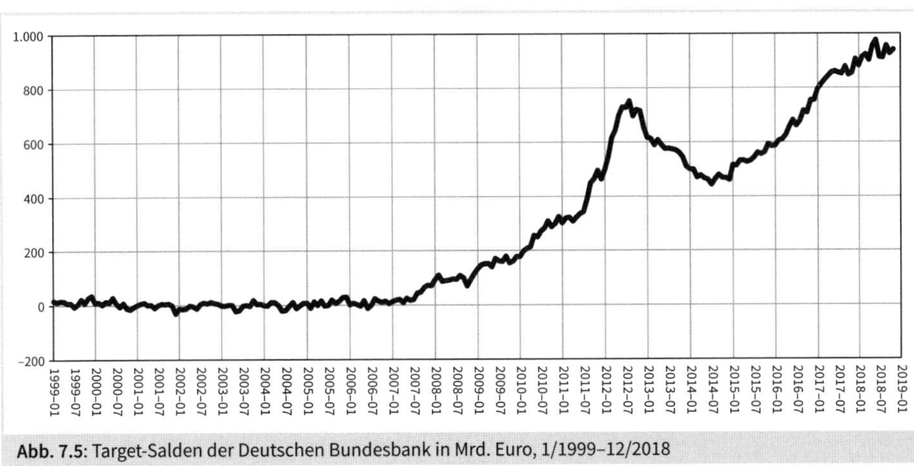

Abb. 7.5: Target-Salden der Deutschen Bundesbank in Mrd. Euro, 1/1999–12/2018

Betrachten wir die Forderungskette ausgehend von der Deutschen Bundesbank zurück zum Importeur nochmals unter dem Aspekt, ob die Kreditbeziehung »freiwillig« eingegangen wird und wer sie stoppen könnte. Die Deutsche Bundesbank selbst hat keine Möglichkeit, die Forderungen an die Banco de España einzuschränken. Sie muss die Zahlungen an die deutsche Geschäftsbank durchführen, was die Forderung an die Spanische Zentralbank ja auslöst. Die Banco de España könnte allerdings den Fluss unterbrechen, falls sie sich weigert, der spanischen Geschäftsbank einen Kredit einzuräumen und somit die Belastung auf deren Zentralbankkonto verweigert. Solange aber die spanische Geschäftsbank über ausreichend beleihbare Sicherheiten verfügt, kann sie sich Zentralbankgeld (= Gutschrift auf dem spanischen Zentralbankkonto) leihen. Mit ausreichenden Sicherheiten muss die spanische Zentralbank die Zahlung an die Deutsche Zentralbank durchführen. Damit hat es nur die EZB in der Hand, den Kreditprozess durch eine Erhöhung der Standards für die Beleihung von Zentralbankkrediten zu unterbinden. Die EZB hat aber im Zuge der Euroschuldenkrise das genaue Gegenteil getan und die Anforderungen Zug um Zug gesenkt. Denn sie hat kein Interesse an einem Zusammenbruch des Kreditmarkts der Südländer.

Fassen wir zusammen: Der Zahlungsbilanzausgleich zwischen den Mitgliedsländern der Eurozone erfolgt durch eine Änderung der Target-Salden. Hinter dem technischen Begriff verbirgt sich ökonomisch die Finanzierung von Zahlungsbilanzdefiziten durch die nationalen Zentralbanken, die sich dagegen auch nicht wehren können. Auch hier ist offen, wie tragfähig diese Konstruktion im Eurosystem langfristig ist.

8 Erklärungsansätze für Wechselkursentwicklungen

8.1 Gleichgewichtsbedingungen (Paritäten)

Was bestimmt den Wert einer Währung? Können Wechselkursentwicklungen vorhergesagt werden? Was sind die wesentlichen Treiber für Wechselkursänderungen? Das sind wesentliche Fragen für international tätige Unternehmen im Außenhandel, bei der Beurteilung ihrer Direktinvestitionen, aber auch bei allen länderübergreifenden Finanzinvestitionen. In diesem Abschnitt werden zentrale Gleichgewichtsbedingungen auf dem Devisenmarkt dargelegt, die helfen sollen, auf diese Fragen Antworten zu geben. Diese Gleichgewichtsbedingungen stellen dabei einen Zusammenhang her zwischen dem Preisniveau, den Zinssätzen und den Wechselkursen von zwei Ländern. Das Wissen um diese Zusammenhänge ist unverzichtbar bei vielen Fragen des internationalen Finanzmanagements.

Um nicht den Überblick zu verlieren, wird zunächst in der Abbildung 8.1 ein Überblick über die Zusammenhänge gegeben, die dann in den nächsten Kapiteln jeweils ausführlich diskutiert werden.

Der entscheidende Punkt für Wechselkursänderungen am Devisenmarkt sind unterschiedliche Inflationsratenerwartungen. Betrachten wir hierzu zwei Währungen, den US-Dollar und den YEN. Unterstellen wir, dass für die USA eine Inflationsrate von 3 % und für Japan eine Rate von 1 % erwartet wird. Die erwartete Inflationsdifferenz von 2 % führt gemäß der Kaufkraftparität zu einer Abwertung des US-Dollars zum YEN im Umfang von 2 %. Die erwartete Inflationsdifferenz hat über den Fisher-Effekt ferner zur Folge, dass der Nominalzins in den USA 2 Prozentpunkte höher ist als in Japan.

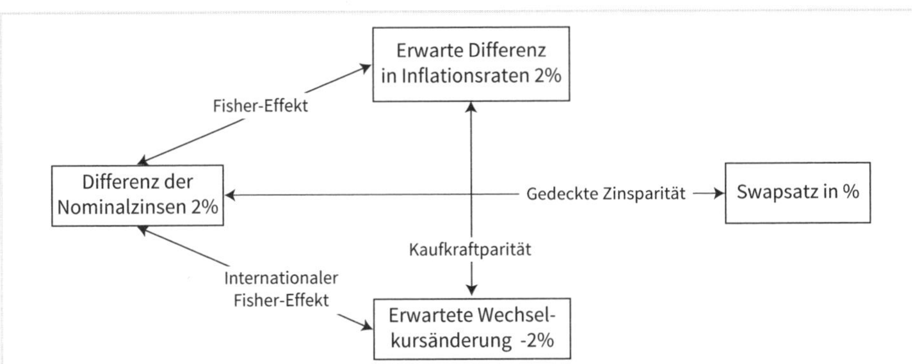

Abb. 8.1: Interdependenz der Gleichgewichtsbedingungen

Der höhere Nominalzins in den USA gleicht die erwartete Abwertung des US-Dollars aus und stellt so sicher, dass die Realverzinsung in beiden Währungen gleich hoch ist (internationaler Fisher-Effekt). Die Differenz in den Nominalzinsen schließlich erklärt den Terminkurs, d. h. den Wechselkurs, den man bereits heute am Devisenmarkt für einen zukünftigen Termin handeln kann (gedeckte Zinsparität). Betrachten wir im Folgenden nun die einzelnen Paritäten genauer.

8.2 Das Gesetz vom einheitlichen Preis und die Kaufkraftparität

Das Gesetz der Preiseinheitlichkeit besagt, dass zwei identische Güter denselben Preis haben müssen. Dies gilt auch, wenn die Güter in verschiedenen Ländern gehandelt werden und ihre Preise in derselben Währung ausgedrückt werden. Die Kraft, die die Preiseinheitlichkeit erzwingt, ist Arbitrage. Dabei wird das billigere Gut in einem Land gekauft und zum höheren Preis im anderen Land verkauft. Dieser Arbitragegewinn ist so lange möglich, bis sich die Preise der zwei identischen Güter angeglichen haben. Die Preisgleichheit kann naheliegenderweise nur dann vollständig erfolgen, wenn die Güter frei und ohne Beschränkungen handelbar sind und keine Transportkosten anfallen.

Das Gesetz der Preiseinheitlichkeit kann wie folgt formalisiert werden:

$$P_j(\$) = W_{\$}(€) \times P_j(€)$$

Der US-Dollar-Preis der j-Ware *Pj($)* muss dem Euro-Preis dieser j-Ware entsprechen, multipliziert mit dem Wechselkurs. $W_{\$}(€)$ soll dabei zum Ausdruck bringen, dass die Basiswährung der Euro ist, d. h. der Wert eines Euro wird in US-Dollar ausgedrückt.

BEISPIEL

Der Wechselkurs lautet: €/$ = 1,30 bzw. umgestellt 1,30 $/€. Wenn das j-Gut in Deutschland 2,0 € kostet, dann muss nach dem Gesetz der Preiseinheitlichkeit der Preis in den USA 2,6 $ betragen. $P_j(\$) = 1{,}3\ \$/€ \times 2{,}0\ € = 2{,}6\ \$$.

Die Kaufkraftparität überträgt diesen Gedanken auf das Preisniveau zwischen zwei Ländern. Sie besagt, dass der Wechselkurs zwischen zwei Währungen dem Preisniveau zwischen den beiden Ländern entspricht.

$$W_{\$}(€) = P(\$) / P(€)$$

Formel 8.1

P(€) bezeichnet dabei den Europreis eines Referenzwarenkorbs in Deutschland, auch wenn man streng genommen nicht Deutschland, sondern den Euroraum sagen müsste. Wir verzichten aber im Folgenden auf diese Unterscheidung. *P($)* kennzeichnet den US-Dollarpreis des

Referenzwarenkorbs in den USA. Die Formel besagt, dass der Euro-Kurs zum US-Dollar umso höher ist, je höher das Preisniveau in den USA relativ zu Deutschland ist. Da sich die Aussage auf das absolute Preisniveau bezieht, wird sie auch als absolute Kaufkraftparität bezeichnet.

BEISPIEL

Ein Warenkorb kostet in den USA 150 $ und in Deutschland 120 €. Bei Gültigkeit der absoluten KKP beträgt der Wechselkurs 150 $/120 € = 1,25 $/€, d. h. 1,25 US-Dollar pro Euro. Verdoppeln sich die Preise in den USA, dann steigt der Euro auf 2,5 $.

Auf den ersten Blick scheint das Gesetz der Preiseinheitlichkeit mit der Kaufkraftparität (KKP) übereinzustimmen. Während das Gesetz der Preiseinheitlichkeit die Gleichheit für jede einzelne Ware postuliert, bezieht sich die KKP lediglich auf einen Warenkorb. Damit verknüpft ist »lediglich« die Aussage, dass die Kaufkraft einer Währung in jedem Land gleich hoch sein muss. Aus dem Gesetz der Preiseinheitlichkeit folgt zwingend die KKP, doch umgekehrt muss bei Gültigkeit der KKP nicht notwendigerweise auch das Gesetz der Preiseinheitlichkeit erfüllt sein.

Es gibt einige gute Gründe, warum die KKP im realen Leben nicht in Reinform auftritt. Eine naheliegende Erklärung ist die Nichthandelbarkeit von einigen Waren und Dienstleistungen. Da hier das Gesetz der Preiseinheitlichkeit nicht über Arbitrage hergestellt werden kann, gibt es auch keine Kraft, die die KKP erzwingt. Doch selbst bei grundsätzlich frei handelbaren Waren und Dienstleistungen verursachen Transportkosten, Zölle oder die Limitierung des erlaubten Handelsvolumens Einschränkungen bei der KKP. Abweichungen vom freien Wettbewerb durch Monopole oder Oligopole können den Zusammenhang zwischen den Preisen gleicher Güter ebenfalls aufheben, wenn Wechselkursänderungen nicht eins zu eins in Preisänderungen weitergegeben werden. Auch das Einkommensniveau eines Landes scheint einen markanten Einfluss auf die Kaufkraft einer Währung zu haben, wobei die Kaufkraft der Währung eines reichen Landes höher ist als die eines armen Landes.

Es gibt eine abgeschwächte Version der KKP, die relative Kaufkraftparität, die einen Teil dieser Probleme vermeidet. Während die absolute KKP das *Niveau* der Wechselkurse durch das Niveau der Preise in den jeweiligen Ländern erklärt, bezieht sich die relative KKP nur noch auf die *Veränderungen* dieser Werte. Wechselkursänderungen werden demnach immer dann ausgelöst, wenn sich die Preise in beiden Ländern unterschiedlich entwickeln. Die große Bedeutung der relativen KKP liegt darin, dass sie auch dann zutreffen kann, wenn die absolute KKP nicht erfüllt ist. Sollten nämlich die oben beschriebenen Faktoren konstant bleiben, die zu Abweichungen bei der absoluten KKP führen, dann führen dennoch prozentuale Änderungen des relativen Preisniveaus zu einer gleichhohen Änderung des Wechselkurses.

Die relative KKP kann, etwas vereinfacht, wie folgt formalisiert werden:

$$\hat{W}_s(€)_t = \hat{P}(\$)_t - \hat{P}(€)_t$$

Formel 8.2

Alle Größen mit einem »Hut« kennzeichnen die prozentuale Änderung eines Werts zwischen den Zeitpunkten 0 und t. Bezogen auf den Wechselkurs heißt das:

$$\hat{W}_\$(€)_t = \frac{W_\$(€)_t - W_\$(€)_0}{W_\$(€)_0}$$

Beträgt der Eurokurs zum Zeitpunkt t = 0 z. B. 1,30 US-Dollar und 1,326 US-Dollar in t = 1, dann hat der Euro zum US-Dollar in dieser Zeitspanne um 2,0 % aufgewertet, wie Sie leicht nachrechnen können. Analog sind die Preissteigerungsraten $\hat{P}(€)_t$ bzw. $\hat{P}(\$)_t$ zu lesen.

BEISPIEL

Steigt die Inflation in den USA in einem bestimmten Zeitraum um 5 % und in Deutschland um 2 %, dann wertet der Euro, ausgehend vom jetzigen Wechselkursniveau, in diesem Zeitraum um 3 % auf, um die relative Kaufkraft der Währungen konstant zu halten.

Wie bereits erwähnt, stellt Formel 8.2 eine etwas vereinfachte Formulierung der relativen KKP dar. Formal exakt lautet sie:

$$\frac{W_\$(€)_t}{W_\$(€)_0} = \frac{P(\$)_t / P(\$)_0}{P(€)_t / P(€)_0}$$

Auf der linken Seite der Gleichung steht die relative Änderung des Wechselkurses, auf der rechten Seite die relativen Preisänderungen in den beiden Ländern. Zähler und Nenner werden nun mit -1+1 erweitert.

$$\frac{W_\$(€)_t}{W_\$(€)_0} = \frac{P(\$)_t / P(\$)_0}{P(€)_t / P(€)_0} = \frac{P(\$)_t / P(\$)_0 - P(\$)_0 / P(\$)_0 + 1}{P(€)_t / P(€)_0 - P(€)_0 / P(€)_0 + 1} = \frac{1 + \hat{P}(\$)_t}{1 + \hat{P}(€)_t}$$

Man erhält:

$$\hat{W}_\$(€)_t + 1 = \frac{1 + \hat{P}(\$)_t}{1 + \hat{P}(€)_t}$$

Ausmultiplizieren gibt

$$\hat{W}_\$(€)_t + \hat{W}_\$(€)_t \times \hat{P}(€)_t + 1 + \hat{P}(€)_t = 1 + \hat{P}(\$)_t$$

Da der zweite Term sehr klein ist, bleibt er oft unberücksichtigt und man erhält:

$$\hat{W}_{\$}(€)_t = \hat{P}(\$)_t - \hat{P}(€)_t$$

Die Werte von $\hat{P}_t$ stellen eine kumulierte Preisänderung zwischen den Zeitpunkten 0 und t dar. Falls man $\hat{P}$ als jährliche Inflationsrate interpretiert und t als Anzahl der Jahre seit t = 0, dann lautet die allgemeine Formulierung der relativen KKP:

$$\hat{W}_{\$}(€)_t + 1 = \frac{\left[1+\hat{P}(\$)\right]^t}{\left[1+\hat{P}(€)\right]^t}$$

Will man den Wechselkurs $W_{\$}(€)_t$ vom Basisjahr t = 0 aus formulieren, erhält man:

$$W_{\$}(€)_t = W_{\$}(€)_0 \times \frac{\left[1+\hat{P}(\$)\right]^t}{\left[1+\hat{P}(€)\right]^t}$$

ÜBUNG

Angenommen die Inflationsrate im Euroraum beträgt *jährlich* 3 % und in Japan 0,5 %. Welchen Euro-Kurs kann man in fünf Jahren nach der relativen KKP erwarten, wenn der Euro aktuell 140,0 YEN kostet? Wie hoch ist die erwartete Abwertung des Euro?

Antwort

Wir setzen ein und erhalten: $W_{¥}(€)_5 = 140 \text{ YEN} \times (1{,}005)^5/(1{,}03)^5 = 123{,}8 \text{ YEN}$. Die Euro-Abwertung beträgt daher 11,57 % = (140 – 123,8)/140.

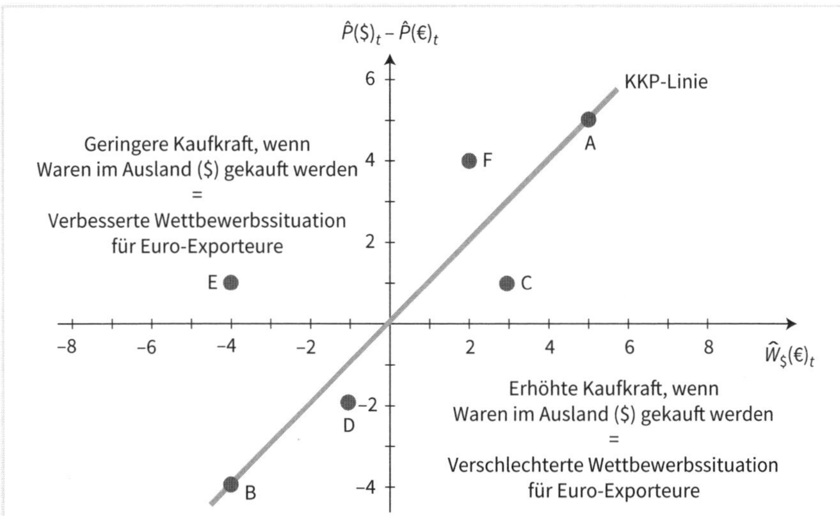

Abb. 8.2: Relative KKP und Wettbewerbsfähigkeit

Betrachten wir die relative KKP (in vereinfachter Schreibweise) nun grafisch etwas genauer: Alle Punkte auf der Linie stellen Kombinationen von Wechselkurs- und Inflationsparameter dar, bei denen die Kaufkraftparität gilt. In A etwa steigt die Inflation in den USA 5 Prozentpunkte stärker als im Euroraum. Die dadurch resultierende Verteuerung des Warenkorbs in US-Dollar wird durch eine Aufwertung des Euros gegenüber dem US-Dollar exakt ausgeglichen. B ist eine Situation mit umgekehrten Vorzeichen. In den USA sinken die Preise relativ zum Euroraum um 4 %. Der dadurch entstehende Preisvorteil der amerikanischen Waren wird durch eine Abwertung des Euros exakt kompensiert. Die Wechselkursentwicklung ist im Einklang mit den Inflationsdifferenzen gemäß Formel 8.2.

$$\hat{W}_{\$}(€)_t = \hat{P}(\$)_t - \hat{P}(€)_t$$

Bei allen Wechselkurs- und Inflationsdifferenzen unterhalb der Linie verbessert sich die Kaufkraft, wenn Waren im US-Dollarraum gekauft werden. In C steigen die US-Preise um 1 % relativ zum Euroraum, während gleichzeitig der Euro zum USD um 3 % aufwertet. Damit steigt die Kaufkraft des Euros für US-Waren in Höhe der Differenz von 2 %. Wir müssen Formel 8.2 nur umstellen, um das Ergebnis ablesen zu können.

$$\hat{P}(\$)_t - \hat{P}(€)_t - \hat{W}_{\$}(€)_t = 1\% - 3\% = -2\% < 0$$

Gleiches gilt für den Punkt D. Hier wertet der Euro um 1 % ab, was für sich allein betrachtet die US-Waren teurer macht. Da die US-Preise aber relativ zum Euroraum um 2 % sinken, steigt die Kaufkraft der Euros insgesamt betrachtet um 1 %. Nutzen wir hierfür wieder die Formel, erhalten wir

$$-2\% - (-1\%) = -1\% < 0$$

Bei Werten unter null, d. h. bei allen Punkten unterhalb der Linie, steigt die Kaufkraft des Euros. Die Kehrseite der Medaille ist allerdings eine Verschlechterung der Wettbewerbssituation der Euro-Exporteure, denn der Euro steigt stärker als es der Inflationsdifferenz entspricht (Punkt C) bzw. wertet weniger ab, als die relativ rückläufigen Preise in den USA es erforderlich machten (Punkt D).

Bei allen Wechselkurs- und Inflationsdifferenzen oberhalb der Linie verschlechtert sich die Kaufkraft des Euros für US-Waren. Im Punkt F etwa steigen die relativen US-Preise um 4 %, während der Euro nur um 2 % aufwertet. Dadurch verteuern sich die US-Waren relativ zum Euroraum, was die Kaufkraft des Euros schwächt und in Folge die Wettbewerbssituation für Euro-Exporteure verbessert.

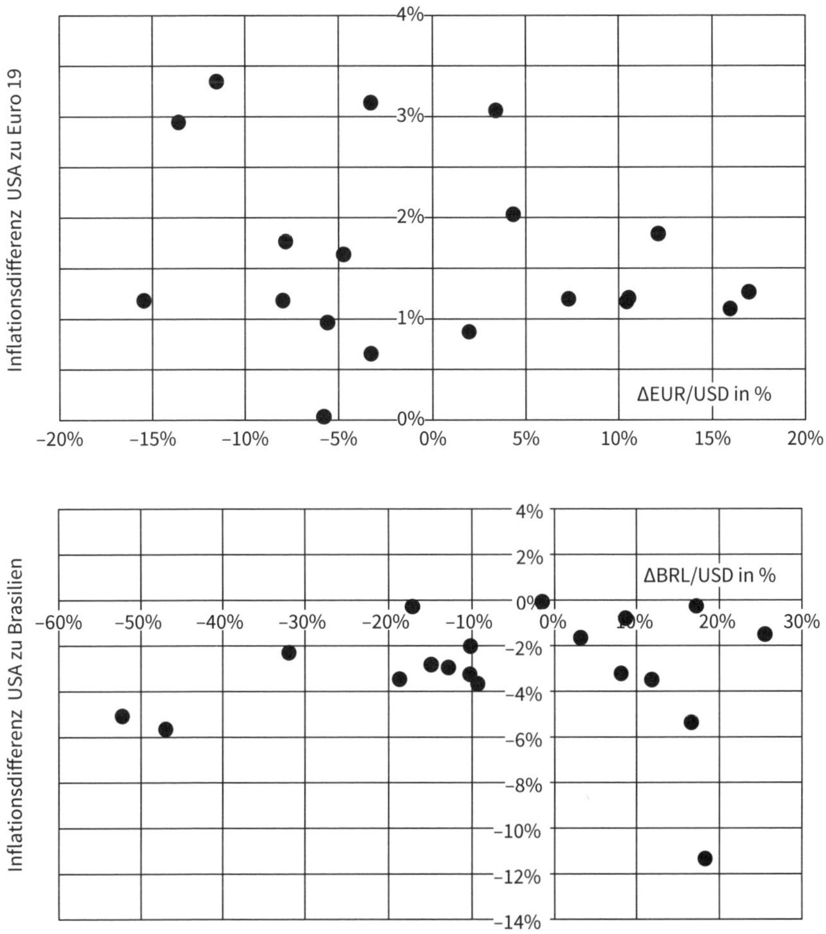

Abb. 8.3: Relative KKP 2000–2018 jährlich; Euro (oben) und Brasilianischer Real (unten) (Eigene Darstellung auf Basis der Daten der OECD (stats.oecd.org/))

Abbildung 8.3 zeigt auf der Y-Achse die jährlichen Inflationsdifferenzen des Euroraums (oben) bzw. Brasiliens (unten) zu den USA. Auf der x-Achse ist die Wechselkursänderung des Euros bzw. des Brasilianischen Reals (BRL) gegen den US-Dollar abgetragen. Zwei Dinge sind augenscheinlich: Auf kurze Sicht sind Wechselkursschwankungen deutlich ausgeprägter als es den Inflationsdifferenzen entspricht. Ferner gibt es nur wenige Jahre, in denen die tatsächliche Wechselkursänderung der relativen KKP entspricht. In der überwiegenden Anzahl aller Fälle entwickelten sich die Wechselkurse nicht parallel zu den Inflationsdifferenzen.

Wirkt die relative KKP zumindest auf lange Sicht, d. h. gleichen sich auf lange Sicht die positiven und negativen Abweichungen aus? Diese Frage will die nächste Abbildung illustrieren, indem ein Zeitraum zugrunde gelegt wurde, der den letzten 18 Jahren insgesamt entspricht. Abbildung 8.4 zeigt auf der y-Achse für den Zeitraum 2000 bis 2018 die Differenz zwischen dem US-Inflationsindex und den nationalen Inflationsindizes von acht ausgewählten Ländern in %. Für Deutschland beispielsweise liegt der Wert bei 18,8 %. Die US-Inflation war folglich 18,8 % höher als die Inflation in Deutschland in diesem Zeitraum (50,7 % gegen 31,9 %). Da die Inflation in den 19-Eurostaaten (39,4 %) höher war als in Deutschland, beträgt die Inflationsdifferenz zu den USA auch nur 11,3 %.

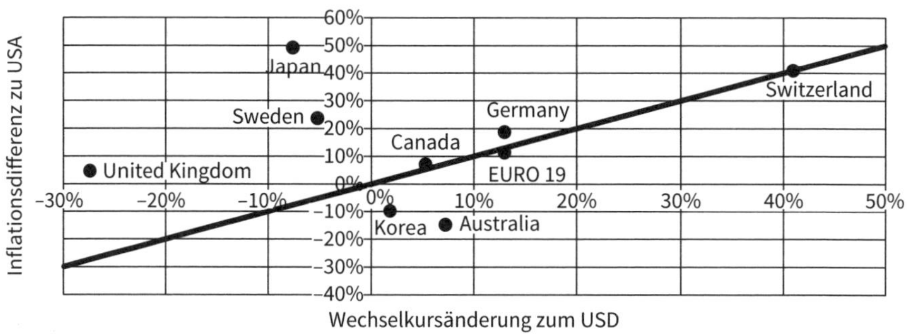

Abb. 8.4: Relative Kaufkraftparität (Zeitraum 2000 – 2018) (Eigene Darstellung auf Basis der Daten der OECD (stats.oecd.org/))

Auf der x-Achse werden die nationalen Wechselkursänderungen zum US-Dollar abgetragen. Der Euro hat demnach in diesem Zeitraum 13 % an Wert gewonnen. Die durchgezogene Linie zeigt die KKP. Lassen Sie sich nicht davon orientieren, dass die Steigung optisch nicht 1 beträgt. Das liegt nur an den Werten. Deutschland und die 19 Eurostaaten sowie die Schweiz und Kanada liegen sehr nahe an der KKP. England, Schweden und Japan liegen deutlich über der KKP, d. h. die Kaufkraft dieser Währungen hat sich verringert und deren Wettbewerbsfähigkeit zugenommen. Mit Korea und Australien ist es genau umgekehrt. Insgesamt aber zeigt sich, dass die langfristigen Schwankungen der Währungen deutlich näher an den Inflationsdifferenzen liegen als auf kurze Sicht.

Gründe für Abweichungen von der KKP

Die Grafik verdeutlicht, dass trotz eines längeren Zeitraums die relative KKP nur bedingt die Wechselkursentwicklungen verschiedener Länder erklären kann. Die Kraft, die die KKP erzwingen soll, ist die Arbitrage von Waren und Dienstleistungen. Transportkosten, Zölle, unterschiedliche Steuersätze oder die politisch festgesetzte Limitierung des erlaubten Handelsvolumens haben einen offenkundig negativen Einfluss auf die Möglichkeiten Arbitrage durchzuführen. Unflexible Preise und Abweichungen vom freien Wettbewerb können ebenfalls das Gesetz des einheitlichen Preises behindern. Während Preise für Währungen oder Rohstoffe auf Märkten ständig neu festgelegt werden, sind Löhne oft langfristig festgesetzt und daher in kurzer Sicht meist nicht flexibel.

Eine weitere Ursache für das Verletzen des Gesetzes des einheitlichen Preises sind Abweichungen vom freien Wettbewerb. Kann das gleiche Produkt von einem Unternehmen in unterschiedlichen Märkten zu verschiedenen Preisen verkauft werden, spricht man von einer marktbezogenen Preisfestsetzung. Diese Art der Preisgestaltung ist insbesondere bei Industrieprodukten häufig der Fall. Preisdifferenzierung infolge von unvollkommenen Märkten führt aber zu Verstößen gegen die absolute Kaufkraftparität.

Die absolute Kaufkraftparität setzt die Handelsfähigkeit der Güter voraus. In der Realität ist diese aber für eine Vielzahl von Gütern und Dienstleistungen nicht gegeben. So sind unter anderem Verkehrsleistungen und Immobilien räumlich gebunden und somit nicht handelbar. Eine Abgrenzung zwischen nicht handelbaren und handelbaren Gütern ist kaum möglich, da die Grenzen fließend und im Zeitablauf variabel sind. So werden Dienstleistungen unter pragmatischen Gesichtspunkten häufig als nicht handelbare Güter definiert, während Industriegüter oft als handelbare Güter angesehen werden. Die Preise nicht handelbarer Güter fließen in die Preisindizes ein, ohne sowohl den internationalen Handel als auch den nominalen Wechselkurs zu beeinflussen. Somit kann deren Existenz dazu führen, dass der nominale Wechselkurs von der absoluten Kaufkraftparität abweicht.

Des Weiteren kommt hinzu, dass die meisten Güterpreise sich aus handelbaren und nicht handelbaren Komponenten zusammensetzen. So spiegelt der Bananenpreis in Deutschland beispielsweise sowohl den Importpreis von Bananen nach Deutschland sowie Personal- und Mietkosten wider.

In der unterschiedlichen Inflationsmessung wird ein weiterer Grund für Abweichungen des Wechselkurses von der absoluten Kaufkraftparität gesehen. So werden die zur Ermittlung der Preisindizes zugrunde liegenden Warenkörbe wegen der Präferenzen der Konsumenten eines Landes mit unterschiedlichen Produkten sowie unterschiedlicher Gewichtung gefüllt. Deutsche konsumieren Curry-Wurst, während Engländer lieber zu Fisch & Chips greifen.

Ein weiterer wichtiger Grund, die auch die relative KKP infrage stellt, sind politische und wirtschaftliche Entwicklungen, die bestehende Strukturen grundlegend verändern und damit ein Land bzw. eine Währung grundsätzlich attraktiver oder riskanter machen. Solche Entwicklungen waren etwa die Einführung des Euros, die europäische Staatsschuldenkrise, der mögliche BREXIT, das Erstarken populistischer Parteien in Europa oder die Neuausrichtung der amerikanischen Politik durch Donald Trump.

Der reale Wechselkurs

Bei Gültigkeit der KKP entwickeln sich Wechselkurse und Preisdifferenzen im Gleichklang. Relativ höhere Preise in einem Land führen c.p. zu einer Verschlechterung der Wettbewerbsposition, doch die parallel stattfindende Abwertung gleicht diesen Nachteil exakt aus. Der Nominalwert der Währung ändert sich zwar, doch der um Preisänderungen bereinigte sogenannte reale Wechselkurs bleibt gleich. In der letzten Übung steigen die Euro-Preise mit 3 % p. a. stärker als in Japan mit 0,5 % p. a., was die in Europa hergestellten Produkte und Dienstleistungen verteuert. Da bei Gültigkeit der relativen KKP jedoch der Euro zum YEN im gleichen Umfang gesunken ist, bleiben die relative Kaufkraft und folglich der reale Wechselkurs konstant. Im Umkehrschluss bedeutet dies, dass sich die relative Kaufkraft einer Währung und damit die relative Wettbewerbsfähigkeit des betroffenen Landes nur dann ändern, wenn sich Preise und Wechselkurse unterschiedlich entwickeln.

Der reale Wechselkurs wird definiert als

$$W_s(€)_t^{real} = W_s(€)_t \times \frac{P(€)_t}{P(\$)_t}$$

Formel 8.3

Dabei bezeichnet P_t das Preisniveau in der entsprechenden Währung, bezogen auf einen Ausgangswert von 100 zum Zeitpunkt t = 0. Eine äquivalente Formulierung lautet:

$$W_s(€)_t^{real} = W_s(€)_t \times \frac{\left[1+\hat{P}(€)\right]^t}{\left[1+\hat{P}(\$)\right]^t}$$

Formel 8.4

Dabei entspricht $\hat{P}$ der jährlichen Inflationsrate.

Die Formel zeigt, dass c.p. der reale Wechselkurs des Euro zum US-Dollar sinkt, wenn die Inflationsrate in den USA höher ist als im Euroraum, d. h. Europa gewinnt an preislicher Wettbewerbsfähigkeit. Dies kann nur ausgeglichen werden, falls der nominale Wechselkurs des Euro $W_\$(€)$ im gleichen Maße steigt. Nur dann heben sich die beiden Effekte auf. Sollte der Anstieg des Euro geringer ausfallen als der relative Preisanstieg in den USA, dann sinkt der reale Wechselkurs des Euro und umgekehrt.

In der Abbildung 8.2 repräsentieren alle Punkte oberhalb der KKP-Linie einen Rückgang des realen Wechselkurses des Euros zum USD und damit eine Verbesserung der preislichen Wettbewerbsfähigkeit.

BEISPIEL

In der letzten Übung betrug der reale Euro-Kurs 123,8 YEN. Falls der tatsächliche Kurs 130 YEN betragen sollte, dann hat Europa an preislicher Wettbewerbsfähigkeit gegenüber Japan verloren, weil die im Betrachtungszeitraum relativ stärker gestiegenen Preise nicht vollständig durch eine Euro-Abwertung kompensiert wurden.

8.3 Zinssätze und Wechselkurs

Das Gesetz der Preiseinheitlichkeit fordert, dass zwei identische Güter in verschiedenen Ländern zum selben Preis gehandelt werden, wenn ihre Preise in derselben Währung ausgedrückt werden. Die Kraft, die diese Gleichheit erzwingt, ist Arbitrage. Sie führt auch dazu, dass »zwei identische Geldanlagen« in verschiedenen Währungen die gleiche Rendite abwerfen müssen, wenn sie in einer Währung ausgedrückt werden. Der Begriff identisch bezieht sich dabei auf das Risiko der Geldanlage, denn selbstverständlich werfen Geldanlagen mit einem höheren Risiko, wie der Kauf von insolvenzgefährdeten Unternehmensanleihen in einem Land eine höhere erwartete Rendite ab als der Kauf von sicheren Staatsanleihen in einem anderen Land.

Betrachten wir hierzu zunächst folgendes Beispiel: Sie haben 100 Euro, die sie für ein Jahr anlegen wollen. Sie ziehen eine Geldanlage in Euro oder alternativ eine Geldanlage in YEN in Betracht. Eine einjährige Geldanlage in YEN hat eine YEN-Rendite von 1,0 %, eine Geldanlage in Euro eine Euro-Rendite von 3,0 %. Das Risiko der beiden Geldanlagen sei identisch. Welche Geldanlage ist aus Sicht eines Euroinvestors besser?

Der direkte Vergleich der Nominalzinsen ist wenig hilfreich, denn es handelt sich ja um zwei unterschiedliche Währungen. Vergleichbar werden die Renditen erst, wenn der angelegte YEN-Betrag wieder in Euro zurückgetauscht wurde. Da sich der Wechselkurs Euro/YEN in einem Jahr aber ändern kann, müssen neben den Zinseinnahmen auch Währungsgewinne/-verluste betrachtet werden. Ein Investor kann seine Geldanlageentscheidung auf Basis eines Renditevergleichs erst dann treffen, wenn er eine bestimmte Erwartung über den zukünftigen Wechselkurs hat. Angenommen der aktuelle Wechselkurs Euro/YEN betrage 140,0 und Sie erwarten einen Kurs von 137,0 in einem Jahr. Vergleichen wir die Euro-Rendite der beiden Geldanlagen:

Euroverzinsung einer Geldanlage in Euro*:* Die Euro-Geldanlage in Euro verzinst sich mit 3,0 % und führt deshalb in einem Jahr zu einem Vermögenswert von 103,0 Euro.

$$100\,€ \times 1{,}03 = 103{,}0\,€$$

Euroverzinsung einer YEN-Geldanlage in YEN*:* Zunächst muss der Euro-Betrag zum aktuellen Wechselkurs in YEN getauscht werden. Der daraus resultierende Anlagebetrag von 14.000 YEN führt bei einer Verzinsung von 1,0 % zu einem YEN-Betrag von 14.140 YEN, der in einem Jahr bei einem erwarteten Wechselkurs $W_{¥}(€)^e$ von 137 in 103,21 Euro zurückgetauscht werden kann. Die Euroverzinsung der YEN-Anlage beträgt damit 3,2 %. Auf der linken Seite der Tabelle 8.1 findet sich das konkrete Beispiel, auf der rechten Seite eine verallgemeinerte Formulierung. Das hochgestellte »e« steht dabei für »erwartet«.

Beispiel	Allgemein je Euro
100 € × 140 YEN/€ = 14.000 YEN	$W_¥(€)$
1,01 × 14.000 YEN = 14.140 YEN	$(1+i^{YEN}) \times W_¥(€)_0$
14.140 YEN/137 YEN/€ = 103,2 €	$(1+i^{YEN}) \times W_¥(€)_0/W_¥(€)^e$

Tab. 8.1: Zinssatz und Wechselkurs

Obwohl der YEN-Zinssatz niedriger ist als der Euro-Zins, ist die Euroverzinsung der Geldanlage in YEN höher als die direkte Anlage in Euro. Der Grund hierfür ist die erwartete Aufwertung des YEN gegenüber dem Euro in Höhe von 2,2 % in diesem Zeitraum.

Die Eurorendite einer Geldanlage in YEN lautet in der allgemeinen Formulierung:

$$(1+i^{YEN}) \times \frac{W_¥(€)_0}{W_¥(€)^e} - 1$$

Um »normale« Wachstumsraten zu erhalten, nehmen wir den Kehrwert der Währungen, d. h. der YEN wird die Basiswährung.

$$(1+i^{YEN}) \times \frac{W_€(¥)^e}{W_€(¥)_0} - 1$$

Daraus folgt:

$$(1+i^{YEN}) \times (\hat{W}_€(¥)^e + 1) - 1$$

Und damit

$$i^{YEN} + \hat{W}_€(¥)^e + i^{YEN} \times \hat{W}_€(¥)^e \approx i^{YEN} + \hat{W}_€(¥)^e$$

Die Euroverzinsung einer YEN-Anlage setzt sich damit zusammen aus der direkten YEN-Rendite plus der prozentualen Wechselkursänderung des YEN plus die Wechselkursänderung auf die erhaltenen YEN-Zinsen. Da der letzte Term sehr klein ist, bleibt er oft unberücksichtigt.

In unserem Beispiel kann kein Devisengleichgewicht herrschen, da eine YEN-Geldanlage rentierlicher ist als eine in Euro. Der Renditeunterschied wird dazu führen, dass Anleger ihr Geld in YEN anlegen. Die dadurch ausgelöste YEN-Nachfrage führt zu einer Aufwertung des YEN. Das Gleichgewicht ist erst dann erreicht, wenn die erwartete Rendite der beiden Geldanlagen gleich ist. Der Internationale Fisher-Effekt (ohne Restterm) lässt sich wie folgt formalisieren:

$$i^{YEN} + \hat{W}_€(¥)^e = i^{EUR}$$

Formel 8.5

Der Zinssatz in YEN plus die erwartete Währungsänderung des YEN zum Euro muss im Gleichgewicht dem Euro-Zinssatz entsprechen. Diese Gleichgewichtsbedingung gilt für jedes Währungspaar. Sie wird als internationaler Fisher-Effekt oder auch als Zinsparität bezeichnet. Zinsdifferenzen zwischen zwei Ländern sind nur dann vereinbar mit einem Devisengleichgewicht, wenn erwartet wird, dass die Währung mit den höheren Nominalzinsen abwertet.

Bisher wurden die Renditen in Eurobeträge umgerechnet. Selbstverständlich kann die Zinsparität in jeder beliebigen Währung ausgedrückt werden. Die Gleichgewichtsbedingung für YEN lässt sich leicht umschreiben:

$$i^{EUR} + \hat{W}_{¥}(€)^{e} = i^{¥}$$

Wenn der Eurozinssatz 3 % und der Zins in YEN 1 % beträgt, dann wird offenkundig eine Abwertung des Euro zum YEN in Höhe von 2 % erwartet.

Fisher-Effekt

Zinsparität und relative KKP der Formel 8.2 lassen sich zu der Aussage verknüpfen, die in der Literatur als Fisher-Effekt bezeichnet wird. Sie besagt, dass die Zinssatzdifferenz zwischen zwei Währungen der erwarteten Differenz der Inflationsraten entspricht. Um diese Aussage herzuleiten, müssen wir nur die beiden bekannten Gleichgewichtsbedingungen kombinieren. In verkürzter Form für die beiden Währungen US-Dollar und Euro lauten sie:

$$\hat{W}_{\$}(€)^{e} = \hat{P}(\$)_{t}^{e} - \hat{P}(€)_{t}^{e}$$

und

$$i^{EUR} + \hat{W}_{€}(€)^{e} = i^{USD}$$

Bitte beachten Sie, dass in der relativen KKP der ersten Zeile die tatsächlichen Werte der Formel 8.2 durch Erwartungswerte »e« ersetzt wurden. Da annahmegemäß die relative KKP gilt, richten alle Marktteilnehmer ihre Erwartung danach aus.

Die erwartete Wechselkursänderung setzt man in die Zinsparität ein und erhält die Formel für den sogenannten Fischer-Effekt:

$$i^{USD} - i^{EUR} = \hat{P}(\$)_{t}^{e} - \hat{P}(€)_{t}^{e}$$

Formel 8.6

Steigt die Inflation in den USA um 3 % stärker als im Euroraum, dann muss langfristig der US-Zinssatz 3 % über dem äquivalenten Euro-Zinssatz liegen, um in beiden Ländern eine gleich hohe Realverzinsung zu gewährleisten. Das ist die Kernaussage.

Man kann Formel 8.6 auch auf andere Weise herleiten:

Zinssätze sind Nominalgrößen. Wenn der Zinssatz i in einem Land 5 % beträgt und die erwartete Inflation $\hat{P}^e$ in diesem Land 3,5 %, dann beträgt die Realverzinsung r lediglich 1,5 %, ein Zusammenhang, der ebenfalls von Irving Fisher formuliert wurde.

$$i = r + \hat{P}^e$$

Bezogen auf die Währungen US-Dollar und Euro lauten die Gleichungen:

$$i^{USD} = r + \hat{P}(\$)_t^e \quad \text{und} \quad i^{EUR} = r + \hat{P}(€)_t^e$$

Subtrahiert man die Gleichungen, erhält man wieder Formel 8.6, sofern man unterstellt, dass die Realverzinsung r in beiden Ländern gleich hoch ist.

$$i^{USD} - i^{EUR} = \hat{P}(\$)_t^e - \hat{P}(€)_t^e$$

Der Fisher-Effekt geht folglich davon aus, dass die Realverzinsung in allen Währungen gleich hoch ist. Steigt die Inflation in einem Land stärker als in einem anderen Land, muss der Nominalzinssatz höher sein, um die erwartete Abwertung der Währung zu kompensieren.

Einschränkungen

Der Fisher-Effekt legt die Annahme einer gleich hohen Realverzinsung in allen Währungen zugrunde. Die Geldanlageentscheidung orientiert sich ausschließlich an der erwarteten Rendite. Das dabei eingegangene Risiko im Sinne der Abweichung vom erwarteten Wert des zukünftigen Wechselkurses ist nicht Teil der Anlageentscheidung. Da Währungen aber sehr unterschiedlich schwanken können, kann der Risikoaspekt sicher ein Grund sein, warum einige Anleger eine schwankungsarme Währung mit einer etwas geringeren Rendite einer sehr volatilen Währung vorziehen.

Auch Vertrautheit und Liquiditätsüberlegungen können eine Rolle bei Anlageentscheidungen spielen. Eine Währung, die Unternehmen regelmäßig im Außenhandel benötigen, wird eher als Anlagewährung gewählt als eine Währung, zu der kein unmittelbarer wirtschaftlicher Bezug besteht.

Gedeckte Zinsparität

Die letzte fehlende Parität gemäß der einleitenden Abbildung 8.1 ist die gedeckte Zinsparität, die den heute handelbaren Wechselkurs zu einem zukünftigen Termin erklärt (= Terminkurs). Sie wird sehr ausführlich in Kapitel 9.3 erläutert, wenn die Bestimmungsgrößen eines Währungsterminkurses im Detail dargestellt werden. Als Vorbereitung betrachten wir zunächst den Devisenkassamarkt und den Devisenterminmarkt.

9 Der Devisenmarkt

9.1 Handel und Teilnehmer

Wenn Unternehmen oder Privatpersonen im Ausland Waren, Dienstleistungen oder Vermögenswerte wie Immobilien oder Aktien kaufen, dann können sie ihre heimische Währung nicht unmittelbar nutzen, falls im Ausland eine Fremdwährung genutzt wird. Vielmehr müssen sie zuerst ihre heimische Währung, etwa den Euro (EUR), in Fremdwährung, etwa den US-Dollar (USD) tauschen. Euro werden dazu in einem bestimmten Austauschverhältnis in US-Dollar gewechselt. Das Austauschverhältnis zwischen den beiden Währungen wird Wechselkurs genannt und der virtuelle Tauschort Devisenmarkt.

Tauscht man heimische Währung in Banknoten oder Münzen der Fremdwährung, dann spricht man von Sorten. Wird der Gegenwert in Form von anderen in Fremdwährung lautenden Zahlungsmitteln zur Verfügung gestellt, spricht man von Devisen. Solche Zahlungsmittel sind vorwiegend Bankguthaben in Fremdwährung. Wechsel und Schecks fallen auch darunter, doch spielen sie nur eine untergeordnete Bedeutung. Der Devisenmarkt stellt folglich den weltweiten Markt dar, auf dem Währungen (bzw. auf Währungen lautende kurzfristige Forderungen) gehandelt werden. Eine alternative Bezeichnung ist **FX**-Markt (**F**ore**X** = **F**oreign **EX**change Market).

Devisenhandel

Der Devisenmarkt ist der mit Abstand größte Teil des Finanzmarkts mit einem Tagesumsatz von rund 5.100 Mrd. US-Dollar! Um die Dimension dieser Zahl zu begreifen, muss man sich vorstellen, dass der Umsatz am Devisenmarkt in rund 13 Tagen der aggregierten jährlichen Wertschöpfung der Welt entspricht. Abbildung 9.1 zeigt, welche Währungen und welche Währungspaare dabei am häufigsten gehandelt werden. Die nachfolgenden Zahlen basieren auf der Untersuchung der Bank für Internationalen Zahlungsausgleich: Triennial Central Bank Survey (12/2016). Die Studie ist über deren Internetseite verfügbar (bis.org).

Die Liste wird 2016 mit weitem Abstand vom US-Dollar angeführt, der einen Anteil am weltweiten Devisenhandel von 43,8 % hatte, gefolgt vom Euro mit 15,7 % und dem YEN mit 10,8 %. Die Bedeutung des Euro ist seit 2013 leicht gesunken. Es folgen das britische Pfund GBP, der australische Dollar AUD, der Schweizer Franken CHF und der kanadische Dollar CAD. Der Devisenhandel ist auf wenige Währungen konzentriert, erreichen doch die zehn am häufigsten gehandelten Währungen einen Anteil von über 90 %.

Das Währungspaar US-Dollar/Euro wird mit Abstand am häufigsten gehandelt. Es erreicht einen Anteil von 23 %, gefolgt von US-Dollar/YEN mit 17,7 %. Eine Währungskombination ohne US-Dollar erfolgt mit Euro/YEN erst auf dem 12. Rang mit einem Anteil von weniger als 3 % (nicht abgebildet).

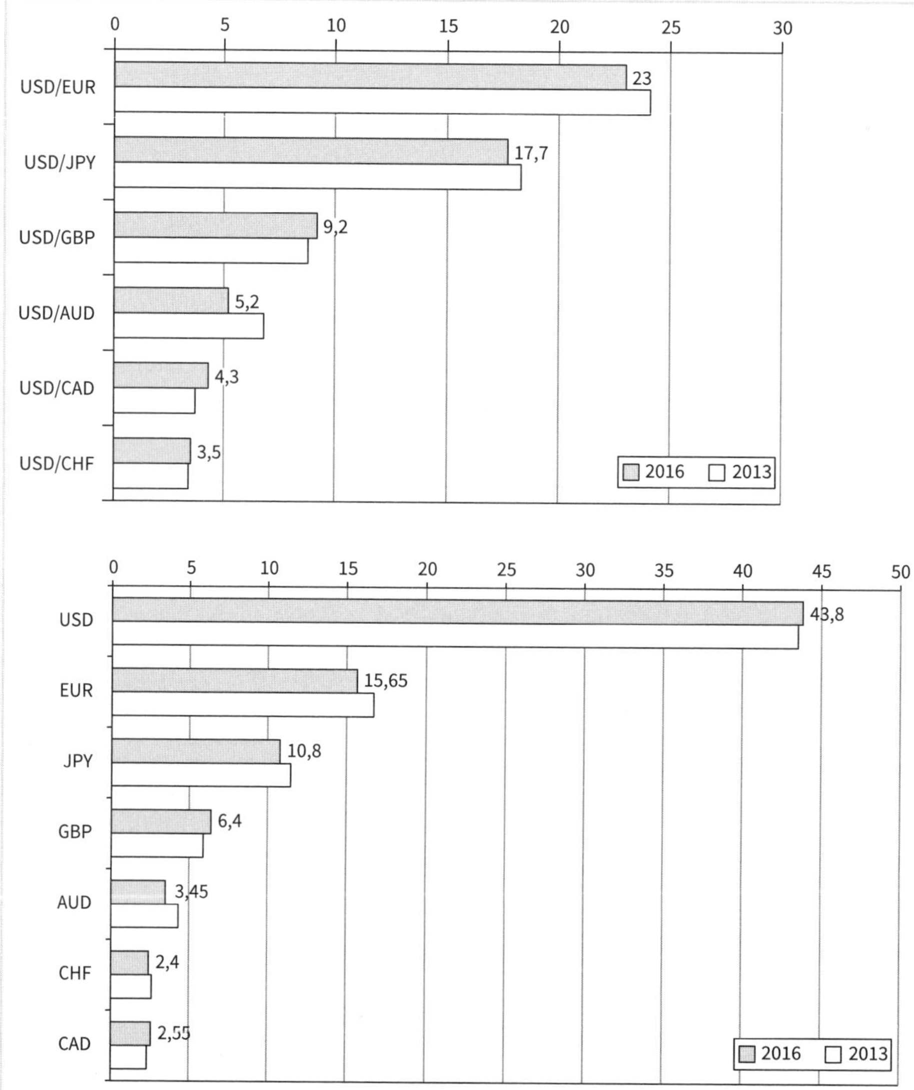

Abb. 9.1: Anteil der einzelnen Währungen bzw. Währungspaare in Prozent in 2016 (Eigene Darstellung basierend auf Daten aus BIS Triennial Central Bank Survey 2016)

Teilnehmer am Devisenmarkt: Banken

Hauptteilnehmer am Devisenmarkt sind internationale Banken, die dort als Händler (Market Maker) oder als Spekulanten tätig sind. Wenn Banken auf eigenes Risiko in Währungen spekulieren, setzen sie eigenes Kapital einem Verlustrisiko aus. Ändern sich die Wechselkurse gegen ihre Erwartungen, verlieren sie einen Teil des eingesetzten Kapitals. Je besser ein Spekulant die zukünftige Entwicklung der für ihn relevanten Preise vorhersieht, desto erfolgreicher ist er.

In ihrer Funktion als Händler stellen darauf spezialisierte Banken für institutionelle Kunden, Geschäfts- und Firmenkunden oder für kleinere Banken Devisenkurse, zu denen die jeweiligen Währungen gekauft und verkauft werden können.

Info

Unter »institutionellen Kunden« versteht man Finanzinstitutionen wie Versicherungen, Kapitalanlagegesellschaften der unterschiedlichsten Art, aber auch Banken. Als Geschäfts- und Firmenkunden werden hingegen Kunden bezeichnet, die nicht aus dem Finanzbereich kommen.

Eine alternative und präzisere Bezeichnung für Händler ist der englische Begriff Market Maker, weil er verdeutlicht, dass ein Händler durch das Stellen von Ankaufs- und Verkaufskursen (Quotierung genannt) einen Markt in den von ihm betreuten Währungen macht. Der Verdienst liegt in der Spanne zwischen Ankaufs- und Verkaufspreis. Der wichtigste Erfolgsfaktor eines Händlers ist ein großes Netz an potenziellen Käufern und Verkäufern, um eine eingegangene Währungsposition schnell gewinnbringend zu schließen. Hierzu handeln Banken auf dem Interbankenmarkt sehr intensiv untereinander.

Info

Eine Position wird geschlossen, wenn nach einem Kauf ein Verkauf folgt und umgekehrt. Damit ist der Händler »glatt«. Wenn der Händler hingegen einen gekauften Gegenstand noch nicht weiterverkauft hat, spricht man von einer offenen Position.

BEISPIEL

Die Deutsche Bank kauft von BMW 100 Mio. US-Dollar, die aus Exportgeschäften resultieren. Der Händler der Deutschen Bank wird versuchen diese Handelsposition schnellstmöglich mit einem kleinen Gewinn weiterzuverkaufen. In den allermeisten Fällen ist der nächste Partner hierfür wiederum eine Bank. Die 100 Mio. Exporterlöse werden zwischen Banken vielfach weitergereicht, bis es nach einigen Zwischenstationen eine Gegenseite erreicht, die ein dauerhaftes Interesse an den 100 Mio. US-Dollar hat, wie z. B. ein Unternehmen, das seine Importe aus den USA bezahlen muss.

Am Devisenmarkt nehmen kaum mehr als 100 Banken aktiv am Interbankenmarkt teil. Dominiert wird der Devisenmarkt aber von einigen wenigen Großbanken. Die fünf größten Häuser JP Morgan (12,1 %), UBS (8,3 %), XTX Market (7,4 %), Bank of Amerika Merill Lynch (6,2 %), Citibank (6,2 %) haben einen Marktanteil von mehr als 40 %. Die Deutsche Bank fällt mit einem Anteil von nur noch 5,4 % immer weiter zurück (Quelle: Foreign Exchange Survey von Euromoney Mai 2018).

Devisentransaktionen, Korrespondenzbanken und Erfüllungsrisiko: Bei jeder Devisentransaktion ist eine ausländische Währung involviert. Selbst große internationale Banken können aber nicht in jedem Land mit einer rechtlich selbstständigen Tochterbank vertreten sein. Sie benötigen daher für den fremden Währungsraum eine Fremdbank, die für sie dort den Zahlungsverkehr übernimmt. Solch eine Bank nennt man Korrespondenzbank. Nehmen wir an, dass die Commerzbank Deutschland 100 Mio. Euro zum Kurs von Euro/US-Dollar = 1,3350 an die Citibank USA verkauft. Nehmen wir ferner an, dass die Commerzbank als Korrespondenzbank in den USA die Chase Bank nutzt und die Citibank für den Euroraum die Royal Bank of Scotland RBS. Die Händler der Commerzbank und der Citibank einigen sich zunächst per Telefon oder über ein Tradingsystem auf den Kurs von 1,3350. Dann instruiert der Commerzbankhändler seine Abwicklungsabteilung, 100 Mio. Euro an RBS zugunsten von Citibank zu überweisen. Dabei wird das Konto der Commerzbank bei der Zentralbank mit 100 Mio. Euro belastet und dem Zentralbankkonto der RBS gutgeschrieben. Der Citibankhändler wiederum instruiert, seine Abwicklungsabteilung 133,5 Mio. US-Dollar an die Chase zu überweisen zugunsten der Commerzbank. Dabei wird das Konto der Citibank bei der amerikanischen Zentralbank (FED) mit 133,50 Mio. US-Dollar zugunsten des Chasekontos bei der FED belastet.

Die Schilderung macht die vielen Zahlungsverkehrsvorgänge deutlich, die aus einem einfachen Devisengeschäft resultieren. Gleichzeitig macht das Beispiel deutlich, dass sowohl die Commerzbank als auch die Citibank einen großen Verlust erleiden, wenn die Gegenseite nicht den vereinbarten Gegenwert der eigenen Überweisung auf das Korrespondenzbankkonto anschafft. Bei Devisengeschäften entsteht daher ein Erfüllungsrisiko, für das die Banken Eigenkapital vorhalten müssen. Speziell die Großbanken binden einen größeren Teil ihres Eigenkapitals, um diesen regulatorischen Anforderungen gerecht zu werden. Die Großbanken hatten daher ein großes Interesse an einem Projekt, das unter dem Stichwort Continuous Linked Settlement (CLS) bekannt ist. Der Kern des Systems ist ein Verfahren »Zahlung gegen Zahlung«. Übertragen auf unser Beispiel heißt dies, dass die 100 Mio. Euro der Commerzbank erst dann freigegeben werden, wenn die 133,50 Mio. US-Dollar der Citibank auch verfügbar sind. CLS wurde 1997 von 20 Großbanken gestartet und nahm 2002 seinen Betrieb mit zunächst sieben Währungen auf. Heute können 18 Währungen über CLS abgewickelt und verrechnet werden. Im ersten Halbjahr 2018 wurden täglich über 1,8 Bio. USD über das System abgewickelt. Da mit CLS das Erfüllungsrisiko stark vermindert wird, ist nun auch weniger Eigenkapital im Devisenhandel gebunden.

Unternehmen und institutionelle Kunden

Geschäfts- und Firmenkunden nutzen den Devisenmarkt in erster Linie für Fremdwährungen, die aus ihrem Waren- und Dienstleistungsverkehr resultieren. Doch auch für Direktinvestitionen oder den Kauf oder Verkauf von Wertpapieren werden Devisen benötigt. Letzteres spielt insbesondere für institutionelle Kunden aus dem Bereich Versicherung oder Kapitalanlagegesellschaften eine dominierende Rolle.

Selbstverständlich arbeiten auch Unternehmen und institutionelle Kunden mit Korrespondenzbanken, denn sonst könnten sie nur mit den Großbanken Devisengeschäfte durchführen, mit denen sie auch eine Kontoverbindung haben. So aber können sie z. B. mit der Deutschen Bank ein Devisengeschäft abschließen und die daraus resultierenden Zahlungen über ihre davon abweichende Korrespondenzbank durchführen.

Das Handelsvolumen einiger Investmentfonds, Pensions- oder Hedgefonds ist so groß, dass sie einen eigenen Handelsraum haben, von wo aus sie direkt am Devisenhandel teilnehmen. Dies ist für sie kostengünstiger und schneller, als bei internationalen Banken nach einer Quotierung zu fragen.

Privatkunden

Auch Privatkunden nehmen am Devisenmarkt teil. Devisenkäufe für Urlaubsreisen, aber auch Käufe/Verkäufe von ausländischen Wertpapieren zählen zu den typischen Transaktionen von Privatkunden.

Info

Devisen in Form von Banknoten werden als Sorten bezeichnet.

Privatkunden können allerdings nicht direkt im Handelsraum von internationalen Banken nach handelbaren Kursen fragen, da das kleinste handelbare Transaktionsvolumen etwa dem Gegenwert von einer Million US-Dollar entspricht. Privatkunden gehen vielmehr zu ihrer Hausbank, die dann die Anfragen gebündelt an eine der Großbanken weiterreicht.

Zentralbanken

Eine weitere Teilnehmergruppe sind die Zentralbanken eines Landes, die aus wirtschaftspolitischen Gründen am Devisenmarkt Fremdwährungen kaufen oder verkaufen, um den Kurs der eigenen Währung zu beeinflussen.

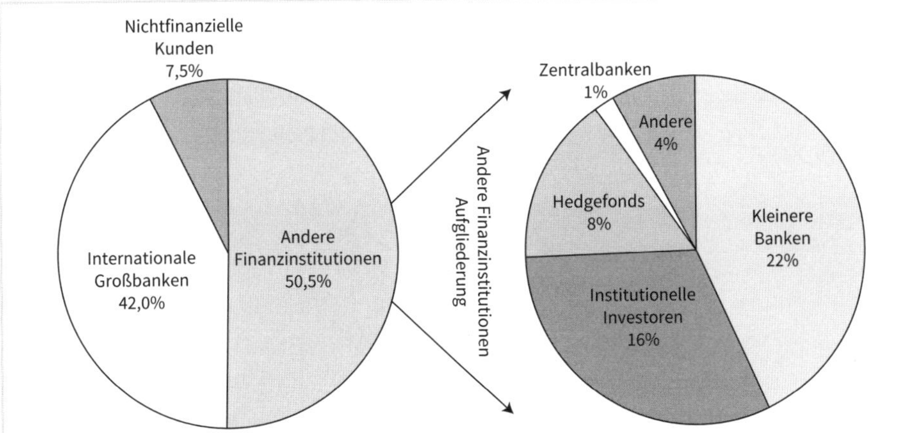

Abb. 9.2: Teilnehmer am Devisenhandel, Stand 2016 (Eigene Darstellung basierend auf Daten aus BIS Triennial Central Bank Survey 2016)

Die Abbildung 9.2 zeigt die große Bedeutung der internationalen Großbanken am Devisenhandel, gefolgt von kleineren Banken, die ihr Devisengeschäft über die erste Bankengruppe abwickeln. Geschäfts- und Firmenkunden, die den Devisenmarkt primär für ihre realwirtschaftlichen Aktivitäten benötigen, folgen mit weitem Abstand bei 8,7 %. Alle weiteren Teilnehmer sind dann wiederum Unternehmen im Finanzbereich mit einem Anteil von 52,6 %. Unterteilt man diese Gruppe, erhält man die Werte auf der rechten Seite der Abbildung 9.2. Hedgefonds und institutionelle Investoren wie Anlagefonds oder Versicherungen bilden einen Anteil von je 11 %. Die Zentralbanken bzw. staatliche Behörden spielen bei einem Anteil von 1 % zumindest aus Gesamtsicht nur eine untergeordnete Rolle.

Devisenort

Der weltweite Devisenmarkt kennt keine Börsenzeit, da Devisen rund um die Uhr gehandelt werden. Die internationalen Großbanken sind über ihre jeweiligen Handelseinheiten in allen Zeitzonen vertreten.

Der Devisenmarkt kennt auch keinen festen Börsenort. Sein Rückgrat ist das weltweite Netz der Interbankenbeziehungen. Der Handel findet vorwiegend auf OTC-Basis statt, wobei viele Abschlüsse über das Telefon geschlossen werden. Allerdings gewinnen elektronische Handelssysteme immer mehr an Bedeutung. Die größten Anbieter von unabhängigen elektronischen Handelssystemen sind Refinitiv, ehemals Thomson Reuters (Dealing und FXall), Currenex oder FX Connect, die zusammen für rund 75 % des elektronischen Handels stehen. Da diese Handelssysteme die Marktmacht der internationalen Großbanken gefährden, haben die Großen der Branche ihre eigenen Handelsplattformen entwickelt, über die ihre angeschlossenen Kunden am internen Devisenhandel teilnehmen können.

Zwar kennt der Devisenhandel keinen festen Handelsort, doch es gibt sehr wohl Orte, an denen sich die Teilnehmer am Devisenhandel konzentrieren. Die Abbildung 9.3 verdeutlicht die stetig wachsende und herausragende Bedeutung Großbritanniens für den Devisenhandel. Großbritannien steht hier faktisch für London. Mit einem durchschnittlichen Tagesvolumen von 2,4 Bio. US-Dollar im Jahr 2016 erreicht London unangefochten Platz 1 mit einem relativen Marktanteil von 36,9 %. Mit großem Abstand folgen die USA und Singapur. Deutschland erreicht mit 116 Mrd. US-Dollar Tagesumsatz lediglich einen Marktanteil von 1,8 %.

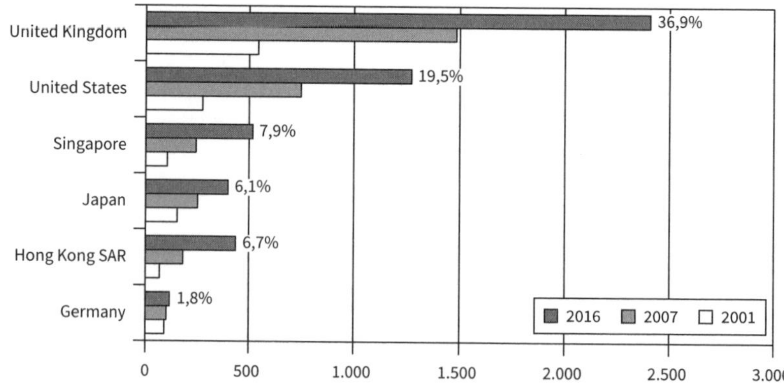

Abb. 9.3: Standorte für den internationalen Devisenhandel; Tageswerte in Mrd. US-Dollar (Eigene Darstellung basierend auf Daten aus BIS Triennial Central Bank Survey 2016)

Produkte am Devisenmarkt
Am Devisenmarkt werden vier Hauptprodukte gehandelt, die in den nachfolgenden Kapiteln im Detail vorgestellt werden: Die Basis stellen die Devisen dar, die am Kassamarkt gehandelt werden. Ihr Anteil am Gesamtumsatz in 2016 beträgt 38 %. Weitere Gruppen sind Derivate in der Form von Forwards, Optionen und Swaps. Mit 42 % stellen Devisenswaps das Produkt mit dem höchsten Marktanteil dar. Lassen Sie sich von den drei Bezeichnungen für Derivate nicht beeindrucken. Im Kern handelt es sich bei Devisenderivaten jeweils um *heute getroffene Vereinbarungen*, zu welchen Konditionen Devisen zu einem *späteren Termin erworben, verkauft oder getauscht* werden können. Derivate werden deshalb häufig auch als Termingeschäfte bezeichnet. Wir werden sie später genauer erläutern. Doch betrachten wir zunächst einfache Devisenkassamarktgeschäfte.

9.2 Devisenkassamarkt

Werden am Devisenmarkt Fremdwährungen gekauft, dann muss der Gegenwert am zweiten Arbeitstag nach Geschäftsabschluss auf das vereinbarte Konto überwiesen worden sein. Der Valutatag ist demnach der Geschäftsabschlusstag plus 2 Tage. In diesem Falle spricht man von einem Kassageschäft auf dem Kassamarkt und die zugehörigen Kurse werden Kassakurse genannt. Alternative Begriffe sind Spotmarkt und Spotkurs. Machen wir uns zunächst mit der Schreibweise vertraut:

Angenommen ein Euro kann in 1,3350 US-Dollar getauscht werden. Dann schreibt man Euro/US-Dollar = 1,3350. Ausgesprochen heißt dies: Der Wechselkurs des Euro in US-Dollar beträgt 1,3350 bzw. der Euro kostet 1,3350 US-Dollar. Da diese Gleichung beliebig umgestellt werden kann, kann man auch schreiben 1 EUR = 1,3350 US-Dollar oder 1,3350 US-Dollar/Euro. Im letzten Fall würde man sagen 1,3350 US-Dollar pro Euro. Es handelt sich aber stets um dieselbe Aussage.

Am Devisenmarkt spricht man statt vom Wechselkurs oft auch nur vom Kurs, manchmal auch vom Preis einer Währung. Preis, Kurs und Wechselkurs sind Synonyme.

Selbstverständlich kann man nicht nur den Kurs des Euro in Fremdwährung ausdrücken, sondern auch den Kurs der Fremdwährung in Euro. Ein Kurs von Euro/US-Dollar = 1,3350 ist gleichbedeutend mit der Aussage US-Dollar/Euro = 0,7874. Für einen Dollar musste man demnach 0,7491 Euro bezahlen. Im ersten Fall wird der Wert des Euro in US-Dollar ausgedrückt, im anderen Fall der Wert eines US-Dollars in Euro. Zur Umrechnung muss nur der Kehrwert gebildet werden.

Am Devisenmarkt werden die meisten Währungen mit vier Stellen nach dem Komma angegeben. Ausnahmen bilden Währungen mit sehr kleinen Gegenwerten.

Die Währung, deren Wert man in Einheiten der anderen Währung angibt, wird als Basiswährung bezeichnet. Bei 1 Euro = 1,3350 US-Dollar stellt der Euro die Basiswährung dar, wohingegen bei 1 US-Dollar = 0,7491 Euro der US-Dollar die Basiswährung ist.

In der Literatur findet man auch die Begriffe Mengen- und Preisnotierung bzw. direkte und indirekte Notierung. Bei einer Mengennotierung (direkten Notierung) drückt man aus, wie viele Einheiten Fremdwährung man für eine Einheit Inlandswährung erhält. Bei einer Preisnotierung verhält es sich umgekehrt.

Mengennotierung (direkt)	**Preisnotierung (indirekt)**
1 Euro = x Fremdwährungseinheiten	1 Fremdwährungseinheit = x Euro

Da aber nicht immer klar ist, was Inlands- und was Fremdwährung ist, können diese Bezeichnungen verwirrend und zweideutig sein. Eindeutig hingegen ist der Begriff Basiswährung, den wir im Folgenden ausschließlich nutzen werden.

Die Wertentwicklung von zwei Währungen verläuft stets entgegengesetzt: Wenn der Euro zum US-Dollar *teurer* wird, wird selbstverständlich der US-Dollar im Verhältnis zum Euro *billiger*, die Aufwertung einer Währung ist damit immer mit der Abwertung der anderen Währung verbunden. Allerdings sind die Prozentwerte nicht gleich, wie folgendes Beispiel zeigt.

BEISPIEL

Ausgehend von Euro/US-Dollar = 1,0 verteuert sich der Euro auf Euro/US-Dollar = 2,0. Die Aufwertung des Euro gegenüber dem US-Dollar beträgt folglich 100 % (2,0-1,0)/1,0 = 1. Wenn die Wechselkursänderung aus Sicht des US-Dollars betrachtet wird, dann gilt nach der Euroaufwertung: US-Dollar/Euro = 0,5. Der US-Dollar wertet folglich um 50 % ab (0,5-1,0)/1,0 =-0,5.

Auf- und Abwertungen der heimischen Währung verändern die Preise, die man für Importe bezahlt bzw. die Erlöse, die man für Exporte bekommt. Damit werden wir uns später im Rahmen des Währungsmanagements ausführlich beschäftigen.

BEISPIEL

Angenommen ein deutscher Importeur will aus den USA Waren im Wert von 14.000 US-Dollar kaufen. Unterstellen wir einen Kurs von Euro/US-Dollar = 1,40 US-Dollar. In Euro gerechnet bezahlt der Importeur damit 10.000 Euro. Wenn der Euro auf 1,60 US-Dollar aufwertet, kosten die US-Waren in Euro gerechnet nur noch 8.750 Euro (= 14.000 US-Dollar/1,60 US-Dollar/Euro). Wenn der Euro aufwertet, verbilligen sich Importe. Bei Exporten verhält es sich umgekehrt. Werden Waren für 14.000 US-Dollar exportiert, dann erhält der deutsche Exporteur nur noch 8.750 Euro, wenn der Euro-Kurs auf

1,60 US-Dollar steigt. Eine Aufwertung der heimischen Währung ist damit schlecht für Exporteure und gut für Importeure. Analog profitieren Exporteure von einer Abwertung der heimischen Währung, während die Importeure mehr für die Waren zahlen müssen.

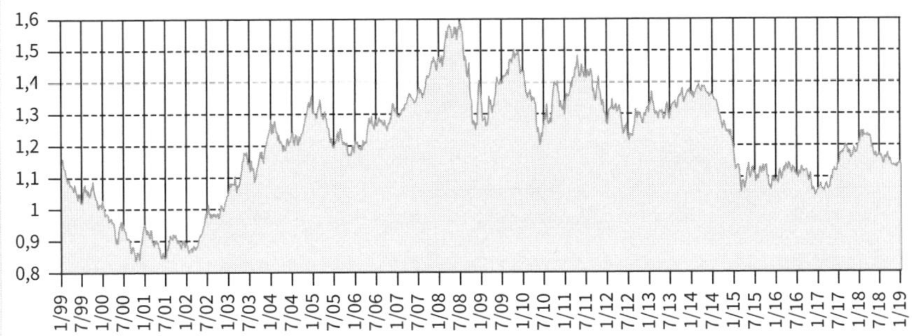

Abb. 9.4: Entwicklung des Euro in US-Dollar 1/1999-1/2019

Die Abbildung 9.4 zeigt den Wert des Euro ausgedrückt in US-Dollar. Im Januar 2001 musste man am Devisenmarkt nur 0,85 US-Dollar für einen Euro bezahlen, im Juli 2008 betrug der Preis für einen Euro 1,58 US-Dollar. Der Euro hat sich in diesem Zeitraum folglich gegenüber dem US-Dollar stark verteuert. Dafür sagt man auch, dass der Euro gegen den US-Dollar »aufgewertet« hat, während der US-Dollar an Wert verloren hat.

Cross Rates

Wenn man den Kurs für einen Euro in US-Dollar und den Kurs für einen Euro in japanischen YEN kennt, dann lässt sich damit auch der Kurs des US-Dollars in YEN ermitteln.

BEISPIEL

1 € = 1,3350 $; 1 € = 115,20 YEN

Setzt man beide Seiten gleich, dann erhält man: 1,3350 $ = 115,20 YEN. Daraus folgt:

1 $ = 86,2921 YEN oder $/YEN = 86,2921.

Wird, wie im Beispiel, eine dritte Währungsrelation mit der Hilfe von zwei anderen Währungsrelationen ermittelt, spricht man von einer Cross Rate. Da es sehr viele Länder mit eigenen Währungen gibt, sind zahlreiche Kombinationen möglich. Bei 100 Währungen gäbe es theoretisch 4.950 Währungsrelationen. Eine Währung wie der argentinische Peso wird gegen den tunesischen Dinar deshalb nicht direkt am Devisenmarkt quotiert, sondern über Cross Rates. Solange jede dieser Währungen gegen eine gemeinsame dritte Währung wie etwa den US-Dollar gehandelt wird, ist dies möglich. Die rechnerische Cross Rate muss sich auch tatsächlich einstellen, weil ansonsten über Arbitragegeschäfte risikolos Handelsgewinne erzielt werden können.

BEISPIEL

Unterstellen wir, dass der Kurs US-Dollar/YEN nicht dem rechnerischen Wert von 86,2921 im letzten Beispiel entspricht, sondern 90,00. Damit ist der US-Dollar zu teuer. Also wird ein Händler US-Dollar gegen YEN zu 90,0 verkaufen. Die verkauften US-Dollar besorgt er sich, in dem er Euro verkauft. Die benötigten Euro wiederum besorgt er sich, indem er YEN verkauft, die er ja aus dem Ursprungsgeschäft erhalten hat. Alle drei Geschäfte werden simultan zu den vorherrschenden Kursen abgeschlossen. Betrachten wir die numerischen Werte und den risikolosen Gewinn in Tabelle 9.1.

Ursprungsgeschäft			**Euro-Geschäfte**		
Kauf	**Verkauf**	**Wechselkurs**	**Kauf**	**Verkauf**	**Wechselkurs**
90 YEN	1 $	$/YEN = 90,0	1 $	0,7496 €	€/$ = 1,3350
			0,7496 €	86,2921 YEN	€/YEN = 115,2

Tab. 9.1: Arbitragemöglichkeiten

Aus dem Ursprungsgeschäft resultieren 90 YEN, wohingegen die benötigten US-Dollars über zwei Euro-Geschäfte zum Preis von 86,2921 YEN gekauft werden können. Somit fällt ein risikoloser Gewinn von 3,7079 YEN pro US-Dollar an.

Ein Handelsgeschäft, bei dem man ohne Einsatz von Kapital einen risikolosen Gewinn erzielen kann, nennt man ein »Arbitragegeschäft«. Da jeder Händler dieses Geschäft in möglichst großen Umfang machen würde, sinkt der Wert des US-Dollars zum YEN solange, bis er den Kurs von US-Dollar/YEN = 86,2921 erreicht. Arbitrageure sorgen folglich dafür, dass sich rechnerische Cross Rates auch tatsächlich am Markt einstellen.

Ankaufskurs und Verkaufskurs (Bid-Offer)

Wie bereits erwähnt, stellen Banken für ihre institutionellen Kunden, Geschäfts- und Firmenkunden Devisenkurse, zu denen die jeweiligen Währungen gekauft und verkauft werden können, d. h. sie agieren als Market Maker.

Info

Institutionelle Kunden sind, wie der Name schon verrät, »Institutionen« und keine »Privatkunden«. Institutionen sind i. d. R. finanzielle Finanzinstitutionen, z. B. Versicherungen, Kapitalanlagegesellschaften oder auch Banken. Als Geschäfts- und Firmenkunden werden hingegen Kunden bezeichnet, die nicht aus dem Finanzbereich kommen. Sie treten am Devisenmarkt auf, um ihr Export- und Importgeschäft abwickeln zu können.

Eine Bank stellt bei einer Quotierung »beide Seiten«, d. h. einen Ankaufskurs und einen Verkaufskurs, etwa Euro/US-Dollar = 1,3350 – 1,3360. Aus Sicht der Bank ist der Ankaufskurs für einen Euro 1,3350 US-Dollar, d. h. die Bank gibt für einen Euro 1,3350 US-Dollar. Der Verkaufskurs der Bank ist hingegen 1,3360, d. h. die Bank verkauft einen Euro für 1,3360 US-Dollar. Aus Sicht eines Kunden ist es spiegelbildlich. Man kann es sich leicht merken: Der Kunde erhält stets den »ungünstigeren Kurs« beim Kauf oder Verkauf, d. h. er kauft einen Euro für 1,3360 US-Dollar und erhält 1,3350 US-Dollar, wenn er einen Euro an die Bank verkauft.

Für die Begriffe Ankaufs- und Verkaufskurs existieren die Synonyme Geldkurs-Briefkurs bzw. die englischen Bezeichnungen Bid-Ask oder auch Bid-Offer. Die Differenz zwischen den beiden Kursen wird als Spanne bezeichnet oder als Spread.

Eine Spanne von 0,0010 US-Dollar schaut nach wenig aus, doch wenn der Betrag entsprechend hoch ist, resultiert aus einem einzigen Geschäft ein hoher Handelsgewinn.

BEISPIEL

Der Market Maker der Deutschen Bank stellt einen Eurokurs von 1,3350 – 1,3360 US-Dollar. Zu diesem Kurs kauft BMW 100 Mio. Euro und Continental verkauft 100 Mio. Euro. Wie hoch ist der Handelsgewinn?
Antwort: BMW muss 133,60 Mio. US-Dollar zahlen, während Continental 133,50 Mio. US-Dollar erhält. Damit entsteht ein Handelsgewinn von 100.000 US-Dollar.

Die Spanne stellen Transaktionskosten dar, die man auch als Prozentgröße ausdrücken kann.

$$Spanne\ in\ \% = \frac{Verkaufskurs - Ankaufskurs}{Verkaufskurs} = \frac{1{,}3360 - 1{,}3350}{1{,}3360} = 0{,}00075$$

Für unser Beispiel erhält man einen Wert von 0,075 %, eine Spanne, die durchaus üblich ist im internationalen Devisenhandel.

9.3 Devisenterminmarkt (Forward Markt)

Wie bereits erwähnt, sind Termingeschäfte heute abgeschlossene Geschäfte, die zu einem zukünftigen Zeitpunkt (= Termin) erfüllt werden. Wir können die Termingeschäfte und damit auch die Derivate in zwei große Gruppen einteilen. Von unbedingten Termingeschäften spricht man immer dann, wenn jede Vertragsseite zum vereinbarten Termin das Geschäft zu den vereinbarten Konditionen auf jeden Fall (unbedingt) erfüllen muss. Wesentliche Vertreter von unbedingten Termingeschäften sind Forwards und Swaps, die wir im Anschluss ausführlich behandeln werden. Bedingte Termingeschäfte hingegen räumen *einer* Vertragspartei das Wahlrecht ein, zum vereinbarten Erfüllungstermin das Geschäft zu den vereinbarten Konditionen zu erfüllen. Man nennt sie auch Option.

Abb. 9.5: Bedingte und unbedingte Termingeschäfte

Forwards

Ein Forward entspricht allgemein formuliert einem einfachen Kaufgeschäft, bei dem die Bezahlung und die Lieferung des gehandelten Produkts zu einem späteren Zeitpunkt vollzogen werden. Der zukünftige Preis wird bereits zum Handelszeitpunkt festgelegt. Bei einem Termingeschäft treffen

- zwei Handelsparteien heute (Handelstag) eine Vereinbarung,
- einen bestimmten Gegenstand (Basiswert oder Underlying genannt),
- in einer bestimmten Menge (Kontraktgröße),
- zum heute vereinbarten Preis,
- zu einem festgelegten zukünftigen Zeitpunkt (Termin) zu liefern bzw. abzunehmen.
- Der Käufer verpflichtet sich, am Fälligkeitstag zur Abnahme und Bezahlung des Basiswerts, der Verkäufer verpflichtet sich zur Lieferung.

Die Zeitspanne zwischen Handelstag und Liefertag wird als Laufzeit des Termingeschäfts bezeichnet. Kassageschäfte und Termingeschäfte unterscheiden sich im Kern nur durch die Verschiebung des Liefertags (Valutatag) auf einen vereinbarten zukünftigen Termin.

Die deutsche Bezeichnung für Forward ist »unbedingtes Termingeschäft«, wobei auf den Zusatz »unbedingt« verzichtet wird, wenn klar ist, dass es sich um Forwards und nicht um Optionen handelt. Auch wir verfahren so.

Der Basiswert eines Termingeschäfts kann sich auf viele Gegenstände beziehen wie etwa Rohstoffe oder Anleihen. Wenn Devisen den gehandelten Basiswert darstellen, spricht man von einem Devisentermingeschäft. Da in diesem Abschnitt nur Devisentermingeschäfte betrachtet werden, werden die Begriffe Termingeschäft und Devisentermingeschäft synonym verwendet.

Devisentermingeschäfte werden vereinzelt über Börsen durchgeführt, die vorwiegend in den USA und in London angesiedelt sind. In den USA hat die IMM (International Monetary Market; gehört zur CME-Gruppe) das größte Volumen. In London werden Währungstermingeschäfte an der LIFFE abgeschlossen, die seit 2007 zur NYSE-Euronext-Gruppe gehört.

Börsengehandelte Forwards werden Futures genannt. Da die Akteure am Devisenmarkt häufig von den standardisierten Laufzeiten und Kontraktgrößen der Börsen abweichen wollen, dominiert allerdings auch am Devisenterminmarkt der Handel auf OTC-Basis. Die handelstechnische Durchführung der Geschäfte erfolgt dabei analog zum Kassamarkt über Telefonhandel und elektronische Handelssysteme.

Der Anwendungsbereich von Devisentermingeschäften ist gewaltig. Weltweit sichern sich internationale Unternehmen am Terminmarkt einen festen Gegenwert für ihre Exporterlöse in Fremdwährung oder sie sichern ihren Fremdwährungsbedarf für zukünftige Importe. Auch Banken, Versicherungen oder Fonds nutzen Devisentermingeschäfte, um den Wert ihrer Aktiva gegen mögliche Währungsverluste zu schützen.

BEISPIEL

Ein deutscher Importeur weiß, dass er in drei Monaten am 01.04.2020 Waren im Wert von 1,0 Mio. US-Dollar kaufen wird. Da er einen Anstieg des US-Dollars erwartet, möchte er heute am 01.01.2020 seine zukünftigen US-Dollar-Zahlungen absichern. Seine Bank stellt ihm einen Euro/US-Dollar-Terminkurs auf drei Monate von 1.33832 – 1.33932. Der Importeur muss zum Euro-Kaufkurs der Bank Euro zum Preis von je 1,33832 US-Dollar verkaufen. Der Importeur weiß damit, dass er am 01.04.2020 für seine Importe einen Betrag von 749.205,0 Euro (= 1,0 Mio. US-Dollar/1,33832 US-Dollar/Euro) zahlen muss. Auch am Terminmarkt werden nur vier Stellen hinter dem Komma gestellt. Damit der rechnerische Terminkurs im nächsten Abschnitt keine Rundungsabweichungen aufweist, werden hier ausnahmeweise fünf Nachkommastellen verwendet.

Bestimmung des Devisenterminkurses (gedeckte Zinsparität)

Im letzten Beispiel kann der Importeur sein Währungsrisiko mit einem Devisentermingeschäft auf seine Bank übertragen. Doch woher kennt die Bank heute den Euro/US-Dollar-Kurs in drei Monaten? Natürlich kennt die Bank den zukünftigen Wechselkurs nicht. Der »Trick« besteht darin, ein Devisentermingeschäft aus anderen Teilen zusammenzubauen, zu replizieren, wie es in der Finanzsprache heißt, und es dann als Gesamtpaket an den Importeur »zu verkaufen«. So wie BMW seine Fahrzeuge aus vielen Einzelteilen zusammenbaut und dann das fertige Werk als Auto verkauft, so baut auch eine Bank ein Termingeschäft aus Einzelteilen zusammen. Klingt schwieriger, als es ist: die Bank benötigt hierzu nur den Kassamarkt und den Geldmarkt für die jeweils betroffenen Währungen. Bauen wir das Termingeschäft im letzten Beispiel aus diesen Teilen nach: Für die konkrete Berechnung unterstellen wir einen Kassakurs Euro/US-Dollar von 1,3350, einen US-Dollar-Zinssatz i^{USD} für drei Monate von 3,0 % p. a. und einen Euro-Zinssatz i^{EUR} von 2,0 % für drei Monate p. a.

Die Bank weiß, dass sie in drei Monaten dem Importeur eine Million US-Dollar zur Verfügung stellen muss. Der erste Schritt besteht darin, US-Dollar bereits heute am Kassamarkt zu kaufen. Wie viel US-Dollar muss die Bank dabei kaufen? Da die Bank die US-Dollars erst in drei Monaten benötigt, kann sie den US-Dollarbetrag für drei Monate am US-Geldmarkt zum Zinssatz von 3,0 % anlegen. Da der US-Dollar-Anlagebetrag plus Zinsen in drei Monaten 1,0 Mio. US-Dollar ergeben müssen, ergibt sich heute ein notwendiger US-Dollar-Geldanlagebetrag von 992.555,8 US-Dollar (= 1.000.000 US-Dollar/(1 + 0,03·90/360).

Info

Am Geldmarkt werden die Zinsen mit der actual/360 Methode berechnet. Hier werden einerseits die tatsächlichen Zinstage herangezogen (actual), andererseits wird das Jahr pauschal mit 360 Tagen festgelegt. Da diese Zinsrechenmethode üblicherweise auf dem Geldmarkt des Euroraums verwendet wird, wird sie auch Eurozinsmethode genannt.

Zum aktuellen Wechselkurs von Euro/US-Dollar = 1,3350 benötigt die Bank dafür 743.487,5 Euro. Diesen Euro-Betrag leiht sie sich am Euro-Geldmarkt zu einem Zinssatz von 2,0 % p. a. Nach Ablauf von drei Monaten muss die Bank einen Euro-Betrag inklusive Zinsen von 747.205,0 Euro zurückzahlen. Damit ist es möglich, über den Kassamarkt und den Geldmarkt 1,0 Mio. US-Dollar in drei Monaten zum Preis von 747.204,95 Euro zur Verfügung zu stellen. Dies entspricht einem Austauschverhältnis von 1.000.000/747.205,0, d. h. einem Euro/US-Dollar-Terminkurs von 1,33832. Die Bank übernimmt folglich kein Risiko, wenn sie dem Importeur einen Terminkurs stellt, da sich die Bank den zukünftigen US-Dollar-Bedarf am Kassamarkt bereits heute sichert.

Da sich ein Termingeschäft aus den drei oben genannten Transaktionen zusammensetzt, kann jeder Terminkurs problemlos selbst errechnet werden. Hierzu benötigt man lediglich den aktuellen Kassakurs und die zwei Geldmarktzinssätze für die jeweiligen Termine. Den Euro/US-Dollar-Terminkurs erhält man, indem der Euro/US-Dollar-Kassakurs mit den relativen Geldmarktfaktoren für die relevanten Termine multipliziert wird. Im Zähler steht die Geldanlage in US-Dollar, im Nenner die Euro-Geldmarktzinsen, jeweils berechnet für drei Monate.

$$Terminkurs \frac{EUR}{USD} = Kassakurs \frac{EUR}{USD} \times \frac{1 + i^{USD} \times Tage/360}{1 + i^{EUR} \times Tage/360}$$

Formel 9.1

Setzt man die Werte des Beispiels ein, erhält man einen Terminkurs von 1,33832.

$$Terminkurs \frac{EUR}{USD} = 1{,}3350 \times \frac{1 + 0{,}03 \times 90/360}{1 + 0{,}02 \times 90/360} = 1{,}33832$$

Manch einem ist unklar, welcher Zinssatz im Zähler und welcher im Nenner steht. Schauen wir uns die Formel genauer an: Der Terminkurs und der Kassakurs drücken jeweils den Wert eines Euro in US-Dollar aus. Die Basiswährung ist demnach der Euro. Damit gilt: *Im Nenner steht stets der Zinssatz der Basiswährung.*

Der Devisenterminkurs wird nicht von den Erwartungen der Marktteilnehmer über den zukünftigen Wert der Währung bestimmt, sondern einzig vom aktuellen Kassakurs und den aktuellen Geldmarktsätzen der beiden Währungen für den betrachteten Termin, da jedes Devisentermingeschäft über den Kassamarkt und die Geldmärkte nachgebildet werden kann, wie die Tab. 9.2 zeigt. Zur sprachlichen Vereinfachung nutzen wir dabei als Synonym für Fremdwährung den US-Dollar.

Termingeschäft	Kassamarkt	Geldmärkte
Terminverkauf Euro =	Verkauf Euro +	Geldanlage in US-Dollar; Kreditaufnahme in Euro
Terminkauf Euro =	Kauf Euro +	Geldanlage in Euro; Kreditaufnahme in US-Dollar

Tab. 9.2: Zerlegung eines Devisentermingeschäfts

Den Verkauf von Euro (= Kauf von US-Dollar) am Terminmarkt hatten wir gerade im Beispiel: Das Termingeschäft wird durch einen Verkauf von Euro am Kassamarkt gegen US-Dollar repliziert. Die erhaltenen US-Dollars werden zum Zinssatz i^{USD} bis zum gewünschten Termin angelegt. Da Euro am Kassamarkt verkauft werden, muss man sich Euro am Geldmarkt bis zum Fälligkeitstermin zum Zinssatz von i^{EUR} leihen.

Bei Kauf von Euro am Terminkauf gegen den US-Dollar ist es spiegelbildlich: Euro werden am *Kassamarkt* gekauft und zum Eurozinssatz i^{EUR} bis zum gewünschten Termin angelegt. Damit verfügt man zum Terminzeitpunkt über die gewünschten Euro. Da die Euro am Kassamarkt mit US-Dollar bezahlt werden, muss für die entsprechende Laufzeit ein US-Dollar-Kredit zum Zinssatz von i^{USD} aufgenommen werden.

Das jeweilige Ergebnis der drei Einzelgeschäfte darf sich vom Terminkurs des Euro nicht unterscheiden, da ansonsten Arbitragegeschäfte ausgelöst werden. Damit bestimmt der Kassakurs im Zusammenspiel mit den Zinsen am jeweiligen Geldmarkt die Höhe des Terminkurses. Kassamarkt, Terminmarkt und die Geldmärkte sind nur dann arbitragefrei und damit im Gleichgewicht, wenn Formel 9.1 erfüllt ist. Man nennt diese Gleichgewichtsbedingung gedeckte Zinsparität. Der Begriff »gedeckt« soll dabei verdeutlichen, dass kein Wechselkursrisiko für den Arbitrageur entsteht, wenn er heute eine Währungsanlage vornimmt.

Der Importeur im Beispiel müsste nicht unbedingt das Termingeschäft bei seiner Bank abschließen, da er die drei dafür nötigen Transaktionen grundsätzlich auch selber durchführen könnte. Da Banken allerdings einen weitaus besseren Zugang zu den Geldmärkten haben als andere Wirtschaftseinheiten, ist es meistens vorteilhafter, diese Leistung bei einer Bank einzukaufen. Dies gilt insbesondere für Währungen mit einem unterentwickelten Geldmarkt.

Swapsatz

Formel 9.1 zeigt, dass der Terminkurs im Vergleich zum Kassakurs immer dann höher ist, wenn der Zinssatz der Basiswährung für den entsprechenden Zeitraum geringer ist als der Zinssatz der Nichtbasiswährung. Dies zeigt auch unser Beispiel, wenn wir den Euro-Terminkurs von 1,3383 US-Dollar mit dem Kassakurs von 1,3350 US-Dollar vergleichen. Der Grund liegt einzig in der positiven Zinsdifferenz des US-Dollars zum Euro und nicht an irgendwelchen Erwartungen über zukünftige Wechselkursentwicklungen. Die Schere zwischen Termin- und Kassakurs geht mit zunehmender Laufzeit des Termingeschäfts immer mehr auseinander, weil sich Zinsdifferenzen zwischen den beiden Währungen dann länger auswirken können.

Formel 9.1 zeigt, dass sich bei konstanten Zinssätzen der Terminkurs im Gleichklang mit dem Kassakurs bewegt. Daher ist es üblich, nicht den Terminkurs als solchen zu nennen, sondern nur die Differenz zwischen Terminkurs und Kassakurs. Im Deutschen spricht man von einem Terminkursaufschlag, wenn der Terminkurs höher als der Kassakurs ist, anderenfalls von einem Terminkursabschlag. Im Englischen verwendet man für die Differenz die Begriffe »Forward Spread« oder auch »Swapsatz«. Übersetzt heißt »to swap« tauschen.

Swapsatz = Terminkurs – Kassakurs

In unserem Beispiel betrug der Kassakurs 1,3350 US-Dollar und der Terminkurs 1,3383 US-Dollar. Der Swapsatz beträgt damit 0,0033 US-Dollar.

Wenn die Basiswährung für den relevanten Zeitraum wie in unserem Beispiel einen tieferen Zinssatz hat als der Zins der Nichtbasiswährung, dann liegt der Terminkurs gemäß Formel 9.1 über dem Kassakurs. Damit ist die Differenz zwischen Terminkurs und Kassakurs > 0.

Swapsatz > 0, wenn	**Swapsatz < 0, wenn**
Terminkurs > Kassakurs	Terminkurs < Kassakurs
Zins Basiswährung < Zins Nichtbasiswährung	Zins Basiswährung > Zins Nichtbasiswährung

Tab. 9.3: Swapsatz größer/kleiner 0

Machen wir noch ein Beispiel mit einem negativen Swapsatz:

BEISPIEL

Der aktuelle Kassakurs des US-Dollars zum YEN lautet US-Dollar/YEN = 110,0. Der Zinssatz für den US-Dollar für drei Monate beträgt 3,0 % p. a., der entsprechende japanische Geldmarktsatz 1,0 %. Wie hoch ist der US-Dollar-Terminkurs für drei Monate zum YEN?
Basiswährung ist der US-Dollar. Da die Laufzeit drei Monate (90 Tage) beträgt, erhält man einen Terminkurs von 109,45 YEN und damit einen Swapsatz von -0,55 YEN.

$$Terminkurs\frac{USD}{YEN} = 120\ YEN \times \frac{1+0{,}01\times 90/360}{1+0{,}03\times 90/360} = 109{,}45\ YEN$$

Devisenswaps

Ein Devisenswap ist eine Kombination aus einem klassischen Devisenkassageschäft und einem gegenläufigen Devisentermingeschäft. So werden beispielsweise am Kassamarkt US-Dollars gegen Euro verkauft und am Terminmarkt US-Dollars zum jeweiligen Devisenterminkurs zurückgekauft. Einen Devisenswap kann man sich auch als Tauschgeschäft vorstellen. Man tauscht heute US-Dollar gegen Euro. Am Fälligkeitstag werden die Währungen dann zurückgetauscht. Warum aber sollte jemand solch einen Devisenswap abschließen? Betrachten wir hierzu nochmals unseren Importeur im Beispiel, der am 01.01.2020 eine Mio. US-Dollar am Terminmarkt kauft, weil er am 01.04.2020 die Importwaren bezahlen will. Nehmen wir an, dass er die Waren nicht wie ursprünglich geplant zum 1.4., sondern erst zum 1.6. benötigt. Da das

Devisentermingeschäft aber bereits abgeschlossen wurde, erhält er am 1.4. die Zahlung von 1,0 Mio. US-Dollar und zahlt dafür den vereinbarten Betrag von 749.205 Euro. Da er die US-Dollars nun erst zwei Monate später benötigt, könnte er die US-Dollars am 1.4. wieder am Kassamarkt verkaufen und erneut einen US-Dollar-Terminkauf zum 1.6. abschließen. Diese beiden Transaktionen kann er in einem Devisenswap zusammenfassen. Der Abschlusspreis ist dabei der Swapsatz. Damit erhält man auch eine griffige Interpretation für den Begriff »Swapsatz«, stellt er doch den Preis dar, zu dem ein Währungspaar von einem Zeitpunkt in einen anderen getauscht werden kann.

Eine weitere Anwendung von Devisenswaps findet sich beim währungsübergreifenden Liquiditätsmanagement. Stellen Sie sich vor, dass die US-Tochter einer deutschen Muttergesellschaft aktuell einen Liquiditätsüberschuss von 100 Mio. US-Dollar hat, dieses Geld aber in drei Monaten wieder benötigt. Das zentrale Cash-Management der Muttergesellschaft möchte die 100 Mio. US-Dollar während der drei Monate in Euro anlegen. Die Treasury-Abteilung könnte hierzu zunächst die 100 Mio. US-Dollar am Kassamarkt verkaufen und den Eurogegenwert am Eurogeldmarkt für drei Monate anlegen. Um kein Währungsrisiko zu haben, müssten gleichzeitig 100 Mio. US-Dollar am Terminmarkt gekauft werden. Diese drei Transaktionen verursachen dreimal Transaktionsgebühren. Der Devisenswap hingegen kombiniert alle drei Geschäfte in einer einzigen Transaktion.

10 Weitere Derivate auf Währungen

10.1 Währungsoptionen

Bei den im vorigen Kapitel besprochenen Forwards (unbedingten Devisentermingeschäften) verpflichten sich beide Vertragsparteien, am vereinbarten Termin die vereinbarten Währungen zum vereinbarten Wechselkurs zu tauschen. Es gibt aber auch Termingeschäfte, bei denen eine Seite ein Wahlrecht hat. Man spricht dann von Optionen oder auch von bedingten Termingeschäften. Eine Option ist dabei ein Vertrag zwischen zwei Parteien, bei dem der Inhaber (= Käufer) einer Option bestimmte Wahlrechte erwirbt, die er immer dann wahrnehmen wird, falls es für ihn vorteilhaft ist. Er muss hierfür seine Option »ausüben«. Die in einer Option beschriebenen Rechte sind allerdings nicht kostenlos. Der Käufer einer Option zahlt an den Verkäufer einen Preis, der Optionsprämie oder auch Optionspreis genannt wird. Der Verkäufer verpflichtet sich im Gegenzug, die Rechte des Käufers zu erfüllen. Da er abwarten muss, wie der Käufer der Option entscheidet, wird er auch Stillhalter der Option genannt.

Wir unterscheiden zwischen zwei Grundtypen von Rechten.

Eine *Kaufoption* (= Call) räumt dem Inhaber das Wahlrecht ein,

- einen zugrunde liegenden Wert (Basiswert oder auch Underlying genannt),
- in einer bestimmten Menge (Kontraktgröße),
- zu oder bis zu einem bestimmten Zeitpunkt (Fälligkeit),
- zu einem bestimmten Preis (Ausübungspreis oder auch Basispreis genannt)

kaufen zu dürfen.

Analog räumt eine *Verkaufsoption* (= Put) dem Inhaber das Wahlrecht ein,

- einen zugrunde liegenden Wert (Basiswert, Underlying)
- in einer bestimmten Menge (Kontraktgröße)
- zu oder bis zu einem bestimmten Zeitpunkt (Fälligkeit)

zu einem bestimmten Preis (Ausübungspreis, Basispreis) *verkaufen* zu dürfen.

Der konkrete Basiswert ist häufig der Namensgeber für eine Option. Ist der Basiswert eine Aktie, dann spricht man von einer Aktienoption. In unserem Fall betrachten wir Devisen bzw. Währungen als Basiswert, entsprechend spricht man von einer Währungsoption bzw. einer Devisenoption. Da es im Folgenden ausschließlich um Devisenoptionen geht, werden wir Option und Devisenoption synonym verwenden.

Eine Option, die bis zur Fälligkeit jederzeit ausgeübt werden kann, wird als amerikanische Option bezeichnet. Kann die Option nur am Verfalldatum selbst ausgeübt werden, spricht man von einer europäischen Option. Die Adjektive »amerikanisch« und »europäisch« bezeichnen dabei weder den Handelsort der Option noch die Herkunft, sondern nur die Ausübungsmodalität.

Devisenoptionen spielen eine große Rolle im wirtschaftlichen Leben. Viele Unternehmen sichern mithilfe von Währungsoptionen ihre Export- oder Importgeschäfte ab. Investmentgesellschaften, Banken und Versicherungen nutzen Währungsoptionen spekulativ oder hedgen den Wert ihrer Finanzanlagen in ausländischer Währung gegen mögliche Kursverluste. Die Abbildung 10.1 zeigt einen Call auf die Basiswährung Euro, ausgedrückt in US-Dollar (=Quotierungswährung).

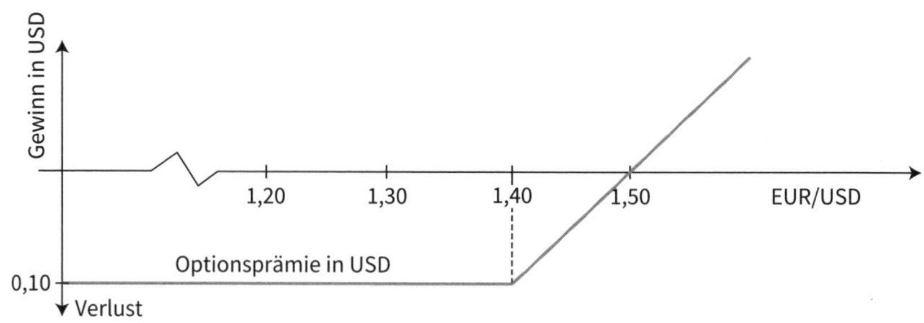

Abb. 10.1: Risikoprofil eines Euro-Calls in US-Dollar bei Fälligkeit

Der vereinbarte Ausübungskurs beträgt 1,40 US-Dollar. Der Käufer hat damit das Recht, einen Euro am Laufzeitende (europäische Option) bzw. während der gesamten Optionslaufzeit (amerikanische Option) gegen Zahlung von 1,40 US-Dollar zu kaufen. Für dieses Recht zahlt er im Beispiel eine Prämie von 0,10 US-Dollar. Die Prämie wird immer in der Quotierungswährung ausgedrückt. Die Optionsprämien werden nicht am Fälligkeitstag gezahlt, sondern bereits zwei Arbeitstage nach Handelsabschluss. Der Break-even des Euro-Calls liegt bei 1,50 US-Dollar, d. h. beim Ausübungskurs plus Optionsprämie. Euro-Calls werden immer dann gekauft, wenn ein Anstieg des Euro bzw. ein Wertverlust des US-Dollars erwartet wird. Das nachfolgende Beispiel zeigt die Anwendung aus Sicht eines deutschen Exporteurs:

BEISPIEL

Euro-Call

Siemens erwartet in sechs Monaten einen Zahlungseingang von 9,8 Mio. US-Dollar durch ein Exportgeschäft. Der aktuelle Euro/US-Dollar-Kurs beträgt 1,40. Siemens befürchtet einen Anstieg des Euros, was den Eurogegenwert der zukünftigen US-Dollar-Exporterlöse schmälern würde. Es kauft daher europäische Euro-Calls mit einem Ausübungskurs von 1,40 US-Dollar und einer Laufzeit von sechs Monaten zu einem Preis von 0,10 US-Dollar. So sichert es sich bereits heute einen Umtauschkurs von 1,40 US-Dollar je Euro und damit Exporterlöse von 7,0 Mio. Euro:

9,8 Mio. $/1,4 $/€ = 7,0 Mio. €.

Für sich allein betrachtet liegt der Break-even des Calls bei 1,50 US-Dollar und der maximale Verlust beträgt 0,10 US-Dollar je Call. Siemens betrachtet das Optionsgeschäft jedoch zusammen mit dem Exportgeschäft. Sollte der Euro tatsächlich an Wert gewinnen und über 1,40 US-Dollar steigen, können die erwarteten Exporterlöse in sechs Monaten

zum vereinbarten Ausübungspreis in 7,0 Mio. Euro getauscht werden. Falls hingegen der Eurokurs wider Erwarten auf 1,20 US-Dollar sinkt, wird Siemens den Call nicht ausüben, sondern verfallen lassen. Dennoch freut sich Siemens, weil nun 9,8 Mio. US-Dollar zum Marktkurs von 1,20 US-Dollar in 8,17 Mio. Euro getauscht werden können.
Die Optionsprämie von 0,10 US-Dollar pro Euro ist in jedem Fall zwei Tage nach Geschäftsabschluss zu zahlen. Die erforderliche Gesamtprämie zur Absicherung des Exporterlöses beträgt 0,70 Mio. US-Dollar, da 7,0 Mio. Euro-Calls zum Preis von je 0,10 US-Dollar erworben werden müssen (= Exporterlös von 9,8 Mio. US-Dollar dividiert durch den Ausübungspreis von 1,4 US-Dollar/Euro).

Das Beispiel zeigt den großen Vorteil von Optionen. Sie sichern einen Mindestgegenwert in Euro und bieten so einerseits einen Schutz vor einer befürchteten Euroaufwertung. Andererseits bleibt die Chance bestehen, von einem schwachen Euro zu profitieren. Der große Nachteil ist die zu zahlende Optionsprämie. Durch die Wahl des Ausübungspreises kann dabei Einfluss auf die Höhe der Optionsprämie genommen werden. Je höher der gewählte Ausübungspreis bei Calls, desto geringer ist der Mindesterlös in Fremdwährung, desto niedriger ist die Optionsprämie.

Die Tabelle 10.1 zeigt die Optionsprämien von ausgewählten amerikanischen Euro-Calls am 22.02.2019 mit einer Laufzeit von einem, drei und sieben Monaten. Je tiefer der Basispreis, desto billiger kann man den Euro kaufen, desto teurer der Call. Zum Erhebungszeitpunkt betrug der Euro-Kassakurs 1,1330 US-Dollar. Der Callpreis steigt auch mit der Laufzeit der Währungsoption, da man einen längeren Zeitraum hat, um sein Recht auszuüben.

Basispreis	1 Monat	3 Monate	7 Monate
EUR/USD Call 1,100	0,0365	0,0442	0,0598
EUR/USD Call 1,150	0,0035	0,0141	0,0271
EUR/USD Call 1,200	0,0001	0,0022	0,0095

Tab. 10.1: Beispiele für amerikanische Euro/US-Dollar-Calls

Mit Euro-Calls kann ein deutscher Exporteur seine US-Dollar-Erlöse absichern. Importeure hingegen benötigen einen Euro-Put, um sich gegen einen möglichen Wertverlust des Euro abzusichern.

BEISPIEL

Euro-Put

Metro bezieht in den nächsten Monaten Elektrogeräte im Umfang von 14,7 Mio. US-Dollar aus dem Ausland. Der aktuelle Euro/US-Dollar-Kurs betrage 1,40. Da Liefer- und Zahlungszeitpunkt noch nicht exakt feststehen und Metro einen Rückgang des Euro befürchtet, kauft es einen amerikanischen Euro-Put zum Preis von 0,08 US-Dollar mit einem Ausübungskurs von 1,35 US-Dollar und einer Laufzeit von 6 Monaten. Damit erwirbt es das Recht, Euro innerhalb der nächsten sechs Monate zum vereinbarten Ausübungskurs von

je 1,35 US-Dollar verkaufen zu dürfen. Die Anzahl der erforderlichen Euro-Puts erhält man, wenn das Importvolumen von 14,7 Mio. US-Dollar durch den Ausübungskurs von 1,35 US-Dollar geteilt wird. Metro muss folglich 10,89 Mio. Euro-Puts zum Preis von je 0,08 US-Dollar kaufen. Folglich kostet das Optionsgeschäft 871.200 US-Dollar.
Die Euro-Puts sichern Metro eine Preisobergrenze von 10,89 Mio. Euro für die Elektrogeräte. Sollte der Euro über 1,35 US-Dollar notieren, wird Metro die Puts nicht ausüben, sondern die Waren zum aktuellen Eurokurs bezahlen. Bei einem Kurs von z. B. Euro/US-Dollar = 1,50 US-Dollar, kosten die Elektrogeräte 9,1875 Mio. Euro.

Auch bei einem Put lässt sich die erforderliche Optionsprämie reduzieren, wenn ein tieferer Ausübungspreis gewählt wird. Je tiefer der Ausübungspreis, desto weniger US-Dollar erhält man je Euro, desto geringer die Optionsprämie. Würde Metro im Beispiel einen Ausübungskurs von 1,40 US-Dollar wählen, dann würde die Preisobergrenze für den Import auf 10,5 Mio. Euro sinken. Allerdings wären die Optionsprämie und damit die Absicherung teurer.

Die Tabelle 10.2 zeigt Optionsprämien von ausgewählten amerikanischen Euro-Puts am 22.02.2019 mit einer Laufzeit von sechs Monaten bei einem Kassakurs von 1,3925 US-Dollar. Je höher der Ausübungspreis, desto mehr Euro erhält man für seine US-Dollars, desto teurer wird der Put. Der Putpreis steigt auch mit der Laufzeit, da der Absicherungszeitraum größer wird.

Basispreis	**1 Monat**	**3 Monate**	**7 Monate**
EUR/USD Put 1,20	0,0518	0,0601	0,0640
EUR/USD Put 1,15	0,0140	0,0207	0,0236
EUR/USD Put 1,10	0,0006	0,0032	0,0065

Tab. 10.2: Beispiele für amerikanische Euro/US-Dollar-Puts

Eine Besonderheit von Währungsoptionen ist, dass der Call auf eine Währung einem Put auf die zweite Währung entspricht. Man kann sich dies schnell an einem Beispiel klarmachen. Nehmen wir hierzu einen Ausübungskurs von 1,40 US-Dollar. Ein Euro-Call gibt Ihnen das Recht einen Euro in 1,40 US-Dollar tauschen zu dürfen. Formulieren wir den gleichen Sachverhalt aus der Perspektive des US-Dollars. Ein Euro-Call gibt Ihnen das Recht US-Dollar in Euro tauschen zu dürfen. Für jeden US-Dollar erhalten Sie 0,7143 Euro (=1/1,40). Ein Euro-Call mit einem Ausübungskurs von 1,40 US-Dollar entspricht somit einem US-Dollar-Put mit einem Ausübungskurs von 0,7143 Euro.

10.2 Zinsswaps

Info

Der englische Begriff Swap heißt übersetzt Tausch. Zwei Handelspartner einigen sich bei einem Swap darauf, etwas zu tauschen. Das Tauschgeschäft ist dabei Namensgeber für die genaue Swapbezeichnung. Werden Zinszahlungen getauscht, spricht man von einem Zinsswap, bei Währungen entsprechend von einem Währungsswap.

Der Markt für Zins- und Währungsswaps ist unvorstellbar groß. Das Nominalvolumen der bestehenden Swapverträge betrug im 1. Halbjahr 2018 die unvorstellbar große Summe von 510 Bio. Euro (Quelle: Statistisches Beiheft der Bundesbank, Zahlungsbilanzstatistik, 12/2018, S. 84).

Da ein Währungsswap nichts Anderes darstellt als ein Zinsswap in zwei verschiedenen Währungen, beginnen wir unsere Ausführungen mit einem kurzen Abriss über Zinsswaps.

Definition und Inhalt eines Zinsswaps

Ein Zinsswap ist ein Vertrag zwischen zwei Parteien, Zinszahlungen in einer Währung zu tauschen. Dabei werden von den Handelspartnern zum Handelszeitpunkt folgende Sachverhalte festgelegt:

- die Tauschzeitpunkte der Zinszahlungen,
- die Höhe der jeweiligen Zinssätze,
- der fiktive Nominalbetrag *N*, auf den sich die Zinszahlungen beziehen, sowie
- die Laufzeit der Tauschvereinbarung.

N wird als fiktives oder hypothetisches Nominalkapital bezeichnet, das als Rechengrundlage für die Ermittlung der Zinszahlungen dient.

Die Standardform eines Zinsswaps ist ein Fix-in-Variabel-Swap, bei der sich eine Seite zur Zahlung eines Festzinssatzes verpflichtet und im Gegenzug von der anderen Seite Zinszahlungen zu einem variablen Zinssatz erhält.

Info

Für den Begriff »Standardform« findet sich häufig die englische Bezeichnung Plain-Vanilla. Statt Fix-in-Variabel wird auch oft der Begriff »Fixed-for-Floating« genutzt.

Die variablen Zinssätze, die in Swapvereinbarungen am häufigsten verwendet werden, sind der LIBOR bzw. der EURIBOR für den Euroraum für die entsprechenden Laufzeiten. Sie werden als Referenzzinssatz bezeichnet.

Machen wir uns das Vorgehen und die mit einem Swap verbundenen Begriffe an einem Beispiel klar. Hierzu betrachten wir einen Zinsswap zwischen dem Unternehmen R und P mit einem Nominalbetrag von 100 Mio. Euro und einer Laufzeit von fünf Jahren, beginnend am 07.02.2015.

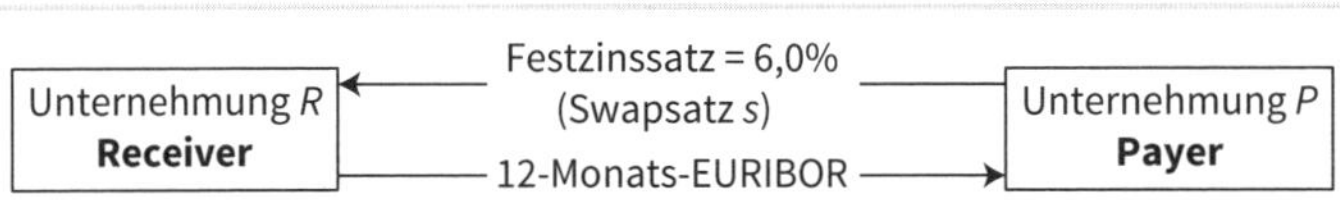

Abb. 10.2: Standardzinsswap

P verpflichtet sich in der Swapvereinbarung über einen Zeitraum von fünf Jahren jährlich einen festen Zins von 6 % auf den fiktiven Nominalbetrag von 100 Mio. Euro jeweils am 7. Februar eines Jahres zu zahlen, d. h. jährlich 6,0 Mio. Euro. Der Festzinssatz wird als Swapsatz *s* bezeichnet.

Im Gegenzug erhält er von R jährlich am 7. Februar variable Zinszahlungen. Als Referenzzinssatz wird der 12-Monats-EURIBOR-Satz festgelegt, der jährlich für das Folgejahr angepasst wird. Der aktuelle 12-M-EURIBOR-Satz betrage 4,5 %.

Der erste Zahlungsaustausch findet nach einem Jahr am 7. Februar 2016 statt. R zahlt an P einen Betrag von 4,5 Mio. Euro, P an R 6,0 Mio. Euro. Für diesen Zeitpunkt gibt es keine Unsicherheit über die Höhe der variablen Zahlungen, da der 12-M-EURIBOR-Satz von 4,5 % zu Vertragsbeginn ja bekannt ist. Da bei einem Zinsswap üblicherweise die Zahlungen saldiert werden, muss P an R einen Differenzbetrag von 1,5 Mio. Euro überweisen. Man spricht in diesem Zusammenhang auch vom »Netting« der Zahlungen.

Datum	12-Monats-EURIBOR	Zahlungseingang variabel	Zahlungen fix	Differenz
07.02.15	4,5 %			
07.02.16	4,9 %*	4,5 €	-6,0 €	-1,5 €
07.02.17	5,5 %*	4,9 €	-6,0 €	-1,1 €
07.02.18	6,2 %*	5,5 €	-6,0 €	-0,5 €
07.02.19	7,0 %*	6,2 €	-6,0 €	0,2 €
07.02.20		7,0 €	-6,0 €	1,0 €

Tab. 10.3: Zahlungsprofil eines Standardswaps aus Sicht von P

Die Tabelle 10.3 fasst alle Zahlungen bis zum 07.02.2020 zusammen. Die mit »*« gekennzeichneten EURIBOR-Sätze sind zu Vertragsbeginn natürlich noch nicht bekannt.

Am 07.2.2016 wird der an diesem Tag gültige 12-M-EURIBOR zur Berechnung der variablen Zinszahlung für die zweite Periode herangezogen. Angenommen er betrage 4,9 %. Dann muss R an P am zweiten Zahlungstermin, am 07.02.2017, Zinszahlungen in Höhe von 4,9 Mio. Euro leisten, während P weiterhin 6,0 Mio. Euro an R zahlt. Der Differenzbetrag zugunsten von R beträgt somit 1,1 Mio. Euro. Die variablen Zahlungen am 07.02.2017 sind zu Vertragsbeginn nicht bekannt, da der variable 12-M-EURIBOR-Satz ja erst ein Jahr nach Vertragsbeginn festgelegt werden kann.

Die Positionsbeschreibungen in einem Swapgeschäft erfolgen aus Sicht der fixen Zinsseite. Das Unternehmen **P**, das die Festzinsen zahlt, wird deshalb auch **P**ayer genannt. Es besitzt entsprechend einen Payer-Swap. Das Gegenstück ist **R**, das die Festzinsen erhält. Dieser Marktteilnehmer heißt deshalb **R**eceiver, der einen Receiver-Swap besitzt.

Anwendungen von Zinsswaps

Zinsswaps leisten einen wichtigen Beitrag im Zinsrisikomanagement von Banken, Versicherungen und von Unternehmen, wie die folgenden Beispiele zeigen.

Liability Swap

BEISPIELE

Transformation eines Festzinsdarlehens in variable Verzinsung

Metro hat vor sieben Jahren in einer Hochzinsphase ein Festzinsdarlehen über 100 Mio. Euro zu einem Zinssatz von 8,0 % mit einer Laufzeit von 12 Jahren aufgenommen. In der Zwischenzeit sind die Zinsen gesunken und Metro erwartet einen weiteren Rückgang. Metro möchte daher das bestehende Festzinsdarlehen mit einer Restlaufzeit von fünf Jahren in ein Darlehen mit variabler Verzinsung umwandeln. Da eine Kündigung des Vertrags nicht möglich ist, schließt Metro den oben beschriebenen Receiver-Swap. Damit fallen drei Zahlungen an:

1. Metro zahlt weiterhin 8,0 % an die Bank für die Restlaufzeit von fünf Jahren.
2. Metro erhält fünf Jahre 6,0 % aus dem Swapvertrag.
3. Metro zahlt fünf Jahre den jeweiligen 12-M-EURIBOR aus dem Swapvertrag.

Die Summe der drei Zahlungen ergibt einen variablen Zinssatz in Höhe von 12-M-EURIBOR + 2 %. Mit dem Swap kann Metro somit den bestehenden Festzinskredit wirtschaftlich in einen Kredit mit variabler Verzinsung umwandeln.

Die Motivation zum Abschluss eines Payer-Swaps ist spiegelbildlich zu Metro zu sehen, d. h. ein bestehendes zinsvariables Darlehen kann in ein Festzinsdarlehen umgewandelt werden: Angenommen Bosch hat vor einigen Jahren einen Kredit über 100 Mio. Euro mit einem variablen Zinssatz von 12-M-EURIBOR plus 70 Basispunkte aufgenommen (100 Basispunkte entsprechen einem Prozentpunkt, 70 Basispunkte daher 0,7 %). Der Zinssatz ist tatsächlich gesunken, jedoch erwartet Bosch nun einen Wiederanstieg der Zinsen. Mithilfe des oben beschriebenen Payer-Swaps kann Bosch das zinsvariable Darlehen wirtschaftlich in ein Festzinsdarlehen transformieren. Betrachten wir die anfallenden Zahlungen:

1. Bosch zahlt weiterhin 12-M-EURIBOR + 0,7 % an die Bank.
2. Bosch erhält den 12-M-EURIBOR aus dem Swapvertrag.
3. Bosch zahlt 6,0 % aus dem Swapvertrag.

Die Summe der drei Zahlungen ergeben Zinszahlungen mit einem festen Satz von 6,7 %.

Transformation eines variablen Darlehens in ein Festzinsdarlehen

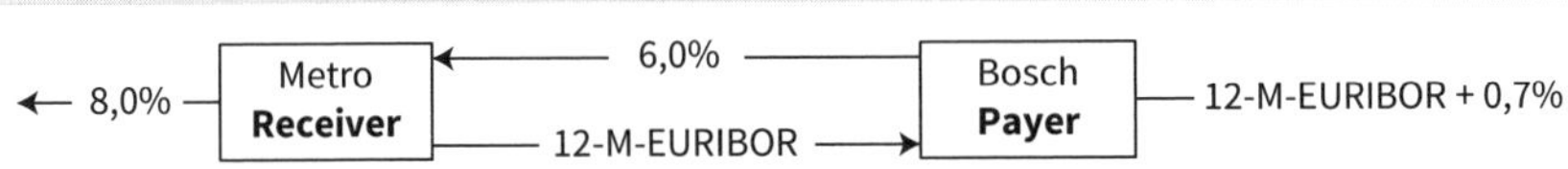

Abb. 10.3: Swaps ändern die Struktur von Verbindlichkeiten

In den zwei Beispielen werden bestehende Verbindlichkeiten transformiert. Da Verbindlichkeit im Englischen Liability heißt, spricht man in diesem Zusammenhang daher auch von Liability-Swap.

Asset-Swap
Swaps können auch eingesetzt werden, um die Erlösstruktur aus vorhandenen Finanzanlagen (Assets) zu transformieren.

Variable Verzinsung in Festzinsanlage: Allianz Global Investor hat vor einiger Zeit eine längerfristige Geldanlage mit einer variablen Verzinsung von 12-M-EURIBOR - 0,5 % vorgenommen. Da ein Rückgang der Zinsen erwartet wird, soll die variable Verzinsung in eine Festzinsanlage umgewandelt werden. Hierzu wird der oben beschriebenen Receiver-Swap abgeschlossen. Es fallen die folgenden Zahlungen an:

1. Allianz GI erhält weiterhin den 12-M-EURIBOR - 0,5 % aus der Geldanlage.
2. Allianz GI zahlt den 12-M-EURIBOR aus dem Swapvertrag und
3. Allianz GI erhält 6,0 % gemäß Swapvertrag.

Die Summe der drei Zahlungen ergibt einen festen Geldanlagezinssatz in Höhe von 5,5 %.

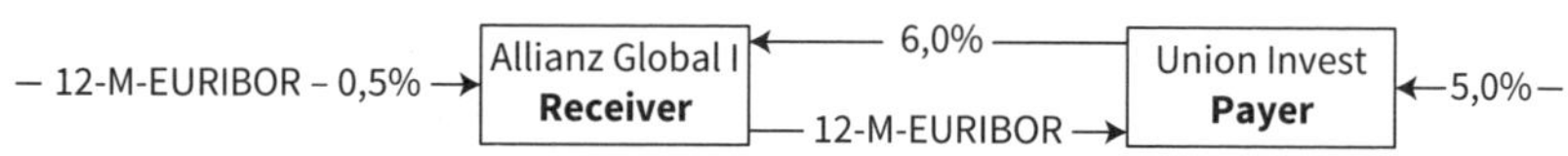

Abb. 10.4: Swaps ändern die Struktur von Forderungen

Festzinsanlage in variable Verzinsung: Die Fondsgesellschaft Union Invest hält Anleihen im Umfang von 100 Mio. Euro mit einem Kupon von 5 %. Da ein Anstieg der Zinsen mit einem entsprechenden Kursverlust der Anleihen befürchtet wird, möchte Union Invest seine Geldanlage variabel verzinsen. Grundsätzlich wäre ein Verkauf der Anleihen möglich, doch erstens fallen dabei hohe Bankprovisionen an und zweitens finden sich nicht für alle Anleihen sofort die notwendigen Käufer. Union Invest schließt daher den beschriebenen Payer-Swap ab und erreicht dadurch wirtschaftlich eine variable Verzinsung in Höhe von 12-M-EURIBOR - 1,0 %. Betrachten wir die anfallenden Zahlungen:

1. Union Invest erhält weiterhin den Kupon in Höhe von 5,0 % aus den Anleihen.
2. Union Invest zahlt 6,0 % gemäß Swapvertrag und
3. Union Invest erhält den 12-M-EURIBOR gemäß Swapvertrag.

In Summe ergibt sich eine variable Verzinsung von 12-M-EURIBOR - 1,0 %.

Die Tabelle 10.4 fasst die bisherigen Erkenntnisse zusammen.

Ausgangsposition	Swap-Position	Swap plus Ausgangssituation	Bezeichnung
Festzinsdarlehen	Swap-Receiver	Variables Darlehen	Liability-Swap
Variables Darlehen	Swap-Payer	Festzinsdarlehen	
Festzinsanlage	Swap-Payer	Variable Geldanlage	Asset-Swap
Variable Geldanlage	Swap-Receiver	Festzinsanlage	

Tab. 10.4: Transformationsmöglichkeiten durch einen Zinsswap

Hedgen von Zinsänderungsrisiken
Eine weitere zentrale Anwendung von Zinsswaps ist ihr Einsatz beim Hedgen von Zinsänderungsrisiken. Payer-Swaps können in passgenauer Form eingesetzt werden, um das Zinsänderungsrisiko von Finanzanlagen zu hedgen, etwa das Anleiheportfolio einer Versicherung, einer Fondsgesellschaft oder eines Unternehmens. Bei einem Payer-Swap werden Festzinsen gezahlt und man erhält variable Zinszahlungen. Das ist wirtschaftlich so, als hätte man einen Floater gekauft und eine Festzinsanleihe verkauft (emittiert). Stellen wir uns nun das Anleiheportfolio einer Versicherung vor, die einen Zinsanstieg und damit einen Wertverlust ihrer Anleihen befürchtet. Wenn die Versicherung einen Payer-Swap mit einer Laufzeit von fünf Jahren abschließt, verkauft sie wirtschaftlich gesehen Festzinsanleihen mit einer Laufzeit von fünf Jahren und investiert die freiwerdenden Finanzmittel für den Kauf eines Floaters. Aus der Bewertung von Anleihen wissen wir, dass die Preise von Anleihen umso stärker auf Zinsänderungen reagieren, je länger ihre Restlaufzeit ist. Da über die Swapvereinbarung wirtschaftlich Anleihen mit längerer Laufzeit verkauft und ein Floater mir regelmäßiger Zinsanpassung gekauft wird, sinkt die durchschnittliche Laufzeit des Anleiheportfolios und somit auch das Zinsänderungsrisiko für die Versicherung. Je länger die vereinbarte Laufzeit des Swaps ist, desto stärker ist der Effekt.

Auch ein Unternehmen kann einen Payer-Swap einsetzen, wenn es steigende Kreditzinsen befürchtet. Stellen wir uns hierzu eine Firma vor, die einen Kredit in Höhe von 100 Mio. Euro hat, der in zwei Jahren ausläuft. Da das Unternehmen in zwei Jahren weiterhin die Finanzmittel benötigt, aber steigende Zinsen für seinen Festzinskredit befürchtet, könnte es theoretisch bereits heute einen Festzinskredit zu den noch tieferen Kreditzinsen aufnehmen und die nicht benötigten Finanzmittel variabel verzinst anlegen. Einfacher ist der Abschluss eines Payer-Swaps.

10.3 Währungsswaps

Einen Währungsswap kann man sich als einen Zinsswap vorstellen, bei dem die Handelspartner ihre vereinbarten Zinszahlungen in unterschiedlichen Währungen leisten und den zugrunde gelegten Nominalbetrag N auch tatsächlich tauschen.

Ein Währungsswap wird deshalb auch Zins-Währungsswap genannt. Man kann sich einen Währungsswap auch als einen Tausch von Währungsbeträgen vorstellen, bei dem jede Vertragsseite den erhaltenen Währungsbetrag während der Swaplaufzeit nutzen kann und dafür die anfallenden Zinsen zahlt. In der Währungsswapvereinbarung werden folgende Details festgelegt:

- Der Nominalbetrag der beiden Währungsbeträge
  Zu Beginn und am Ende der Swapvereinbarung werden die Nominalbeträge üblicherweise getauscht. Meistens wird zur Festlegung des Austauschverhältnisses der aktuelle Währungskurs verwendet. Da der zugrunde gelegte Währungskurs für beide Tauschzeitpunkte gilt, erhält jeder Handelspartner den Währungsbetrag zurück, den er anfangs eingetauscht

hat. Damit entsteht für keine Seite ein Währungsrisiko. In seltenen Fällen vereinbaren die Swap-Partner keinen Austausch des Nominalbetrags zu Beginn des Swaps, sondern nur einen Austausch am Ende der Laufzeit.

- Die Höhe der zu tauschenden Zinssätze in den zwei Währungen:
  Die Handelspartner leisten die Zinszahlungen in der Währung, die sie anfänglich erhalten. Werden die Zinssätze für die gesamte Swaplaufzeit für beide Seiten der Höhe nach fixiert, spricht man von einem fix-fixer Währungsswap. Sind hingegen beide Zinssätze variabel, wird die Vereinbarung variabel-variabler Währungsswap genannt. Als variable Zinssätze werden dabei häufig die LIBOR-Sätze in den jeweiligen Währungen für die gewünschte Laufzeit gewählt. Selbstverständlich sind auch Währungsswaps möglich, bei denen fixe Zahlungen in variable getauscht werden.

Wir wollen die Grundstruktur eines Währungsswaps an einem fiktiven Beispiel mit fixen Zinszahlungen zwischen den Unternehmen Siemens und Apple verdeutlichen. Die Vereinbarung sieht vor, dass Siemens an Apple fünf Jahre lang einen festen Zinssatz von 4,5 % in US-Dollar zahlt und im Gegenzug von Apple einen Zinssatz von 3,5 % in Euro erhält. Die Parteien vereinbaren einen Nominalbetrag von 100 Mio. Euro bzw. 133 Mio. US-Dollar. Der Wechselkurs für die Tauschvereinbarung beträgt somit Euro/US-Dollar = 1,3300 US-Dollar. Der Swap wird nun in drei Schritten durchgeführt.

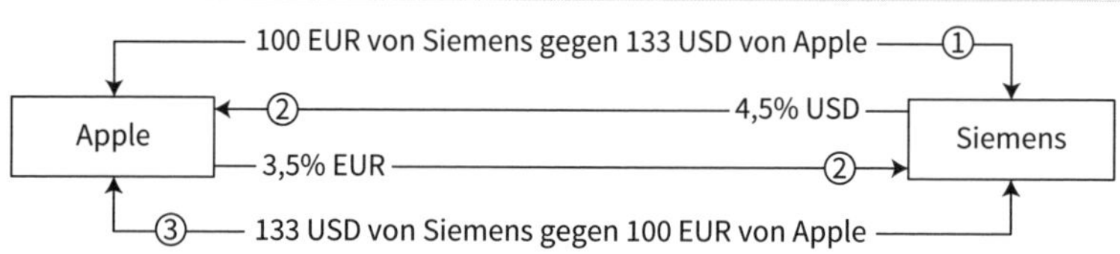

Abb. 10.5: Grundstruktur eines Währungsswaps

Im ersten Schritt ① werden die Nominalbeträge getauscht. Siemens überweist Apple 100 Mio. Euro und erhält im Gegenzug 133 Mio. US-Dollar. Schritt ② stellt den Austausch der Zinszahlungen dar. Jede Seite zahlt dabei die Zinsen in der Währung, die sie anfangs erhält. In den folgenden fünf Jahren überweist folglich Siemens jährlich einen Betrag von 5,985 Mio. US-Dollar (= 4,5 % × 133 Mio. US-Dollar) und erhält im Gegenzug von Apple 3,5 Mio. Euro. Nach fünf Jahren werden in Schritt ③ die ursprünglichen Nominalbeträge wieder zurückgetauscht.

Preisquotierung und Marktusancen

Es ist nahezu unmöglich, einen Swap-Partner zu finden, der zum gleichen Zeitpunkt ein entgegengesetztes Swapgeschäft hinsichtlich Umfang, Laufzeit und Währung abschließen will. Der Swap-Markt hätte nie die aktuellen Dimensionen erreicht, falls nicht Finanzintermediäre bereit gewesen wären, die jeweils andere Swapseite einzunehmen. Üblicherweise steht deshalb eine Bank zwischen den eigentlichen Swap-Partnern. Da sie Vertragspartner für beide Seiten ist, übernimmt die Bank auch das Ausfallrisiko für beide Seiten. Beide Vertragspartner zahlen hierfür etwa zwei Basispunkte an Provision in Form der Geld-Brief-Spanne. Da wir die Abbildungen nicht überfrachten wollen, verzichten wir im Folgenden weiterhin auf die Darstellung der Bank als Mittler der Vertragsparteien.

Die Preisquotierung eines Währungsswaps ist abhängig vom genauen Typ und der jeweiligen Währung. Obwohl es sich um OTC-Geschäfte handelt, hat sich eine Standardisierung auf Basis der ISDA-Verträge durchgesetzt. ISDA steht für International Swap Dealer Association.

Swap-Währungen	**Alle Hauptwährungen und viele Nebenwährungen**
Festzinssatz	Swapzinssatz der entsprechenden Währung und Laufzeit
Variabler Zinssatz	LIBOR und vergleichbare Geldmarktsätze der jeweiligen Währungen
Zinsberechnung	Abhängig von den verwendeten Währungen

Tab. 10.5: Marktusancen bei Zinsswaps

Der Einsatz von Währungsswaps ist sehr vielfältig. Da sowohl der Austausch von Währungen als auch der Austausch von Zinszahlungen vereinbart werden, ist es nicht weiter überraschend, dass Währungsswaps sowohl im Währungsmanagement als auch im Zinsmanagement eine wichtige Rolle spielen. Falls die Zinsvereinbarungen nicht übereinstimmen, d. h. bei fix-variablen Währungsswaps, spielen Währungs- und Zinsrisiken gleichermaßen eine bedeutsame Rolle, während bei kongruenten Zinsvereinbarungen (fix-fix oder variabel-variabel) das Währungsmanagement im Vordergrund steht. Auf diese wollen wir uns zunächst konzentrieren.

Einsatzmöglichkeiten von Währungsswaps

Mit Währungsswaps können vertragliche Zinszahlungsverpflichtungen in einer Währung in Zinszahlungsverpflichtungen einer anderen Währung transformiert werden, ohne bestehende Verträge ändern zu müssen. Sie geben den Marktteilnehmern die Möglichkeit, sich in nahezu jeder Währung zu verschulden, die anschließend in die gewünschte Währung getauscht wird. Man spricht in diesem Zusammenhang von Liability-Währungsswaps.

Als Beispiel betrachten wir Siemens, das annahmegemäß vor einigen Jahren eine 100 Mio. Euroanleihe mit einem Zinssatz von 4,0 % emittiert hatte, um ihr Europageschäft zu finanzieren. Die Restlaufzeit der Anleihe betrage fünf Jahre. Da Siemens aber nun sein USA-Geschäft forcieren will, besteht aktuell ein Finanzierungsbedarf in US-Dollar und nicht in Euro. Siemens würde deshalb gerne die Anleihe kündigen, was aber vertraglich nicht möglich ist. Mithilfe des in der Abbildung 10.9 beschriebenen Währungsswaps kann Siemens aber die Euroanleihe wirtschaftlich in eine 133 Mio. US-Dollar-Anleihe transformieren. Siemens zahlt im Rahmen der Swapvereinbarung 100 Mio. Euro und stellt sich so, als wäre tatsächlich die Euroanleihe zurückgezahlt worden. Gleichzeitig erhält Siemens aus dem Swapgeschäft 133 Mio. US-Dollar und stellt sich so, als hätte es eine entsprechende US-Dollar-Anleihe emittiert.

Abb. 10.6: Zahlungsströme für Siemens aus Zinsswap und Anleihe

Siemens muss wie bei einer US-Dollar-Anleihe fünf Jahre lang den US-Dollar-Zinssatz von 4,5 % entrichten. Die Zinsen für die weiterhin bestehende Euroanleihe erhält Siemens weitgehend von Apple. Siemens selbst zahlt netto 0,5 % Euro-Zinsen. Am Ende der Swaplaufzeit zahlt Siemens wie bei einer regulären Dollaranleihe die 133 Mio. US-Dollar zurück und kann mit den 100 Mio. Euro von Apple ihre Euroanleihe tilgen. Der Swap transformiert somit die bestehende 4,0 %-Euroanleihe in eine US-Dollar-Anleihe mit 4,5 % US-Dollar + 0,5 % EUR. Selbstverständlich gelten diese Überlegungen analog für Apple, das den Swap nutzen könnte, um einen bestehenden US-Dollar-Kredit in einen Eurokredit zu transformieren.

Finanzierungsvehikel für ausländische Tochtergesellschaften

Ein häufiger Grund für den Abschluss eines Währungsswaps ist die Finanzierung einer ausländischen Tochtergesellschaft durch die Muttergesellschaft in der Währung des Gastlandes. Obwohl die Finanzierung in Fremdwährung erfolgt, entsteht kein Währungsrisiko, da am Ende der Swapvereinbarungen die Nominalbeträge wieder zurückgetauscht werden. Betrachten wir hierzu folgendes Beispiel.

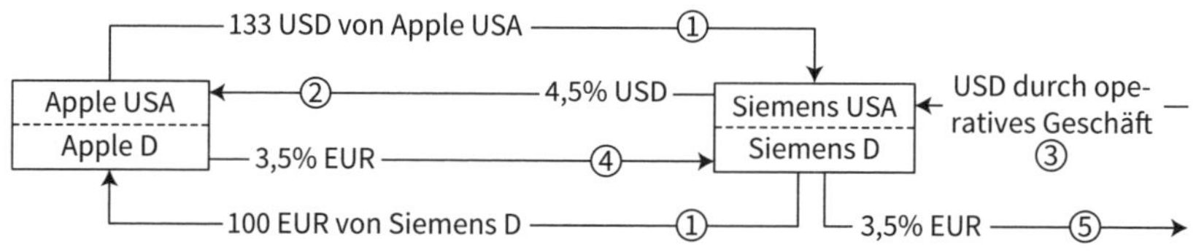

Abb. 10.7: Finanzierung ausländischer Töchter durch Währungsswaps

Die US-Tochtergesellschaft von Siemens (Siemens USA) benötigt einen Kredit über 133 Mio. USD. Als Lösung wird ein Währungsswap mit Apple abgeschlossen, die ihrerseits ihre Tochter in Deutschland mit 100 Mio. Euro ausstatten will.

Der erste Teil des Swapgeschäfts ① besteht darin, dass Apple USA an Siemens USA 133 Mio. US-Dollar zahlt und im Gegenzug für ihre Deutschlandtochter Apple D von Siemens D 100 Mio. Euro erhält. Siemens D nimmt dafür einen Eurokredit in gleicher Höhe zu 3,5 % auf. Während der fünfjährigen Laufzeit des Swaps zahlt Siemens USA US-Dollar-Zinsen in Höhe von 4,5 % ②. Die Bedienung der Dollarzinsen erfolgt aus dem laufenden operativen Geschäft ③. Siemens D erhält im Gegenzug von Apple D Eurozinsen von 3,5 % ④, die für die Bedienung des 100 Mio. Eurokredits verwendet werden ⑤. Über die Swapvereinbarung transformiert Siemens D damit ihren Eurokredit in einen US-Dollar-Kredit für ihre Tochter.

Am Ende der Laufzeit werden die Nominalbeträge zurückgetauscht. Siemens D verwendet die 100 Mio. Euro, um ihren Kredit zu tilgen, Siemens USA gibt ihre 133 Mio. US-Dollar zurück, die sie zwischenzeitlich im operativen Geschäft verdient hat. Der Rücktausch wurde in der Abbildung 10.7 nicht dargestellt.

Der besondere Vorteil dieser Konstruktion ist die Ausschaltung eines Währungsrisikos. Hätte Siemens D einen klassischen US-Dollar-Kredit aufgenommen, hätte sich der Wert dieser Verbindlichkeit mit dem Wechselkurs geändert. Über die Swapvereinbarung hingegen kann Siemens D mit einem währungsrisikofreien Eurokredit ihre Tochter in ausländischer Währung finanzieren.

Transformation von Geldanlagen (Asset-Währungsswaps)

Nicht nur Kredite, auch Geld- und Kapitalanlagen lassen sich mit Währungsswaps von einer in eine andere Währung transformieren. Man spricht dann von einem Asset-Währungsswap. Angenommen Allianz Global Investor möchte für nominal 133 Mio. US-Dollar amerikanische Anleihen mit einer Restlaufzeit von fünf Jahren bei einer Verzinsung von 4,6 % kaufen, fürchtet sich aber vor einem Wertverlust des US-Dollars. Mithilfe des oben beschriebenen Währungsswaps könnte Allianz Global Investor das Währungsrisiko auf den Anlagebetrag ausschließen. Dabei werden zunächst 100 Mio. Euro in 133 Mio. US-Dollar getauscht ① und damit die amerikanischen Anleihen gekauft ②.

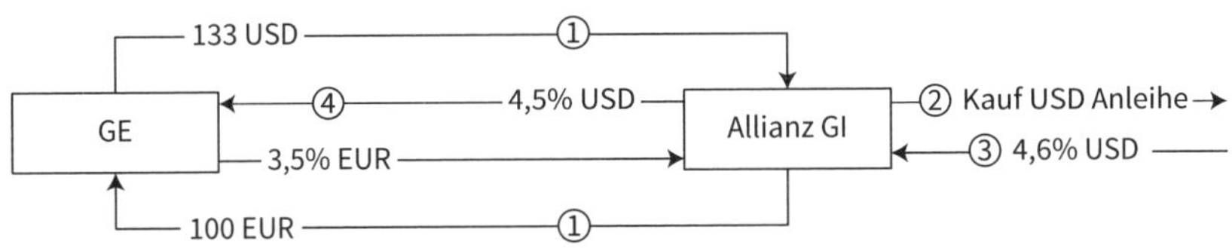

Abb. 10.8: Asset-Währungsswaps

Während der Swaplaufzeit erhält Allianz Global Investor 4,6% Zinsen aus dem Kauf der Anleihe ③ und zahlt 4,5 % Dollarzinsen aus der Swapvereinbarung. Netto verbleiben 0,1 % US-Dollar bei Allianz Global Investor. Aus dem Swapgeschäft erhält Allianz Global Investor darüber hinaus 3,5 % Eurozinsen. Mit dem Währungsswap kann Allianz Global Investor folglich eine Finanzanlage am amerikanischen Rentenmarkt in eine Euroanlage zu 3,5 % EUR + 0,1 % US-Dollar transformieren.

Nicht mehr dargestellt in der Abbildung 10.8 ist der Rücktausch der Währungen am Ende der Swaplaufzeit. Allianz Global Investor erhält aus der Tilgung der Anleihe 133 Mio. US-Dollar, die an General Electric (GE) zurückgegeben werden. General Electric ihrerseits zahlt 100 Mio. Euro zurück. Am Ende der Swaplaufzeit hat Allianz Global Investor unabhängig von der Wechselkursentwicklung wieder seinen Anlagebetrag von 100 Mio. Euro, d. h. der Anlagebetrag ist keinem Währungsrisiko ausgesetzt.

Wir haben gesehen, wie wir eine Geldanlage in US-Dollar in eine Eurogeldanlage transformieren können. Es stellt sich aber die Frage, ob es nicht einfacher wäre, direkt eine Euroanlage zu tätigen, statt auf so komplizierte Weise eine Dollaranlage in eine Euroanlage zu transformieren. Drei wesentliche Gründe sprechen für den Einsatz von Währungsswaps:

- **Beibehaltung bestehender Verträge**: Manchmal sind die Geldanlagen zeitlich fixiert und können nicht oder nur mit Kosten vorzeitig aufgelöst werden. Denken Sie dabei z. B. an Termineinlagen. Währungsswaps ermöglichen die Transformation dieser Geldanlage in eine andere Währung, ohne dass bestehende Verträge geändert werden müssen.
- **Trennung von Marktpreisentwicklung und Währungsentwicklung:** Wir hatten den oben beschriebenen Währungsswap damit begründet, dass Allianz Global Investor eine Geldanlage in US-Dollar ohne Währungsrisiko anstrebt. Stellen wir uns vor, dass Allianz Global Investor US-Anleihen kaufen will, weil die Fondsmanager einen Anstieg der Anleihepreise im Zuge einer allgemeinen Zinssenkung in den USA erwarten, während sie für Deutschland von einem gleichbleibenden Zinsniveau ausgehen. Da die Fondsmanager einen Wertverlust des US-Dollars erwarten, würden bei einem direkten Kauf von amerikanischen Anleihen Kursgewinne in der Anleihe durch Währungsverluste im US-Dollar geschmälert werden. Mit Hilfe von Währungsswaps lassen sich aber Marktpreisentwicklung und Währungsentwicklung trennen: Im vorliegenden Fall müsste Allianz Global Investor einen *fix-variablen* Währungsswap abschließen, bei dem Allianz Global Investor den variablen US-Dollar-Zins zahlt und den festen Euro-Zins erhält. Sinken die amerikanischen Zinsen wie erwartet, profitiert Allianz Global Investor von der Wertentwicklung der gekauften Anleihe und gleichzeitig von den rückläufigen variablen Zinsen aus der Swapvereinbarung. Ein Währungsrisiko auf den Anlagebetrag ist nicht gegeben, da am Ende der Swaplaufzeit der Anlagebetrag von 133 Mio. US-Dollar wieder in 100 Mio. Euro zurückgetauscht wird. Ein fix-fixer Währungsswap wäre nicht geeignet, die Zinserwartung umzusetzen, da Allianz Global Investor dann aus der Swapvereinbarung weiterhin die US-Dollar-Zinsen von 4,5 % zahlen müsste und nicht vom Rückgang der US-Dollarzinsen profitieren würde.
  Währungsswaps können von Marktteilnehmern eingesetzt werden, um Marktpreisentwicklungen von Währungsentwicklungen zu trennen. Damit können Anleger von Zinsentwicklungen in einer Fremdwährung profitieren, ohne ein Währungsrisiko auf den Anlagebetrag in Kauf nehmen zu müssen. Je nach unterstellter Zinsentwicklung auf den beiden Währungsmärkten wird in der entsprechenden Währung ein fix-variabler Zinssatz vereinbart.
- **Komparative Vorteile:** Der dritte Grund für Währungsswaps sind unterschiedlich gute Zugangsvoraussetzungen der beteiligten Handelspartner zu verschiedenen Segmenten des Finanzmarkts. Wenn etwa Apple auf dem US-Kreditmarkt relativ tiefere Zinsen zahlen muss als Siemens auf dem Euromarkt, dann nimmt Apple einen US-Dollar-Kredit auf und reicht den US-Dollar-Betrag an Siemens weiter. Im Gegenzug nimmt Siemens gewissermaßen für Apple einen Eurokredit weiter. Es kann gewinnbringend sein, in einer nicht benötigten Währung Kredite aufzunehmen und sie anschließend in die gewünschte Währung zu swappen. Die dadurch ersparten Kreditzinsen werden zwischen den Vertragspartner geteilt. Betrachten wir hierzu folgende Tabelle, die den aktuellen Festzinssatz für Apple und Siemens für eine Laufzeit von fünf Jahren wiedergibt. Da Siemens im Beispiel eine bessere Bonität hat als Apple, liegen die Kreditzinssätze für Siemens sowohl für eine Euro- als auch für eine US-Dollarfinanzierung unter den vergleichbaren Sätzen für Apple.

Kreditzinssätze	Euro-Zins	US-Dollar-Zins	Differenz
Apple	*4,3*	4,5	
Siemens	3,5	*4,4*	
Zinsdifferenz	0,8 %	0,1 %	-0,7 %

Tab. 10.6: Hypothetische Euro- und US-Dollar-Marktzinsen für Siemens und Apple

Siemens benötigt eine Finanzierung in US-Dollar, die zu 4,4 % möglich wäre. Apple dagegen müsste für ihren benötigten Eurokredit 4,3 % zahlen.

Die höhere Bonität von Siemens wirkt sich auf dem Euromarkt mit einer Zinsdifferenz von 0,8 % deutlich stärker aus als im Dollarraum, bei der Siemens lediglich einen Zinsvorteil von 0,1 % aufweist. Siemens hat damit einen relativen (komparativen) Finanzierungsvorteil im Euroraum, Apple entsprechend im Dollarraum. Es würde daher beiden Unternehmen einen Vorteil bringen, wenn sie jeweils auf dem Kreditmarkt Geld aufnehmen, auf dem sie einen relativen Vorteil haben. Siemens würde einen Eurokredit zu 3,5 % und Apple einen US-Dollar-Kredit zu 4,5 % aufnehmen, die anschließend in die gewünschte Währung geswappt werden. Die Summe dieser beiden fett gekennzeichneten Zinssätze beträgt 8,0 % und liegt damit unter den 8,7 %, die in Summe bei einer direkten Kreditaufnahme in der gewünschten Währung anfielen. Der addierte Vorteil von 0,7 % ist dabei stets die Differenz der individuellen Zinssätze, im vorliegenden Fall somit 0,8 % – 0,1 % = 0,7 %. Wie dieser Zinsvorteil auf Apple und Siemens verteilt wird, ist eine Frage des Verhandlungsgeschicks.

Devisenswap und Währungsswap

Abschließend möchten wir darauf hinweisen, dass ein Devisenswap nicht das Gleiche ist wie ein Währungsswap, trotz ähnlicher Bezeichnung. Bei einem Währungsswap tauschen zwei Handelspartner zwei Währungsbeträge zu Beginn und am Ende der Swapvereinbarung zum jeweils gleichen Wechselkurs. Während der Laufzeit des Swaps kann jeder Handelspartner den jeweiligen Währungsbetrag nutzen und leistet deshalb auch die Zinszahlungen in der entsprechenden Währung. Ein Devisenswap hingegen ist eine Kombination aus einem klassischen Devisenkassageschäft und einem gegenläufigen Devisentermingeschäft, etwa dem Kauf des YEN am Kassamarkt und dem gleichzeitigen Verkauf am Terminmarkt. Bei einem Devisenswap werden wie bei einem Währungsswap zunächst die Kapitalbeträge zum aktuellen Devisenkassakurs zwischen den beiden Vertragspartnern »getauscht«. Der Rücktausch am Terminmarkt findet allerdings nicht zum gleichen Wechselkurs statt, sondern richtet sich nach dem Swapsatz, der durch die Zinssätze in den beiden Währungen determiniert ist. Während der Laufzeit des Devisenswaps selbst finden keine Zinszahlungen statt.

Aufgaben

1. Was versteht man unter flexiblen und fixen Wechselkursen? Wer kann mit welchen Maßnahmen den Wechselkurs zwischen zwei Währungen »fixieren«?

2. Welche Wirkung haben Abwertungen der nationalen Währung auf die Exportindustrie und die Preise im Inland?
3. Welcher Zusammenhang besteht zwischen der Zahlungsbilanz und dem Devisenangebot/ Devisennachfrage eines Landes?
4. Welcher Zusammenhang besteht zwischen der Leistungsbilanz und der Kapitalbilanz eines Landes und wie ist die Formel *Leistungsbilanzsaldo + Kapitalbilanzsaldo + Devisenbilanzsaldo = 0* zu verstehen?
5. Erläutern Sie die Hauptbestandteile einer Leistungsbilanz und einer Kapitalbilanz.
6. Japans Exporte in die USA betragen 100 $, die Importe 50 $. Japanische Unternehmen und Haushalte kaufen Immobilien in den USA in Höhe von 30 $ und verkaufen US-Aktien und Anleihen im Wert von 11 $. Gleichzeitig kaufen amerikanische Unternehmen japanische Anleihen im Wert von 6 $.
   a) Wie schauen die japanische Zahlungsbilanz und ihre relevanten Unterbilanzen aus?
   b) Welches Angebot und welche Nachfrage nach USD resultieren aus den jeweiligen Zahlungsbilanzpositionen Japans?
   c) Was passiert mit dem YEN (¥)?
   d) Was können die Zentralbanken der beiden Länder jeweils tun, falls sie den Wechselkurs auf dem aktuellen Niveau von 1 USD = 120 Yen fixieren wollen?
7. Wie erfolgt der Ausgleich der Leistungsbilanz zwischen zwei Ländern
   a) mit freien Wechselkursen?
   b) mit fixen Wechselkursen?
   c) Wie erfolgt der Ausgleich der Leistungsbilanz zwischen zwei Euroländern?
8. Was versteht man unter der absoluten und der relativen Kaufkraftparität? Welche Faktoren können verhindern, dass die absolute/relative KKP wirkt?
9. Angenommen die Inflationsrate in den USA beträgt jährlich 2,3 % und in der Schweiz 0,5 %. Welchen USD/SFR-Kurs kann man in fünf Jahren nach der relativen KKP erwarten, wenn der USD aktuell 1,05 SFR kostet? Wie hoch ist die erwartete Auf- bzw. Abwertung des USD?
10. Was versteht man unter dem Fisher-Effekt?
11. Was ist der Unterschied zwischen Futures, Forwards und Optionen auf Währungen?

III Währungsrisiken und politische Risiken

LERNZIELE

- Welche Auswirkungen haben Währungsschwankungen auf exportierende und importierende Unternehmen?
- Welche unterschiedlichen Kategorien von Währungsrisiken gibt es und wie unterscheiden sie sich? Warum dürfen sie nicht gemischt werden?
- Was ist die Quelle, die Ursache, für Währungstransaktionsrisiken, wie können sie gemessen werden und welche Hedginginstrumente stehen zur Verfügung? Was sind die Vor- und Nachteile der verschiedenen Hedginginstrumente?
- Was ist die Quelle, die Ursache, für ökonomische Währungsrisiken, wie können sie gemessen werden und welche Hedginginstrumente stehen zur Verfügung? Was sind die Vor- und Nachteile der verschiedenen Hedginginstrumente? Warum lassen sich ökonomische Währungsrisiken nicht mit den Hedginginstrumenten für Transaktionsrisiken absichern?
- Was ist die Quelle, die Ursache, für Translationsrisiken, wie können sie gemessen werden und welche Hedginginstrumente stehen zur Verfügung?
- In welcher Beziehung stehen die drei Typen von Währungsrisiken untereinander?
- Sollen Währungsrisiken grundsätzlich abgesichert werden?
- Was versteht man unter politischen Risiken und wie können sie klassifiziert werden?
- Welche Gründe haben einzelne Staaten in das Wirtschaftsgeschehen einzugreifen und welche politischen Risiken resultieren daraus?
- Welche Ursachen haben firmenspezifische politische Risiken und welche Absicherungsstrategien können Unternehmen fahren, um diese Risiken zu reduzieren?
- Welche politischen Länderrisiken gibt es, wie können sie sich auf ausländische Unternehmen auswirken und welche Maßnahmen im Risikomanagement gibt es?
- Wie können politische Länderrisiken gemessen werden?
- Was versteht man unter Investitionsschutzabkommen und inwieweit helfen sie, politische Länderrisiken zu reduzieren? Welche Rolle haben dabei internationale Schiedsgerichte?

11 Überblick über Wechselkursrisiken

11.1 Was bewirken Wechselkursveränderungen? Ein erster Blick

Wechselkursänderungen sind eine wesentliche Risikoquelle für international tätige Unternehmen. Es ist daher von größter Bedeutung, das vorhandene Währungsrisiko zu erkennen, zu quantifizieren und geeignete Hedgingmaßnahmen zu ergreifen.

Als Einstieg betrachten wir einen deutschen Exporteur ABC, der Waren im Wert von 1000 US-Dollar an amerikanische Käufer liefert. Wenn im Folgenden vom »Exporteur« gesprochen wird, dann geschieht dies stets aus deutscher Sicht, wenn nichts Anderes vermerkt ist. Gleiches gilt für Importeur. Am 26. Juli 2002 lag der Wechselkurs bei Euro/US-Dollar = 1,0. Folglich erhielt er einen Gegenwert von 1000 Euro. Am 4. März 2014 stand der Wechselkurs bei Euro/US-Dollar = 1,375. Die gleichen Waren erzielen nun nur noch einen Erlös von 727,3 Euro (= 1.000 US-Dollar/1,375 US-Dollar/Euro). Der Exporteur hat zwei grundlegende Reaktionsmöglichkeiten:

- Höherer Preis: ABC kann versuchen, seine Waren in den USA zu höheren Preisen zu verkaufen. Falls er weiterhin für die gleiche Warenmenge einen Erlös von 1000 Euro erzielen will, müsste er für die Waren nun nicht mehr 1000 US-Dollar, sondern 1375 US-Dollar (= 1000 Euro·1,375 US-Dollar/Euro) verlangen – ein gewaltiger Preisanstieg von 37,5 %, den amerikanische Käufer nur schwerlich akzeptieren würden.
- Geringerer Gewinn: Die zweite Möglichkeit ist, dass ABC seine Waren weiterhin für 1000 US-Dollar verkauft und sein Euroerlös auf 727,3 Euro sinkt. Da die Gewinnspanne deutscher Unternehmen nur etwa 5 % beträgt, würde der Exporteur tief in die roten Zahlen rutschen.

In den meisten Fällen kann sich der Exporteur nicht völlig frei entscheiden, welche der beiden Alternativen er wählt. Vielmehr wird die Entscheidung von der Wettbewerbssituation am Markt erzwungen. In jedem Fall verschlechtert der Euroanstieg die Wettbewerbsposition des Exporteurs. Das gilt übrigens auch, wenn der amerikanische Importeur das Währungsrisiko trägt und eine Bezahlung in Höhe von 1000 Euro vereinbart wurde. Da der amerikanische Importeur für die gelieferten Waren nun 1.375 US-Dollar statt wie bisher 1.000 US-Dollar zahlen soll, wird er versuchen, alternative Anbieter zu finden.

Wir können das gleiche Beispiel auch aus Sicht eines deutschen Importeurs betrachten, der im Juli 2002 für seine aus den USA importierten Waren 1000 US-Dollar zahlen musste. Durch den Anstieg des Euro kosten die gleichen Waren statt 1000 Euro nur noch 727,3 Euro. Importeure profitieren damit von einem Anstieg des Euros, da die Waren aus dem Ausland nun für einen geringeren Eurobetrag gekauft werden können.

11.2 Drei Typen von Währungsrisiken: Ein Überblick

Wenn man Währungsrisiken vermeiden oder absichern will, muss man verstehen, worin das Risiko genau besteht. Drei Typen von Währungsrisiken müssen klar getrennt werden, die in Abbildung 11.1 aufgeführt sind: Transaktionsrisiken, ökonomische Risiken und Translationsrisiken. Die Quellen und die Instrumente zur Absicherung der drei Risiken sind sehr unterschiedlich.

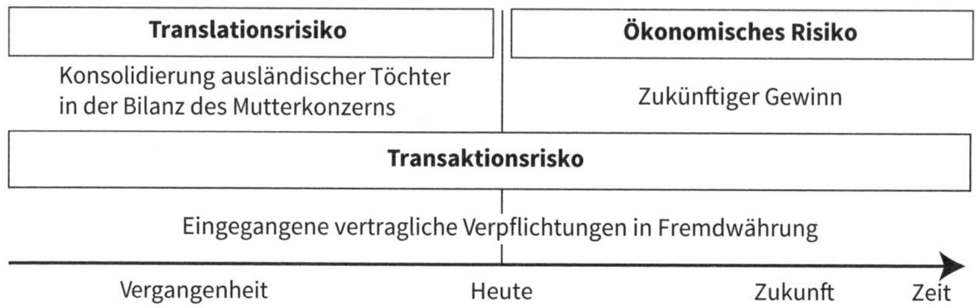

Abb. 11.1: Drei Typen von Währungsrisiken

Transaktionsrisiko

Das Unternehmen ABC exportiert im Januar Waren im Wert von 1.000 US-Dollar und erhält den Verkaufserlös vertraglich am 1. März. ABC hat durch diese Vereinbarung ein Währungsrisiko, das sich konkret auf diese Transaktion, auf dieses einzelne Geschäft bezieht. Da die Waren zu einem vertraglich festgelegten Fremdwährungspreis ausgeliefert werden, besteht für ABC das Risiko, dass die Fremdwährung abwertet und der Euroerlös sinkt. Wie wir gesehen haben, beträgt der Euroerlös 727,3 Euro, wenn der Euro bei 1,375 US-Dollar steht. Je teurer der Euro wird, desto weniger Euro erzielt der Exporteur für den Zahlungseingang von 1.000 US-Dollar und umgekehrt. Transaktionsrisiken entstehen immer durch konkrete, vertraglich vereinbarte Fremdwährungsgeschäfte, die in der Vergangenheit abgeschlossen wurden und in der Zukunft erfüllt werden müssen.

Ökonomisches Risiko

Transaktionsrisiken erfassen nur einen kleinen Teil der möglichen Währungsrisiken. ABC kann nämlich Währungsrisiken auch dann ausgesetzt sein, wenn keine Geschäfte in Fremdwährung vertraglich abgeschlossen wurden. Betrachten wir auch hierzu nochmals unser Eingangsbeispiel und nehmen wir an, dass der Exporterlös vertraglich in Euro festgelegt wurde. Da die Waren in Euro bezahlt werden und somit kein Fremdwährungseingang erfolgt, liegt definitionsgemäß auch kein Transaktionsrisiko vor. Wenn der Euro aufwertet, verschlechtert sich jedoch die Wettbewerbssituation für ABC, denn zukünftige Exporte verteuern sich für die Abnehmer und ausländische Anbieter können ihre Preise in Deutschland senken. Das »ökonomische« Risiko zielt auf diese Auswirkung von Währungsveränderungen und kennzeichnet den Einfluss von Währungsveränderungen auf die Wettbewerbssituation eines Unternehmens und damit auf ihre zukünftigen Gewinne bzw. ihren Cashflow. Alternative Bezeichnungen sind »strategisches« oder »operatives« Währungsrisiko.

Während Transaktionsrisiken vergangenheitsorientiert sind und die möglichen Wertänderungen von *bestehenden* Forderungen oder Verbindlichkeiten in Fremdwährung umfassen, ist das ökonomische Risiko zukunftsorientiert, weil es die Wirkung von Wechselkursänderungen auf den *zukünftigen* Gewinn bzw. Cashflow beinhaltet. Wir müssten streng genommen immer schreiben »das ökonomische Risiko von Wechselkursveränderungen«. Aus Vereinfachungsgründen sprechen wir im Folgenden stets nur vom ökonomischen Risiko.

Translationsrisiko

Die dritte Risikokategorie ist das Translationsrisiko. Es leitet sich vom englischen Wort »Translation« ab und beschreibt die bilanziellen Auswirkungen, die bei der Umrechnung, d. h. bei der »Übersetzung« der in Fremdwährung aufgestellten Bilanz der ausländischen Tochtergesellschaft in die Bilanz des Mutterkonzerns auftreten. Da die Bilanzen der ausländischen Tochtergesellschaft im Konzernabschluss konsolidiert werden müssen, beeinflussen Währungsveränderungen den in Euro umgerechneten Wert der Aktiva und Passiva. Diese möglichen Auswirkungen beschreibt und misst das Translationsrisiko.

Ausprägung	Transaktionsrisiko	Ökonomisches Risiko	Translationsrisiko
Quelle des Währungsrisikos	Durch abgeschlossenes Fremdwährungsgeschäft	Veränderung der Wettbewerbssituation	Bilanzänderung bei Muttergesellschaft
Auslöser	Zahlungstransaktion mit tatsächlichem Umtausch	Zukünftige Zahlungen	Konsolidierung im Mutterkonzern
Zeitpunkt	Gegenwartsbezogen	Zukunftsbezogen	Vergangenheitsbezogen, zum Bilanzstichtag
Bestimmungsgröße	Tatsächliche Zahlungshöhe	Zukünftige Einnahmen und Ausgaben	Bilanzielle Auslandsposition
Auswirkungen	Wert der erwarteten Zahlungen	Zukünftige Gewinne bzw. Cashflow	Werthaltigkeit der Aktiva und Passiva

Tab. 11.1: Gegenüberstellung der Währungsrisiken

Die Tabelle 11.1 stellt die drei Kategorien von Währungsrisiken gegenüber. Transaktionsrisiken sind auf einzelne Transaktionen begrenzt und damit auch sehr leicht mit den später vorgestellten Instrumenten abzusichern. Das ökonomische Risiko ist typischerweise das größte und gewichtigste der hier vorgestellten Risiken, da es gewissermaßen die Summe aller zukünftigen Transaktionsrisiken eines Unternehmens beinhaltet und somit auf die Wettbewerbsfähigkeit insgesamt abstellt. Damit hat dieses Risiko auch die stärksten Auswirkungen auf die Gewinn- und Liquiditätsposition eines Unternehmens. Translationsrisiken sind dagegen »nur« buchhalterischer Art, wenngleich im Einzelfall hohe Umrechnungsdifferenzen entstehen können und Anlass zur Beunruhigung geben. Translationsrisiken »lösen sich wieder auf«, wenn Wechselkursveränderungen wieder »verschwinden«, d. h. dem Anstieg der Fremdwährung wieder ein gleich starker Abstieg folgt (und umgekehrt). Diese Neutralität liegt bei den beiden anderen

Risiken nicht vor, da bei veränderten Wechselkursen jeweils tatsächlich Transaktionen durchgeführt wurden, die sich auf die Ertrags- und Liquiditätslage auswirken.

Die hier genannten drei Währungsrisiken sind sehr unterschiedlicher Natur. Die Instrumente, um diese Risiken abzusichern (hedgen) sind sehr unterschiedlich. In den folgenden drei Kapiteln werden die Risiken detaillierter beschrieben und die dazu passenden Hedginginstrumente vorgestellt. Darüber hinaus werden wir zeigen, wie die Risiken gemessen und quantifiziert werden können.

In den nachfolgenden Ausführungen nehmen wir – sofern nichts anderes ersichtlich – stets die Perspektive des deutschen Unternehmens ABC ein. Wenn von Exporten die Rede ist, dann sind Exporte aus Sicht von ABC gemeint. Wenn vom Inland gesprochen wird, dann reden wir von Deutschland und damit dem Eurowährungsgebiet.

12 Transaktionsrisiken

12.1 Quelle und Umfang von Transaktionsrisiken

Transaktionsrisiken resultieren aus den bestehenden vertraglichen Verpflichtungen, die in Fremdwährung eingegangen wurden. Transaktionen können dabei sein :

- der Kauf/Verkauf von Waren/Dienstleistungen in Fremdwährung,
- die Aufnahme/Vergabe von Krediten in Fremdwährung oder
- der Kauf von Aktiva in Fremdwährung.

In jedem einzelnen Fall besteht die Gefahr, dass sich der Wert der Transaktion ungünstig für den Vertragspartner entwickelt.

Wenn sich ABC verpflichtet, Waren im Wert von 1.000 US-Dollar zu liefern und sich zwischen dem Zeitpunkt des Abschlusses des Exportgeschäfts und der tatsächlichen Bezahlung der Wert des US-Dollars gegenüber dem Euro um 10 % abwertet, erhält ABC einen um 10 % geringeren Exporterlös.

Dieser Gedanke lässt sich auch auf Kredite übertragen. Nimmt ABC einen Kredit in Höhe von 1.000 US-Dollar mit einer Laufzeit von 12 Monaten auf, dann muss ABC den Kredit in einem Jahr tilgen und Zinsen in US-Dollar zahlen. Wenn der US-Dollar im Tilgungszeitpunkt um 10 % billiger ist, sind auch die Schulden von ABC in Euro gerechnet um 10 % gesunken. Gleiches gilt, wenn ABC Aktiva, z. B. amerikanische Wertpapiere kauft. Ihr Wert schwankt mit dem Kurs der Fremdwährung.

Bei einem abgeschlossenen Währungsgeschäft, das sich zum Betrachtungszeitpunkt auf der Aktivseite der Bilanz niederschlagen würde (z. B. Forderung aus Lieferungen und Leistungen, Kauf von ausländischen Wertpapieren), steigt die Werthaltigkeit der Position mit dem Kurs der Fremdwährung und umgekehrt. Sie wird deshalb auch als »Aktivposition« bezeichnet. Bei einer »Passivposition« hingegen wie sie bei Verbindlichkeiten aus LuL oder einer Kreditaufnahme in Fremdwährung auftreten, sinkt die Werthaltigkeit der Position mit dem Kurs der Fremdwährung und umgekehrt.

12.2 Quantifizierung von Transaktionsrisiken

Transaktionsrisiken können einfach ermittelt werden. Hierzu ermittelt man zunächst die Summe aller Aktiv- und die Summe aller Passivpositionen. Anschließend bildet man den Saldo, d. h. die Differenz der beiden Summen. Bei einem Aktivüberhang in einer Periode (= Summe Aktivpositionen > Summe Passivpositionen) wie in der Abbildung 12.1 wirken sich fallende Kurse der Fremdwährung negativ aus. Das Unternehmen erleidet einen Verlust, wenn der Wert des Euro steigt, da der Wert der Nettoforderungen in Fremdwährung sinkt. Man verwendet im

Zusammenhang mit Währungsrisiken häufig den Begriff »Exposure«, das englische Wort für »Gefährdung«. Ein Aktivüberhang wird so zum Exposure auf der Aktivseite. Liegt hingegen ein Nettopassivüberhang vor, profitiert das Unternehmen von einem steigenden Euro, d. h. von fallenden Fremdwährungskursen. Die Verbindlichkeiten, in Euro gerechnet, nehmen ab.

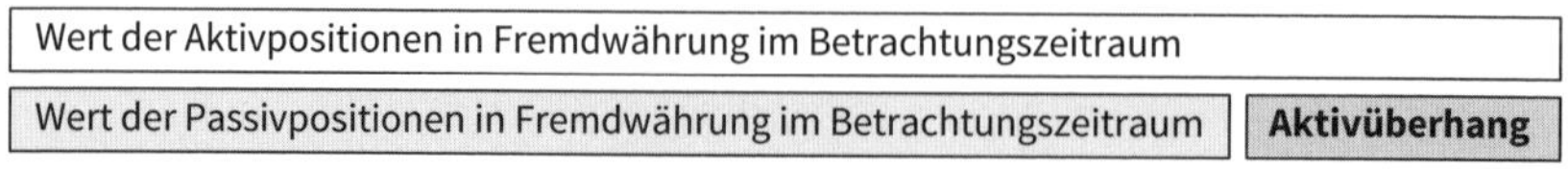

Abb. 12.1: Quantifizierung des Transaktionsrisikos

BEISPIEL

ABC hat folgende vertragliche Verpflichtungen und Forderungen in US-Dollar für das Jahr 2020: Am ersten jeden Monats wird ein Zahlungseingang aus vertraglich vereinbarten Exportgeschäften in Höhe von 2,0 Mio. US-Dollar erwartet. Am 01.07. und am 01.12. müssen Vorprodukte in Höhe von jeweils 4,0 Mio. US-Dollar bezahlt werden, die in den USA bestellt wurden. Am 01.10. wird ferner ein Kredit in Höhe von 6,0 Mio. US-Dollar fällig. Der aktuelle Euro/US-Dollar-Kurs beträgt 1,35.

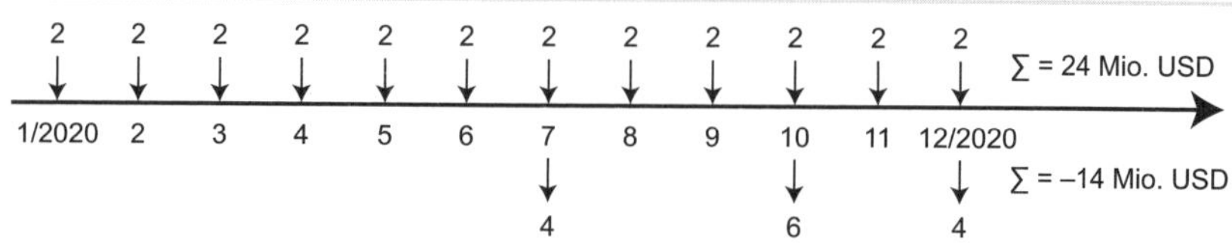

Abb. 12.2: Ermittlung des Exposures

Die Addition aller Zahlungseingänge in 2020 beträgt 24 Mio. US-Dollar und die einzulösenden Verbindlichkeiten 14 Mio. US-Dollar. Damit hat ABC ein Nettoexposure auf der Aktivseite in Höhe von 10 Mio. US-Dollar und wird folglich von einer Aufwertung des Euro negativ tangiert. Steigt der Euro von derzeit 1,35 US-Dollar auf z. B. 1,40 US-Dollar, dann erhält das Unternehmen für seine 10 Mio. US-Dollar statt 7,41 Mio. Euro nur 6,67 Mio. Euro. Umgekehrt würde das Unternehmen natürlich von einem sinkenden Euro profitieren.

Eine wichtige Frage bei der Messung von Transaktionsrisiken ist die Festlegung des betrachteten Zeitraums. Würde man im Beispiel nicht jährliche, sondern Halbjahreswerte heranziehen, hätte ABC einen Aktivüberhang von 14 Mio. US-Dollar im 1. Halbjahr und einen Passivüberhang von 4 Mio. US-Dollar im 2. Halbjahr. Die Summe der beiden Werte ergibt natürlich wieder den Gesamtjahreswert von 10 Mio. US-Dollar.

Eine weitere Frage ist, wie das Unternehmen mit den im Betrachtungszeitraum anfallenden Fremdwährungszahlungen verfährt. Im Beispiel hat ABC insgesamt 15 Zahlungsvorgänge.

Grundsätzlich könnte ABC jede der 15 Einzelzahlungen betrachten und z. B. am Terminmarkt absichern. Das wäre aber zu teuer, zu aufwendig und vor allem unnötig. In der betrieblichen Praxis wird ABC vielmehr die Zahlungen über ein dafür einzurichtendes US-Dollar-Konto führen. Zwischenzeitliche Überschüsse oder Unterdeckungen werden wie auf einem in Euro lautenden Konto mit Soll- und Habenzinsen berücksichtigt. Im Beispiel werden folglich von diesem Konto am 01.07. vier Mio. US-Dollar bei einem Guthaben von 14 Mio. US-Dollar (= 7 × 2 Mio. US-Dollar) ausbezahlt. Am 01.10. beträgt das Kontoguthaben 16 Mio. US-Dollar, wovon 6 Mio. US-Dollar für die Tilgung des Kredits verwendet werden. Die letzte Zahlung erfolgt am 01.12. Für das Risikomanagement ist es nur wichtig am Anfang des Jahres zu wissen, dass der Saldo am Ende des Jahres 10 Mio. US-Dollar betragen wird. Den im Voraus bekannten Aktivüberhang von 10 Mio. US-Dollar könnte das Unternehmen am Terminmarkt verkaufen, um sein Währungsrisiko auszuschalten.

Relevante Währung und Saldierungsverbot

BEISPIEL

ABC liefert an einen chinesischen Abnehmer Waren im Wert von 10 Mio. US-Dollar und bestellt Vorleistungen aus England in Höhe von 5 Mio. £. Wie hoch ist das Transaktionsrisiko? Ganz einfach: ABC hat ein Aktivrisiko von 10 Mio. US-Dollar und ein Passivrisiko von 5 Mio. £.

Es spielt für das Transaktionsrisiko keine Rolle, in welchem Land der Käufer sitzt. Entscheidend ist ausschließlich die vertraglich vereinbarte Währung. Da der chinesische Importeur in US-Dollar bezahlt, liegt das Transaktionsrisiko auch in US-Dollar vor.

Ein weiterer Punkt ist das »Saldierungsverbot« für Währungen, die sich unabhängig voneinander entwickeln können. Die Forderung von 10 Mio. US-Dollar darf nicht mit den Verbindlichkeiten in Höhe von 5 Mio. £ saldiert werden, etwa indem die zwei Währungen in Euro umgerechnet werden. Sie müssen sich nur vorstellen, dass der US-Dollar sinkt und das GBP steigt. Dann verliert ABC in beiden Positionen. Eine Saldierung ist nur dann erlaubt und richtig, wenn die betroffenen Währungen aneinandergekoppelt sind oder sich zumindest in sehr engen Grenzen parallel entwickeln.

12.3 Hedging von Transaktionsrisiken

Wenn ein Unternehmen seine Transaktionsrisiken absichern will, dann muss es zunächst einmal die Höhe des Risikos wie oben beschrieben ermitteln. Abgesichert werden muss nur das Nettorisiko, d. h. der Aktiv- oder Passivüberhang einer Periode.

Unternehmen, die ausländische Märkte vom Inland aus in Form von Exporten bedienen, haben typischerweise ein Exposure auf der Aktivseite in Form von Forderungen in Fremdwährung.

Importeure hingegen oder Unternehmen, die Vorprodukte aus dem Ausland beziehen, haben Verbindlichkeiten in Fremdwährung und damit ein Exposure auf der Passivseite. Wie und mit welchen Instrumenten können diese Risiken reduziert oder gar vollständig beseitigt werden?

Abwälzen des Risikos

Eine naheliegende Möglichkeit ist das Abwälzen des Risikos auf den Partner. Wenn ein Exporteur seine Waren in seiner Heimatwährung fakturiert, liegt das Transaktionsrisiko beim ausländischen Importeur. Immer dann, wenn ein Unternehmen seine vertraglichen Forderungen oder Verpflichtungen aus internationalen Transaktionen in seiner Heimatwährung abschließt, wälzt es das damit verbundene Währungsrisiko vollständig auf den Handelspartner ab. Dies ist die einfachste Möglichkeit, Transaktionsrisiken zu vermeiden. Üblicherweise ist aber keine Seite auf Dauer bereit, ohne Preiszugeständnisse das Währungsrisiko allein zu schultern. Das Abwälzen des Risikos ist darüber hinaus auch nicht für alle Geschäftsarten möglich, etwa wenn ein Unternehmen einen Fremdwährungskredit aufnimmt.

Teilen des Risikos

Die Handelspartner können Währungsrisiken auch teilen. Betrachten wir hierzu folgendes Beispiel: ABC schließt ein Exportgeschäft über 130.000 US-Dollar bei einem Kassakurs von 1,30 US-Dollar ab. Das Zahlungsziel beträgt sechs Monate. Da der Kaufpreis in US-Dollar vereinbart wurde, trägt ausschließlich der Exporteur das Währungsrisiko. Falls der Euro in sechs Monaten weiterhin bei 1,30 US-Dollar steht, erhält der Exporteur 100.000 Euro für seine Waren. Sollte der Euro hingegen auf 1,40 US-Dollar steigen, erzielt ABC einen auf 92.857 Euro reduzierten Exporterlös. Schwächt sich der Euro auf 1,20 US-Dollar ab, steigt der Exporterlös von ABC auf 108.333 Euro.

Um das Währungsrisiko zu teilen, könnte sich ABC mit seinem Handelspartner darauf verständigen, dass der Rechnungsbetrag nur innerhalb einer gewissen Währungsbandbreite in US-Dollar zu zahlen ist. Sollte der Euro die Bandbreitengrenze über- oder unterschreiten, wird zum Grenzkurs abgerechnet.

Nehmen wir als Beispiel eine Schwankungsbreite von 1,20 US-Dollar bis 1,40 US-Dollar. Notiert der Euro zum Zahlungszeitpunkt innerhalb des Bands, zahlt der Importeur die vereinbarten 130.000 US-Dollar. Innerhalb des Währungsbands trägt somit der Exporteur das Währungsrisiko. Abhängig vom Eurokurs schwankt sein Erlös zwischen 92.857 Euro und 108.333 Euro.

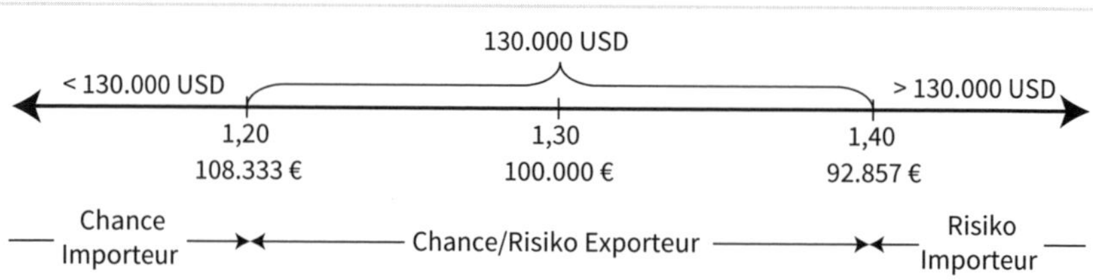

Abb. 12.3: Teilen von Währungsrisiken

Mit dieser Vereinbarung wird der Erlös von ABC nie unter 92.857 Euro fallen. Das Risiko eines Euro über 1,40 US-Dollar geht auf den Importeur über, der nun für die 92.857 Euro einen immer höheren US-Dollar-Betrag aufwenden muss. Andererseits ist auch der maximale Erlös für ABC bei 108.333 Euro festgezurrt. Sinkt der Euro unter 1,20 US-Dollar, fließt der Vorteil eines schwachen Euro dem Importeur zu, da er für 108.333 Euro immer weniger US-Dollar aufwenden muss.

Selbstverständlich sind auch andere Teilungsvereinbarungen vorstellbar. So könnten die beiden Partner festlegen, dass jenseits des vereinbarten Kursbands von 1,20 US-Dollar bis 1,30 US-Dollar der Abrechnungskurs »geteilt« wird. Steigt der Euro z. B. auf 1,60 US-Dollar, dann wird der überschießende Betrag von 0,20 US-Dollar (1,60 – 1,40) geteilt und das Geschäft zu 1,50 US-Dollar abgerechnet.

Das Teilen der Währungsrisiken ist eine eher seltene Maßnahme zum Hedgen von Transaktionsrisiken. Sie wird vorwiegend nur bei Gesellschaften innerhalb eines Konzernverbundes praktiziert oder von Handelspartnern, die bereits eine langjährige, vertrauensvolle Zusammenarbeit haben.

»Abwälzen« und »Teilen« sind Hedgingmaßnahmen, die im Zusammenspiel mit einem Vertragspartner bei Währungsgeschäften erfolgen. Futures, Forwards und Optionen hingegen sind die Hauptinstrumente, um sich am Terminmarkt gegen Währungsrisiken abzusichern, ohne dass es dazu einer Abstimmung mit seinem Vertragspartner bedarf.

Hedgen durch Futures und Forwards am Terminmarkt

Betrachten wir folgendes Beispiel: Ein deutscher Importeur muss in drei Monaten aus den USA bezogene Waren im Werte von 500.000 US-Dollar bezahlen. Der Importeur unterliegt einem Exposure auf der Passivseite, d. h. eine Aufwertung des US-Dollars verteuert seinen Einkauf. Der Importeur hat drei Möglichkeiten, wie er mit dem Wechselkursrisiko verfährt.

1. Möglichkeit: Nichts tun: Der Importeur unternimmt nichts und hofft, dass der US-Dollar im Wert gleich bleibt oder sogar billiger wird. Damit nimmt er allerdings auch in Kauf, dass sich der Einkauf der Waren verteuert, wenn der US-Dollar teurer wird (der Euro billiger wird).

2. Möglichkeit: Hedgen über den Devisenterminmarkt: Der Importeur kauft US-Dollar gegen Euro auf Termin, d. h. er schließt mit einer Bank ein Devisentermingeschäft ab, bei dem er heute bereits den Kurs vereinbart, zu dem er in drei Monaten US-Dollar gegen Euro kaufen kann. Durch dieses Termingeschäft wird sein Währungsrisiko vollständig beseitigt, denn egal wie der Euro in drei Monaten notiert, er kann zum Erfüllungszeitpunkt zum heute vereinbarten Kurs US-Dollar in drei Monaten kaufen.

Ob die Bank ihm einen guten Preis gestellt hat, kann der Importeur schnell überprüfen, indem er den rechnerischen Devisenterminkurs ermittelt, der in Kapitel 9.3, *Devisenterminmarkt (Forward Markt)*, abgeleitet wurde. Hierzu benötigt man lediglich den aktuellen Kassakurs und die

Geldmarktsätze in US-Dollar und Euro für den vereinbarten Termin. Zur Erinnerung: Im Nenner steht stets der Zinssatz der Basiswährung.

$$Terminkurs\ \frac{EUR}{USD} = Kassakurs\frac{EUR}{USD} \times \frac{1+i^{USD} \times Tage/360}{1+i^{EUR} \times Tage/360}$$

Formel 12.1

Wenn der Importeur bei einer Bank nach einem Terminkurs anfragt, stellt die Bank einen Ankaufs- und einen Verkaufskurs. Lautet der Euro/US-Dollar-Terminkurs 1,2030 – 1,2070, dann kauft die Bank vom Kunden in drei Monaten einen Euro zum Kurs von 1,2030 US-Dollar an. Dies ist die Situation eines Importeurs. Für jeden Euro erhält er 1,2030 US-Dollar. Ein Exporteur hingegen muss auf den Verkaufskurs der Bank von 1,2070 handeln. Für jeden Euro, den er kaufen will, muss er 1,2070 US-Dollar an die Bank zahlen. Man kann es sich auch so merken: Die Bank handelt immer zum »besseren Kurs«.

ÜBUNG

Ein Exporteur erwartet in 6 Monaten einen Zahlungseingang von 20 Mio. US-Dollar. Der Eurokassakurs beträgt 1,2650 US-Dollar. Die Euro- bzw. US-Dollar-Zinssätze für 6 Monate betragen 3,0 % bzw. 2,5 %. Da der Exporteur eine Abwertung des US-Dollars befürchtet, lässt er sich von seiner Hausbank einen Euro/US-Dollar-Terminkurs geben. Er lautet: 1.2650 – 1.2700.

a) Auf welchen Kurs handelt der Exporteur und wann wird das Geschäft erfüllt?
b) Ist der Terminkurs der Bank günstig im Vergleich zum rechnerischen Terminkurs?
c) Welchen Eurobetrag würde der Exporteur in beiden Fällen erzielen?

Antworten:

a) Er handelt auf den Verkaufskurs der Bank. Der Exporteur kauft damit Euro zum Kurs von 1,2700 US-Dollar. Die Erfüllung des Geschäfts ist in 6 Monaten zum vereinbarten Kurs.
b) Der rechnerische Terminkurs lautet gemäß Terminkursformel Euro/US-Dollar-Terminkurs = 1,2650 × (1+0,025 × · 180/360)/(1+0,03 × 180/360) = 1,2619. Könnte der Exporteur zu diesem Kurs Euro kaufen, müsste er nur 1,2619 US-Dollar zahlen. Der Kurs der Bank von 1,2700 ist daher schlecht.
c) Zum Kurs der Bank erzielt er 15.748.031,5 Euro (= 20 Mio. US-Dollar/ 1,2700 US-Dollar/Euro). Zum rechnerischen Terminkurs hätte er 15.849.116,4 Euro erhalten.

Die hier beschriebenen Termingeschäfte können nicht nur über Banken, sondern auch über Börsen gehandelt werden. Allerdings ändert sich dadurch die Bezeichnung für das Instrument. Bei einem OTC-Handel über Banken spricht man von einem Forwardgeschäft. Wird das gleiche Geschäft hingegen über eine Börse gehandelt, spricht man von einem Futuresgeschäft.

3. Möglichkeit: Hedgen über den Geldmarkt: Der Importeur kann das erforderliche Termingeschäft ohne Hilfe der Bank selber über den Geldmarkt durchführen. Wir hatten in Kapitel 9.3 ja gezeigt, dass sich jedes Termingeschäft in ein Kassamarktgeschäft und zwei Geldmarktgeschäfte zerlegen lässt. In unserem Fall würde der Importeur bereits heute die US-Dollar kaufen, die er in drei Monaten benötigt. Damit sichert er sich den aktuellen Kassakurs. Findet in den nächsten drei Monaten eine Auf- oder Abwertung des US-Dollars statt, ist der Importeur davon nicht betroffen, da er ja bereits im Besitz der benötigten Dollars ist. Weil die US-Dollars am Kassamarkt in Euro bezahlt werden, muss der Importeur Eurogeldanlagen auflösen und/oder einen kurzfristigen Eurokredit aufnehmen. Die Finanzierungskosten für den US-Dollarkauf betragen somit i^{EUR}. Die US-Dollars legt der Importeur zwischenzeitlich am US-Geldmarkt zum Zinssatz i^{USD} an. Ein Hedging über den Geldmarkt erfordert folglich drei parallele Geschäftsabschlüsse: ein Kassageschäft, eine US-Dollar-Geldanlage und eine Euro-Kreditaufnahme. Wenn man die Finanzierungskosten des vorzeitigen US-Dollar-Kaufs (= i^{EUR}) den Erlösen aus der US-Dollaranlage (= i^{USD}) gegenüberstellt, erhält man wieder die Formel 12.1 für den oben aufgeführten Devisenterminkurs.

Bei einem Hedging über den Geldmarkt erzielt der Importeur das gleiche Ergebnis wie bei einem Termingeschäft über eine Bank. Weil Banken aber einen besseren und kostengünstigeren Zugang zu den Geldmärkten in den betroffenen Währungen haben, ist im Normalfall ein klassisches Devisentermingeschäft kostengünstiger.

Futures und Forwards werden »unbedingte Termingeschäfte« genannt, weil jede der Vertragsparteien zum vereinbarten Termin den Kauf bzw. Verkauf auch »unbedingt«, d. h. in jedem Fall zu erfüllen hat. Es gibt in Form von Optionen aber auch Instrumente, die einer Handelsseite ein Wahlrecht einräumt, ob sie zum vereinbarten Termin kaufen bzw. verkaufen will.

Hedgen durch Optionsgeschäfte am Terminmarkt

Neben dem Kauf oder Verkauf von Währungen auf Termin stellen die in Kapitel 10.1 vorgestellten Währungsoptionen ein weiteres wichtiges Hedginginstrument für Transaktionsrisiken dar. Eine Option ist ein Vertrag zwischen zwei Parteien, bei denen der Inhaber (= Käufer) einer Option gegen Zahlung einer Optionsprämie bestimmte Wahlrechte erwirbt, die er immer dann wahrnehmen wird, falls es für ihn vorteilhaft ist. Er muss hierfür seine Option »ausüben«.

Info

Eine *Kaufoption* (= Call) auf Devisen räumt dem Inhaber (= Käufer) das Wahlrecht ein, eine bestimmte Währung (Basiswährung), gegen eine andere Währung zu einem bestimmten Kurs (Ausübungspreis, Bezugspreis, Basispreis) *kaufen* zu dürfen.
Analog räumt eine *Verkaufsoption* (= Put) dem Inhaber das Wahlrecht ein, eine bestimmte Währung *verkaufen* zu dürfen.

Der festgelegte Zeitpunkt heißt Verfalldatum oder auch Fälligkeit der Option. Eine Option, die bis zum Verfalldatum jederzeit ausgeübt werden kann, wird als amerikanische Option bezeichnet. Kann die Option nur am Verfalldatum selbst ausgeübt werden, spricht man von einer europäischen Option.

Dem Käufer der Option steht jeweils der Verkäufer gegenüber, der das Wahlrecht des Käufers erfüllen muss. Dafür erhält er auch die Optionsprämie. Insgesamt gibt es vier Grundtypen von Optionsgeschäften, die für die Basiswährung Euro in der Tabelle 12.1 aufgeführt werden.

	Käufer	Verkäufer
Euro-Call	Recht zum Kauf (Euro)	Pflicht zum Verkauf (Euro)
Euro-Put	Recht zum Verkauf (Euro)	Pflicht zum Kauf (Euro)

Tab. 12.1: Grundtypen von Währungsoptionsgeschäften

Call-Optionen

BEISPIEL

ABC kauft am 01.01.2020 amerikanische Euro-Calls mit Bezugspreis 1,20 US-Dollar im Umfang von 3,0 Mio. Euro zum Preis von 4,0 US-Cent je Euro. Die Laufzeit betrage 6 Monate, d. h. bis zum 01.07.2020. ABC kann demnach während der gesamten Laufzeit 3,0 Mio. Euro zum vereinbarten Ausübungspreis von je 1,20 US-Dollar kaufen. Für dieses Wahlrecht bezahlt ABC eine Optionsprämie von insgesamt 120.000 US-Dollar (= 0,04 US-Dollar·× 3,0 Mio.). Betrachten wir den Euro-Kassakurs am 01.07.2020, dem Fälligkeitstag der Option:
EUR > 1,20 US-Dollar: ABC wird die Calls ausüben und 3,0 Mio. Euro zu je 1,20 US-Dollar kaufen.
EUR < 1,20 US-Dollar: ABC wird sein Recht nicht wahrnehmen und die Option verfallen lassen, da es günstiger ist, Euro zum tieferen Kurs am Kassamarkt zu kaufen.
Euro = 1,20 US-Dollar: Es ist egal, ob ABC die Option ausübt oder verfallen lässt.

Bitte beachten Sie, dass die Optionsprämie in der Basiswährung festgelegt wird und bereits einen Tag nach Geschäftsabschluss zu entrichten ist. Der Gegenwert der ausgeübten Option ist hingegen erst einen Tag nach Ausübung der Option zu zahlen.

Warum werden Optionsgeschäfte getätigt und was ist der Vorteil eines Euros-Calls? Der große Vorteil für den Käufer ist, dass er gegen einen Euroanstieg abgesichert ist, sich aber die Chance offenlässt, von einem Eurorückgang zu profitieren.

BEISPIEL

Call

ABC erwartet durch ein Exportgeschäft in den nächsten vier Monaten eine Zahlung von 2,6 Mio. US-Dollar. Der Kassakurs beträgt aktuell 1,28 US-Dollar. Um mögliche währungsbedingte Mindererlöse zu begrenzen, kauft ABC einen europäischen Euro-Call,

Laufzeit vier Monate, Bezugspreis 1,30 US-Dollar. Damit sichert sich das Unternehmen bereits heute einen Umtauschkurs am Fälligkeitstag in Höhe des gewählten Bezugspreises und erhält so Exporterlöse von mindestens 2,0 Mio. Euro. Für die Option ist eine Optionsprämie von 3,0 US-Cent je Euro zu zahlen, insgesamt somit 60.000 US-Dollar (0,03 US-Dollar ×·2,0 Mio.). Sollte der Euro am Fälligkeitstag über dem vereinbarten Bezugspreis liegen, wird ABC die Exporterlöse von 2,6 Mio. US-Dollar zum vereinbarten Bezugspreis von 1,30 US-Dollar je Euro in 2,0 Mio. Euro tauschen. Notiert der Euro am Fälligkeitstag unter dem Basispreis von 1,30 US-Dollar, wird ABC die Calls verfallen lassen und die US-Dollar-Exporterlöse am Kassamarkt zum günstigeren Eurokurs umtauschen. Beträgt der Eurokurs z. B. 1,20 US-Dollar, können die Exporterlöse von 2,6 Mio. US-Dollar in 2,17 Mio. Euro am Kassamarkt getauscht werden.

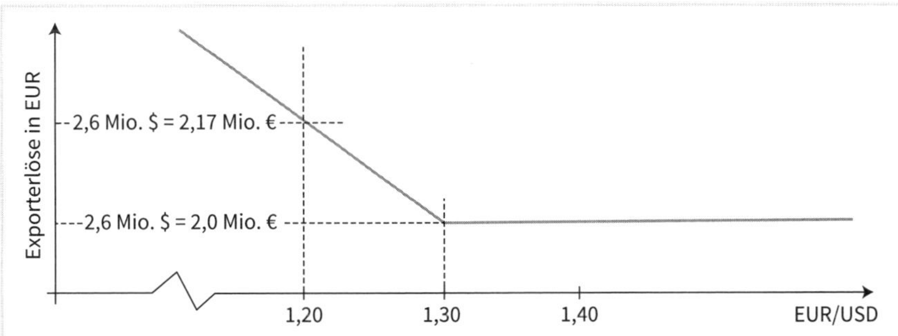

Abb. 12.4: Grundgeschäft US-Dollar-Export kombiniert mit Euro-Call (ohne Prämienzahlung)

Der Optionspreis von 3,0 US-Cents je Euro muss einen Tag nach Abschluss des Optionsgeschäfts gezahlt werden. Unter Berücksichtigung des Optionspreises kostet ein Euro im Ausübungsfall somit 1,33 US-Dollar.

Selbstverständlich könnte ABC auch einen anderen Bezugspreis wählen. Je tiefer der Bezugspreis, desto wertvoller ist die Option für den Käufer, da jeder Euro nun weniger US-Dollar kostet. Mit sinkendem Bezugskurs steigt aber auch die Optionsprämie.

Put-Optionen

Während Euro-Calls für all die relevant sind, die Forderungen in Fremdwährung haben, eignen sich Euro-Puts für die Absicherung von Verbindlichkeiten in Fremdwährung.

BEISPIEL

Put

ABC muss in drei Monaten am 01.04.2020 eine Importrechnung über 6,5 Mio. US-Dollar zahlen. Um sich gegen eine befürchtete Abwertung des Euro zu hedgen, erwirbt ABC heute am 01.01.2020 einen europäischen Euro-Put zum Preis von 2,0 US-Cent je Euro mit einem Bezugspreis von 1,30 US-Dollar, einer Laufzeit von drei Monaten und einer

Kontraktgröße von 5,0 Mio. Euro. Am Ende der Laufzeit hat ABC das Recht, 5,0 Mio. Euro für je 1,30 US-Dollar zu verkaufen. Im Ausübungsfall erhält ABC damit die für die Importrechnung benötigten 6,5 Mio. US-Dollar. Liegt der Euro-Kassakurs am 01.04.2020 über dem Basispreis von 1,30 US-Dollar, wird ABC die Option verfallen lassen, weil sie die benötigten US-Dollars dann für einen geringeren Eurobetrag kaufen kann. Bei Euro/US-Dollar = 1,40 beträgt die Importrechnung nur noch 4,64 Mio. Euro.

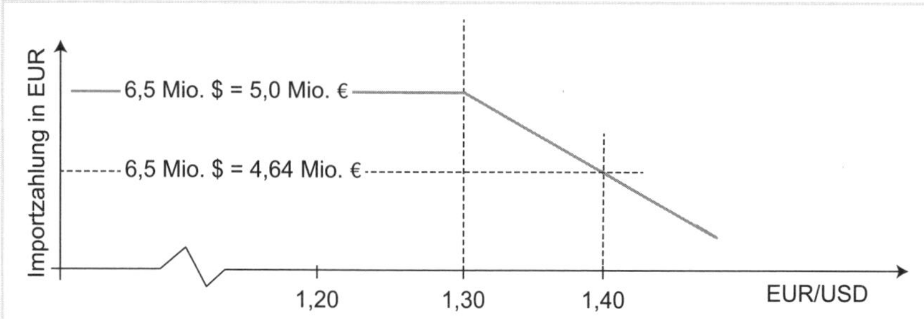

Abb. 12.5: Grundgeschäft US-Dollar-Import kombiniert mit Euro-Put (ohne Prämienzahlung)

Der Euro-Put sichert ABC damit einen Höchstbetrag von 5,0 Mio. Euro für die Importrechnung, lässt aber die Chance offen, dass im Zuge eines steigenden Euro die Importrechnung in Euro geringer ausfällt. Die Optionsprämie in Höhe von 2,0 US-Cent je Euro ist in jedem Fall zu zahlen. Die Absicherung für die vereinbarte Laufzeit kostet damit 100.000 US-Dollar und muss einen Tag nach Geschäftsabschluss an den Verkäufer der Option gezahlt werden. Nach Abzug der Putprämie kann ein Euro in 1,28 US-Dollar getauscht werden.

Auch bei Puts kann durch die Wahl des gewünschten Ausübungskurses Einfluss auf das Absicherungsniveau genommen werden. Je tiefer der Ausübungspreis, desto weniger US-Dollar erhält man je Euro, desto geringer die Optionsprämie.

Reduktion der Optionsprämienzahlung: Die Absicherung von Fremdwährungstransaktionen über Optionen ist in Höhe der Optionsprämie mit Kosten verbunden. Allerdings lässt sich die Höhe der Optionsprämie reduzieren, wenn man auf einen Teil der in der Option steckenden Chance verzichtet. Betrachten wir hierzu das letzte Put-Beispiel. Mithilfe des gekauften Puts, Basispreis 1,30 US-Dollar, sichert sich der deutsche Importeur eine Rechnung von maximal 5,0 Mio. Euro (ohne Berücksichtigung der Optionsprämie von 100.000 US-Dollar). Je mehr der Euro bis zum Fälligkeitstag steigt, desto geringer wird die Importrechnung in Euro. Der Importeur könnte nun bereit sein auf Euro-Kurssteigerungen z. B. jenseits 1,40 US-Dollar zu verzichten, angedeutet in der gestrichelten Linie der Abbildung 12.5 links. Wirtschaftlich bedeutet dies, dass er bereit ist, für seine Importe mindestens 4,64 Mio. Euro zu zahlen. Im Gegenzug erwartet er eine Zahlung.

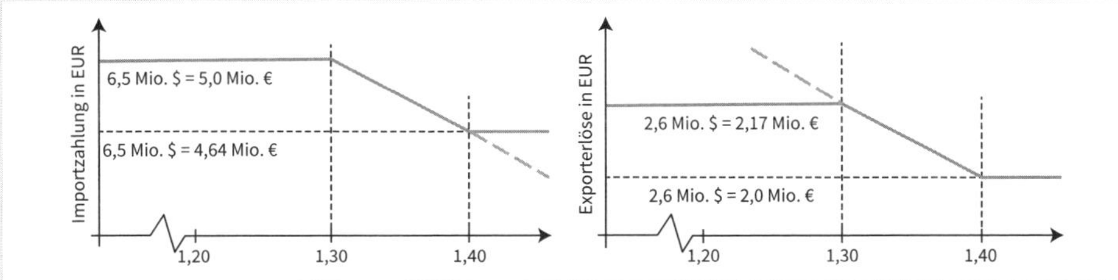

Abb. 12.6: Reduktion der Optionsprämie durch Verzicht auf »Chancen«

Umgesetzt werden kann diese Strategie, indem der Importeur einen Euro-Call mit einem Basispreis von 1,40 US-Dollar *verkauft*. Als Verkäufer des Calls verpflichtet er sich Euro bei 1,40 US-Dollar zu liefern (siehe Abbildung 12.6). Für die Übernahme dieser Verpflichtung erhält er eine Optionsprämie. Der Importeur kann sicher sein, dass er Euro gegen US-Dollar tauschen muss, wenn der Euro über 1,40 US-Dollar liegt.

Die Kombination aus Kauf-Put mit Basispreis 1,30 US-Dollar und Verkauf-Call Basispreis 1,40 US-Dollar sichert dem Importeur eine Euro-Rechnung, die, wie im linken Teil der Abbildung in Form der durchgezogenen Linie gezeigt, höchstens 5,0 Mio. Euro, mindestens aber 4,64 Mio. Euro beträgt.

Der zu zahlenden Putprämie in Höhe von 0,02 US-Dollar je Euro steht ein Zahlungseingang für den verkauften Call gegenüber. Erhält der Importeur dafür z. B. 0,015 US-Dollar, betragen die Absicherungskosten netto nur noch 0,005 US-Dollar je Euro. Die Sicherungskosten sinken damit von 100.000 US-Dollar auf 25.000 US-Dollar, allerdings um den Preis der Limitierung des Rückgangs der Importrechnung.

Analoge Überlegung können wir für das Call-Beispiel auf Seite 102 anstellen. Mit dem Euro-Call, Basispreis 1,30 US-Dollar, sichert sich der Exporteur gegen einen Eurokurs über 1,30 US-Dollar ab, lässt sich aber die Chance offen, von einem schwachen Euro zu profitieren. Je tiefer der Euro am Fälligkeitstag unter dem Basispreis notiert, desto höher fällt der in Euro gerechnete Exporterlös aus. Wenn der Exporteur bereit ist, auf Mehrerlöse zu verzichten, die sich bei einem Eurokurs von sagen wir unter 1,20 US-Dollar ergeben, muss er einen Euro-Put *verkaufen*. Damit verpflichtet er sich Euro zu kaufen, wenn der Inhaber des Euro-Puts seine Option ausübt (siehe Abbildung 12.5). Der Exporteur kann damit sicher sein, dass er die US-Dollar-Exporterlöse zu 1,20 US-Dollar in Euro umtauschen muss, wenn der Euro unter den Basispreis fällt. Im Ergebnis erhalten wir das Zahlungseingangsprofil auf der rechten Seite der Abbildung 12.6. Durch die erhaltene Putprämie reduziert sich der Absicherungsaufwand zulasten einer Begrenzung des möglichen Exporterlöses in Euro. Die Tabelle 12.2 fasst zusammen.

Ausgangssituation	Verlust, wenn	Option	Reduktion Sicherungskosten durch
Aktivüberhang	US-Dollar fällt	Kauf Euro-Call	Verkauf Euro-Put mit tieferem Basispreis
Passivüberhang	US-Dollar steigt	Kauf Euro-Put	Verkauf Euro-Call mit höherem Basispreis

Tab. 12.2: Hedging von Transaktionsrisiken mit Terminmarktprodukten

Option versus Futures/Forwards

Optionen unterscheiden sich in wesentlichen Punkten von den zuvor geschilderten Termingeschäften: Bei Futures und Forwards verpflichten sich beide Seiten, zum vereinbarten Terminkurs ein Geschäft abzuschließen. Da Käufer und Verkäufer das abgeschlossene Geschäft ohne Wahlrecht zum vereinbarten Terminkurs am vereinbarten Termin durchführen müssen, werden diese Geschäfte unbedingte Termingeschäfte genannt. Bei Optionen hingegen hat der Käufer der Option ein Wahlrecht, weshalb man auch von bedingten Termingeschäften spricht. Der große Vorteil von Optionen ist das Wahlrecht zum vereinbarten Wechselkurs handeln zu dürfen und gleichzeitig von vorteilhaften Wechselkursentwicklungen profitieren zu können. Dieser Vorteil ist durch die Laufzeit der Option zeitlich begrenzt und erfordert Finanzmittel in Form der Optionsprämie.

Ein weiterer Unterschied ist die Wahl des vereinbarten Preises. Während man bei Futures und Forwards nur zum jeweils gültigen Terminkurs abschließen kann, kann man bei Optionen den Basispreis frei wählen. Natürlich ändern sich mit dem Basispreis auch die Optionsprämien, doch Optionen erlauben dadurch eine feinere Steuerung des Währungsrisikos.

Ausgangssituation	Verlust, wenn	Future/Forward	Option
Aktivüberhang	Fremdwährung fällt	Verkauf Fremdwährung	Kauf Euro-Call
Passivüberhang	Fremdwährung steigt	Kauf Fremdwährung	Kauf Euro-Put

Tab. 12.3: Hedgingmaßnahmen mit Termingeschäften

Hedging mit Optionen im Angebotszeitraum

Abbildung 12.7 zeigt die verschiedenen Zeiträume, in denen Transaktionsrisiken auftreten. Sie beginnen beim Vertragsangebot t_1 und reichen von der Angebotsannahme über die Auslieferung bis zum Zahlungszeitpunkt t_4. Je nach Produkt, Dienstleistung und Ansässigkeitsstaat des Käufers können die einzelnen Zeiträume sehr lang sein.

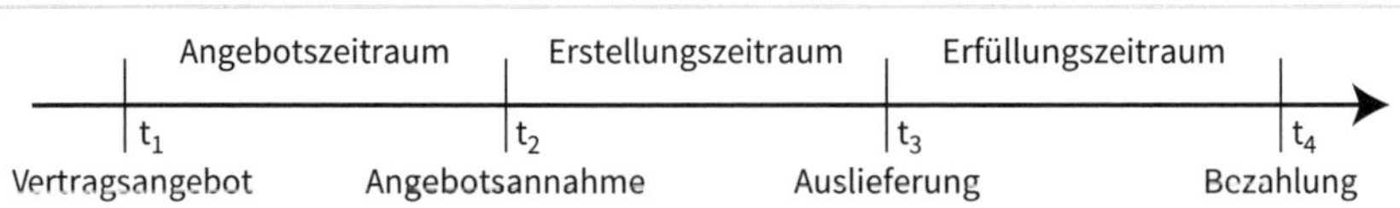

Abb. 12.7: Zeiträume für Transaktionsrisiken

Für Währungsrisiken im Angebotszeitraum eignen sich Optionen deutlich besser als Forwards. Nehmen wir an, dass Siemens an einer Ausschreibung für ein Gaskraftwerk mit einem Auftragswert von 500 Mio. US-Dollar in China teilnimmt. Siemens hat mit Abgabe des verbindlichen Angebots ein Währungsrisiko von 500 Mio. US-Dollar, wenn Siemens den Zuschlag erhält. Da Siemens aber nicht weiß, ob es den Zuschlag erhalten wird, wäre ein Verkauf von 500 Mio. US-Dollar zum Termin t_4 sehr gefährlich. Denn geht der Zuschlag an einen anderen Bieter, muss Siemens in t_4 500 Mio. US-Dollar gegen Euro tauschen, die realwirtschaftlich gar nicht fließen.

Das bessere Hedginginstrument sind hier Optionen, in unsrem Fall der Kauf von Euro-Calls. Die anfallende Optionsprämie kann Siemens als Kostenbestandteil in das Vertragsangebot mit aufnehmen.

12.4 Einsatz von Währungsswaps bei Transaktionsrisiken

Die bisher betrachteten Währungsrisiken bezogen sich alle auf vertragliche Vereinbarungen im realwirtschaftlichen Bereich wie Importe oder Exporte. Transaktionsrisiken treten aber auch bei reinen Finanztransaktionen auf, wie der Aufnahme eines Kredits oder einer Geldanlage in Fremdwährung.

Fremdwährungskredit mit Währungsswaps
In Höhe des Fremdwährungskredits liegt eine Verbindlichkeit und damit ein Exposure auf der Passivseite vor. Steigt der Kurs der Fremdwährung, muss der Fremdwährungskredit mit einem höheren Eurobetrag getilgt werden und umgekehrt. Grundsätzlich könnte man das aus einem Kredit resultierende Fremdwährungsrisiko mit Forwards absichern. Hierzu müsste man den zum Tilgungszeitpunkt benötigten Fremdwährungsbetrag ebenso wie die jährlich anfallenden Fremdwährungszinsen auf Termin kaufen. Das ist aber kompliziert und teuer.

Die Alternative zu einem Fremdwährungskredit ist der Einsatz von Währungsswaps, die in Kapitel 10.3 ausführlich vorgestellt wurden. Ein Währungsswap wirkt wie ein Fremdwährungskredit, ist aber mit keinem Transaktionsrisiko verbunden.

Nehmen wir an, dass ABC für ihre ausländische Tochtergesellschaft einen Fremdwährungskredit über 140 Mio. US-Dollar für fünf Jahre benötigt. Der aktuelle Wechselkurs beträgt Euro/US-Dollar = 1,40. Statt einen Kredit in US-Dollar für 4,5 % US-Dollar aufzunehmen, schließt ABC mit seiner Bank einen Währungsswap über fünf Jahre ab.

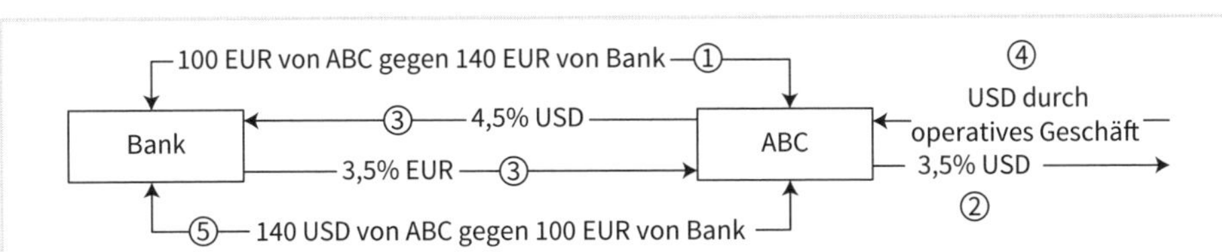

Abb. 12.8: Finanzierung ausländischer Töchter durch Währungsswaps

Der erste Teil des Swapgeschäfts ① besteht darin, dass die Bank 140 Mio. US-Dollar an ABC überweist, die im Gegenzug der Bank 100 Mio. Euro zur Verfügung stellt. Der Tauschbetrag richtet sich dabei nach dem aktuellen Kassakurs. Die 100 Mio. Euro muss sich ABC leihen und zahlt hierfür Euro-Zinsen ② in Höhe von 3,5 %. ABC verfügt nun für die Dauer der Swapvereinbarung über die benötigten Finanzmittel von 140 Mio. US-Dollar wie bei einem Fremdwährungskredit, die aber in Euro finanziert werden.

Während der Laufzeit des Swaps zahlt jeder Vertragspartner Zinsen in der Währung, die er nutzt ③. Da ABC US-Dollar nutzt, zahlt ABC auch den vereinbarten US-Dollar-Zinssatz von 4,5 % wie bei einem Fremdwährungskredit und erhält im Gegenzug 3,5 % Euro-Zinsen von der Bank. Wir nehmen an, dass ABC die US-Dollar-Zinsen aus seinem operativen Geschäft in den USA finanziert ④.

Die saldierten Zinszahlungen von ABC entsprechen dem US-Dollar-Zinssatz von 4,5 %, weil die Euro-Zinszahlungen auf den Euro-Kredit faktisch so hoch sind wie die erhaltenen Euro-Zinszahlungen aus dem Swapgeschäft.

Am Ende der Laufzeit von fünf Jahren werden die Nominalbeträge zum gleichen Kurs von Euro/US-Dollar = 1,40 wieder zurückgetauscht ⑤. ABC erhält seine 100 Mio. Euro zurück und kann sie zur Tilgung des Euro-Kredits verwenden.

Mithilfe eines Währungsswaps erhält ABC wirtschaftlich betrachtet einen Fremdwährungskredit, der aber in der Heimatwährung Euro finanziert wird.

Fremdwährungsanlage mit Währungsswaps

Das Gegenstück zum Kredit ist eine Geldanlage in Fremdwährung. Da sie eine Forderung darstellt, steigt der Anlagewert mit dem Kurs der Fremdwährung und umgekehrt. Jede Geld- und Kapitalanlage in Fremdwährung ist daher mit einem Transaktionsrisiko verbunden.

Angenommen eine deutsche Versicherungsgesellschaft möchte für 700 Mio. US-Dollar amerikanische Aktien kaufen, da sie von einer positiven Aktienmarktentwicklung ausgeht. Der geplante Anlagezeitraum beträgt zwei Jahre. Die Euro-Rendite der amerikanischen Aktien setzt sich zusammen aus der Rendite der Aktien in lokaler Währung plus der Wechselkursänderung des US-Dollars im Anlagezeitraum. Der erhoffte Anstieg der Aktienkurse könnte durch einen Kursrückgang des US-Dollars geschmälert werden. Sogar Verluste sind möglich, wenn der US-Dollar-Rückgang stärker ist als der Preisanstieg der Aktien. Die Versicherung kann das Währungsrisiko auf den Geldanlagebetrag vermeiden, wenn sie einen Währungsswap über 700 Mio. US-Dollar abschließt. Beim aktuellen Wechselkurs von Euro/US-Dollar = 1,40 stellt sie dem Swap-Partner 500 Mio. Euro zur Verfügung und erhält die benötigten 700 Mio. US-Dollar zum Kauf der Aktien. Während der nächsten zwei Jahre leistet die Versicherung Zinszahlungen in US-Dollar und erhält den vereinbarten Eurozinssatz. Am Laufzeitende verkauft die Investmentgesellschaft ihre US-Aktien, erhält dadurch (zumindest in der Planung) mehr als 700 Mio. US-Dollar und tauscht 700 Mio. US-Dollar wieder in 500 Mio. Euro zurück. Der ursprüngliche Anlagebetrag von 700 Mio. US-Dollar weist damit kein Währungsrisiko auf.

13 Ökonomische Risiken

13.1 Quelle und Umfang von ökonomischen Risiken

Den bisher betrachteten Transaktionsrisiken lag ein konkretes, vertraglich vereinbartes Geschäft in Fremdwährung zugrunde. Doch Währungsrisiken können auch entstehen, wenn kein Währungsgeschäft abgeschlossen wurde.

BEISPIEL

Ein bayerisches Unternehmen produziert und vertreibt seine Waren ausschließlich in Deutschland. Hat das Unternehmen ein Währungsrisiko?
Stellen wir uns vor, dass das bayerische Unternehmen ein Produkt herstellt, das am Weltmarkt gehandelt wird und derzeit 120 US-Dollar kostet. Bei einem Eurokurs von 1,20 US-Dollar erlöst das Produkt somit 100 Euro. Wenn der Euro nun um 10 % auf 1,32 US-Dollar aufwertet, berührt dies das Unternehmen in Bayern, das nur Abnehmer in Deutschland hat? Ja, weil der Produktpreis in Euro gerechnet von 100 Euro auf 90,91 Euro sinkt. Obwohl das bayerische Unternehmen keinen Export betreibt, obwohl kein Währungsgeschäft abgeschlossen wurde, wird es dennoch unter dem Euroanstieg leiden. Seine Wettbewerbsfähigkeit sinkt, da ausländische Anbieter nun gleichartige Produkte billiger in Deutschland anbieten können.

Das bayerische Unternehmen hat keine Transaktionsrisiken, da es weder Verbindlichkeiten noch Forderungen in US-Dollar hat. Dennoch sieht es sich Währungsrisiken ausgesetzt, die man ökonomisches oder auch operatives Währungsrisiko nennt.

Um die Quellen und den Umfang des ökonomischen Risikos zu verstehen, muss man Antworten auf folgende drei Fragen finden:

1. Für welche Teilmärkte produzieren die relevanten Konkurrenten in welchem Währungsraum (Wettbewerberfrage)?
2. In welcher Währung werden die Vorprodukte und Lieferanten bezahlt?
3. Wie reagieren die Konkurrenten auf Wechselkursänderungen?

Wettbewerberfrage

Zur Illustration dieses zentralen Punkts nehmen wir an, dass ABC einen Teil seiner Produktion in die USA exportiert und sich dort US-amerikanischer Konkurrenz stellen muss. In Deutschland hingegen stellen die relevanten Konkurrenten Firmen aus Italien dar. Auf dem Exportmarkt USA herrscht damit Konkurrenz zu Unternehmen, die im US-Dollarraum produzieren, während in Deutschland die Wettbewerber im gleichen Währungsraum ihre Waren herstellen. Unter dieser Wettbewerbsannahme betreffen Wechselkursänderungen nur den Teil der Produktion, der in die USA exportiert wird. Die Produktion in Deutschland unterliegt keinem Währungsrisiko.

Das Exposure des ökonomischen Risikos ist im Rahmen der getroffenen Wettbewerbsannahmen damit so hoch wie das zukünftige Exportvolumen in Fremdwährung.

Ändert sich das Wettbewerbsszenario, ändert sich auch das Ausmaß des ökonomischen Risikos. Unterstellt man, dass die US-amerikanischen Unternehmen nicht nur in den USA, sondern auch auf dem Heimatmarkt von ABC die größten Konkurrenten sind, dann betreffen Wechselkursänderungen des Euro nicht nur den Exportmarkt, sondern die gesamte Produktion von ABC. Steigt nämlich der Euro/US-Dollar-Kurs, können die amerikanischen Unternehmen ihre Produkte in Deutschland billiger anbieten.

Es sind Situationen vorstellbar, in denen eine Aufwertung des Euro gegenüber dem US-Dollar die Wettbewerbsfähigkeit von ABC nicht beeinflusst, obwohl ABC in die USA exportiert. Stellen Sie sich den Fall vor, dass in den USA die einzigen Konkurrenten von ABC Unternehmen sind, die in Japan produzieren und damit im YEN-Währungsraum. In diesem Fall ist unter Wettbewerbsgesichtspunkten eine Verteuerung des Euro im Verhältnis zum US-Dollar nicht relevant, da die japanische Konkurrenz nicht vom Anstieg des Euro profitiert. Entscheidend ist in diesem Wettbewerbsumfeld die Wertentwicklung des Euro zum YEN. Steigt der Euro zum US-Dollar im gleichen Maße wie der YEN zum US-Dollar, dann bleibt die Wettbewerbsposition trotz Verteuerung des Euro zum US-Dollar gleich, weil die relevante Konkurrenz einem gleichen Anstieg ihrer Währung ausgesetzt ist.

Wechselkursänderungen verändern nur dann die Wettbewerbssituation, wenn die Wechselkursänderungen die Währungen betreffen, in denen die Hauptkonkurrenten ihre Produktion haben. Hätte die japanische Konkurrenz eine Produktionsstätte in den USA, dann würde sich die Wettbewerbssituation beim Anstieg des Euro zum US-Dollar wieder zu deren Gunsten verändern, da der schwächere US-Dollar zum Euro die japanische Produktion in den USA kostengünstiger macht. Es ist daher nicht entscheidend, ob das Unternehmen japanisch ist oder nicht. Entscheidend ist, in welchem Währungsraum die relevanten Konkurrenten produzieren.

Betrachtung der Lieferantenseite
Beim zukünftigen Verkauf von Waren und Dienstleistungen entsteht ein Zufluss in Fremdwährung (Aktivexposure). Werden hingegen Vorprodukte oder Lieferanten in Fremdwährung bezahlt, besteht ein Bedarf nach Fremdwährung (Passivexposure), der das Aktivrisiko mindern oder gar ausgleichen kann. Bezieht ABC jährlich Vorleistungen in Höhe von 100 US-Dollar bei einem Exportwert von 500 US-Dollar, dann beträgt der jährliche Fremdwährungsüberschuss nur 400 US-Dollar. Dabei ist wiederum nicht entscheidend, dass der Lieferant tatsächlich in den USA seinen Sitz hat, sondern nur, dass die Vorleistungen in US-Dollar abgerechnet werden. Es kann sich auch um chinesische oder mexikanische Lieferanten handeln, solange ABC seine Vorleistungen nur in US-Dollar bezahlt.

Reaktion der Konkurrenten bei Wechselkursveränderungen
Wenn der Euro aufwertet, haben amerikanische Unternehmen, die im US-Dollar-Währungsraum produzieren und ihre Waren in Deutschland verkaufen, folgende Reaktionsmöglichkeiten:

1. Europreise werden gesenkt
Beim gleichen Dollarpreis können die amerikanischen Waren in Deutschland billiger angeboten werden, d. h. der währungsbedingte Wettbewerbsvorteil wird in Form von tieferen Europreisen an die Kunden weitergegeben. Diese Maßnahme spürt ABC sofort. Entweder senkt ABC auf Kosten seiner Marge ebenfalls die Europreise oder es verliert einen Teil des eigenen Marktes, weil die Konkurrenz tiefere Preise hat.
2. Europreise bleiben unverändert
Wenn sich die amerikanischen Konkurrenten für 2. entscheiden, dann hat die Wechselkursveränderung keinen unmittelbaren Einfluss auf ABC. Die von den amerikanischen Unternehmen gesetzten Europreise bleiben unverändert, es kommt zu keiner Änderung der Angebotssituation. Allerdings verbessert sich im Umfang der Euroaufwertung die Marge der amerikanischen Konkurrenz und stärkt ihre Finanzkraft. Dies hat zumindest mittel- und langfristig positive Auswirkungen auf ihre zukünftigen Handlungsspielräume und ihre Wettbewerbssituation.
3. Kombination zwischen 1. und 2.
Preiserhöhungen sind üblicherweise mit einem Umsatzrückgang verbunden. Unterschiedliche Preiselastizitäten zwischen den einzelnen Anbietern haben wir aber aus Vereinfachungsgründen nicht diskutiert. Generell gilt: Je »einzigartiger« das Produkt, desto leichter lassen sich Preise ohne Absatzeinbußen erhöhen (geringe Preiselastizität).
Diese Wahl dürfte in der betrieblichen Wirklichkeit am häufigsten vorkommen. Die Auswirkungen haben damit Ausprägungen, die unter 1. und 3. beschrieben wurden. Konkret hängt es davon ab, wie »nahe« die Wahl an 1. oder 2. liegt.

Wenn der Euro sinkt, liegt eine spiegelverkehrte Situation vor. Dann sind logischerweise die Handlungsmöglichkeiten der US-amerikanischen Konkurrenz eine Erhöhung der Europreise im Umfang der Euroabwertung, unveränderte Europreise zulasten ihrer Marge oder eine Kombination dieser Maßnahmen.

13.2 Quantifizierung von ökonomischen Risiken

Auch bei ökonomischen Risiken muss die Höhe des Währungsexposure ermittelt werden, um mögliche Hedginginstrumente dem Risikoumfang anpassen zu können. Allerdings ist die numerische Erfassung ohne Kenntnis des Wettbewerbsumfelds nicht möglich. Die Quantifizierung des ökonomischen Risikos wird im Weiteren an folgendem Beispiel illustriert:

ABC produziert in Deutschland 1.000 Produkteinheiten. 60 % davon werden in Deutschland zum Preis von je 5,0 Euro verkauft, 40 % in den USA zum Preis von 6,0 US-Dollar. Die Produktionskosten in Deutschland betragen 4,0 Euro je Einheit, insgesamt somit 4.000 Euro. Um das Produkt herstellen zu können, benötigt ABC jeweils ein Vorprodukt, welches für 0,8 US-Dollar von amerikanischen Lieferanten bezogen wird. Der Kassakurs des Euro beträgt 1,20 US-Dollar. In der Ausgangssituation erzielt ABC einen Gewinn in Höhe von 333,3 Euro, wie man in der linken Seite der Tabelle 13.1 leicht nachvollziehen kann.

Ausgangssituation: 1 Euro = 1,20 US-Dollar			
		Menge	Preis
Umsatz D	3.000,0 €	600	5,0 €
Umsatz USA	2.400,0 $	400	6,0 $
Umsatz USA in €	2.000,0 €	*1 EUR = 1,20 USD*	
Umsatz Summe	5.000,0 €		
Aufwand in €	4.000,0 €	1.000	4,0 €
Aufwand in $	800,0 $	1.000	0,8 $
Aufwand $ in €	666,7 €		
Gesamtaufwand €	4.666,7 €		
Gewinn	333,3 €		
Nettoexposure abhängig von Wettbewerb			

Szenario 1: Preisanpasser im Ausland			
		Menge	Preis
Umsatz D	3.000,0 €	600	5,0 €
Umsatz USA	**2.400,0 $**	400	6,0 $
Umsatz USA in €	1.714,3 €	*1 EUR = 1,40 USD*	
Umsatz Summe	4.714,3 €		
Aufwand in €	4.000,0 €	1.000	4,0 €
Aufwand in $	**800,0 $**	1.000	0,8 $
Aufwand USD in €	571,4 €		
Gesamtaufwand €	4.571,4 €		
Gewinn	142,9 €		
Nettoexposure	**+ 1.600,0 $**		

Tab. 13.1: Ökonomisches Risiko und Preisanpasser im Ausland

Der konkrete Umfang des ökonomischen Risikos hängt von der Wettbewerbssituation ab, in der ABC operiert. Um dies zu verdeutlichen, berechnen wir für drei unterschiedliche Wettbewerbsszenarien jeweils das ökonomische Währungsrisiko und die Gewinnauswirkungen einer Euroaufwertung von 1,20 US-Dollar auf 1,40 US-Dollar.

Szenario 1: Preisanpasser im Ausland

In diesem Szenario ist ABC ein »Preisanpasser im Ausland« und akzeptiert den im Exportland vorgegebenen Preis von 6,0 US-Dollar. Da sich die Euro-Exporterlöse mit dem Wechselkurs ändern, sind sie mit einem Währungsrisiko in Höhe des Umsatzes von 2.400 US-Dollar verbunden. Gleichzeitig muss ABC Vorleistungen für 800 US-Dollar aus den USA einkaufen. Währungseinzahlungen von 2.400 US-Dollar stehen folglich Auszahlungen von 800 US-Dollar gegenüber. Das ökonomische Risiko in dem dargestellten Wettbewerbsumfeld beträgt netto somit + 1.600 US-Dollar (Nettoexposure). Zur Verdeutlichung werden die Positionen mit einem Währungsrisiko unterlegt.

Kennt man das ökonomische Risiko, lassen sich die Auswirkungen von Wechselkursänderungen auf den zukünftigen Gewinn leicht berechnen. Hierzu wird der ermittelte Fremdwährungsüberschuss von + 1.600 US-Dollar mit den jeweiligen Wechselkursen bewertet. Bei einem Kurs von 1,20 US-Dollar hat der Fremdwährungsüberschuss einen Wert von 1.333,3 Euro (= 1.600 $/1,2 $), während sich bei 1,40 US-Dollar ein Betrag von 1.142,9 Euro ergibt. ABC verliert im Vergleich zur Ausgangssituation durch den Euroanstieg daher 190,5 Euro.

Dieser währungsbedingte Verlust lässt sich über die GuV-Rechnung in Abbildung 13.1 nachvollziehen. Wenn man den Gewinn für einen Eurokurs von 1,40 US-Dollar berechnet, sieht man, dass der Gewinn durch den Euroanstieg tatsächlich um 190,5 Euro gesunken ist, nämlich von 333,3 Euro auf 142,9 Euro. Um die Auswirkungen von Wechselkursänderungen auf den Gewinn zu berechnen, benötigt man aber nicht die GuV-Rechnung. Es reicht, wie gezeigt, einzig die Bewertung des Nettoexposure bei verschiedenen Wechselkursen.

Das ökonomische Risiko von +1.600 US-Dollar sollte man nicht mit dem berechneten Währungsverlust von 190,5 Euro verwechseln. Das ökonomische Währungsrisiko zeigt den erwarteten jährlichen Nettozufluss oder Nettoabfluss an Fremdwährung. Der Verlust von 190,5 Euro hingegen ist die Gewinnwirkung einer konkreten Währungsänderung (hier von 1,20 US-Dollar aus 1,40 US-Dollar). Um diesen Punkt zu verdeutlichen, zeigt Tabelle 13.2 unter der Spalte Szenario 1 die Gewinnwirkung von verschiedenen Eurokursen beim berechneten Nettoexposure von + 1.600 US-Dollar. Je höher der Eurokurs, desto mehr sinkt der Gewinn und umgekehrt.

Euro =	Szenario 1	Szenario 2	Szenario 3
1,0 $	266,7 €	-133,3 €	866,7 €
1,1 $	121,2 €	-60,6 €	393,9 €
1,2 $	0,0 €	0,0 €	0,0 €
1,3 $	-102,6 €	51,3 €	-333,3 €
1,4 $	-190,5 €	95,2 €	-619,0 €
1,5 $	-266,7 €	133,3 €	-866,7 €

Tab. 13.2: Gewinnauswirkungen

Szenario 2: Autonome Preisfestlegung bzw. keine heimische Konkurrenz

Wir ändern nun das Wettbewerbsszenario und unterstellen, dass ABC seine Preise in den USA im Umfang der Wechselkursänderung anpasst. Steigt der Euro, werden die Dollarpreise erhöht und umgekehrt. ABC hat demnach in den USA keine Konkurrenz für ihr Produkt und auch die Abnehmer reagieren nicht auf mögliche Preisänderungen. Obwohl dieses Szenario in Reinform wenig realistisch ist, zeigt es doch die Folgen einer starken Marktstellung auf. Da die Preise von ABC autonom festgelegt werden können, unterliegt die Einnahmeseite keinem ökonomischen Risiko.

Wenn sich der Euro auf 1,40 US-Dollar verteuert, muss ABC folglich den Dollarpreis von 6,0 US-Dollar auf 7,0 US-Dollar anheben, um wieder einen Verkaufspreis von 5 Euro erzielen zu können: 7 $/1,4 = 6 $/1,2 = 5 €. Damit betragen die Exporterlöse 2.800 US-Dollar und in Euro umgerechnet weiterhin 2.000 Euro wie in der Ausgangssituation. Gleichzeitig reduziert sich der in Euro gerechnete Aufwand für die Vorleistungen aus den USA um 95,2 Euro, was den Gewinn auf 428,6 Euro erhöht.

Das grau unterlegte ökonomische Risiko tritt bei diesem Wettbewerbsszenario ausschließlich auf der Ausgabenseite in Höhe der geplanten Vorleistungskäufe von 800 US-Dollar auf. Das Nettoexposure hat jetzt einen Passivüberhang von 800 US-Dollar.

Szenario 2: Autonome Preisfestsetzung			
		Menge	Preis
Umsatz D	3.000,0 €	600	5,0 €
Umsatz USA	$ 2.800,0	400	$ 7,0
Umsatz USA in €	2.000,0 €	*1 EUR = 1,40 USD*	
Umsatz Summe	5.000,0 €		
Aufwand in €	4.000,0 €	1.000	4,0 €
Aufwand in $	$ 800,0	1.000	$ 0,8
Aufwand $ in €	571,4 €		
Gesamtaufwand €	4.571,4 €		
Gewinn	428,6 €		
Nettoexposure	- 800,0 $		

Szenario 3: Preisanpasser In- und Ausland			
		Menge	Preis
Umsatz D	**2.571,4 €**	600	4,29 €
Umsatz USA	**$ 2.400,0**	400	6,0 $
Umsatz USA in €	1.714,3 €	*1 EUR = 1,40 USD*	
Umsatz Summe	4.285,7 €		
Aufwand in €	4.000,0 €	1.000	4,0 €
Aufwand in $	$ 800,0	1.000	0,8 $
Aufwand $ in €	571,4 €		
Gesamtaufwand €	4.571,4 €		
Gewinn	- 285,7 €		
Nettoexposure	+ 5.200,0 $		

Tab. 13.3: Ökonomisches Risiko: Anpassung Exportpreise bzw. Anpassung an Weltmarktpreise

Wenn Sie das Nettoexposure von –800 US-Dollar bei einem Eurokurs von 1,20 US-Dollar und dann bei 1,40 US-Dollar bewerten, erhalten Sie wiederum die bereits berechneten 95,2 Euro.

Die Gewinnwirkungen des ökonomischen Risikos beim unterstellen Wettbewerbsumfeld für verschiedene Eurokurse finden Sie in der Tabelle 13.2 oben unter Spalte Szenario 2.

Auf den ersten Blick scheint das unterstellte Wettbewerbsszenario im höchsten Maße unrealistisch zu sein, doch betrachten wir einmal genauer, was es bedeutet: Offenkundig hat ABC auf dem entsprechenden Exportmarkt keine *heimische* Konkurrenz. Doch schließt das Szenario Konkurrenz nicht grundsätzlich aus. Wenn z. B. auf dem amerikanischen Exportmarkt nicht amerikanische, sondern japanische oder britische Unternehmen die gefährlichen Konkurrenten wären, dann wäre für die Konkurrenzfähigkeit von ABC auf dem amerikanischen Exportmarkt nicht der Euro/US-Dollar-Wechselkurs entscheidend, sondern der Wechselkurs zwischen Euro und Yen oder dem britischen Pfund. Mag dieses Beispiel auf dem US-amerikanischen Markt etwas akademisch erscheinen, auf vielen Exportmärkten ist es aber keine Seltenheit, dass ausländische Unternehmen jeweils die größten Konkurrenten sind. Denken Sie an Apple und Samsung für ihre Smartphones auf dem Exportmarkt Europa oder an Daimler und Honda für den Exportmarkt Schweiz usw.

Szenario 3: Preisanpasser im In- und Ausland

In diesem Szenario ist ABC im Inland und im Ausland einem hohen Konkurrenzdruck ausgesetzt. Wir nehmen an, dass die schärfsten Konkurrenten in den USA produzieren und ihre Waren auch im Heimatmarkt von ABC anbieten. Ein Euroanstieg wird die Wettbewerbsfähigkeit von ABC damit nicht nur in den USA, sondern auch in Deutschland schwächen, da die US-Konkurrenten ihre Produkte billiger in Deutschland anbieten können. Der Produktpreis von ABC orientiert sich am Marktpreis in den USA und beträgt wie in der Ausgangssituation 6,0 US-Dollar. Damit ist ABC annahmegemäß nicht nur Preisanpasser in den USA, sondern auch in Deutschland.

Wie hoch ist das ökonomische Risiko unter diesen Wettbewerbsannahmen? Da der Verkaufspreis durch die Konkurrenz in Höhe von 6,0 US-Dollar vorgegeben ist, unterliegt die gesamte Produktion von 1.000 Einheiten einem Währungsrisiko, d. h. 6.000 US-Dollar. Reduziert um die Vorleistungen von 800 US-Dollar verbleibt ein Aktivexposure von + 5.200 US-Dollar.

Wie wirkt sich das ökonomische Risiko bei einem Euroanstieg auf 1,40 US-Dollar auf den Gewinn aus? Wir bewerten hierzu das Exposure von + 5.200 US-Dollar beim Eurokurs von 1,20 US-Dollar und 1,40 US-Dollar und stellen eine Differenz von -619 Euro fest. Der Gewinn von ABC sinkt folglich währungsbedingt um 619 Euro.

Das Ergebnis lässt sich bestätigen, wenn wir die GuV von ABC bei einem Wechselkurs von 1,40 US-Dollar im rechten Teil der Tabelle 13.3 erstellen. In Deutschland führt der Euroanstieg zu einem Rückgang des Produktpreises von 5,0 Euro auf 4,29 Euro, weil amerikanische Unternehmen ihre Produkte nun billiger anbieten können. In Folge sinkt der Erlös auf 4.285,7 Euro. In den USA betragen die Exporterlöse weiterhin 2.400 US-Dollar, doch in Euro gerechnet entspricht dies nur noch 1.714,3 Euro. Unveränderte Kosten in Deutschland von 4.000 Euro sowie Vorleistungen von 800 US-Dollar verwandeln den Gewinn von ursprünglich 333,34 Euro in einen Verlust von 285,7 Euro. Dies ist ein Gewinnrückgang von 619 Euro verglichen mit der Ausgangssituation. Einmal mehr sehen wir, wie einfach man die Gewinnwirkung berechnen kann, wenn wir das ermittelte Exposure von +5.800 US-Dollar zur Basis nehmen.

In der Tabelle 13.2 finden Sie in der rechten Spalte die Gewinnwirkungen alternativer Eurokurse. Es wird deutlich, wie gravierend ein Euroanstieg den Gewinn von ABC gefährdet bzw. wie der Gewinn förmlich explodiert, wenn der Euro sinkt.

Zwischenfazit und Ergänzung

Das ökonomische Risiko quantifiziert man ähnlich wie bei Transaktionsrisiken durch die Saldierung der zukünftigen Einnahmen- und Ausgabenüberschüsse in Fremdwährung. Da es sich beim ökonomischen Risiko allerdings nicht um historisch abgeschlossene Transaktionen in Fremdwährung handelt, sondern um alle zukünftigen Geschäfte, wird das »Exposure« von der Konkurrenzlage und den damit verbundenen Preisgestaltungsspielräumen beeinflusst. Das Währungsexposure betrug deshalb im Szenario eins + 1.600 US-Dollar, im Szenario zwei - 800 US-Dollar und im Szenario drei + 5.200 US-Dollar. Ohne ein Verständnis der Wettbewerbslage lässt sich das ökonomische Risiko nicht sinnvoll ermitteln.

Um das Ausmaß des ökonomischen Risikos zu verstehen, muss man sich im Klaren darüber sein, dass die ermittelten Währungsrisiken Jahreswerte darstellen. Das Exposure von + 5.200 US-Dollar tritt c.p. in jedem zukünftigen Jahr auf. Will man das ökonomische Risiko der nächsten x Jahre abschätzen, müssen die Jahreswerte deshalb mit dem Faktor x multipliziert werden.

Bei der Berechnung des ökonomischen Risikos ist nicht nur die Wettbewerbssituation auf den einzelnen Teilmärkten für den Verkauf der Waren relevant, sondern auch auf der Einkaufseite. In den drei oben beschriebenen Szenarien wurde implizit unterstellt, dass die Verkäufer der Vorprodukte einen Preis auf 0,8 US-Dollar verlangen, an den sich ABC anpasst. Falls ABC eine sehr starke Marktstellung im Einkauf hat, könnte ABC das Währungsrisiko auch auf den Verkäufer abwälzen.

Relevante Währung und Saldierungsverbot
Bereits bei der Darstellung der Transaktionsrisiken haben wir betont, dass das Risiko nicht vom Sitz des Handelspartners abhängt, sondern von der kontrahierten Währung. Werden Vorleistungen aus Mexiko bezogen und in US-Dollar bezahlt, dann liegt selbstverständlich kein Exposure im mexikanischen Peso vor, sondern im US-Dollar. Darüber hinaus darf das Exposure in verschiedenen Währungen nicht saldiert werden, falls sich die betroffenen Währungen unabhängig voneinander bewegen können.

13.3 Hedging von ökonomischen Risiken

Die Rechenbeispiele im letzten Kapitel geben bereits einen entscheidenden Hinweis, wie ökonomische Risiken abgesichert werden können, denn sie machen deutlich, dass ein ökonomisches Risiko auf der Einnahmeseite durch ein ökonomisches Risiko auf der Ausgabenseite reduziert werden kann. Das Aktivexposure von + 2.400 US-Dollar in Szenario zwei wird durch ein Passivexposure im Einkauf von 800 US-Dollar auf ein Nettoexposure von + 1.600 US-Dollar reduziert. Die Grundidee, ökonomische Risiken zu hedgen, ist daher simpel: Wenn ein Unternehmen bestehenden Währungsrisiken auf der Einnahmeseite aktiv Währungsrisiken auf der Ausgabenseite gegenüberstellt, dann heben sich die Währungseffekte teilweise auf oder sie neutralisieren sich im Idealfall sogar vollständig. Doch wie können bewusst und gezielt Währungsrisiken auf der Aufwandseite erzeugt werden? Das Prinzip zeigt Abbildung 13.1.

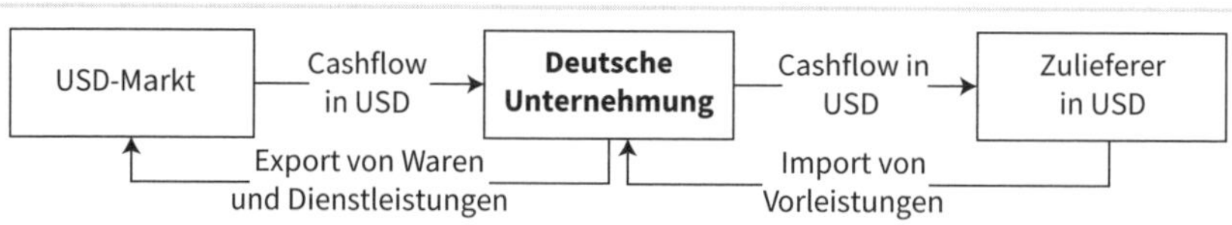

Abb. 13.1: Hedging von ökonomischen Risiken

Durch den Export von Waren und Dienstleistungen auf dem US-Markt erzielt das Unternehmen einen Einnahmestrom in US-Dollar. Um die damit verbundenen Währungsrisiken zu reduzieren, muss ein entgegengesetzter US-Dollar-Strom erzeugt werden. In der Abbildung sind es Zahlungen für Zulieferer, die in US-Dollar bezahlt werden. Häufig sind diese Zulieferer in den USA beheimatet, jedoch ist auch vorstellbar, dass die Importe von mexikanischen oder chinesischen Zulieferern stammen, die in US-Dollar bezahlt werden.

Unternehmen können auf vielfältige Weise einen entgegengesetzten Währungsstrom erzeugen. Die dafür einsetzbaren Instrumente unterscheiden sich jedoch deutlich in ihrer Umsetzungsgeschwindigkeit und dem Grad der Reversibilität.

Zulieferer im Ausland

Um Währungsrisiken auf der Einnahmeseite auszugleichen, werden Zulieferer gewählt, die in dieser Währung bezahlt werden. Allerdings ist die Auswahl der Zulieferer ein längerfristiger Prozess, der auch nicht kurzfristig korrigiert und aufgehoben werden kann. Zulieferer stellen den wesentlichen Teil der Wertschöpfung eines Produkts dar und sind logistisch oft stark in den Produktionsprozess integriert. Ein Vorteil dieser Hedgingstrategie ist, dass die Fremdwährungskosten variablen Kostencharakter haben; verändert sich die Einnahmeseite unerwarteterweise, dann ändern sich auch die Fremdwährungskosten in gleicher Richtung.

Finanzierung über Fremdwährungskredite

Die einfachste, schnellste und flexibelste Methode stellt die Aufnahme von Fremdwährungskrediten dar, mit denen Teile des Anlage- und Umlaufvermögens der Firma finanziert werden. Wenn das Unternehmen Teile seines benötigten Fremdkapitals in US-Dollar aufnimmt, werden Zinsen und Tilgungen in US-Dollar fällig und kompensieren dadurch den Einnahmestrom in US-Dollar. Bei dieser Methode ist eine sehr genaue Steuerung der Höhe des Tilgungs- und Zinsstroms möglich. Darüber hinaus kann schnell gegengesteuert werden, falls sich der Einnahmestrom in US-Dollar ändern sollte. Wenn sich das Unternehmen etwa durch eine Kreditaufnahme verpflichtet hat, 100 Mio. US-Dollar in fünf Jahren zu tilgen und es stellt fest, dass die geplanten US-Dollar-Einnahmen viel höher sind als ursprünglich geplant, dann nimmt es einfach einen neuen, zusätzlichen Kredit auf. Stellt es hingegen fest, dass der tatsächliche US-Dollar-Einnahmestrom geringer als geplant ausfällt (wodurch im Nachhinein der aufgenommene Kredit zu hoch ist), dann kann es Teile des Kredites vorzeitig zurückzahlen oder ausgleichende Geldanlagen in US-Dollar vornehmen.

BEISPIEL

Ein deutsches Unternehmen erzielt beim aktuellen Wechselkurs von Euro/YEN = 120,00 die Hälfte ihres Umsatzes in Japan. Der Gesamtumsatz beträgt 100 Mio. Euro.

- Wie hoch ist der Umsatz in Japan? Der Umsatz in Japan beträgt 6,0 Mrd. ¥ bzw. 50 Mio. €.
- Wie hoch ist das ökonomische Risiko, wenn wir einen Preisanpasser im Ausland unterstellen? Es entspricht in diesem Wettbewerbsszenario dem Exportwert von 6,0 Mrd. ¥.

- Wie hoch ist ein Annuitätendarlehen in YEN, das das Unternehmen bei 5-jähriger Laufzeit und einem YEN-Zinssatz von 2,0 % aufnehmen muss, um für diesen Zeitraum sein ökonomisches Risiko zu hedgen? Mithilfe der in der Finanzwirtschaft oft eingesetzten Kapitalwertformel für Annuitäten ermitteln wir einen Darlehenswert von 28.280.757.052 ¥.

$$Kapitalwert = Annuität \times \frac{(1+r)^n - 1}{r \cdot (1+r)^n}$$

Dabei gilt n = 5, r = 0,02. Die Annuität muss dem ökonomischen Risiko von 6,0 Mrd. ¥ entsprechen, Der Kredit in Höhe von 28,28 Mrd. ¥ führt zu Zins- und Tilgungszahlungen von jährlich 6,0 Mrd. ¥ und gleicht so die YEN-Erlöse aus.

Produktionsstätten im Ausland
Die langwierigste und unflexibelste Methode stellt der Aufbau von eigenen Produktionsstätten im Ausland dar. Bei dieser Hedgingstrategie wird eine Kostenbasis in der Fremdwährung aufgebaut, in der auch Teile der Erlöse anfallen. Nicht zuletzt aus Währungssicherungsgründen haben die großen deutschen Automobilproduzenten Teile ihrer Produktion in die USA ausgelagert. Wenn im Idealfall die Produktionskosten in Fremdwährung so hoch sind wie das ökonomische Währungsexposure auf der Einnahmeseite, ist das Unternehmen von Schwankungen des US-Dollars nicht betroffen.

Der Aufbau von Produktionsstätten ist eine Hedgingmaßnahme, die einen sehr langen Vorlauf benötigt. Von der Planung und Entscheidung bis hin zur Umsetzung vergehen oft viele Jahre, in denen sich die Rahmenbedingungen ändern können. Es handelt sich um eine bedeutsame Investitionsentscheidung, bei der häufig mit hohem Aufwand parallel Personal im Inland abgebaut werden muss. Darüber hinaus ist diese Entscheidung nur langfristig reversibel. Man kann nicht Produktionswerke in den USA aufbauen, um sie dann nach wenigen Jahren wieder zu schließen, weil der US-Dollar wider Erwarten schwach wurde. Ein weiterer Nachteil liegt im Fixkostencharakter der Fremdwährungskosten. Sollte sich das Management auf der Einnahmeseite täuschen und etwa weniger in den USA verkaufen als ursprünglich geplant, dann kann die Kostenbasis nicht ähnlich schnell wie unter 1. und 2. reduziert werden.

Absicherung von ökonomischen Risiken durch Devisentermingeschäfte?
Auf den ersten Blick könnte man meinen, dass sich ökonomische Risiken auch mit den klassischen Devisentermingeschäften absichern lassen. Warum sollte man einen Zahlungseingang in US-Dollar in den nächsten Jahren nicht mit einem Verkauf des relevanten US-Dollar-Betrags auf Termin absichern können? Betrachten wir hierzu die Abbildung 13.5, die den zukünftigen Verlauf des Euro zum US-Dollar zeigt, den heute natürlich noch niemand kennt.

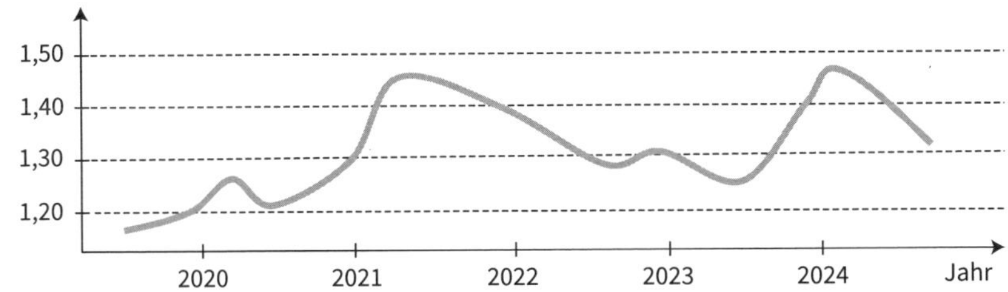

Abb. 13.2: Unterstellte Entwicklung des Euro zum US-Dollar

Heute, am 01.01.2020 erwartet ABC für 2020 ein ökonomisches Risiko von jährlich +120 Mio. US-Dollar. Der aktuelle Eurokurs beträgt 1,20 US-Dollar. Um die Abbildung möglichst einfach zu halten, unterstellen wir, dass der Terminkurs mit dem aktuellen Kassakurs übereinstimmt. ABC verkauft zum Kurs von 1,20 US-Dollar zum Termin 31.12.2020 nun 120 Mio. US-Dollar, um sich gegen einen steigenden Euro abzusichern. Wie hoch der Euro dann auch immer stehen mag, ABC wird am 31.12.2020 100 Mio. Euro erhalten. Für das erste Jahr klappt die Absicherung.

Anfang 2021 steht der Euro bei 1,30 US-Dollar. ABC verkauft wiederum 120 Mio. US-Dollar zum dann aktuellen Terminkurs von 1,30 US-Dollar und erhält Ende 2021 nur noch 92,3 Mio. US-Dollar, weil der Euro in der Zwischenzeit gestiegen ist. Dieser Vorgang wiederholt sich jährlich. Hat das damit eine Absicherung seines ökonomischen Risikos erreicht? Nein, weil die Absicherung nur jeweils für das folgende Jahr erfolgt und das Unternehmen dabei den Wechselkurs akzeptieren muss, der sich nach jeweils einem Jahr einstellt. Der Überschuss von 120 Mio. US-Dollar im zweiten Jahr erbringt nur noch 92,3 Mio. Euro, weil der Euro gestiegen ist. Die Absicherung für 2021 erfolgt zum Kurs von 1,30 US-Dollar, die Absicherung für 2022 müsste zum dann gültigen Kurs von 1,40 US-Dollar erfolgen (den das Unternehmen natürlich heute noch nicht kennt), usw.

Eine Absicherung wäre theoretisch nur möglich, wenn ABC bereits heute alle zukünftigen Überschüsse auf Termin verkauft. Sie müsste folglich heute 120 Mio. US-Dollar zum Termin in einem Jahr, in zwei Jahren, in drei Jahren usw. verkaufen. Es ist aber unmöglich, dass ein Unternehmen seine Überschüsse der nächsten Jahrzehnte verkauft, weil diese Terminposition ausschlaggebend für die GuV der nächsten Jahre wäre. Man stelle sich vor, dass ABC die geschätzten Überschüsse von sagen wir zehn Jahren verkauft, d. h. 1200 Mio. US-Dollar. Steigt nun der US-Dollar um 20 %, hätte ABC einen nicht realisierten Verlust aus dieser Verkaufsverpflichtung im Gegenwert von 240 Mio. US-Dollar, ein Verlust, der doppelt so hoch ist wie der Umsatz! Der Vorstandsvorsitzende könnte schwerlich erklären, dass dieser Verlust kein Problem darstellt, weil ja nur der zukünftige US-Dollareingang abgesichert wurde.

Da sich das ökonomische Risiko auf alle zukünftigen, heute noch nicht vertraglich abgeschlossenen Geschäfte bezieht, kann das ökonomische Risiko nicht mit Termingeschäften abgesichert werden. Häufig entstehen bei ökonomischen Währungsrisiken nicht einmal Fremdwährungstransaktionen (denken Sie an einen deutschen Unternehmer, der nur in Deutschland seine Produkte verkauft, dessen Produktpreis aber durch ausländische Unternehmen vorgegeben wird). Möglich ist allenfalls die Absicherung der geplanten Verkäufe/Käufe in Fremdwährung für einen kürzeren zukünftigen Zeitraum.

14 Translationsrisiken

14.1 Quelle und Umfang von Translationsrisiken

Die beiden bisher erörterten Währungsrisiken sind eng mit dem Umsatz eines Unternehmens verbunden. Im Gegensatz dazu entstehen Translationsrisiken durch Beteiligungen, die in Fremdwährung gehalten werden und in die Bilanz der Muttergesellschaft übernommen werden müssen. Sie sind deshalb primär buchhalterischer Art und kaum liquiditätswirksam.

Die deutsche Gesetzgebung schreibt eine Aufstellung des Konzernabschlusses in Euro zwingend vor (§ 244 HGB). Damit müssen die Fremdwährungsbilanzen der Tochtergesellschaften in Euro »umgerechnet« werden, um sie konsolidieren zu können. Da sich der Wert der Aktiva und Passiva der ausländischen Tochter/Beteiligung aber mit dem Wechselkurs ändert, können Umrechnungsgewinne bzw. -verluste entstehen. Das Ausmaß, manchmal sogar das Vorzeichen, hängt von den relevanten Bewertungsvorschriften ab, die sich von Land zu Land stark unterscheiden. Betrachten wir zum Einstieg ins Thema zunächst die vereinfachte Bilanz einer US-amerikanischen Tochtergesellschaft.

Aktiva		**Passiva**	
Anlagevermögen	90,0 $	Eigenkapital	60,0 $
Umlaufvermögen	150,0 $	Fremdkapital	180,0 $
Bilanzsumme	240,0 $	Bilanzsumme	240,0 $

Tab. 14.1: US-Dollar-Bilanz der Tochtergesellschaft am 31.12.2019

Bewertet man am 31.12.2019 *alle* Bilanzpositionen zum jeweils gleichen Euro-Kurs von 1,20 US-Dollar, beträgt die Bilanzsumme 200 Euro. Da beide Seiten gleich groß sind, »verlängert« sich die Bilanz der Muttergesellschaft im Zuge der Konsolidierung um 200 Euro.

Angenommen beim nächsten Jahresabschluss steht der Euro bei 1,40 US-Dollar und es werden wiederum *alle* (unveränderten) Bilanzpositionen diesem Kurs bewertet. In US-Dollar bleibt die Bilanz unverändert, in Euro umgerechnet hat die Tochtergesellschaft eine Bilanzsumme von 171,4 Euro. Der Anstieg des Euro wirkt sich zwar auf den Bilanzwert der Mutter aus, doch solange alle Aktiva und Passiva zum jeweils gleichen Kurs bewertet werden, haben Wechselkursänderungen keine Auswirkungen auf das Ergebnis des Mutterkonzerns. Durch den gesunkenen Kurs des US-Dollars verlieren zwar die Aktiva bei der Umrechnung in Euro an Wert, da aber gleichzeitig die Passivseite – das Eigenkapital und das Fremdkapital – ebenfalls an Wert verliert, neutralisieren sich beide Effekte. Umgerechnet in Euro hat die Tochtergesellschaft zwar weniger Vermögen, aber gleichzeitig auch weniger Verpflichtungen. Umrechnungsbedingte Risiken für den Gewinn der Mutter können buchhalterisch nur dann entstehen, wenn unterschiedliche Bewertungskurse für einzelne Bilanzpositionen herangezogen werden.

Doch welche Bilanzposition wird wie umgerechnet? Nach dem Konzept der funktionalen Währung hängt dies maßgeblich davon ab, welche Währung das wirtschaftliche Umfeld des entsprechenden Unternehmens darstellt. Vereinfacht ausgedrückt ist für selbstständige Töchter die jeweilige Landeswährung relevant, während bei unselbstständigen Töchtern die Währung der Mutter zugrunde gelegt wird. Bei selbstständigen Töchtern werden alle Bilanzpositionen wie oben gesehen zum jeweils gleichen Devisenkurs umgerechnet. Währungsschwankungen haben damit keinen Einfluss auf den Gewinn, sondern verkürzen oder verlängern nur die Bilanz der Muttergesellschaft.

Das Konzept der funktionalen Währung wird bei den International Accounting Standards (IAS 21) und bei den US-GAAP (FAS 52) als einzig zulässige Umrechnungsmethode verwendet.

Der deutsche Gesetzgeber ist mit dem Bilanzrechtsmodernisierungsgesetz (BilMog) 2009 jedoch einen anderen Weg gegangen. Für selbstständige Töchter wird die modifizierte Stichtagsmethode empfohlen. Bei dieser Methode werden gemäß § 308a HGB alle Aktiv- und Passivpositionen mit dem aktuellen Devisenkassamittelkurs des Bilanzstichtags bewertet. Einzige Ausnahme bildet die Eigenkapitalposition, die zu historischen Wechselkursen bewertet werden muss, d. h. mit dem Wechselkurs zum Zeitpunkt des Zugangs. Für den laufenden Jahresüberschuss wird der durchschnittliche Wechselkurs des Jahres herangezogen. Eine sich ergebende Umrechnungsdifferenz wird als Posten »Eigenkapitaldifferenz aus Währungsumrechnung« ausgewiesen. Machen wir uns die Methode am letzten Beispiel klar:

Ein deutsches Unternehmen gründet eine US-amerikanische Tochtergesellschaft. Seine Eröffnungsbilanz zum 31.12.2019 in US-Dollar zeigt die vorausgegangene Tabelle 14.1. Der Euro-Wechselkurs betrage 1,20 US-Dollar. Die erstmalige Umrechnung (Eröffnungsbilanz in Euro) erfolgt zum Euro-Kurs 1,20 US-Dollar, der für alle Bilanzpositionen herangezogen wird. Die Bilanz in Euro zeigt die Tabelle 14.2.

Aktiva		**Passiva**	
Anlagevermögen	75,0 €	Eigenkapital	50,0 €
Umlaufvermögen	125,0 €	Fremdkapital	150,0 €
Bilanzsumme	200,0 €	Bilanzsumme	200,0 €

Tab. 14.2: Euro-Bilanz der Tochtergesellschaft zum 31.12.2019

Im Jahre 2020 nimmt die Tochtergesellschaft ihr operatives Geschäft auf. Der Jahresüberschuss in demselben Jahr beträgt 130 US-Dollar. Zum Stichtag 31.12.2020 steht der Euro bei 1,40 US-Dollar. Der durchschnittliche Wechselkurs während des Jahres 2020 betrage 1,30 US-Dollar. Wie schaut die Bilanz für 2020 in US-Dollar aus?

Um eine Vergleichbarkeit mit der Bilanz im Jahre 2019 zu haben, unterstellen wir, dass alle Bilanzpositionen unverändert bleiben. Lediglich die Eigenkapitalposition (Eigenkapitaldarstellung vor Ergebnisverwendung) und das Umlaufvermögen steigen in Höhe des Jahresüberschusses. Der Gegenwert des Jahresüberschusses wird in Tabelle 14.3 gesondert als Cashposition ausgewiesen, die ja Bestandteil des Umlaufvermögens ist. Die Bilanzsumme steigt durch den Jahresüberschuss auf 370 US-Dollar an. Wie schaut die Bilanz für 2020 in Euro aus?

Nach der modifizierten Stichtagsmethode wird der Jahresüberschuss von 130 US-Dollar mit dem Durchschnittswert umgerechnet, d. h. er beträgt 100 Euro. Die weiteren Bilanzpositionen werden mit Ausnahme des Eigenkapitals zum aktuellen Kurs von 1,40 US-Dollar bewertet. Die Bewertung des Eigenkapitals (alt) muss zum historischen Bewertungskurs von 1,20 US-Dollar erfolgen.

Tochterbilanz in US-Dollar			
Aktiva		**Passiva**	
AV	90 $	EK (alt)	60 $
UV	280 $	JÜ	130 $
Cash	130 $		
		FK	180 $
Summe	370 $	Summe	370 $

Tochterbilanz in Euro			
Aktiva		**Passiva**	
AV	64,29 €	EK (alt)	50,00 €
UV	200,00 €	JÜ	100,00 €
Cash	92,86 €	Korrektur	-14,28 €
		FK	128,57 €
Summe	264,29 €	Summe	264,29 €

Tab. 14.3: Bilanz in US-Dollar und Euro am 31.12.2020

Der rechte Teil der Tabelle 14.3 zeigt das Umrechnungsergebnis. Durch den Anstieg des Euro auf 1,40 US-Dollar verlieren die US-Dollar-Aktiva an Wert, da das Anlage- und Umlaufvermögen mit dem aktuellen Kurs umgerechnet wird. Gleichzeitig nimmt aber auch der Wert der US-Dollar-Verbindlichkeiten ab. Der Eurowert des Fremdkapitals sinkt von 150 Euro im Vorjahr auf nun 128,57 Euro. Da die Eigenkapitalposition des Vorjahrs aber weiterhin mit 50 Euro (historischer Kurs war 1,20 US-Dollar) in den Büchern bleibt, sinken die Passiva weniger stark als die Aktiva. Der Jahresüberschuss geht mit dem Durchschnittskurs von 1,30 US-Dollar in die Eigenkapitalposition ein, d. h. mit 100 Euro, während die korrespondierende Cashposition zum Kurs von 1,40 US-Dollar bewertet wird und daher mit 92,86 Euro in den Büchern steht. Insgesamt erleidet das Unternehmen einen Umrechnungsverlust von 14,29 Euro. Die währungsbedingte Umrechnungsdifferenz wird in der Eigenkapitalposition als Korrekturposten aufgezeigt, hier mit einem negativen Vorzeichen.

Da die Aktivseite eines Unternehmens immer höher ist als die Passivseite ohne Eigenkapital, besteht beim Translationsrisiko stets ein Exposure auf der Aktivseite. Damit erleidet das Unternehmen buchhalterisch einen währungsbedingten Umrechnungsverlust (negative Korrektur), wenn die ausländische Währung an Wert verliert.

Der Umfang des Translationsrisikos ist schnell ermittelt. Er setzt sich aus zwei Teilen zusammen: Der erste Teil des Risikos entspricht der kumulierten Eigenkapitalposition des Vorjahrs, da Eigenkapital zu historischen Umrechnungskursen in der Bilanz steht und nachfolgende Wechselkursänderungen diese Position folglich unverändert lassen. In dieser Höhe hat das Unternehmen stets ein Aktivüberhang. Der zweite Teil des Risikos resultiert aus der laufenden Umrechnung des Jahresüberschusses. Ist der Jahresüberschuss positiv, erhöht sich der Aktivüberhang. Allerdings hängt der tatsächliche Umrechnungsverlust von der Differenz zwischen dem aktuellen Bewertungskurs und dem durchschnittlichen Fremdwährungskurs ab.

Deutlich komplizierter ist die Situation von abhängigen, integrierten ausländischen Teileinheiten (unselbstständiger Tochter), die nach der Zeitbezugsmethode in die Bilanz der Mutter übernommen werden. Darauf wird hier aber nicht näher eingegangen.

14.2 Hedging von Translationsrisiken

Die Hedgingmöglichkeiten sind in diesem Fall sehr begrenzt. Da die Quelle des Translationsrisikos in den bestehenden Bilanzierungsvorschriften liegt, besteht die einzige Lösung darin, die Tochtergesellschaft mit so wenig Eigenkapital wie möglich auszustatten, um den Aktivüberhang zu reduzieren.

15 Hedgingbedarf und Hedginghierarchie

15.1 Hedginghierachie

Die Hedginginstrumente bei den hier vorgestellten drei Typen von Währungsrisiken verursachen fast immer einen Zielkonflikt. Nehmen wir an, dass ein Unternehmen in den USA eine Tochtergesellschaft gründet und japanische Zulieferer auswählt, um sein ökonomisches Risiko zu begrenzen. Durch diese Hedgingmaßnahme werden aber andere Währungsrisiken ausgelöst. Durch die Gründung der Tochtergesellschaft entsteht ein Translationsrisiko und der Einkauf der Vorprodukte in Japan führt zu einem Transaktionsrisiko. Das ökonomische Risiko wird folglich zulasten der beiden anderen Währungsrisiken abgesichert. Wird hier nicht ein Problem gelöst und gleichzeitig ein anderes erzeugt?

Im betrieblichen Währungsmanagement muss es eine klare Priorität geben, in welcher Reihenfolge Währungsrisiken gelöst werden. Ökonomische Währungsrisiken wiegen schwerer als alle anderen Risiken, weil sie die Zukunft eines Unternehmens und seine Wettbewerbsfähigkeit betreffen, wohingegen sich Transaktionsrisiken nur auf bestimmte Geschäfte beziehen. Ein paar Transaktionen zu ungünstigen Wechselkursen abzuschließen ist ärgerlich, nicht mehr wettbewerbsfähig zu sein, weil sich die Währungsrelationen ungünstig entwickelt haben, ist existenziell.

Die Einhaltung der klaren Reihenfolge hilft, tragische Fehler im Währungsmanagement zu vermeiden. Betrachten wir noch einmal das Unternehmen, das japanische Zulieferer aussucht, um sein ökonomisches Risiko zu hedgen. Es wäre fatal, wenn im Währungsmanagement der vertragliche Einkauf von japanischen Vorprodukten als Transaktionsrisiko angesehen werden würde, das abgesichert werden muss. Damit würde das Unternehmen das Hedging gegen das ökonomische Risiko teilweise wieder aufheben.

Ähnliche Überlegungen gelten für das Translationsrisiko. Wenn ein ökonomisches Risiko durch den Aufbau von Tochtergesellschaften abgesichert werden soll, dann ist das damit verbundene Translationsrisiko in Kauf zu nehmen.

15.2 Sollen Währungsrisiken abgesichert werden?

Währungsrisiken beinhalten auch immer Währungschancen. Unternehmen können von Wechselkursänderungen profitieren, aber auch sehr negativ davon betroffen sein. Schwanken Währungen, gibt es immer Gewinner und Verlierer. Wenn das Management die Währungsänderungen richtig voraussähe, wäre es einfach. So aber bleibt die Frage der Absicherung immer eine Frage, die unter Unsicherheit getroffen werden muss.

Währungsrisiken beeinflussen die Ertrags- und Liquiditätslage eines Unternehmens in gleicher Weise wie alle übrigen relevanten operativen und strategischen Entscheidungen. Eine Investitionsentscheidung für oder gegen eine Investition X kann von gleicher Tragweite sein wie die Entscheidung für oder gegen das Hedgen von operativen Währungsrisiken. Der Aufbau von Tochtergesellschaften im Ausland, der Wechsel von Zulieferern aus Währungsgründen, das Absichern von Ein- oder Auszahlungen in Fremdwährung, all dies sind gewichtige Entscheidungen. Von daher sollte das Management diese Maßnahmen mit gleicher Sorgfalt prüfen wie auch andere strategische Entscheidungen. Entscheidungsgrundlage hierfür sind zwei wesentliche Komponenten: Wie hoch ist die Risikobereitschaft des Unternehmens (Vorstand, Aufsichtsrat, Eigentümer) und vor allem welche Risikotragfähigkeit hat sie? Welche Schwankungen der operativen Erträge kann sie sich erlauben und ab welchem Ausmaß werden die Schwankungen existenzgefährdend. Jedes Unternehmen kann nur seine ganz individuellen Antworten darauf geben. Jedoch ist Grundlage jeder Entscheidung das Wissen um den tatsächlichen Umfang seiner Währungsrisiken. Risiken müssen daher erkannt und bewertet, sowie im Risikocontrolling integriert werden. Erst dann kann das Management entscheiden, welche Risiken es verändern, absichern, abwälzen oder selber tragen will.

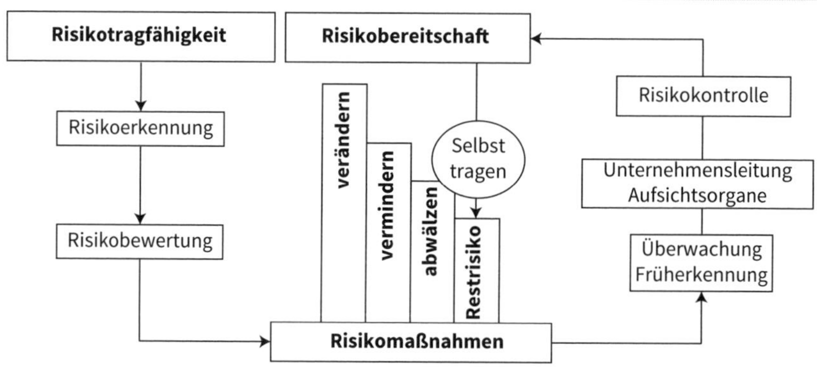

Abb. 15.1: Risikotragfähigkeit und -bereitschaft

16 Politische Risiken

16.1 Gründe und Instrumente für Staatseingriffe

Investitionen im Ausland finden häufig in Ländern statt, in denen sich das politische System deutlich vom Mutterland unterscheidet. Da wirtschaftliches Handeln aber nur im vorgegebenen Rechts- und Politikrahmen souveräner Staaten stattfinden kann, spielt die Beurteilung dieses Rahmens eine wichtige Rolle in der Entscheidungsfindung, wo und wie investiert wird.

Jeder Staat hat die Pflicht und das Recht, die Rahmenbedingungen wirtschaftlichen Handelns souverän festzulegen. Die Vorstellungen darüber, wie dieser Rahmen idealerweise gesetzt wird und welche wirtschaftlichen Freiheiten Unternehmen haben sollten, gehen weit auseinander und reichen vom neo-liberalen Gedankengut bis hin zu sozialistischen Ansätzen. In diesem Abschnitt wird weder das Spektrum dieser Ansätze beschrieben noch bewertet, sondern es werden die Gründe benannt, warum Gastländer versuchen, auf ausländische Unternehmen einzuwirken und welche Politikinstrumente sie hierfür einsetzen können. Dadurch sollen die Ursachen und das Ausmaß von politischen Risiken verdeutlicht werden, bevor dann im nächsten Abschnitt auf das unternehmerische Risikomanagement eingegangen wird.

Staatliche Organisationen im Gastland sind vom Grundsatz her betrachtet die Interessensvertreter ihrer Bürger. Damit stehen sie häufig in einem natürlichen Interessenskonflikt zu multinationalen Unternehmen. Ein ausländisches Unternehmen möchte z. B. möglichst wenig für Abbaurechte im Gastland zahlen, während das Gastland im Interesse seiner Bürger einen möglichst hohen Betrag anstrebt. Motive und Ausprägungen staatlicher Eingriffe sind in der Abbildung zusammengefasst.

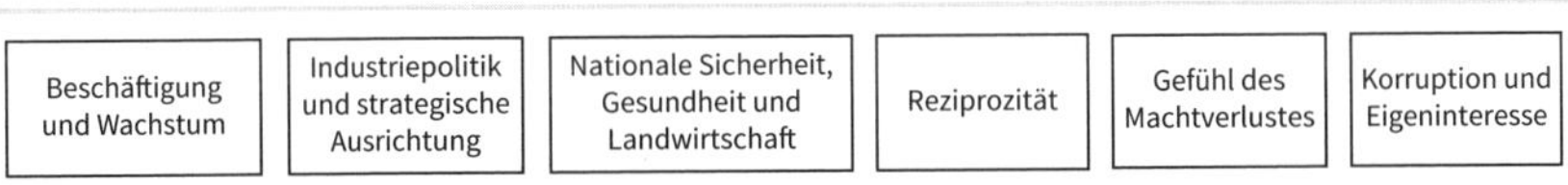

Abb. 16.1: Motive für Staatseingriffe

Beschäftigungs- und Wachstumspolitik

Ein sehr häufiger Grund für Staatseingriffe ist die Sicherung oder der Ausbau der heimischen Beschäftigung. Das Gastland möchte einen möglichst hohen Wertschöpfungsbeitrag im eigenen Land, wohingegen ein Konzern sein Sourcing ausschließlich nach wirtschaftlichen Kriterien betreiben will.

Info

Sourcing nennt man die Beschaffungspolitik eines Unternehmens, d. h. die Beschaffung von Vorprodukten, Roh-, Hilfs- und Betriebsstoffen, aber auch der Einsatz von Mitarbeitern fällt darunter.

Dabei geht es neben den einheimischen Beschäftigten in einem Betrieb auch oft um die Vorprodukte, die lokal bezogen werden können. Da die Investitionen internationaler Konzerne in einigen Ländern maßgeblich die Wirtschaftsleistung des Landes bestimmen, trägt eine geforderte Erhöhung des lokalen Wertschöpfungsbeitrags markant zur Sicherung und zum Ausbau der Beschäftigung bei.

Die Forderung nach einem Mindestanteil an lokaler Wertschöpfung ist nicht die einzige denkbare Maßnahme des Gastlandes, um Beschäftigungs- und Wachstumspolitik zulasten der Handlungsfreiheit ausländischer Unternehmen zu betreiben. Als Instrument steht auch die Einschränkung von Gewinn-, Zins- und Tilgungszahlungen an die Muttergesellschaft zur Verfügung. Wenn nämlich der Transfer von Finanzmitteln ins Ausland unterbleibt, müssen sie notwendigerweise im Gastland investiert werden.

Industriepolitik und strategische Ausrichtung

Staaten wollen häufig bestimmte Branchen im Inland fördern oder vor zu großem Wettbewerb schützen, sei es weil die Branche bereits sehr bedeutsam für das Land ist, als sehr wichtig für die Zukunft angesehen wird oder von nationaler Bedeutung ist. Beispiele hierfür sind die Textil- und Lederbranche in Bangladesch, die Hochtechnologie in China, die Automobilindustrie in Deutschland oder der Weinanbau in Frankreich. Fördernde Instrumente hierfür sind Subventionen oder Steuererleichterung, aber auch politische Unterstützung für die entsprechende Branche auf internationaler Ebene. Man denke nur an die »schützende Hand«, die die deutsche Regierung jahrelang über die deutsche Automobilbranche gehalten hat und damit auf EU-Ebene schärfere CO_2-Grenzwerte verhindert hat. Sanktionierende Instrumente sind Importverbote für Konkurrenzprodukte, Zölle oder nicht-tarifäre Barrieren. Für strategisch erachtete Branchen besteht ferner die Möglichkeit, einen Technologie- und Wissenstransfer zu erzwingen, etwa wenn ein Mindestanteil an lokaler Forschung von den Genehmigungsbehörden gefordert wird. Dies hat häufig die Konsequenz, dass die ausländischen Unternehmen die lokal Beschäftigten zwangsweise ausbilden müssen. Eine weitere sehr populäre Maßnahme ist eine geforderte Zwangspartnerschaft im Gastland oder wenn die Produktionsgenehmigung vom Einsatz eines inländischen Joint-Venture-Partners abhängig gemacht wird. Gerade asiatische Länder wie Japan, Korea, Indien und China setzten diese Maßnahme in der Vergangenheit industriepolitisch sehr erfolgreich ein. Auch die geduldete Missachtung von geistigem Eigentum gehört zur langen Maßnahmenliste, die eigene Wirtschaft zu stärken.

Nationale Sicherheit, Gesundheit und Landwirtschaft

Selbst Verfechter offener Märkte schlagen bei der Rüstungsindustrie oft leisere Töne an, da diese Branche als zentral für die nationale Sicherheit angesehen wird. Dies gilt nicht nur für fertige Waffen und Waffensysteme, sondern auch für Vorprodukte, die hierfür relevant sein können. Um die heimische Rüstungsindustrie weiterhin unter nationaler Kontrolle zu halten, unterliegt der Verkauf von Gesellschafteranteilen entsprechender Unternehmen häufig einem Verbot oder zumindest einer Regierungszustimmung.

Um die nationale Sicherheit zu erhöhen, wird auch der Export von Waffen und relevanten Vorprodukten in bestimmte Länder verboten oder bedarf der Zustimmung. Man denke hier etwa an die Anfrage Saudi-Arabiens nach 270 deutschen Panzern im Jahre 2011.

Ein weiterer stark geschützter und reglementierter Bereich ist die Gesundheitsbranche. Hier lassen sich stets gute Argumente finden, den Verkauf bestimmter Medikamente zu verbieten, mit Zöllen zu belegen oder indirekt durch nicht-tarifäre Barrieren zu verhindern. Man denke nur an Genehmigungsverfahren, die beliebig in die Länge gezogen werden können.

Auch die Landwirtschaft und der Rohstoffsektor gehören in vielen Ländern zu den Branchen, in denen der Wettbewerb mit guten und mit schlechten Argumenten behindert wird. Mal ist es die schützenswerte nationale Versorgungslage (Exportverbot für Reis), mal ist es die Gesundheit der Bürger (Importverbote für gentechnisch veränderten Mais). Die Politik verfügt hier über ein breites Handlungsspektrum, das von Verstaatlichung, Export- und Importverboten, Subventionen, Zöllen und ausgeklügelten nicht-tarifären Hindernissen reicht.

Gegenleistung und zwischenstaatliche Beziehungen

Staaten sind nicht altruistisch, sondern verknüpfen gewährte Vergünstigungen oft an eine Gegenleistung. Ein Land öffnet seine Grenzen für ausländische Produkte nur dann, wenn im Gegenzug auch das andere Land den Handel liberalisiert. Oder betrachten wir China, das sich gegen Boeing und für Flugzeuge von Airbus entschied, weil Airbus als Gegenleistung den Aufbau eines Montagewerks in Tianjin zusicherte.

Nicht immer geht es um direkte Reziprozität. Oft sind die erwarteten Gegenleistungen indirekter und subtiler. Entwicklungshilfe wird nur gewährt, wenn Peru den Anbau von Coca verbietet oder Afghanistan den Anbau von Mohn. Weltbankkredite oder nationale Hilfen fließen nur dann, wenn der Forderung nach einer Flexibilisierung des Arbeitsmarkts oder einer Liberalisierung des Kapitalmarkts nachgekommen wird.

Beziehungen zwischen Staaten können sich auch verschlechtern. Meistens ist hierfür ein Regierungs- und Politikwechsel der Auslöser. Dann können diese Vergünstigungen schnell zurückgenommen oder sogar wirtschaftliche Sanktionen gegen das entsprechende Land verhängt werden.

Gefühl des Machtverlusts

Der Wettbewerb der Staaten um die Ansiedlung von ausländischen Unternehmen und die gestiegene Mobilität internationaler Konzerne hinsichtlich Technologie und Kapital sowie die schiere Größe internationaler Konzerne begrenzen die Macht lokaler Staaten im erheblichen Umfang. Dies gilt nicht nur für viele Entwicklungs- und Schwellenländer, sondern teilweise sogar für Industrieländer. Der Umsatz von Wal-Mart z. B. ist mit 484 Mrd. US-Dollar für 2017 größer als das Bruttoinlandsprodukt in 180 Staaten! Erst ein Land wie Belgien erreicht ein BIP, das dem Umsatz dieses Konzerns entspricht. Royal Dutch erreichte 2018 einen Umsatz, der nur von 40 Staaten im BIP getoppt wird. Entsteht der Eindruck, dass internationale Konzerne ihrer besonderen gesellschaftlichen Verantwortung nicht gerecht werden, kann sich das Gefühl der Machtlosigkeit schnell in Wut verwandeln, die sich dann gegen das Unternehmen in Form von massiven Behinderungen ihrer wirtschaftlichen Aktivitäten richtet.

Korruption und Eigeninteresse

Während die bisherigen Gründe für Staatseingriffe einen rationalen Staat unterstellen, der das Gemeinwohl im Blick hat, gibt es leider häufig auch Staatseingriffe, die nur durch persönliche Interessen erklärt werden können. Neben dem übersteigerten Geltungsbedürfnis von einzelnen Politikern spielt hier die persönliche Bereicherung durch Korruption und Bestechung eine herausragende Rolle.

16.2 Politische Risiken im Überblick

Aus den Motiven für Staatseingriffe leiten sich unmittelbar die politischen Risiken ab. Doch wie können sie definiert, klassifiziert oder gar gemessen werden? Beginnen wir mit der Definition: Unter einem politischen Risiko versteht man eine unerwartete Verschlechterung der Vermögenssituation eines Wirtschaftssubjekts infolge von politischen Änderungen in einem Land. Wie bei allen Risikobegriffen ist das Adjektiv »unerwartet« entscheidend, denn ist bekannt, dass z. B. der Gewinnsteuersatz auf 80 % angehoben wird, dann handelt es sich nicht um ein Risiko, sondern um eine bekannte Rahmenbedingung, die ein Unternehmen in seiner Investitionsentscheidung berücksichtigen kann.

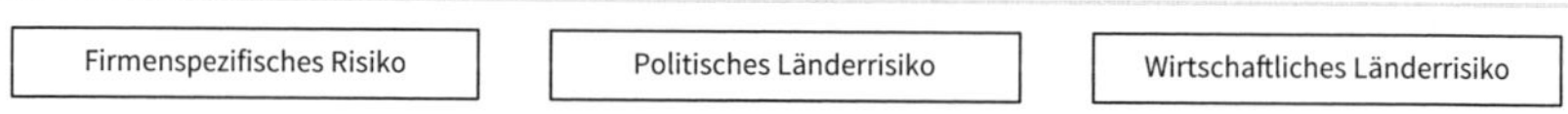

Abb. 16.2: Klassifizierung von politischen Risiken

Typischerweise werden politische Risiken in firmenspezifische Risiken sowie in politische und wirtschaftliche Länderrisiken unterteilt.

Firmenspezifische politische Risiken, auch Mikrorisiken genannt, treten auf der Ebene von einzelnen Investitionsprojekten bzw. auf der Ebene von Tochtergesellschaften auf. Die Risikoquelle sind divergierende Interessen zwischen den staatlichen Organisationen im Ansässigkeitsstaat und der Muttergesellschaft. Der Instrumentenkasten ist lang und schier unerschöpflich. Beispiele hierfür sind die Einführung von Preiskontrollen für die im Ausland erstellten Waren und Dienstleistungen oder die Änderung von bisher akzeptierten Verrechnungspreisen zwischen Mutter- und Tochtergesellschaft. Da die Mehrzahl der Instrumente an den Eigentums- und Eigentümerrechten ansetzt, werden diese Risiken auch als Steuerungs- bzw. Governancerisiken bezeichnet. Ein Beispiel sind die im Januar 2019 angedrohten Sanktionen der USA gegen BASF und UNIPER, die am Bau der Nordstream 2-Pipeline von Russland nach Deutschland mitwirken.

Info

Wesentliche firmenspezifische Risiken
Begrenzung des Investitionsumfangs und Reglementierung des Projektumfangs; Auflagen zum lokalen Sourcing für Arbeitskräfte, Management, Roh-, Hilfs- und Betriebsstoffe; Exportbeschränkungen bis hin zur Auflage, nur den lokalen Markt zu versorgen; Beschränkung von Importlizenzen; Auflagen zur Finanzierung des Projekts (etwa nur mit lokalen Kreditgebern); zwangsweises Eingehen von Joint Ventures; Vermögensentzug; Änderung der Verrechnungspreise; Preiskontrollen; Sanktionen von Drittstaaten

Im Gegensatz hierzu treffen Länderrisiken nicht nur einzelne Gesellschaften, sondern dem Grunde nach alle multinationalen Unternehmen im Lande. Der Übergang von firmenspezifischen und länderspezifischen Risiken ist dabei allerdings fließend. Die Liste möglicher Länderrisiken ist lang. Sie reicht von Gewalt/Terror, Vermögensentzug, Beschränkungen des freien Geld- und Devisenverkehrs (Transferrisiko) bis hin zu all den Handlungen staatlicher Institutionen im Gastland, die die wirtschaftliche Freiheit ausländischer Unternehmen im Lande berühren. Beispiele hierfür sind die Missachtung von geistigem Eigentum, die Einführung von Mindestlöhnen für ausländische Firmen, die die Bestechlichkeit von öffentlichen Amtsträgern oder die Einführung von protektionistischen Maßnahmen.

Länderrisiken können auch wirtschaftlicher Natur sein, etwa eine hohe Auslandsverschuldung. Politische und wirtschaftliche Länderrisiken sind dabei sehr eng verzahnt und können nur schwer getrennt werden. So kann eine politisch festgesetzte Beschränkung des freien Kapitalverkehrs die Folge einer schwachen Währung oder einer hohen Auslandsverschuldung sein oder die hohe politische Instabilität eines Landes zu seinem wirtschaftlichen Abstieg führen.

Wirtschaftliche Risiken lassen sich sehr gut in Kennzahlen erfassen und bewerten. Im Folgenden werden die Ausprägungen der jeweiligen Risiken sowie mögliche Schutzvorkehrungen seitens der Unternehmen analysiert.

16.3 Risikomanagement von firmenspezifischen Risiken

Die Interessen lokaler staatlicher Organisationen können sich ändern und sich in Folge gegen die Interessen eines multinationalen Unternehmens richten. Da die dort ansässige Tochtergesellschaft aber nur im vorgegebenen rechtlichen und politischen Rahmen des Landes wirtschaftlich tätig sein darf, kann sich ein Wechsel der Rahmenbedingungen gravierend auf die wirtschaftliche Lage und damit auf die Profitabilität der Tochtergesellschaft auswirken. Änderungen treten dabei am häufigsten bei einem Regierungswechsel oder beim Auftreten von neuen Parteien auf. Der Instrumentenkasten staatlicher Organisationen zur Einschränkung der Steuerungsrechte eines internationalen Konzerns ist schier unerschöpflich. Beispiele reichen von veränderten Arbeits- und Produktionsbedingungen, erweiterten Kündigungsschutzregelungen, der Festlegung eines Mindestanteils von inländischen Beschäftigten, Berufsverboten für Ausländer, verschärften Umweltvorschriften, der zwangsweisen Zuweisung eines staatlichen Gesellschafters, der Einführung von Preiskontrollen, Export- oder Importbeschränkungen bis hin zur entschädigungslosen Verstaatlichung der Tochtergesellschaft.

Grundsätzlich gilt das Primat der Politik, d. h. wirtschaftliches Handeln kann nur in den Grenzen des vorgegebenen politischen und rechtlichen Rahmens stattfinden. In jedem Land der Erde werden Gesetze und Vorschriften laufend geändert und angepasst. Änderungen sind daher weder illegal noch illegitim. Zu einem Risiko werden sie nur dann, wenn die vorgenommenen Änderungen die Steuerungsrechte exzessiv beschneiden. Die Unberechenbarkeit des Risikos steigt dabei in dem Maße, in dem persönliche Bereicherung, ideologische, nationale oder religiöse Überzeugungen eine Rolle spielen.

Die Grenze zwischen einer »gerechtfertigten« und einer »unmoralischen« Änderung ist schwer auszumachen. Hierbei finden sich nicht nur Beispiele in Entwicklungsländern, in denen aus deren Sicht die »veränderten Spielregeln« nur den Machtmissbrauch internationaler Konzerne beenden sollen. Auch Industrienationen stehen manchmal vor schwierigen Entscheidungen, bei denen politischer Gestaltungswille und Eigentumsrechte abzuwägen sind. Denken wir etwa an die zwangsweise Abschaltung der Kernkraftwerke in Deutschland im Zuge der Katastrophe in Fukushima im Jahre 2011. Einerseits wurde durch diese Anordnung massiv in die Eigentums- und Steuerungsrechte der betroffenen Energieversorgungsunternehmen eingegriffen, andererseits handelt es sich um die Durchsetzung des politischen Willens, in Zukunft in Deutschland auf die Produktion von Kernenergie zu verzichten.

Verhinderung firmenspezifischer Risiken im Vorfeld

Vorbeugen ist besser als reparieren! In diesem Sinne sollte der Schwerpunkt des Risikomanagements darin bestehen, *vor* den geplanten Investitionen mit den relevanten Regierungsstellen möglichst alle kritischen Fragen zu diskutieren und festzulegen. Zwar sind viele Schnittstellen zwischen Gastland und Unternehmen in Gesetzen und Vorschriften kodifiziert, doch es verbleiben große Gestaltungsspielräume des Gastlands. Darüber hinaus können Vorschriften unterschiedlich interpretiert und geändert werden. Die getroffenen Vereinbarungen werden in einem sogenannten Investitionsabkommen zusammengefasst, das idealerweise folgende Punkte beinhaltet:

- Festlegung von Transferpreisen, sei es für Waren und Dienstleistungen, aber auch für Patente, Lizenzen oder Markenrechte.
- Vorschriften zur Gewinnausschüttung und zur Tilgung von Gesellschafterdarlehen.
- Mögliche Export- und Importbeschränkungen sowie mögliche Einschränkungen der Preisfestsetzung für Verkäufe im In- und Ausland.
- Vorschriften zum Bezug inländischer Vorprodukte oder zum Einsatz inländischer und ausländischer Mitarbeiter.
- Mögliche Einschränkungen in der Eigentümerstruktur, Vorschriften zu Joint Ventures und mögliche Einschränkungen beim Verkauf der Aktiva.

- Besteuerungsfragen, Strafen bei Verzögerungen von vereinbarten Leistungen, Gerichtsstand und Ausgleichszahlungen im Falle von Enteignung.
- Sollte es nicht gelingen zu einer für beide Seiten akzeptablen Lösung zu kommen, dann ist es besser, das Projekt erst gar nicht durchzuführen, denn die Verhandlungsposition eines Unternehmens sinkt, wenn erst einmal Investitionen im Land durchgeführt wurden.

Info

Ein Patent ist ein Schutzrecht für eine Erfindung, die dem Inhaber das Recht gibt, anderen deren Nutzung zu untersagen oder zu erlauben. Wird eine Erlaubnis erteilt, erhält man eine Lizenz, deren Umfang in einem Lizenzvertrag geregelt ist. Eine Lizenz kann vom Inhaber auch auf die Nutzung einer Marke (Markenname; Markenzeichen), eines Musters oder von Urheberrechten vergeben werden.

Begrenzung firmenspezifischer Risiken nach getätigter Investition

Staaten vereinbaren häufig Investitionsschutzabkommen, die ein Schutzschild für die grenzüberschreitenden Investitionen aller Unternehmen der unterzeichnenden Staaten darstellen und den betroffenen Unternehmen sogar ein Klagerecht gegen die betroffenen Staaten einräumen. Diesen Abkommen ist ein eigenes Kapitel (16.6) gewidmet. Investitionsabkommen können Unternehmen aber auch individuell mit den relevanten Behörden im Gastland verhandeln. Sie sind zwar ein wichtiger Bestandteil im Risikomanagement, doch Investitionsabkommen können nie alle denkbaren zukünftigen Konfliktfelder abdecken. Darüber hinaus lässt sich eine getroffene Vereinbarung fast immer unterschiedlich interpretieren, insbesondere, wenn sich das Klima zwischen den Vertragspartnern verschlechtert hat, sei es durch einen Politikwechsel oder veränderte wirtschaftliche Rahmenbedingungen im Gastland. Ein starres Festhalten oder gar ein Einklagen der getroffenen Vereinbarungen ist in der Mehrzahl der Fälle nicht zielführend, da ein Gastland sehr viele Stellschrauben hat, um die Aktivitäten des Unternehmens empfindlich zu stören. Allerdings lässt sich die Verhandlungsposition des Unternehmens durch geschickte organisatorische Maßnahmen deutlich verbessern:

Lokales Sourcing: In dem Ausmaß, in dem ein Unternehmen lokale Mitarbeiter beschäftigt oder lokale Vorprodukte einsetzt, ist sie einem geringeren politischen Druck ausgesetzt, weil sich der Gleichklang der Interessen zwischen Gastland und Unternehmen erhöht. Jede Einschränkung der Produktion oder gar ein Produktionsstopp trifft in diesem Fall nämlich nicht nur das Unternehmen selbst, sondern auch Interessengruppen im Gastland. Der Nachteil dieser Strategie sind allerdings oft höhere Produktionskosten, etwa wenn die lokalen Vorprodukte teurer sind als mögliche Importe.

Lokale oder internationale Finanzierung: Die gleiche Logik gilt für eine lokale Finanzierung der Investition. Je höher der Anteil der lokalen Fremdfinanzierung und je höher der Anteil lokaler Anteilseigner, desto stärker werden die Interessen des Gastlands mit denen der Unternehmung verkettet.

Ein weiterer Hebel ist die Finanzierung durch internationale Investoren, durch Auslandsbanken oder gar durch internationale Organisationen wie die Weltbank. Eine Beeinträchtigung des Unternehmens oder gar dessen Verstaatlichung richtet sich dann nicht nur gegen die Interessen eines einzelnen Unternehmens, sondern gegen die Interessen wichtiger Marktteilnehmer, die ein großes politisches Gewicht haben, dementsprechend eine hohe Aufmerksamkeit weltweit erzeugen können und folglich starken politischen Druck auf das Gastland aufbauen können. Je mehr Menschen im Boot sitzen, desto lauter der Protest, desto besser wird er gehört.

Investitionsumfang und Standort: Die Gefahr einer Enteignung steigt mit der Attraktivität des betroffenen Unternehmens. Ein Unternehmen ist im Enteignungsfall umso attraktiver, je ausgeprägter dessen Prozesstiefe ist, etwa wenn ein Produkt mit all seinen Einzelteilen im Gastland hergestellt wird. Im Umkehrschluss heißt dies, dass in politisch riskanten Ländern die Prozesstiefe möglichst gering gehalten werden sollte und auf bestimmte Komponenten und Vorprodukte beschränkt wird. Je intensiver die Arbeitsteilung innerhalb eines Konzerns, desto geringer ist das Enteignungsrisiko. Wenn das Unternehmen darüber hinaus diese Komponenten noch in einem zweiten Land herstellt, hat es sein politisches Risiko weitgehend eliminiert. Allerdings kann die Erhöhung der Anzahl der Produktionsstandorte zulasten der Profitabilität gehen.

In einigen Fällen hat ein Unternehmen keine Wahl, in welchem Land Investitionen getätigt werden sollen. Dies gilt insbesondere für rohstoffbezogene Investitionen. Neu entdeckte Öl- und Gasfelder, seltene Erden oder Metalle sind nun mal nur in den entsprechenden Ländern abbaubar. Allerdings verfügt ein multinationaler Konzern selbst in diesem Fall über Gestaltungsspielräume. So kann die Weiterverarbeitung dieser Rohstoffe im gleichen Land erfolgen, aber auch in ein Land mit geringerem politischem Risiko verlegt werden, etwa die Weiterverarbeitung von Öl in Raffinerien. Auch hier gilt: Je geringer die Prozesstiefe in einem Land ist, desto geringer ist der Vorteil des Gastlands bei einer Verstaatlichung.

Technologiekontrolle: Eine ähnliche Logik verfolgt der Ansatz, die eingesetzte Technologie seitens des Unternehmens weitgehend zu kontrollieren. Hierbei geht es weniger um einen rechtlichen Schutz durch Patente oder Lizenzen, die können nämlich missachtet werden. Es geht vielmehr um die operative Fähigkeit des Gastlands, ein Werk ohne fremde Hilfe zu betreiben. In dem Maße, in dem Techniker oder Technologiekomponenten der Muttergesellschaft zum operativen Betrieb eines Werks notwendig sind, in dem Maße sinkt die Wahrscheinlichkeit einer Enteignung.

16.4 Risikomanagement von politischen Länderrisiken

Gewalt und Terror, Vermögensentzug, Behinderungen des freien Geld- und Kapitalverkehrs (Transferrisiko) und einschränkende Eingriffe staatlicher Institutionen stellen die wesentlichen Ausprägungen von politischen Länderrisiken dar. Betrachten wir die Ausprägungen und mögliche Gegenmaßnahmen der Unternehmen im Einzelnen.

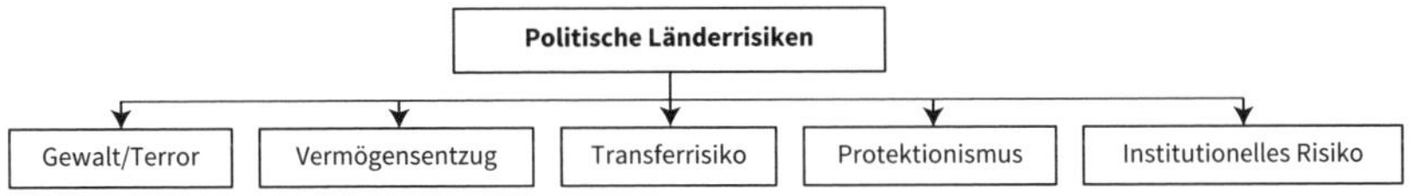

Abb. 16.3: Politische Länderrisiken

Gewalt und Terror

Einige Länder sind politisch so instabil, dass der Staat seine staatliche Autorität nicht mehr oder nur noch regional durchsetzen kann. Laut dem Global Terrorism Index 2018 des Institute for Economics and Peace belegen die Länder Irak, Afghanistan, Nigeria, Syrien, Pakistan, Somalia, Indien, Jemen, Ägypten und die Philippinen die ersten 10 Plätze bei der Terrorgefahr und stehen für 84 % aller rund 19.000 Opfer. Doch es geht nicht nur um die Gefahr, die von Terrororganisationen ausgeht, sondern vor allem auch um die Gewalt, die von verbrecherischen Banden ausgehen, die durch Kidnapping Lösegeld erpressen oder durch Raubüberfälle eine permanente Gefahr für Führungskräfte von ausländischen Unternehmen darstellen. In Mexiko etwa findet alle 120 Minuten eine Entführung statt. Als Risikomanagement verbleiben hier nur der Einsatz von Sicherheitspersonal und der Abschluss von Lösegeldversicherungen.

Vermögensentzug

Vermögensentzug gibt es in den drei Erscheinungsformen: Beschlagnahmung, Enteignung sowie Verstaatlichung.

Beschlagnahmung: Bei einer Beschlagnahmung werden Vermögenswerte zwangsweise auf die Regierung des Gastlandes übertragen. Die früheren Eigentümer des Vermögensgegenstandes haben in der Regel keinen Anspruch auf Entschädigungsleistungen oder auf Rückgabe ihrer Vermögensgegenstände. Um einen Beschlagnahmungsgrund zu haben, werden häufig Verstöße gegen Auflagen oder Steuerdelikte herangezogen. Im Fall der russischen Firma YUKOS etwa, wurden Steuerforderungen in Milliardenhöhe erhoben, die nicht beglichen werden konnten, und die Firma wurde deshalb vom russischen Staat übernommen.

Beschlagnahmungen sind derzeit wieder Teil der von den USA verhängten Sanktionen gegen den Iran, Russland oder Venezuela. Halten sich Firmen nicht an die US-Auflagen, droht ihnen eine Strafe bis hin zur Beschlagnahme ihres Vermögens.

Enteignungen: Die zwangsweise Übertragung des Eigentums an Vermögenswerten auf die Regierung findet auch bei Enteignungen statt. Jedoch hat der alte Eigentümer Anspruch auf eine Ausgleichszahlung. Dabei bestimmt meist die Regierung die Höhe dieser Entschädigungsleistung. Diese liegt typischerweise weit unter dem eigentlichen Marktwert. Für die Eigentümer gibt es nur dann einen Rahmen für Rechtsbehelfe, wenn ein Investitionsabkommen zwischen beiden Staaten besteht.

Im Jahr 2012 etwa wurde der spanische Ölkonzern Repsol durch die argentinische Regierung zwangsenteignet. Repsol hielt die Aktienmehrheit an der argentinischen Ölförderfirma YPF. Da die Ölförderung im öffentlichen Interesse läge und der Staat wegen des Einflusses von Repsol seine Ölvorkommen nicht autonom verwalten könne, müsse eine Enteignung stattfinden. Als Entschädigung setzte Argentinien fünf Mrd. US-Dollar fest.

Verstaatlichung: Bei der Verstaatlichung werden nicht nur einzelne Unternehmen enteignet, sondern ganze Branchen bis hin zu allen ausländischen Unternehmen. Das Risiko einer Verstaatlichung ist in sicherheitsrelevanten oder in umsatzstarken Branchen besonders groß. Im Jahr 2007 begann der mittlerweile verstorbene Staatspräsident von Venezuela, Hugo Chávez, die Ölindustrie in seinem Land zu verstaatlichen. Opfer waren die amerikanischen Gesellschaften Exxon Mobil, Chevron und Conoco-Phillips, Total aus Frankreich, British Petroleum und Statoil aus Norwegen. Die internationalen Konzerne hatten zuvor im erdölreichen Orinoko-Becken in Venezuela investiert. Die Verstaatlichungswelle erfasste nicht nur die für das Land so wichtige Ölindustrie, sondern auch die Kommunikationsbranche und den Energiesektor.

Das Risikomanagement bei Vermögensentzug deckt sich im Wesentlichen mit den zuvor beschriebenen Maßnahmen zur Vermeidung von firmenspezifischen Risiken, d. h. lokales Sourcing, lokale Finanzierung, Technologiekontrolle und der Abschluss von Investitionsabkommen.

Transferrisiken (Devisenverkehrsbeschränkungen)

Unter einem Transferrisiko versteht man die nur eingeschränkt mögliche Ein- und Ausfuhr von Devisen, d. h. das Gastland begrenzt den Währungsbetrag, der zwischen dem In- und Ausland transferiert werden kann. Hintergrund der getroffenen Maßnahmen ist häufig ein akuter Mangel an Devisen infolge eines hohen Leistungsbilanzdefizits, das nicht ausreichend durch Kapitalimporte finanziert werden kann. Beschränkungen sind oft auch Folge einer Kapitalflucht, weil eine Verschlechterung des politischen und wirtschaftlichen Klimas eingetreten ist oder befürchtet wird. Die Transferbeschränkungen reichen von der Genehmigungspflicht für einzelne ausgesuchte Zahlungsverkehrstransaktionen bis hin zum vollständigen Verbot des Geld- oder Kapitalverkehrs. Die Folge von Devisenverkehrsbeschränkungen ist, dass davon betroffene Tochtergesellschaften keine Devisen mehr aus dem Gastland abziehen und ins Mutterland transferieren können. Davon können laufende Gewinne, die Rückzahlung von freien Gewinnrücklagen, aber auch Zins- und Tilgungszahlungen für konzerninterne Kredite betroffen sein. Solange diese Beschränkungen nur vorübergehender Natur sind, sind sie begrenzt in ihren Wirkungen. Die Beschränkungen können aber auch auf unbestimmte Zeit oder in Teilen sogar auf Dauer angelegt sein. Ein häufig anzutreffendes Beispiel hierfür ist ein Ausschüttungsverbot für im Gastland erwirtschaftete Gewinne, die so zwangsweise wieder im Gastland investiert werden müssen.

Bei einem strikten und umfassenden Transferverbot bestehen kaum Möglichkeiten, das Verbot zu umgehen. Sofern es nur zu teilweisen Beschränkungen kommt, verfügen Unternehmen von Fall zu Fall über geeignete Umgehungsstrategien.

Risikomanagement durch indirekte Ausschüttungswege: Gewinnausschüttungsbeschränkungen und Beschränkungen in der Tilgung von Gesellschafterdarlehen können multinationale Unternehmen umgehen, wenn es ihnen gelingt, den Gewinn in anderer Form »anfallen zu lassen«. Finanzmittel können nämlich auch außer Land geschafft werden, wenn Verrechnungspreise für konzerninterne Leistungen zu hoch angesetzt werden, seien es Preise für Managementleistungen, Patent- und Lizenzgebühren, zu hohe Preise für Waren von der Mutter oder zu tiefe Preise für Waren an die Mutter. In allen diesen Fällen wird der Gewinn der Tochtergesellschaft zugunsten der Muttergesellschaft zu tief ausgewiesen und Finanzmittel getarnt als Kostenkomponenten aus dem Land geschleust.

Falls die Tochtergesellschaft Drittmärkte über Exporte bedient, öffnet sich ein weiterer Weg Finanzmittel auf Umwegen aus dem Land zu schleusen. Die Vertragspartner müssen hierzu nur angewiesen werden, die Exporterlöse auf Konten außerhalb des Geltungsbereichs des Gastlands zu überweisen. Betrachten wir den Iran als Beispiel einer »unfreiwilligen« Devisenverkehrsbeschränkung. Das gegen den Iran verhängte Embargo umfasst auch den Zahlungsverkehr mit dem Ausland, d. h. es können weder Devisen auf iranische Geschäftskonten transferiert, noch Zahlungen iranischer Banken angenommen werden. Es liegt folglich ein umfassendes Transferverbot vor. Iranische Unternehmen behelfen sich, in dem sie Konten in »befreundeten« Staaten eröffnen, über die dann der Zahlungsverkehr abgewickelt wird.

Risikomanagement durch indirekte Gesellschafterfinanzierung: Bei einer Ausstattung der Tochtergesellschaft mit konzerninternem Fremdkapital werden Gewinne im Gastland in Zinseinkommen im Mutterland transformiert. Sobald Einschränkungen des Devisenverkehrs aber nicht nur Gewinneinkommen, sondern auch Zins- und Tilgungszahlungen an die Muttergesellschaft einschließen, greift diese Maßnahme ins Leere. Mit einer indirekten Gesellschafterfinanzierung – (engl. Fronting Loan) lässt sich dennoch der gewünschte Effekt erreichen. Wirtschaftlich handelt es sich um eine Gesellschafterfinanzierung, vertraglich um eine lokale Fremdfinanzierung. Hierzu beauftragt die Muttergesellschaft eine X-Bank, der Tochtergesellschaft einen Kredit zu vergeben. Sitz der kreditgebenden Bank muss der Ansässigkeitsstaat der Tochter sein. Der Kredit wird mit einer verzinslichen Geldanlage bei dieser X-Bank im Mutterland abgesichert. Die Bank muss daher in beiden Ländern vertreten sein. Die Gesellschafterfinanzierung erfolgt nicht offen, sondern getarnt über eine lokale Bank.

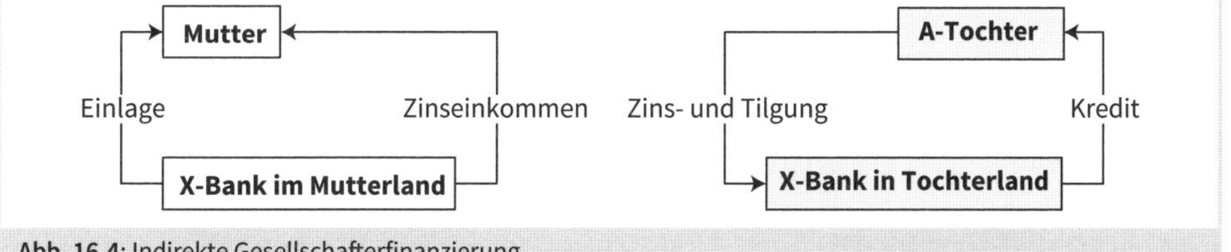

Abb. 16.4: Indirekte Gesellschafterfinanzierung

Da das Zinseinkommen nun nicht mehr vom Tochterland zur Muttergesellschaft transferiert werden muss, haben Einschränkungen des Devisenverkehrs nun keine Auswirkungen. Die Zinseinnahmen erhält die Mutter nun ja über die Einlagenverzinsung im Mutterland.

Weitere Maßnahmen im Risikomanagement von Transferrisiken

Ausnahmeregelungen bei Schlüsselbranchen: Multinationale Unternehmen haben oft eine starke Position für sich Ausnahmeregelungen zu verhandeln, wenn sie in Branchen tätig sind, die für das Gastland von herausragender Bedeutung sind. Statt eine Beeinträchtigung der Produktion zu erleiden, etwa wenn die Muttergesellschaft keine Zahlungen für benötigte Vorprodukte oder Komponenten erhält, trifft das Gastland vielleicht lieber eine Ausnahmeregelung für das betroffene Unternehmen.

Einsatz von Versicherungen: Einige multinationale Unternehmen sind in vielen Ländern vertreten und daher geografisch gut diversifiziert. Die Präsenz anderer Unternehmen hingegen konzentriert sich auf wenige Länder. Ungünstige politische Veränderungen können in diesem Fall zu existenzbedrohenden Situationen führen. Diese Unternehmen können dennoch über Versicherungsverträge Schutz gegen politische Risiken kaufen. Anbieter von Versicherungen gegen politische Risiken sind einige private Anbieter wie Lloyd's of London oder die Munich Re, staatsnahe Versicherungen wie die Hermes Kreditversicherung in Deutschland, die OPIC (Overseas Private Investment Corporation) in den USA oder das MITI (Ministry of International Trade and Industry) in Japan sowie internationale Organisationen wie das MIGA (Multinational Investment Guarantee Agency), ein Mitglied der Weltbankgruppe. Versicherbare Risiken umfassen Enteignungen, aber auch klassische Transferrisiken.

Investitionen im Gastland: Wenn alle Bemühungen, Finanzmittel ins Ausland zu transferieren, scheitern, dann bleibt als letzte Möglichkeit nur die blockierten Mittel im Gastland selbst zu investieren. Am risikoärmsten sind Finanzanlagen, seien es Einlagen bei lokalen Banken oder der Kauf von kurz- bis mittelfristigen Anleihen des Gastlands. In vielen Ländern sind diese Finanzinvestitionen aber nicht möglich, weil der lokale Finanzmarkt nur schwach entwickelt ist. Multinationale Unternehmen müssen dann zwangsweise Investitionen in die eigene Gesellschaft vornehmen. Doch vielfach liegen nicht ausreichend sinnvolle Investitionsprojekte vor. Eine Möglichkeit besteht dann darin, die Fertigungstiefe im Gastland zu erhöhen, etwa durch den Kauf eines lokalen Zulieferers. Es gibt aber auch Beispiele, dass Unternehmen in ihrer Not Hotels oder einfach nur Land kaufen, um die blockierten Finanzmittel anzulegen.

Protektionismus und Staatsinterventionen

Ein weiteres Risiko besteht in protektionistischen Maßnahmen, um sich schützend vor die Interessen des eigenen Landes bzw. die Interessen der eigenen Bürger zu stellen.

Info

Protektionismus

Unter Protektionismus versteht man staatliche Eingriffe bei grenzüberschreitenden Transaktionen, allen voran beim Handel mit Waren und Dienstleistungen, mit dem Ziel, heimische Anbieter vor der Konkurrenz ausländischer Erzeuger zu schützen. Protektionismus findet auch bei Direktinvestitionen statt, wenn einheimische Unternehmen gegenüber Tochtergesellschaften ausländischer Firmen bevorteilt werden.

Protektionistische Instrumente sind alle Formen von tarifären und nicht-tarifären Barrieren wie etwa die Erhebung von Zöllen, mengenmäßige Einfuhrbeschränkungen und -verbote, Subventionen für heimische Anbieter oder Sondersteuern für ausländische Produzenten. All diese Maßnahmen sollen dazu führen, dass sich Auslandswaren und -dienstleistungen, soweit sie überhaupt eingeführt werden dürfen, verteuern und Konsumenten folglich stärker auf einheimische Waren zurückgreifen. Protektionistische Maßnahmen können auch in subtiler Form ergriffen werden. Als sich Frankreich und Deutschland weigerten auf der Seite der USA und der »Koalition der Willigen« im zweiten Irakkrieg zu kämpfen, machten amerikanische Politiker erfolgreich Stimmung gegen diese beiden Länder und riefen dazu auf, deutsche und französische Produkte zu meiden. Gemäß einer Umfrage im Mai 2003 (PR-Agentur Weber Shandwick) folgten rund 40 % aller Befragten dem Boykott.

Aktuell sind wieder stark protektionistische Tendenzen in den USA zu verzeichnen. Mit der Wahl des US-Präsidenten Donald Trump im Jahr 2016 und seinem Versprechen »America first« wurden die »Überschussländer« China und Deutschland nicht nur verbal stark kritisiert, sondern die amerikanische Regierung führte auch Strafzölle auf vielfältige Produkte ein und droht mit Importzöllen für europäische Fahrzeuge.

Protektionismus und Nationalismus sind eng miteinander verknüpft, da in beiden Fällen vermeintlich das eigene Land und die eigenen Bürger über die Weltgemeinschaft und die internationalen Vereinbarungen gestellt werden. In diesem Sinne breiten sich derzeit auch in Europa der Protektionismus und die Ablehnung einer immer stärker werdenden Globalisierung aus. Die Briten wollen den Brexit und rechtspopulistische Parteien in vielen Ländern der EU eine Rückbesinnung auf nationale Selbstbestimmung. Wie diese Entwicklung weitergeht und welche wirtschaftlichen Folgen damit verbunden sind, ist derzeit nicht vorhersehbar.

Kulturelle und institutionelle Länderrisiken
Multinationale Unternehmen bewegen sich häufig in fremden Kulturräumen. Dies stellt eine große Herausforderung für das Management dar, da die Kultur eines Landes doch maßgeblich die Grundeinstellungen und Überzeugungen der Menschen prägt und damit einen großen Einfluss auf wirtschaftliche Vorgänge hat. Da diese kulturellen Unterschiede stabil sind und sich nur langsam ändern, sind sie für sich allein betrachtet kein klassisches Risiko. Die Gefahr liegt allenfalls darin, dass das Management der multinationalen Unternehmen die Auswirkungen und Ausprägungen der Kulturunterschiede nicht erkennt oder nicht richtig abschätzt. Risikobehaftet sind dagegen die institutionellen Ausprägungen über Normen und Gesetze, weil sie sich schnell ändern können. Hier spielen Staatsinterventionen, die Respektierung von geistigem Eigentum und Korruption eine zentrale Rolle.

Korruption und Nepotismus: Korruption und Nepotismus sind in vielen Ländern stark ausgeprägt. Der indonesische Präsident Suharto und seine Frau waren bekannt dafür, der Präsident Simbabwes, Mugabe, ist bekannt dafür, beim afghanischen Präsidenten Karzai wird es vermutet. Die Liste ließe sich lange fortsetzen.

Nepotismus stammt vom lateinischen Begriff *nepos* ab, was Neffe heißt. Im Deutschen verwenden wir den Begriff Vetternwirtschaft. Dabei wird den eigenen Familienmitgliedern, Verwandten und Freunden ein wirtschaftlicher Vorteil verschafft.

Auf den ersten Blick könnte man vermuten, dass Bestechungsgelder nur Vermögen zwischen Zahler und Empfänger umverteilt. Doch tatsächlich gehen die Zahlungen zulasten der Bürger des Landes. Wird nämlich ein Auftrag über Bestechung statt über ein offenes und wettbewerbliches Verfahren gewonnen, dann ist davon auszugehen, dass nicht nur die Bestechungssumme selbst im Auftragswert verrechnet wird, sondern darüber hinaus noch Preisaufschläge vorgenommen werden, die am Ende die Käufer der Waren und Dienstleistungen oder die Steuerzahler bezahlen.

Die Tabelle 16.1 zeigt das Ausmaß von Korruption in den einzelnen Ländern bei Amtsträgern und Politikern.

Info

Der Korruptionsindex wird seit 1995 von Transparency International, einer nichtstaatlichen Organisation erhoben, die sich dem Kampf gegen Korruption widmet. Basis der Ergebnisse sind die Umfragen und Ergebnisse von mehr als 10 unabhängigen Organisationen. Den Index gibt es seit 1995.

Die Indexwerte reichen von einem korruptionsfreien Land mit 100, hinunter bis null. Die besten und damit höchsten Werte erzielen Neuseeland, Dänemark und Finnland. Deutschland liegt auf Rang 12, vor den USA. Den schlechtesten Wert in der EU erreicht Bulgarien mit Rang 71, nicht weit vor China. Russland und die Ukraine erreichen die schlechtesten Werte von allen europäischen Staaten.

Rang	Land	Wert	Rang	Land	Wert
1	Neuseeland	89	59	Griechenland	48
2	Dänemark	88	71	Bulgarien	41
3	Finnland	85	77	China	41
3	Schweiz	85	81	Indien	40
6	Singapur	84	96	Brasilien	37
6	Schweden	84	130	Ukraine	30
12	Deutschland	78	135	Russland	29
16	USA	75	161	Kambodscha	17
20	Japan	73	169	Venezuela	18
23	Frankreich	70	171	Nordkorea	17
32	Israel	62	177	Afghanistan	15

Tab. 16.1: Korruptionsindex 2017 (Daten auf Basis von www.transparency.org)

Korruption ist in Entwicklungsländern am stärksten ausgeprägt, doch sie findet sich auch in Industrienationen. Im Jahr 1996 gab es den »Herzklappenskandal« in Deutschland. Pharmafirmen sollen an über 1.500 Ärzte und Techniker Bestechungsgelder in Millionenhöhe gezahlt haben, damit diese Herzklappen, Herzschrittmacher und Ersatzteile für Herz-Lungen-Maschinen zulasten der Krankenkassen bestellen. 1.524 Strafverfahren wurden eingeleitet. Siemens wurde Ende 2006 tief in einen Korruptionsskandal verwickelt, bei dem 1,3 Milliarden Bestechungsgelder geflossen sein sollen. Einige Manager wurden verurteilt und der Siemenskonzern musste Strafen und Anwaltskosten in Milliardenhöhe zahlen. Daimler gestand 2010 vor einem US-amerikanischen Gericht ein, in 22 Ländern über zehn Jahre hinweg Regierungsbeamte bestochen zu haben, um an lukrative Aufträge zu kommen. Mitarbeiter von Thyssen wurden 2012 wegen Schmiergeldzahlungen bei Projekten in Kasachstan, Usbekistan und China entlassen. In den USA wurde Lockheed Aircraft verurteilt, weil es den früheren japanischen Premierminister bestochen hatte. AIRBUS wurde 2017 von der österreichischen Regierung angezeigt, weil Bestechungsgelder beim Kauf der Eurofighter geflossen sein sollen. Die Liste ließe sich beliebig verlängern.

Die Grenze zwischen Bestechung und »Meinungsbildung« wird in unterschiedlichen Ländern unterschiedlich gezogen. So ist es beispielsweise in den USA verboten, Politikern Geld als Gegenleistung für »bevorzugte Behandlung« anzubieten, doch es ist legal, politischen Parteien sehr hohe Geldbeträge zu spenden.

Korruption findet nicht nur auf Regierungsebene statt, sondern durchsetzt typischerweise alle Bereiche des öffentlichen und privaten Lebens. Einen Ausbildungsplatz erhält man nur, wenn man zahlt, eine Anklage wird fallen gelassen, wenn man zahlt, eine Betriebserlaubnis erhält man nur gegen Geld.

In vielen Ländern ist Bestechung eine Voraussetzung für einen gewünschten Auftrag. Damit stellt sich für das Management eines Unternehmens die schwierige Frage: Soll es selbst bestechen, um den Auftrag zu erhalten, falls die Bestechung auch von lokalen oder anderen internationalen Mitbewerbern eingesetzt wird? Rechtlich und moralisch ist die Frage leicht zu beantworten: Bestechung ist in keinem Land dieser Erde legal und Bestechung ist unmoralisch. Doch was hilft die Moral, wenn dabei das Unternehmen insolvent wird? Es gibt aber gute Gründe, warum Korruption, Bestechung und Nepotismus für multinationale Unternehmen keine Lösungen sein sollten: Die erste Bestechung zieht immer weitere nach sich und kann sehr schnell außer Kontrolle geraten. Darüber hinaus wird das Unternehmen wegen seiner illegalen Handlung erpressbar. Es läuft Gefahr, auch außerhalb des Gastlands juristisch belangt zu werden, wie das Beispiel Siemens zeigt. Die negativen Folgen für das Image sind immens, wenn Korruption und Bestechung bekannt werden. Die Stakeholder der Muttergesellschaft, allen voran Kunden und Eigenkapitalgeber, haben nämlich immer weniger Verständnis für den Einsatz von Bestechung als Vertriebsmittel, selbst wenn sie im Gastland als Kavaliersdelikt angesehen wird.

Als letzter Punkt sei erwähnt, dass der Einsatz von Bestechung für das wirtschaftliche Überleben eines internationalen Konzerns nicht notwendig ist. Salopp formuliert: Sie haben es nicht nötig. Es geht vielleicht ein lukrativer Auftrag verloren, aber auf Konzernebene sind die Auswirkungen nicht markant. Man hat wenig Verständnis für Bestechung, wenn es nur um Gewinn geht; schwieriger wird es für kleine lokale Anbieter, deren Existenz in Gefahr ist.

Den größten Vorwurf muss sich das Management eines multinationalen Unternehmens machen lassen, wenn es das Problem »nach unten delegiert«. Soll doch das lokale Management frei entscheiden, wie der Auftrag akquiriert wird. Bei diesem Vorgehen wird die Verantwortung verschoben: Erhält das lokale Management den Auftrag durch Bestechung, dann will es die Muttergesellschaft nicht wissen, um nicht mit in die Verantwortung hineingezogen zu werden. Geht der Auftrag verloren, hat dafür wiederum das Management vor Ort die Verantwortung. Diese Haltung ist verantwortungslos. Das Problem Bestechung muss ein Thema des gesamten Konzerns sein, bei dem in klaren internen Richtlinien die Grenze zwischen verbotener Bestechung und erwünschter Meinungsbildung festgelegt wird.

Geistige Eigentumsrechte: Der Schutz geistigen Eigentums ist für viele Unternehmen ein wichtiger Punkt, da Patente ihren Inhabern einen zeitlich begrenzten Wettbewerbsvorteil gegenüber Konkurrenten geben. Der Schutzzeitraum beträgt üblicherweise 20 Jahre. In dieser Zeit soll den Inhabern die Möglichkeit gegeben werden, die mit den Erfindungen verbundenen Aufwendungen am Markt zu verdienen und einen angemessenen Gewinn zu erzielen. Die Funktion von Patenten ist damit einerseits die Reduktion der mit Forschung verbundenen finanziellen Risiken, aber auch die Schaffung von Forschungsanreizen. Stünden Forschungsergebnisse nämlich weltweit jedermann sofort zur Verfügung, gäbe es keinen Anreiz, selbst Investitionen in Forschung und Entwicklung vorzunehmen. Der Patentschutz soll damit ein Marktversagen lösen, das sich aus den positiven externen Effekten von Forschung ergibt. Beispiele sind Patente auf technische Prozesse, auf bestimmte Materialien oder auf Wirkstoffe.

Der Schutz geistigen Eigentums muss durch das Rechtssystem des jeweiligen Staats erfolgen. Hier aber gibt es große Unterschiede, wie ernsthaft der Schutz erfolgt und mit welchen Konsequenzen Schutzrechtsverletzungen verbunden sind. Zwar haben sich die Mitgliedsstaaten der WTO zum Schutz und zur Durchsetzung der Rechte des geistigen Eigentums verpflichtet, doch insbesondere in Staaten, in denen Bestechung und Korruption stark ausgeprägt sind, bestehen die Rechte oft nur auf dem Papier.

Ein großer Fortschritt wurde erzielt, als China 2001 der WTO beitrat und damit auch die TRIPS-Vereinbarungen der WTO-Mitglieder zum Schutz geistigen Eigentums (*T*rade *R*elated Aspects of *I*ntellectual *P*roperty *R*ights) umsetzen musste. Ein zusätzlicher Anreiz, geistiges Eigentum zu schützen, entstand in China dadurch, weil dort inzwischen mehr Patente angemeldet werden als in jedem anderen Mitgliedsland der WTO. Auch die Gerichtsverfahren in Fällen des geistigen Eigentums steigen explosionsartig. Im Jahr 2017 gelangten bereits 240.000 Fälle vor Gericht.

Am 03.12.2017 wurde die Gründung eines speziellen Gerichts durch den Obersten Volksgerichtshof für Fälle des geistigen Eigentums beschlossen, weil die chinesische Führung erkannt hat, dass immaterielle Werte für die weitere wirtschaftliche Entwicklung des Landes von großer Bedeutung sind. Das neu errichtete Gericht soll für Berufungen anspruchsvoller Fälle in ganz China zuständig sein.

Zwangslizenzen: Patentverletzungen werden von einigen Staaten nicht nur mehr oder weniger offen geduldet, sondern Staaten selbst interpretieren den Umfang und die Dauer von eingetragenen Patenten wissentlich und öffentlich aus ethischen Gründen anders als die Patentinhaber. So wurde vom indischen Patentamt am 12.03.2012 eine Zwangslizenz zugunsten eines indischen Generikaherstellers gegenüber dem deutschen Pharmaunternehmen Bayer für das Krebsmedikament Sorafenib Tosylate mit der Begründung angeordnet, dass Bayer das Medikament zu teuer und in nicht ausreichender Menge zur Verfügung stellte. Das indische Patentamt hat der Firma Natco, einem einheimischen Generika-Hersteller, an dem Patent von Bayer eine Zwangslizenz erteilt. Natco ist nun berechtigt eine Monatspackung des Krebsmedikaments für umgerechnet 132 Euro zu verkaufen, statt den 4.200 Euro, die Bayer bislang verlangte.

Info

Zwangslizenz

Eine Zwangslizenz ist eine staatlich angeordnete Beschränkung der Wirkung eines Schutzrechts. Dadurch kann der Eigentümer des Schutzrechts seine darauf beruhenden Vorrechte nicht oder nur noch eingeschränkt geltend machen.

Der Schweizer Pharmakonzern Novartis verlor in Indien 2013 seinen Patentschutz auf das Krebsmittel Glivec mit der Begründung, Glivec sei keine Neuentwicklung, sondern eine Modifikation eines vorhandenen Medikaments. Eine Krebsbehandlung kostet über das Generikum 60 Euro, wohingegen die Behandlung mit dem Originalpräparat mehr als 3.000 Euro kostete.

Zwangslizenzen gibt es nicht nur in ärmeren Ländern. Auch Deutschland hat »einen Fall«. Das Bundespatentgericht hat am 01.09.2016 den Vertrieb des Aids-Medikaments «Isentress« gestattet und eine patentrechtliche Zwangslizenz für den HIV-Wirkstoff Raltegravir zugunsten von Merck ausgesprochen. Das Bundespatentgericht erlaubte Merck damit den Vertrieb des Medikaments, obwohl der japanische Konzern den Wirkstoff bereits 2012 beim Europäischen Patentamt angemeldet hatte. Dagegen hatte die japanische Firma Shinogi in Deutschland geklagt. Der Bundesgerichtshof bestätigte jedoch am 11.07.2017 die Zwangslizenz. Eine Begründung hierfür war u. a. das hohe öffentliche Interesse an dem Medikament.

Wirtschaftliche Länderrisiken

Wie bereits erwähnt sind politische und ökonomische Länderrisiken eng miteinander verzahnt. In einem Land mit schlechter wirtschaftlicher Lage ändern sich die politischen Rahmenbedingungen häufiger und ausgeprägter als in wirtschaftlich prosperierenden Ländern. Umgekehrt sind politisch instabile Länder meistens auch Länder mit unterdurchschnittlichem Wachstum. Deshalb werden bei einer Länderbeurteilung immer auch wirtschaftliche Größen herangezogen. Die wichtigsten Indikatoren sind das zukünftige Wirtschaftswachstum, die

Auslandsverschuldung, die Staatsverschuldung sowie monetäre Rahmenbedingungen wie die erwartete Inflations- und Wechselkursentwicklung. Je geringer das erwartete, zukünftige Wirtschaftswachstum, desto wahrscheinlicher werden Staatsinterventionen zur Stimulierung des Binnenmarkts. Je höher die bestehende Auslands- und Staatsverschuldung, desto wahrscheinlicher wird die Zahlungsunfähigkeit des betreffenden Landes und desto mehr steigen die Transferrisiken. Auch hohe Inflationsraten und in Folge schwache Wechselkurse wirken sich negativ aus, machen sie doch die Kosten und den Erlös in der Währung des Mutterlands schwer planbar.

Nicht nur Entwicklungsländer, sondern auch Industrienationen können hohe wirtschaftliche Risiken aufweisen. Man denke nur an die enorme Auslandsverschuldung der USA oder an die sehr hohe Staatsverschuldung Italiens. Auf dieses eher volkswirtschaftlich ausgerichtete Thema werden wir im Folgenden jedoch nicht weiter eingehen.

16.5 Wie werden politische Länderrisiken gemessen?

Methodisch ist es leicht, ein Länderrisiko zu messen. Man nehme die richtigen Kriterien, man quantifiziere diese Kriterien und versehe sie mit den richtigen Gewichten und fertig ist der Länderindex. Doch was sind die richtigen Kriterien, wie werden sie quantifiziert und was sind die relevanten Gewichte? Da diese Fragen unterschiedlich beantwortet werden, gibt es auch unterschiedliche Modelle.

Es gibt eine Reihe unbestrittener Kriterien zur Messung von Länderrisiken. Dazu gehören das politische Regierungssystem, die Häufigkeit eines Regierungswechsels, das Ausmaß von Korruption, die Sicherheitslage des Landes, die Einbindung in internationale Organisationen oder wirtschaftliche Schlüsselgrößen. Doch bereits die Quantifizierung dieser Kriterien bereitet große Schwierigkeiten. Im Ergebnis muss man festhalten, dass alle angebotenen Werte zu Länderrisiken mit einer großen Portion Unschärfe und Subjektivität beladen sind.

Länderrisiken können von Unternehmen selbst gemessen und beurteilt werden. Das hat den Vorteil, dass die wichtigsten Einflussfaktoren mit den für das Unternehmen relevanten Risikogewichten einfließen. Es gibt aber auch eine Reihe von externen Anbietern zur Messung von Länderrisiken. Investmentbanken wie Morgan Stanley oder Ratingorganisationen bieten Länderanalysen, bei denen der Schwerpunkt oft auf wirtschaftlichen Kriterien liegt. Auch Versicherungen bieten diesen Service. Als Beispiel sei die Wertung der australischen Export Finance and Insurance Corporation über Russland gegeben. Deren Länderanalysen lassen sich über die Homepage www.efic.gov.au finden. Öffentliche Informationen bietet auch die OECD (www.oecd.org) in ihren Länderanalysen oder die Weltbank.

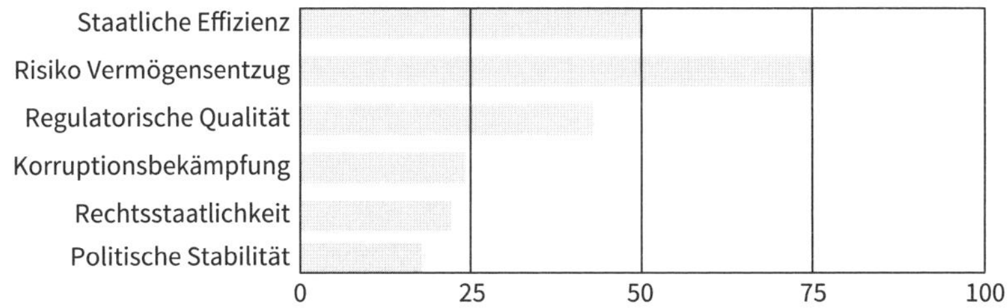

Abb. 16.5: Ausgewählte Indikatoren zum Länderrisiko Russland

Insgesamt gibt es eine große Bandbreite von Länderanalysen mit unterschiedlichen Schwerpunkten, wie die nächste Übersicht zeigt. Die aufgeführten Verfahren und Indizes stellen dabei keine vollständige Auflistung dar. Weltweit gibt es sehr viele private Dienstleister, öffentliche Einrichtungen, Versicherungen und Banken, die politische Risikoanalyse betreiben und die Ergebnisse kostenlos oder gegen Entgelt zur Verfügung stellen.

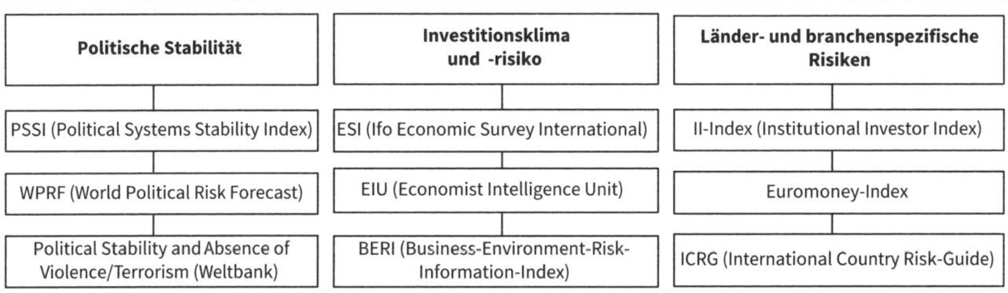

Abb. 16.6 Indizes für politische Länderrisiken

Die Messmodelle sind stets wie oben beschrieben aufgebaut. Es werden zunächst Indikatoren ausgewählt, die idealerweise quantifiziert werden können. Die Indikatoren werden dann gewichtet und in einen Index umgerechnet. Einige Modelle konzentrieren sich dabei auf die Abbildung und Messung der politischen Stabilität eines Landes, wie etwa der frei zugängliche Indikator »Political Stability and Absence of Violence« der Weltbank. Einige versuchen, das Investitionsrisiko zu erfassen, wie der nur käuflich zugängliche BERI-Index, der vom bereits 1966 gegründeten, gleichnamigen Institut angeboten wird. Einige liefern auch branchenspezifische Daten. Euromoney etwa bewertet viele Branchen in vielen Ländern zweimal im Jahr und die PRS-Gruppe liefert käuflich einen »International Country Risk-Guide« nach eigenen Angaben zu mehr als 140 Ländern.

16.6 Investitionsschutzabkommen

Freihandelsabkommen enthalten wegen der besonderen Bedeutung von Investitionen häufig Regelungen zum Investitionsschutz. Daneben gibt es auch viele bilateral vereinbarte Investitionsschutzabkommen. Deutschland etwa hat rund 140 bilaterale Abkommen geschlossen.

Der Zweck all dieser Abkommen besteht darin zu verhindern, dass Unternehmen im Gastland bei grenzüberschreitenden Investitionen gegenüber lokalen Anbietern benachteiligt und/oder einem erhöhten Rechtsrisiko ausgesetzt sind. Nur durch die Schaffung von stabilen und verlässlichen staatlichen Rahmenbedingungen zum Investitionsschutz sind Unternehmen bereit, im Gastland zu investieren, und nur durch Investitionsschutzabkommen lassen sich die oft großen Unterschiede in den Rechtsnormen der involvierten Länder beseitigen.

Die Schutzstandards umfassen folgende Punkte:

- Schutz vor Diskriminierung, d.h. die Gleichbehandlung aller in- und ausländischer Investoren.
- Schutz vor ungerechtfertigter Enteignung und unangemessener Entschädigung. Enteignungen sind zwar möglich, aber sie sollen verhältnismäßig sein und entschädigt werden.
- Gerechte und billige Behandlung. Staatliche Willkür, Intransparenz, widersprüchliche Entscheidungen sowie das Fehlen von Rechtsmitteln müssen ausgeschlossen sein.
- Recht zum freien Kapitaltransfer, d.h. das Recht auf grenzüberschreitende Investitionen und den Zugriff auf die getätigten Investitionen.

Mit Berufung auf ein geschlossenes Investitionsschutzabkommen können Unternehmen und Investoren staatliche Behörden vor einem Gericht verklagen, falls es zu einer Verletzung der festgelegten Investitionsschutzrechte kommt. Ein Problem besteht allerdings darin, dass sich ausländische Investoren nicht auf die nationalen Gerichte berufen können, da »Investitionsschutzabkommen in vielen Ländern vor Gericht nicht unmittelbar durchsetzbar sind« (Europäische Kommission: Investitionsschutz und Beilegung von Investor-Staat-Streitigkeiten in EU-Abkommen). Deshalb sind für solche Streitbeilegungen internationale Schiedsgerichte vorgesehen. Internationale Schiedsgerichte sind nicht-staatliche Gerichte, deren Entscheidungen für beiden Seiten bindend sind und im Normalfall keine Rechtsmittel zulassen. Es handelt sich damit um ein »privates Rechtssystem«, das nach vorab vereinbarten Regeln und Verfahren arbeitet.

Es gibt eine Reihe von internationalen Schiedsgerichten, wie etwa die American Arbitration Association, New York, den London Court of International Arbitration, das Schiedsgericht der Zürcher Handelskammer, Zürich, die Deutsche Institution für Schiedsgerichtsbarkeit in Bonn/Berlin, das älteste 1923 gegründete Schiedsgericht International Chamber of Commerce (ICC) in Paris, den Schiedshof in Den Haag oder das »International Centre for Settlement of Investment Disputes« (ICSID) der Weltbank.

Internationale Schiedsgerichte sind oft harter Kritik ausgesetzt. Dies gilt weniger bei Verfahren zwischen zwei beteiligten Unternehmen, sondern bei Streitfällen zwischen Unternehmen und einem der beteiligten Staaten. Diese Streitfälle gibt es häufig. Zwischen 1987 und Ende 2018 hat die United Nations Conference on Trade and Development (UNCTAD) insgesamt 991 Investor-Staat-Schiedsverfahren erfasst. Die Grafik zeigt die regionale Aufteilung der Streitfälle in den am häufigsten betroffenen Staaten.

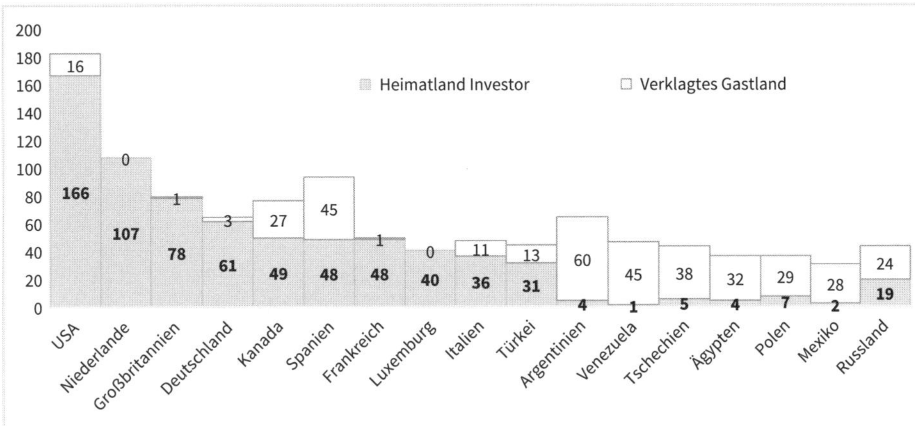

Abb. 16.7: Verteilung der Klagen seit 1987 (Quelle: Eigene Darstellung, UNCTAD: Investment Dispute Settlement Navigator, 10.1.2019)

Mit 166 Fällen klagten Investoren aus den USA am häufigsten gegen Staaten. Die USA selbst wurden hingegen nur 16 Mal von Nicht-US-Investoren/Unternehmen angeklagt. Investoren aus Deutschland klagten in 61 Fällen, während Deutschland dreimal auf der Anklagebank saß. Die Datenerhebung der UNCTAD zeigt, dass Entwicklungsländer viel häufiger mit Klagen überzogen werden als Industrieländer. Mit insgesamt 60-mal wurde Argentinien am häufigsten von ausländischen Investoren vor einem Schiedsgericht verklagt, während argentinische Investoren nur viermal Klage gegen Fremdstaaten erhoben. Ein Grund für die stärkere Betroffenheit von Entwicklungsländern ist sicherlich, dass ältere Freihandelsabkommen primär den Schutz von Investitionen in Entwicklungsländer im Fokus hatten, wohingegen Investitionsschutzregeln zwischen Industriestaaten erst später eingeführt wurden.

Einer der drei Fälle, in denen gegen Deutschland Klage erhoben wurde, ist der Fall des schwedischen Energieversorgers Vattenfall. Dieser klagt vor dem internationalen Schiedsgericht ICSID und verlangt Schadensersatz zuzüglich Zinsen von über 6 Mrd. Euro wegen des 2011 beschlossenen beschleunigten Atomausstiegs im Zuge des Atomreaktorunglücks in Fukushima. Vattenfall beschuldigt die Bundesrepublik Deutschland, es durch den beschleunigten Ausstieg wirtschaftlich enteignet zu haben, weil ihre ursprünglich zugeteilten Produktionskontingente in den Kernkraftwerken Krümmel und Brunsbüttel nicht mehr genutzt werden durften. Die Bundesrepublik Deutschland und Schweden sind Unterzeichner des Vertrags über die Energiecharta aus dem Jahr 1994. Als ausländisches Unternehmen kann sich Vattenfall deshalb, im Gegensatz zu deutschen Kernkraftwerksbetreibern, auf dieses Investitionsschutzabkommen berufen und die Bundesrepublik Deutschland vor dem Schiedsgericht ICSID verklagen. Eine richterliche Entscheidung in dieser Sache gibt es noch nicht. Erst jüngst (15.11.2018) nahm der Fall eine unerwartete Wendung, weil die Bundesrepublik Deutschland als Beklagte einen Antrag auf Abberufung aller drei zuständigen Richter am Schiedsgerichts ICSID wegen Befangenheit gestellt hat.

Risiken von Investitionsschutzabkommen

Souveränitätsverlust der Staaten: Die Sorge vor Schiedsgerichtsverfahren kann Länder davon abhalten, legitime politische Entscheidungen zu treffen. Da Schiedsurteile und Schiedsverfahren sehr kosten- und zeitintensiv sein können, besteht die Gefahr, dass Staaten gewissermaßen im Voraus eilendem Gehorsam bestimmte Gesetze oder Regelungen erst gar nicht erlassen. Drei Beispiele, wie Investoren staatliche Entscheidungen berühren, mögen das illustrieren:

Die einzige Brücke über den Grenzfluss zwischen der US-Stadt Detroit und der gegenüberliegenden kanadischen Stadt Windsor gehört dem Privatinvestor Matty Moroun. Dieser verklagte 2011 auf Basis des Freihandelsabkommens NAFTA den Staat Kanada, weil die dortige Regierung eine neue Brücke bauen wollte und deshalb seine Mauteinnahmen in Höhe von 60 Mio. USD gefährdet sah. Die Forderung betrug 3,5 Mrd. US-Dollar. Nach 6 Jahren wurde zugunsten Kanadas entschieden.

Der US-Konzern Tobie Mining and Energy und der kanadische Konzern Cosigo Resources verklagten den kolumbianischen Staat 2016 auf 16,5 Milliarden US-Dollar Schadensersatz, weil sie nicht im Regenwald Gold abbauen dürfen. Basis ist das Freihandelsabkommen zwischen Kolumbien und den USA. Der Fall ist noch nicht entschieden.

Der US-Konzern Bilcon verklagte 2008 Kanada auf Basis des NAFTA-Abkommens auf 300 Mio. US-Dollar Schadensersatz. Bilcon würde gerne auf der idyllischen Halbinsel Nova Scotia einen Steinbruch betreiben, den Basalt auf Schiffe verladen und in die USA bringen. Die Bewohner fürchten um Natur, Umwelt und Einkommen, denn sie leben vom Fisch- und Hummerfang und Tourismus. Der kanadische Staat untersagte das Betreiben eines Steinbruchs und wurde deshalb von Bilcon verklagt. Die Klage wurde bis heute nicht entschieden.

Fehlende Transparenz: Prozessunterlagen und Schiedsgerichtsverfahren sind nicht öffentlich, sondern finden hinter verschlossenen Türen statt. Ferner sind für Urteile der Schiedsrichter keine Berufungsinstanzen vorgesehen und die Urteile damit unmittelbar gegen die unterlegenen Staaten vollstreckbar. Umstrittene Entscheidungen müssen damit von Staaten hingenommen werden, was die Angst vor dem Souveränitätsverlust der unterzeichnenden Staaten verstärkt.

Sonderrechte für ausländische Investoren: Ausländische Unternehmen haben oft eine bessere Klagemöglichkeit als inländische Unternehmen. Man denke nur an die Klage von Vattenfall gegen die Bundesrepublik Deutschland. Der Konzern kann sich auf die Investitionsschutzbestimmungen der Energiecharta beziehen und damit vor dem internationalen Schiedsgericht ICSID klagen. Die in gleicher Weise ebenfalls betroffenen deutschen Unternehmen RWE, E.ON und EnBW können sich nur an nationale Gerichte wenden.

Unklare Regeln und Entstehen einer Klageindustrie: Investitionsschutzabkommen können naturgemäß nicht alle zukünftigen Streitfälle a priori regeln. Viele Begriffe müssen deshalb zwangsweise vage formuliert sein wie etwa »indirekte Enteignung«. Dies aber lädt geradezu dazu ein, einen Streit gerichtlich klären zu lassen. Da die bestellten Schiedsrichter und die Anwaltskanzleien nur dann Geld verdienen, wenn ein Streit tatsächlich geschlichtet werden muss, besteht bei allen Beteiligten ein großes Interesse an einer gerichtlichen Auseinandersetzung. Schiedsgerichte sind nämlich keine öffentlichen Institutionen, sondern werden von privaten Juristen und großen internationalen Kanzleien betrieben. Dabei geht es um viel Geld, denn jeder Prozess kostet im Durchschnitt 8 Mio. US-Dollar. Nach Recherchen der Zeitschrift »Spiegel« sind die Top-15-Schiedsrichter bei 63 % der Verfahren involviert. Oft stehen sie in Verbindung mit Kanzleien, die ein Interesse an der Erweiterung des »Marktes« haben. Eine kleine Gruppe bekommt den Löwenanteil der anfallenden Gebühren. Oft sind Richter gleichzeitig Anwalt. Herr Fortier etwa, Platz 2 auf der Richterrangliste, erhielt allein für den Yukos-Fall eine Zahlung über 2,3 Mio. US-Dollar (vgl. spiegelonline vom 16.04.2016). Zwischenzeitlich gibt es Prozessfinanzierer, die klagende Investoren finanzieren und im Gegenzug mit 30 %–40 % am verhängten Bußgeld beteiligt werden. Weil das Geschäft mit Schiedsgerichten für eine kleine Clique so einträglich ist, hat die Zahl der Streitfälle zwischenzeitlich stark zugenommen. Waren es in den 1990er Jahren durchschnittlich 4,3 Fälle jährlich, so stieg die Zahl zwischen 2000 und 2009 auf jährlich 32,4 an und zwischen 2010 und 2018 sogar auf jährlich 59,5 Fälle. Die ursprüngliche Idee, Schiedsgerichte als Schutzschild für Investoren einzusetzen, wird nun offensichtlich immer häufiger missbraucht und als Schwert gegen Staaten eingesetzt.

Treaty-Shopping: Das sogenannte ›treaty shopping‹ ist ein weiteres Problem von Investitionsschutzbestimmungen. Dieser Ausdruck bezieht sich auf missbräuchliche Methoden von Unternehmen, die für sie günstigsten Investitionsschutzbestimmungen zu nutzen. Über ausländische Briefkastenfirmen verklagen sie Staaten, mit denen ihr Herkunftsland selbst kein Handelsabkommen hat. Als Beispiel diene der Fall Philip Morris. Der US-Tabakkonzern hatte Australien 2011 auf Basis des 1993 geschlossenen bilateralen Investitionsabkommens zwischen Hongkong und Australien verklagt. Philip Morris sah sich durch die Nichtrauchergesetze in Australien in seinen Investitionsrechten verletzt. Das Schiedsgericht wies die Klage zurück. Philip Morris hat nach Auffassung des Gerichtes rechtsmissbräuchlich gehandelt, da dieser mit einer Investition in Hongkong lediglich eine Klagemöglichkeit gegen Australien erreichen wollte.

Einer der Länder, die es Investoren sehr leicht macht gegen Staaten zu klagen, sind die Niederlande. Nach Angaben der Regierung sind 47 % der Verfahren am ISDS auf Briefkastenfirmen zurückzuführen.

Schiedsgerichtsverfahren am Beispiel von CETA

Wie bereits erwähnt, unterscheiden sich die Schiedsgerichtsverfahren bei den einzelnen Schiedsgerichten, aber auch in den relevanten Bestimmungen der Investitionsschutzabkommen, beispielsweise das Schiedsgerichtsverfahren im Rahmen von NAFTA (USMCA) oder dem Freihandelsabkommen der EU mit Kanada (CETA), welches im Folgenden kurz dargestellt wird:

Kanada und die EU etablieren mit CETA ein Investitionsgerichtssystem und ein Berufungssystem, in dem Streitigkeiten zwischen Investoren und Staaten beigelegt werden können. Dieses Gericht wird aus einem festen Stamm von 15 Richtern bestehen, die von der EU und Kanada benannt wurden nicht, wie sonst üblich, vom Investor und dem beklagten Staat ernannten Schiedsrichtern. Die Fälle werden von je drei Richtern bearbeitet, die nach dem Zufallsprinzip ausgewählt werden. Die Entscheidungen des Gerichts werden vom Berufungsgericht überprüft. Die Gründe für eine Überprüfung von Entscheidungen des Gerichts sind im CETA klar festgelegt. Sämtliche Verhandlungen sind öffentlich und alle Dokumente sind frei zugänglich. Briefkastenfirmen wird explizit kein Klagerecht eingeräumt.

Wenn das Gericht zugunsten des Investors entscheidet, so hat er entweder einen Schadensersatzanspruch, den Anspruch auf Rückerstattung von Vermögenswerten oder eine Kombination aus beidem. Der Verlierer des Prozesses trägt die Kosten.

Aufgaben

1. Angenommen es liegen folgende aktuelle Wechselkurse vor:
   1 € = 1,2 $; 1 € = 150 ¥; 1 $ = 130 ¥:
   a) Wie lautet der $/¥-Kurs nach der Cross-Rate-Regel?
   b) Welche Arbitragemöglichkeit liegt bei den aktuellen Wechselkursen vor?
   c) Was muss man tun, um Arbitragegewinne machen zu können? Welche Folge hat das für den Wert des USD zum YEN?
2. Der Kassakurs des Schweizer Franken (SFR) zum EUR lautet: 1 SFR = 0,80 EUR. Die Geldmarktzinsen für sechs Monate auf den SFR betragen 1,0 % und 2 % auf den EUR.
   a) Welche Währung ist die Basiswährung?
   b) Wie hoch ist der 6-Monats-Terminkurs des SFR zum EUR?
   c) Wie hoch ist der 6-Monats-Terminkurs des EUR zum SFR?
   d) Würde ein Schweizer Exporteur den SFR auf Termin kaufen oder verkaufen?
3. Wie können Transaktionsrisiken entstehen und wie werden sie gemessen?
4. Was versteht man unter dem Transaktionsrisiko und mit welchen Kapitalmarktinstrumenten können sie gehedged werden? Was sind dabei die Vor- und Nachteile der jeweiligen Instrumente?
5. Wie entstehen Translationsrisiken, wie können sie reduziert oder gehedged werden? Können aus den Translationsrisiken Währungsgewinne entstehen, wenn die Währung im Land der Tochtergesellschaft gegen die Währung der Muttergesellschaft abwertet?
6. Eine deutsche Unternehmung hat folgende Charakteristika:

Umsatz Deutschland	400 €
Umsatz Frankreich	100 €
Umsatz England	50 £
Umsatz USA	100 $
Bezug Vorprodukte aus England	20 £
Bezug Vorprodukte aus USA	26 $

Konkurrenzsituation auf Absatzmärkten:
In Deutschland (D) ist der Hauptkonkurrent eine Unternehmung aus Japan, die sich allerdings am Europreis orientiert. In Frankreich ist der Hauptkonkurrent eine französische Unternehmung, in England eine englische. In den USA ist der Hauptkonkurrenz eine japanische Unternehmung, die den Markt aus Japan (J) heraus beliefert. Da diese Unternehmung marktbeherrschend ist, gibt sie Währungsänderungen im Verkaufspreis (USD) weiter.
Die aktuellen Wechselkurse sind: 1 € = 1 £; 1 € = 1,3 USD; 1 USD = 130 ¥;

a) Beschreiben Sie das Währungsrisiko der Unternehmung.
b) Quantifizieren Sie das Währungsexposure der deutschen Unternehmung.
c) Wie ändert sich der Gewinn/Verlust der Unternehmung, wenn sich folgende Währungskurse einstellen? 1 € = 1,2 £; 1 € = 1,4 USD; 1 USD = 160 ¥;
d) Wie könnte die Unternehmung ihr Währungsrisiko absichern?

7. Eine deutsche Unternehmung A exportiert derzeit für 100 Mio. USD in die USA. Gleichzeitig bezieht A aus den USA Vorprodukte in Höhe von 60 Mio. USD. Die einzigen Konkurrenten von A für den US-amerikanischen Markt sitzen und produzieren in Japan. Die japanische Konkurrenz gibt annahmegemäß jede Währungsänderung (USD zu YEN) in ihren Preisen weiter. Folgende Kassakurse liegen vor: 1 € = 1,5 $; 1 € = 150 ¥.
   a) Ermitteln Sie über die Cross-Rate den Kassakurs für den USD in YEN.
   b) Welche Konsequenzen hat es für A, wenn der EUR zum USD auf 1,4 sinkt und gleichzeitig der EUR zum YEN von 150 auf 180 steigt? (Hinweis: Was passiert mit dem Wechselkurs USD zum YEN und wie verändert die japanische Konkurrenz ihre Preise in den USA? Die Situation auf dem Heimatmarkt von A lassen Sie unberücksichtigt.)
   c) Versuchen Sie das ökonomische Risiko verbal zu beschreiben (keine Rechnung).
   d) Welche Rückschlüsse ziehen Sie daraus auf Art und Umfang des bestehenden ökonomischen Risikos von A?
   e) Nennen Sie die wirkungsvollste Hedging-Maßnahme für A?
   f) Inwieweit ändern sich Art und Umfang des ökonomischen Risikos, wenn die japanische Konkurrenz in den USA produziert?
8. Eine deutsche Unternehmung hat in 2019 aus Importgeschäften jeweils am 15. eines Monats Zahlungsverpflichtungen in Höhe von je 2,0 Mio. CHF (Schweizer Franken). Am 15.07.2019 wird eine Geldanlage in Höhe von 14 Mio. CHF fällig.
   a) Wie hoch ist das Transaktionsrisiko?
   b) Wenn die Unternehmung nur ein Termingeschäft zur Absicherung machen will, auf welchen Termin handelt sie wann welchen Betrag? Wie verfährt sie dabei mit etwaigen Überschüssen bzw. Defiziten?
   c) Angenommen der Terminkurs des Euro für den relevanten Zeitraum beträgt EUR/CHF = 1,50 – 1,55. Auf welchen Kurs handelt der Importeur?

9. Betrachten Sie folgende Bilanz einer Tochtergesellschaft in USD am 31.12.2016.

Aktiva		**Passiva**	
Anlagevermögen	$ 400	Eigenkapital	$ 150
Umlaufvermögen	$ 300	Jahresüberschuss	$ 50
		Fremdkapital	$ 500
Summe	**$ 700**	**Summe**	**$ 700**

a) Ermitteln Sie das Translationsrisiko.

b) Falls der aktuelle Wechselkurs des EUR/USD bei 1,60 liegt, der durchschnittliche Wechselkurs bei 1,35 und die Eigenkapitalposition des Vorjahrs mit einem historischen Wechselkurs von 1,25 bewertet, wie hoch ist dann der bewertungsbedingte Währungsverlust?

10. Geben Sie Beispiele für firmenspezifische politische Risiken.
11. Welche Möglichkeiten haben Unternehmen, firmenspezifische politische Risiken zu managen?
12. Was sind wesentliche politische Länderrisiken? Welche Maßnahmen können Unternehmen ergreifen, um diese Risiken zu reduzieren?
13. Welchem Zweck dienen Investitionsschutzabkommen und warum werden sie in der Öffentlichkeit oft sehr kritisch betrachtet?

IV Investition, Finanzierung und Steuern

LERNZIELE

- Wie erfolgt die Besteuerung bei Unternehmen, die in verschiedenen Ländern wirtschaftlich aktiv sind und über Muttergesellschaft-Tochtergesellschaft verbunden sind? Welche verschiedenen Verfahren gibt es dabei, eine mögliche Doppelbesteuerung zu vermeiden bzw. auszugleichen? Welche Länder verfahren nach welchen Regeln?
- Welche grundsätzlichen Möglichkeiten haben multinationale Unternehmen, sich einer Besteuerung weitgehend zu entziehen? Welche Rolle spielen dabei konzerninterne Finanzierungsvereinbarungen, die Übertragung von Lizenzen oder konzerninterne Leistungsverrechnungen?
- Welche Maßnahmen hat die internationale Staatengemeinschaft ergriffen, um die aggressive Steuervermeidung von multinationalen Unternehmen einzudämmen? Wie ist dabei der aktuelle Stand der Umsetzung?
- Wie schaut der methodische Rahmen aus, um Investitionsprojekte allgemein zu beurteilen? Welche Besonderheiten treten unterdessen bei grenzüberschreitenden Investitionsprojekten auf? Welche Rolle spielen dabei Währungsänderungen, unterschiedliche Zinssätze zwischen Mutterland und Gastland, Inflation und Transferpreise zwischen Mutter und Tochter?
- Soll bei der Beurteilung der Vorteilhaftigkeit eines Projekts die Perspektive der Muttergesellschaft oder der Tochtergesellschaft eingenommen werden?
- Welchen Einfluss hat die Finanzierungsstruktur der Tochtergesellschaft auf die Muttergesellschaft? Nach welchen Kriterien soll die Entscheidung über die Finanzierungsstruktur getroffen werden?
- Welche Auswirkungen haben Länderrisiken und Steuergesetzte auf die Finanzierungsstruktur?
- Wie beeinflusst die Finanzierungsstruktur die Kapitalkosten der Muttergesellschaft?

17 Internationales Steuermanagement

Der Abschnitt »Investition und Finanzierung« beginnt nicht ohne Grund mit einem Kapitel zum internationalen Steuermanagement, weil sowohl bei grenzüberschreitenden Investitionen als auch bei der Finanzierung von ausländischen Tochtergesellschaften die Steuergesetze in den betroffenen Ländern eine entscheidende Rolle für die Nachsteuerrendite und -finanzierungskosten haben. Da multinationale Konzerne in verschiedenen Ländern tätig sind und damit verschiedenen Steuersystemen unterliegen, ergeben sich eine Vielzahl von Ansatzpunkten, Steuerzahlungen im Gesamtkonzern zu »vermeiden« und damit die Nachsteuerrendite von Investitionen zu erhöhen.

17.1 Überblick zur Gewinnbesteuerung

Multinationale Unternehmen sind in verschiedenen Ländern mit eigenen Tochtergesellschaften oder Niederlassungen vertreten, wo sie einer Besteuerung mit jeweils eigenen Regeln zur Besteuerung unterliegen. Die Steuerarten reichen dabei von Verbrauchssteuern, über Verkehrssteuern bis hin zu Ertrags- und Substanzsteuern.

Bei Verbrauchssteuern wird, wie der Name schon sagt, der Gebrauch oder Verbrauch bestimmter Waren besteuert. Für Unternehmen sind hier die Mineralölsteuer oder die Stromsteuer in Deutschland am relevantesten. Verkehrssteuern hingegen besteuern bestimmte Transaktionen. Wichtigster Vertreter dieser Steuerkategorie ist die Umsatzsteuer, aber auch Zollabgaben fallen darunter. Ertragssteuern wiederum unterwerfen das wirtschaftliche Ergebnis einer Besteuerung. Dazu zählen in Deutschland, je nach Erhebungsform, die Einkommensteuer, die Kapitalertragsteuer, die Körperschaftsteuer (KSt) und die Gewerbesteuer (GewSt).

Im Gegensatz zu Ertragssteuern besteuern Substanzsteuern das Vermögen eines Steuerpflichtigen. Für Deutschland ist hier die Grundsteuer zu nennen. Andere Länder wiederum haben häufig eine allgemeine Vermögensteuer.

Für Unternehmen sind die Ertragssteuern von herausragender Bedeutung, weil die anderen Steuerarten von den Unternehmen nicht selbst getragen werden, sondern weitgehend auf die Kunden abgewälzt werden können. Verkehrssteuern wie die Umsatzsteuer zahlt der Käufer der Waren und Dienstleistungen direkt, weil sich der Verkaufspreis entsprechend erhöht. Verbrauchsteuern zahlt der Käufer indirekt, da sie als Aufwand in die Preiskalkulation eingehen und sich so die Preise der Waren und Dienstleistungen entsprechend verteuern. Ertragssteuern hingegen können nicht auf Käufer überwälzt werden. Vielmehr reduzieren sie den Gewinn der Unternehmen, weil vom Vorsteuergewinn die Ertragssteuern abgezogen und an die Steuerbehörden der jeweiligen Länder abgeführt werden. Im Folgenden werden wir uns deshalb auf die Ertragssteuern konzentrieren.

Die konkrete Bezeichnung der Ertragssteuer in vielen Ländern hängt von der Unternehmensrechtsform ab. Die Bundessteuer auf das Einkommen einer natürlichen Person oder einer Personengesellschaft in Deutschland wird »Einkommensteuer« (ESt) genannt, während die Ertragssteuer für juristische Personen, insbesondere Kapitalgesellschaften als Körperschaftssteuer (KSt) bezeichnet wird. Sowohl juristische Personen, insbesondere Kapitalgesellschaften als auch natürliche Personen müssen – soweit diese einen Gewerbebetrieb unterhalten – zusätzlich zur Einkommensteuer bzw. Körperschaftsteuer eine Gewerbesteuer (GewSt.) entrichten. Besteuerungssubjekt ist der Gewerbebetrieb. In Deutschland beträgt die Summe der beiden Komponenten bei natürlichen Personen in der Spitze ca. 50 %, bei juristischen Personen, insbesondere Kapitalgesellschaften, rund 30 %. Die Einkommen-, Körperschaft- und Gewerbesteuer sind direkte Steuern, da sie direkt vom Steuerpflichtigen gezahlt werden, bei dem sie erhoben werden (Steuerschuldner).

Eine Sonderform der Einkommen- bzw. Körperschaftsteuer, die Kapitalertragsteuer, wird als Quellensteuer bezeichnet, da diese direkt an der Einkommensquelle erhoben wird. Der Kapitalertragsteuer unterliegen Dividenden, Zinserträge und Erträge aus Lizenzgebühren, Patenten usw. Die Kapitalertragsteuer wird nicht unmittelbar beim Steuerschuldner erhoben, sondern vom Schuldner der Dividenden usw. Sie wird von den Zahlungen der einkommensgenerierenden Gesellschaft an den Empfänger einbehalten und direkt an die Steuerbehörden weitergeleitet. Die Quellensteuer stellt somit sicher, dass die lokalen Steuerbehörden die Steuern auf bestimmte gesetzlich definierte Einkommensarten erhalten, die innerhalb ihrer Steuerhoheit erzielt werden.

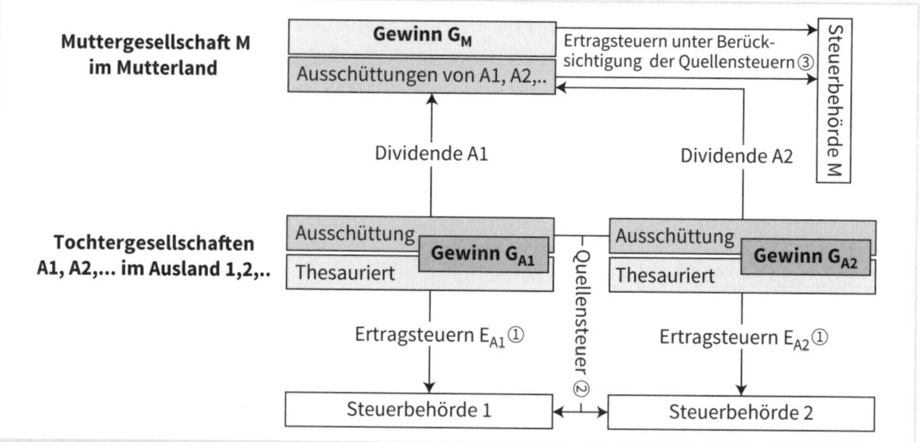

Abb. 17.1: Grundfragen bei der internationalen Gewinnbesteuerung

Abbildung 17.1 verdeutlicht die Grundfragen bei der Gewinnbesteuerung von multinationalen Unternehmen. Eine Muttergesellschaft ist mit ihren jeweiligen Tochtergesellschaften in verschiedenen Ländern operativ tätig. In fast allen Ländern wird dabei das Einkommen der Tochtergesellschaften mit einer Ertragssteuer belegt. Diese Steuer wird direkt von der jeweiligen Unternehmen A1, A2 erhoben und an die Steuerbehörde des jeweiligen Landes abgeführt ①.

In manchen Ländern differenzieren die Steuerbehörden bei der Ermittlung der Ertragssteuern E_{A1}, E_{A2} zwischen thesaurierten und ausgeschütteten Gewinnen. Da jeder Staat seine eigenen Steuergesetze und -regelungen souverän festlegen kann, unterscheiden sich die Ermittlung der Bemessungsgrundlage sowie die Steuersätze in den einzelnen Ländern oft markant.

Eine wesentliche Determinante für die Ermittlung der Bemessungsgrundlage und die relevanten Steuersätze ist, ob die Muttergesellschaft im Ausland mit einer Niederlassung oder mit einer eigenen Tochtergesellschaft vertreten ist. Auch die Rechtsformen der Mutter und Tochter sind entscheidend. Wir werden im Folgenden ausschließlich Mutter- und Tochterunternehmen in der Rechtsform von Kapitalgesellschaften betrachten. Dies hilft einerseits, die ohnehin große Komplexität zu reduzieren, und bildet andererseits auch die vorherrschende Rechtsform von multinationalen Unternehmen und ihren Tochtergesellschaften ab.

Die Mutter-Kapitalgesellschaft und die Tochter-Kapitalgesellschaften werden als eigenständige Rechtssubjekte behandelt. Dies ist ein international anerkannter und praktizierter Grundsatz, der zu einer getrennten steuerlichen Erfassung führt und den steuerlichen Durchgriff des Ansässigkeitsstaats auf die Anteilseigner der Tochtergesellschaft (= Muttergesellschaft) verhindert. Man spricht hier von der Abschirmwirkung der Rechtsform Kapitalgesellschaft. Weil die Tochtergesellschaften eigene Rechts- und Steuersubjekte darstellen, können schuldrechtliche Verträge aller Art zugunsten oder zulasten der Tochtergesellschaften abgeschlossen werden, mit denen die Steuerzahlungen im Gesamtkonzern gestalten werden können.

Eine Folge der steuerlichen Abschirmwirkung ist, dass die Gewinne G_{A1}, G_{A2} der Tochtergesellschaften auf Ebene der Muttergesellschaft erst im Ausschüttungsfall versteuert werden müssen. Einige Steuerbehörden im Ansässigkeitsstaat der Tochtergesellschaft erheben dabei eine Steuer auf die Gewinnausschüttung (Dividende). Sie stellt Einkommen dar, das von der Muttergesellschaft an den Ansässigkeitsstaat der Tochtergesellschaft entrichtet werden muss. Da diese Steuer an der »Quelle«, d.h. von der ausländischen Tochtergesellschaft erhoben wird, spricht man von einer ausländischen Quellensteuer ②. In Deutschland nennt man diese Steuer Kapitalertragssteuer.

Doch auch die Finanzbehörden im Mutterland können Ertragssteuern auf die ausgeschütteten Gewinne G_{A1}, G_{A2} erheben ③. Geschieht dies, liegt eine Doppelbesteuerung vor. Von einer Doppelbesteuerung spricht man immer dann, wenn derselbe Steuerpflichtige (hier die Mutter) mit denselben Einkünften (hier die Dividende) gleichzeitig in zwei oder mehreren Staaten mit vergleichbaren Steuern (hier die Ertragssteuer) belastet wird. Zur Vermeidung von Doppelbesteuerungen schließen die Staaten deshalb bilateral sogenannte Doppelbesteuerungsabkommen (DBA) ab, in denen das Besteuerungsrecht sowie die Höhe und Anrechnung der Quellensteuer im Mutterland geregelt wird. Weltweit gibt es über 3.000 dieser Abkommen. Von der OECD wurde dabei ein Musterabkommen entwickelt, das die Grundzüge eines DBA festlegt.

Deutschland hat laut dem Bundesfinanzministerium mit über 90 Staaten ein Doppelbesteuerungsabkommen geschlossen, in dem das Besteuerungsrecht, die Höhe und die Anrechnung der Quellensteuer festgelegt werden. Sehr viele Doppelbesteuerungsabkommen richten sich dabei nach dem Mustervertrag der OECD, der eine Beschränkung der Quellensteuer auf maximal 5 % vorsieht (Art. 10 Abs. 2 OECD-Musterabkommen).

Die Staaten innerhalb der Europäischen Union (EU) gehen noch einen Schritt weiter. In der sogenannten Mutter-Tochter-Richtlinie (MTR) wird festgesetzt, dass die Dividendenzahlungen von Tochtergesellschaften an ihre Mutter keiner Quellensteuer unterliegen, sofern Mutter und Tochter in einem EU-Staat ansässig sind. Hintergrund der Regelung ist der vertraglich fixierte freie Kapitalverkehr innerhalb der EU. Eine Quellensteuer auf ausgeschüttete Gewinne würde das verhindern, dass Unternehmen Finanzmittel grenzüberschreitend friktionslos transferieren können.

Zur sprachlichen Vereinfachung werden wir im Folgenden die Begriffe »Ansässigkeitsstaat der Tochtergesellschaft« mit »Tochterland« bezeichnen. Analog wird der Ansässigkeitsstaat der Ober- bzw. Muttergesellschaft zum »Mutterland«.

17.2 Grundbegriffe des internationalen Steuerrechts

Die besondere Problematik bei der grenzüberschreitenden Besteuerung liegt darin, dass die internationalen Konzerne der inländischen und ausländischen Rechtsprechung unterworfen sind und zusätzlich die abkommensrechtlichen Vereinbarungen zwischen den beteiligten Staaten beachten müssen. Dabei werden steuerrelevante Sachverhalte in den jeweiligen Ländern oft unterschiedlich geregelt und interpretiert. Dies stellt einerseits eine große Herausforderung in der Steuerplanung der Unternehmen dar, bietet aber andererseits auch die Chance, die unterschiedlichen Regelungen steuermindernd für sich zu nutzen. Dies ist auch deshalb möglich, weil die einzelnen Staaten in einem Steuerwettbewerb stehen, bei dem durch attraktive steuerliche Rahmenbedingungen möglichst viel Unternehmen für ihren Standort gewonnen werden sollen.

Beginnen wir mit einigen zentralen Begriffen und Konzepten im internationalen Steuerrecht. Unter dem internationalen Steuerrecht versteht man die Summe aller Rechtsvorschriften, die grenzüberschreitende Sachverhalte regeln. In Deutschland ist hier das Außensteuergesetz von besonderer Bedeutung. Nach dem Souveränitätsprinzip kann dabei jeder Staat grundsätzlich eigenständig sein Steuersystem gestalten und eigenständig die persönlichen und sachlichen Anknüpfungsmerkmale zur Besteuerung festlegen.

Die persönliche Steuerpflicht regelt, *wer* steuerpflichtig ist. Nach dem Wohnsitzprinzip (Residence Principle) ist eine Person bzw. eine Gesellschaft in dem Land steuerpflichtig, in dem sie ihren Wohnsitz bzw. ihren Sitz oder Geschäftsleitung hat. Nach dem Quellenprinzip (Source Principle) hingegen entsteht die Steuerpflicht in dem Staat, in dem das Einkommen generiert wird.

Die sachliche Steuerpflicht regelt, in welchem *Umfang* man steuerpflichtig ist. Nach dem Welteinkommensprinzip (World-Wide Taxation) – in der Literatur wird es auch Universalitätsprinzip genannt – umfasst der Umfang der Steuerpflicht das gesamte Welteinkommen, sofern eine persönliche Steuerpflicht besteht. Nach dem Territorialprinzip (Territorial Taxation) hingegen beinhaltet die Steuerpflicht lediglich das Einkommen, das auf dem Territorium des betreffenden Staats erzielt wird, sofern eine persönliche Steuerpflicht besteht.

In vielen Ländern werden sachliche und persönliche Steuerpflichten kombiniert. In Deutschland etwa ist eine Kapitalgesellschaft unbeschränkt für alle Einkünfte steuerpflichtig, wenn sich der Geschäftssitz oder die Geschäftsleitung in Deutschland befindet (§ 1 KStG; Wohnsitzprinzip mit Welteinkommensprinzip). Falls diese Voraussetzungen nicht vorliegen, beschränkt sich die Besteuerung auf die in Deutschland erzielten Einkommen (§ 2 KStG, Quellenprinzip mit Territorialprinzip).

Da jeder Staat sein eigenes Besteuerungsprinzip festlegt, sind vier Besteuerungskombinationen denkbar, wenn eine Muttergesellschaft im Ausland Einkünfte erzielt. Muss das im Ausland erzielte Einkommen im Wohnsitzland der Muttergesellschaft besteuert werden (Welteinkommensprinzip) und wird es gleichzeitig im ausländischen Quellenland besteuert (Territorialprinzip), dann tritt eine Doppelbesteuerung ein. Dies ist der häufigste Fall, der allerdings über Doppelbesteuerungsabkommen geregelt wird. Sieht hingegen das Wohnsitzland keine Besteuerung ausländischer Einkünfte vor (Territorialprinzip) und bleibt das Einkommen auch im Quellenland unbesteuert, dann bleiben diese Einkünfte steuerfrei. In den beiden anderen Fällen wird das Einkommen nur einmal besteuert, entweder im Wohnsitzland oder im Quellenland.

	Besteuerung im Wohnsitzstaat	**Nichtbesteuerung im Wohnsitzstaat**
Besteuerung im Quellenstaat	Doppelbesteuerung	Quellenstaatbesteuerung
Nichtbesteuerung im Quellenstaat	Wohnsitzlandbesteuerung	Keine Besteuerung

Tab. 17.1: Besteuerungskombinationen von ausländischen Einkünften

Im Doppelbesteuerungsfall kann die doppelte Besteuerung nur dann vermieden werden, wenn im Wohnsitzland die im Ausland gezahlten Steuern berücksichtigt werden. Hierzu gibt es zwei wesentliche Verfahren:

- Anrechnungsmethode (Credit Method): Der Wohnsitzstaat rechnet die im Quellenstaat gezahlten Steuern an.
- Freistellungsmethode (Exemption Method): Der Wohnsitzstaat stellt das im Ausland erzielte Einkommen frei.

Die Anrechnungsmethode ist die in angelsächsischen Ländern bevorzugte Methode, während die Freistellungsmethode den kontinentaleuropäischen Ansatz verkörpert.

Neben den beiden hier erwähnten Verfahren gibt es noch die Abzugsmethode (Deduction Method) und die Pauschalierungsmethode. Bei der Abzugsmethode zieht der Wohnsitzstaat die im Quellenstaat gezahlten Steuern von der inländischen Bemessungsgrundlage ab. Bei der Pauschalierungsmethode werden die ausländischen Einkünfte auch im Wohnsitzstaat besteuert, jedoch wird dabei ein pauschaler, festgelegter Steuersatz isoliert auf die ausländischen Einkünfte erhoben. Da beide Methoden nicht sehr gebräuchlich sind und meistens auch nur für bestimmte Einkommensarten Anwendung finden, bleiben sie im Folgenden unberücksichtigt.

Im Folgenden werden wir nun die beiden global eingesetzten Verfahren »Anrechnung« und »Freistellung« an jeweils einem Beispiel genauer vorstellen und die damit verbundenen wirtschaftlichen Implikationen erläutern:

Freistellungsmethode am Beispiel Deutschland

Die ausländische Tochterunternehmung A-GmbH erzielt ein zu versteuerndes Einkommen von 40 Mio. Geldeinheiten (GE). Die Körperschaftsteuer im A-Staat beträgt 35 %. Der Nachsteuergewinn wird vollständig an die Muttergesellschaft M-AG in Deutschland ausgeschüttet. Wie viel unter dem Strich bei der Muttergesellschaft ankommt, hängt davon ab, ob ein DBA vorliegt bzw. ob die betroffenen Gesellschaften innerhalb der EU ihren Geschäftssitz haben.

(in Mio. GE)	Kein DBA	DBA	EU-Land
Zu versteuerndes Einkommen A-GmbH Ausländische KSt (35 %)	40,00 ./. 14,0	40,00 ./. 14,00	40,00 ./. 14,00
Bruttodividende ausl. Quellensteuer (20 %/5 %/0 %)	= 26,00 ./. 5,20	= 26,00 ./. 1,30	= 26,00 ./. 0,00
Nettodividende deutsche KSt, SolZ, GewSt (30 % auf 1,3)	= 20,80 ./. 0,39	= 24,70 ./. 0,39	= 26,00 ./. 0,39
Ausschüttung in Deutschland	20,41	24,31	25,61

Tab. 17.2: Freistellungsmethode Deutschland

Nach Abzug der ausländischen Körperschaftsteuer von 14 Mio. GE verbleibt eine Bruttodividende von 26 Mio. GE. Sollte kein Doppelbesteuerungsabkommen vorliegen, wird annahmegemäß eine Quellensteuer von 20 % erhoben, d. h. 5,2 Mio. GE. Liegt ein DBA vor, fallen nur 5 % an. Falls Mutter und Tochter in einem EU-Land ansässig sind, entfällt die Quellensteuer wegen der Mutter-Tochter-Richtlinie (MTR) zur Gänze.

Um eine Doppelbesteuerung zu vermeiden, werden beim Freistellungsverfahren im Ergebnis die von einer ausländischen Tochter an die deutsche Mutter ausgeschütteten Gewinne (Dividenden) gemäß § 8 Abs. 1 KStG bei der Besteuerung freigestellt. Dies gilt übrigens auch für Gewinnausschüttungen von inländischen Tochtergesellschaften. Da wir Kapitalgesellschaften und damit eigenständige Steuersubjekte betrachten, bleibt das im Ansässigkeitsstaat der Tochtergesellschaften erzielte Einkommen und damit auch die im Ausland entrichteten Ertragssteuern und etwaige Quellensteuern bei der deutschen Muttergesellschaft unberücksichtigt, d. h. diese Belastungen sind definitiv.

Die Nettodividende ohne DBA beträgt damit 20,8 Mio. GE, mit DBA 24,7 Mio. GE und im Anwendungsbereich der MTR 26,0 Mio. GE.

Bei strikter Anwendung des Freistellungsverfahrens enden hier die Berechnungen. Das deutsche Steuerrecht sieht jedoch eine Besonderheit vor, auf die wir kurz eingehen wollen: Falls alle im Ausland erzielten Erträge freigestellt werden, können in Deutschland von der Muttergesellschaft auch keine Aufwendungen geltend gemacht werden, die im Zusammenhang mit der ausländischen Tochtergesellschaft stehen, etwa Finanzierungsaufwendungen. Deshalb werden nur 95 % der Gewinnausschüttungen freigestellt und 5 % unterliegen einer Besteuerung mit durch die Körperschaftssteuer, den Solidaritätszuschlag und der Gewerbesteuer. Bei einer Bruttodividende von 26 Mio. GE müssen 5 %, d. h. 1,3 Mio. GE versteuert werden. Nehmen wir einen Gesamtsteuersatz von 30 %, erhält man einen Steuerbetrag von 0,39 Mio. Euro, unabhängig davon, ob und in welcher Höhe im Ausland Quellensteuer erhoben wird. Hierzu müssen wir einen Hebesatz von 405 % annehmen: KSt (15 %) + SolZ (0,825 % = 5,5 % von KSt) + GewSt (14,175 % = Gewerbesteuersatz 3,5 % × Hebesatz 405 %) = 30 %.

Die (Teil)-Anrechnungsmethode

Ein völlig anderes Bild ergibt sich, wenn Staaten die Anrechnungsmethode anwenden. Beginnen wir auch hier wieder mit einem Beispiel und legen die USA zugrunde, die mit dieser Methode arbeiten:

Eine US-amerikanische Muttergesellschaft hat jeweils eine Tochtergesellschaft in Land 1 und Land 2. Die Gewinnsteuer in den USA liegt bei 35 %, in Land 1 liegt sie mit 20 % tiefer als in den USA und im Land 2 mit 40 % höher.

(in Mio. GE)	Land 1	Land 2
Zu versteuerndes Einkommen Ausländische KSt (20 %/40 %)	40 ./. 8	40 ./. 16
Gewinn nach Steuern	32	24
Dividendenausschüttung (100 %) ausländische Quellensteuer (5 %)	32 ./. 1,6	24 ./. 1,2
Nettodividende	30,4	22,8
Steuerzahlung im Ausland	9,6	17,2
US-Körperschaftsteuer (35 %)	14	14
Anrechenbare Steuer	9,6	14
Gewinnsteuer USA	4,4	0
Gesamte Steuerzahlung	14	17,2
Ausschüttung an Mutter	26,0	22,8

Tab. 17.3: Teilanrechnungsverfahren

Ausgehend von einem zu versteuernden Einkommen von 40 Mio. GE, beträgt der Gewinn im Land 1 32 Mio. GE und im Land 2 wegen des höheren Steuersatzes nur 24 Mio. GE. Verbleibt der Gewinn im Ausland, ist hier das Ende der Berechnungen erreicht. Doch was passiert, wenn die Gewinne ausgeschüttet werden? Nehmen wir eine vollständige Ausschüttung an und einen Quellensteuersatz von jeweils 5 %. Aus Land 1 kann die Muttergesellschaft mit einer Überweisung von 30,4 Mio. GE rechnen, aus Land 2 von 22,8 Mio. GE.

Betrachten wir die steuerlichen Folgen zunächst in Land 1. Die amerikanischen Finanzbehörden legen das Welteinkommen des Konzerns zugrunde und sehen, dass im Ausland 40 Mio. GE verdient wurden. Darauf erhebt der amerikanische Staat einen Anspruch gemäß seinem Gewinnsteuersatz von 35 %. Er fordert folglich von der Muttergesellschaft für ihre im Ausland erzielten Einkünfte eine Steuerzahlung von 35 % × 40 Mio. GE = 14 Mio. GE. Allerdings werden der Muttergesellschaft die im Ausland bereits gezahlten Steuern angerechnet, im vorliegenden Fall damit 9,6 Mio. GE. Die Differenz zu 14 Mio. GE, d. h. 4,4 Mio. GE, erhalten die amerikanischen Steuerbehörden. Faktisch beträgt der Steuersatz 35 %, obwohl im Ausland lediglich 20 % einbehalten wurden. Durch das Anrechnungsverfahren wird folglich der tiefere ausländische Steuersatz auf den höheren amerikanischen hochgehievt.

Auch im Land 2 beträgt das im Ausland erzielte Einkommen 40 Mio. GE, auf den der US-Staat einen Anspruch von 35 % erhebt, d. h. 14 Mio. GE. Da der Steuersatz in Land 2 höher ist als in den USA, wurden aber bereits Steuerzahlungen von 17,2 Mio. GE im Ausland geleistet. Theoretisch müssten die amerikanischen Finanzbehörden nun die Differenz von 3,2 Mio. GE erstatten, d. h. eine Steuergutschrift gewähren. Das macht aber kein Staat der Welt. Stattdessen wird die Anrechnung der im Ausland gezahlten Steuern auf den Betrag gedeckelt, der im Ansässigkeitsstaat der Muttergesellschaft fällig geworden wäre. Im vorliegenden Fall sind das 14 Mio. GE. Da die Anrechnung nur teilweise erfolgt, spricht man folglich auch von einem Teilanrechnungsverfahren. Die Einkünfte aus dem Land 2 werden deshalb in Höhe von 17,2 Mio. GE besteuert. Im Ergebnis führt das Teilanrechnungsverfahren dazu, dass die Muttergesellschaft im Ausschüttungsfall mit dem höheren der beiden involvierten Steuersätze belastet wird. Liegt die Besteuerung im Ausland tiefer als im Mutterland (Land 1), greift der höhere Steuersatz im Mutterland. Liegt der Steuersatz hingegen höher als im Mutterland (Land 2), dann greift wegen der Teilanrechnung der höhere Steuersatz im Ansässigkeitsstaat der Tochtergesellschaft.

Typischerweise gelingt es Konzernen die Besteuerung im Ausland durch ein geschicktes Steuermanagement deutlich niedriger zu halten als im Inland. Wir werden im nächsten Kapitel detailliert darstellen, welche Ansatzpunkte hierfür Konzernen zur Verfügung stehen. Wenn die Besteuerung im Ausland aber niedriger ist als im Inland wie in Land 1, dann haben die Konzerne keinen Anreiz ihre im Ausland versteuerten Gewinne an die Muttergesellschaft auszuschütten. Im Gegenteil. Die Ausschüttung hat zur Folge, dass der höhere amerikanische Steuersatz greift.

Die Folge dieser Regelung ist, dass viele US-Konzerne ihre im Ausland erzielten Gewinne nur sehr zögerlich in die USA zurückholen.

Gewinnrepatriierung und US-Steuerreform

Anrechnungsverfahren und Freistellungsverfahren üben eine äußerst unterschiedliche Wirkung auf die Ausschüttung von im Ausland erzielten Gewinnen aus. Da in Ländern mit einem Freistellungsverfahren wie in Deutschland Dividendenausschüttungen auf Ebene der Muttergesellschaft nur sehr gering besteuert werden, gibt es keinen Anreiz, die im Ausland erzielten Gewinne im Ausland zu thesaurieren. Dies gilt insbesondere für Tochtergesellschaften in EU-Länder oder in Ländern, mit denen ein DBA besteht, weil in diesen Fällen keine bzw. nur eine geringe ausländische Quellensteuer anfällt. Der freie Kapitaltransfer war auch eine der Zielsetzungen der Mutter-Tochter-Richtlinie innerhalb der EU.

Ein völlig anderes Bild ergibt sich bei der Analyse des Teilanrechnungsverfahrens, das hohe Hürden für die Repatriierung der Auslandsgewinne aufbaut. Im Jahr 2012 thesaurierten nach Recherchen des Wall Street Journals die 60 größten US-Unternehmen rund 40 % ihres Gewinns im Ausland. Laut Bloomberg schirmten Ende 2012 die 83 größten US-Unternehmen Gewinne von 1,46 Bio. US-Dollar in ausländischen Gesellschaften ab. Aktuell (2018) soll der Betrag auf 2,5 Bio. US-Dollar angeschwollen sein.

Die 2018 in Kraft getretene Steuerreform »Tax Cuts and Job Act« von US-Präsident Trump, hat weitreichende Veränderung nach sich gezogen. Um es US-Unternehmen zu ermöglichen, ihre Auslandsgewinne (sogenannte Offshore-Gewinne) zu repatriieren, wurde der entsprechende Steuersatz auf 15,5 % abgesenkt. Viele Unternehmen haben bereits angekündigt, diese Regelung zügig nutzen zu wollen. CISCO etwa bringt 67 Mrd. USD zurück und Apple will 38 Mrd. USD Steuern in den USA nachzahlen, um seine Offshore-Gewinne von gut 250 Mrd. USD zu repatriieren. Zudem ist durch die US-Steuerreform ein Systemwechsel vollzogen worden, weil seit dem 01.01.2018 wie beim Freistellungsverfahren die Dividendenausschüttungen ausländischer US-Töchter freigestellt werden. Die US-Bezeichnung dafür ist »territoriales Steuersystem«.

17.3 Ansätze zu Steuervermeidung – ein Überblick

Abbildung 17.3 zeigt die tarifliche Belastung des Gewinns von Kapitalgesellschaften für das Jahr 2017 für den Zentralstaat und die Gebietskörperschaften (Provinzen, Regionen, Gemeinden, usw.) gemäß der Daten des deutschen Bundesfinanzministeriums, 2018. In Deutschland handelt es sich aktuell um die Körperschaftsteuer (15,83 % = 15 % Körperschaftsteuersatz plus 5,5 % Solidaritätszuschlag) und Gewerbesteuer (14 %). Für das Ausland wurden die vergleichbaren Steuern herangezogen, die vom Gewinn als Bemessungsgrundlage ausgehen. Die geringste Steuerbelastung weisen Bulgarien, Zypern und Irland auf. Dabei sind allerdings Steueroasen wie Bahrein, Bahamas, Bermuda, BES Island, Cayman Islands, Isle of Man, Jersey oder Guernsey nicht berücksichtigt. In diesen Ländern gibt es für die meisten Einkommensarten keine Gewinnbesteuerung. Eine gute Übersicht über jedes einzelne Land findet sich in KPMG, 2018. Am oberen Ende der Skala rangieren Länder wie die USA und Japan mit knapp 40 %.

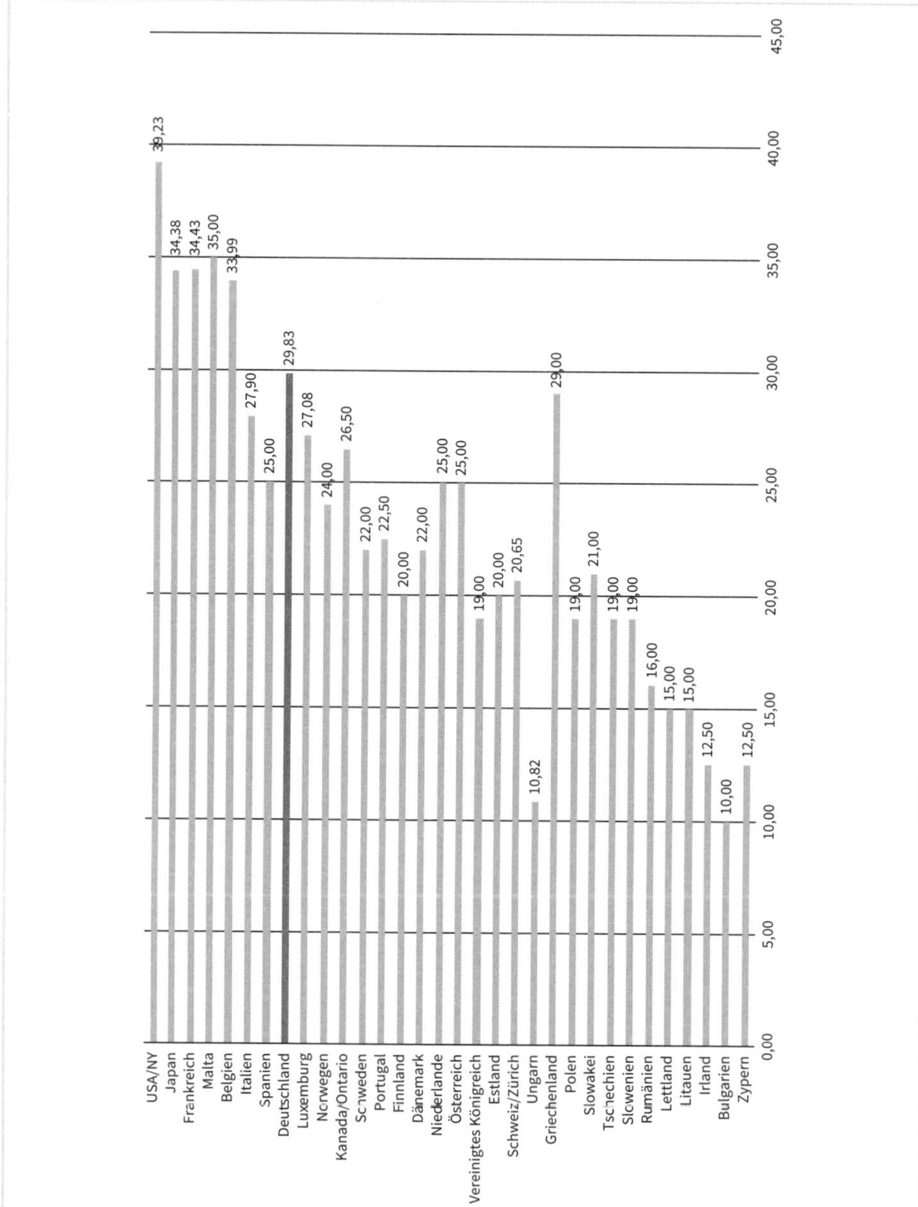

Abb. 17.2: Tarifliche Belastung des Gewinns von Kapitalgesellschaften (2017) in Prozent

Die Grundidee der Steuervermeidung ist denkbar einfach. Da die Steuersätze auf die verschiedenen Einkommensarten international sehr unterschiedlich sind, gilt es

1. den Gewinn in Ländern mit geringen Steuersätzen »anfallen« zu lassen und
2. den Gewinn in die Einkommensart zu »verwandeln«, die mit der geringsten Besteuerung verknüpft ist. Aktive Einkommen unterliegen nämlich in fast allen Ländern anderen

Steuersätzen wie die passiven Einkommensarten (Patente, Lizenzen, Dividenden, Zinseinkünfte usw.).

Dabei werden die Punkte 1 und 2 fast immer verknüpft. Der »Instrumentenkasten« der aktiven Steuervermeidung ist in Abbildung 17.3 überblicksartig aufgeführt.

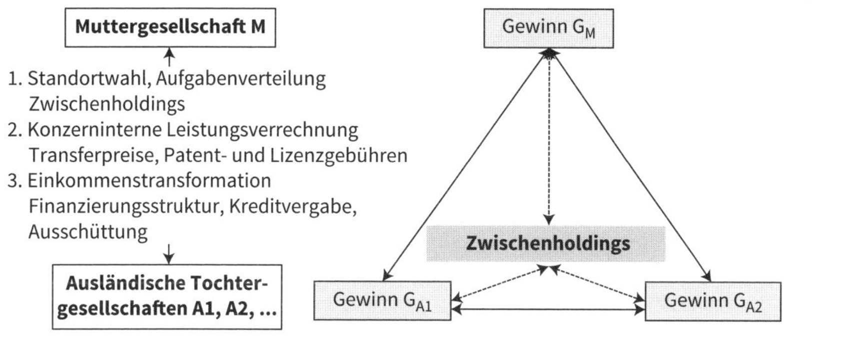

Abb. 17.3: Ansatzpunkte zur Steuerumgehung

Diese Gewinnverlagerung kann über drei Wege vollzogen werden, die fast immer miteinander kombiniert werden.

1. Standortwahl und Aufgabenverteilung: Das multinationale Unternehmen legt den Standort der Tochtergesellschaften und die konzerninterne Aufgabenverteilung so fest, dass das Ziel »Steuervermeidung« erreicht wird. Da die ausländischen Standorte von multinationalen Unternehmen jedoch primär nach operativen Überlegungen und erst in zweiter Linie nach steuerlichen Überlegungen festgelegt werden, funktioniert das nicht so einfach. Soll eine Tochter im Ausland Vertriebsaktivitäten entfalten, so muss sie im entsprechenden Land auch vertreten sein. Wenn Bodenschätze in einem Land gehoben oder wenn das niedrige Lohnniveau eines Landes genutzt werden sollen, dann müssen die jeweiligen Tochtergesellschaften auch in diesen Ländern operativ tätig sein, ob die Steuersätze in diesen Ländern nun hoch sind oder nicht. Multinationale Unternehmen können aber ihre Steuervermeidung durch Gewinnverlagerung dennoch umsetzen, indem sie Zwischengesellschaften in steuerlich hierfür attraktiven Ländern gründen, in die dann die Gewinne von Tochtergesellschaften »umgeleitet« werden. Diese Zwischenholdings sind dann pro forma die Eigentümer von anderen Konzerneinheiten oder sie beziehen konzerninterne Patent- und Lizenzeinkommen oder sie sind die Finanzierungsgesellschaft innerhalb des Konzerns.
2. Konzerninterne Leistungsverrechnung
   Zwischen den einzelnen Tochtergesellschaften und der Muttergesellschaft finden viele realwirtschaftliche Transaktionen statt. Die Muttergesellschaft beliefert z. B. Tochtergesellschaften mit Vorprodukten oder stattet sie mit Patent- oder Lizenzrechten aus. Die hierzu verwendeten Verrechnungspreise werden im Rahmen der gesetzlichen Möglichkeiten so festgelegt, dass möglichst viel Gewinn im gewünschten Land in der gewünschten Einkommensart anfällt.

3. Einkommenstransformation
   Durch eine geschickte konzerninterne Ausstattung der Töchter mit Eigenkapital oder Fremdkapital können Gewinne konzernintern so verschoben werden, dass der Gewinn im gewünschten Land anfällt. Darüber hinaus lässt sich aktives Einkommen so auch beliebig in Zinseinkommen verwandeln, falls dies steuerlich gewünscht ist.

Die folgenden Kapitel stellen einige der hier angesprochenen Maßnahmenbündel dar, wie Gewinne legal in steuerlich attraktive Länder verlagert werden können und der Gewinn in »unterschiedlichem Gewand« erscheint, d. h. in andere Einkommensarten transformiert wird.

17.4 Konzerninterne Leistungsverrechnung

Unternehmen in einem Konzernverbund stehen häufig in einem sehr engen Leistungsverbund. Dies können Vorlieferungen sein, etwa wenn die Produktion auf mehrere Standorte verteilt wird. Dies können aber auch Dienstleistungen sein, wenn etwa eine Konzerneinheit Rechenzentrums- und IT-Leistungen erbringt, Leistungen im Facility Management, Personaldienstleistungen, Marketingdienstleistungen und vieles mehr. Der Leistungsverbund kann sich auch auf immaterielle Dienstleistungen beziehen wie die Nutzung von Patenten und Lizenzen oder aber den Kapitalverkehr betreffen, wie bei konzerninternen Krediten. In all diesen Fällen muss ein Verrechnungspreis für die konzerninterne Nutzung der Güter bzw. Dienstleistungen festgelegt werden.

Verrechnungspreise dienen der betrieblichen Steuerung der Konzerneinheiten, denn nur, wenn Verrechnungspreise vorliegen, kann der Erfolg eines Cost- oder Profitcenters ermittelt und kontrolliert werden. Verrechnungspreise können aber auch eingesetzt werden, um den Gewinn innerhalb eines Konzernverbunds dorthin zu verlagern, wo die geringsten Ertragssteuern anfallen. Betrachten wir hierzu folgendes Beispiel.

BEISPIEL

Die in Bulgarien ansässige Muttergesellschaft fertigt 1,0 Mio. Einheiten eines Produkts mit 10 Euro Herstellungskosten. Die Waren werden anschließend an die deutsche Vertriebstochter geliefert, die sie zum Preis von 15 Euro verkauft. In Deutschland betragen die Ertragssteuern 30 % und in Bulgarien 10 %. Die Gewinn- und Steuersituation der beiden Gesellschaften zeigt die Tabelle 17.4.

VP	Vorsteuergewinn			Steuern		
	Mutter (VP 10 Euro)	Tochter (VP 15 Euro)	Konzern	Mutter	Tochter	Konzern
10	0	5.000.000	5.000.000	0	1.500.000	1.500.000
11	1.000.000	4.000.000	5.000.000	100.000	1.200.000	1.300.000
12	2.000.000	3.000.000	5.000.000	200.000	900.000	1.100.000
13	3.000.000	2.000.000	5.000.000	300.000	600.000	900.000

VP	Vorsteuergewinn			Steuern		
	Mutter (VP 10 Euro)	Tochter (VP 15 Euro)	Konzern	Mutter	Tochter	Konzern
14	4.000.000	1.000.000	5.000.000	400.000	300.000	700.000
15	5.000.000	0	5.000.000	500.000	0	500.000

Tab. 17.4: Transferpreise und Steuern im Konzern (in Euro)

Der Vorsteuergewinn des Konzerns ist mit 5,0 Mio. Euro unabhängig vom gewählten Verrechnungspreis VP. Je höher aber der vereinbarte Verrechnungspreis, desto höher ist der Vorsteuergewinn der bulgarischen Mutter. Da ihr Steuersatz niedriger ist als bei der deutschen Vertriebstochter, lassen sich so Steuerzahlungen vermeiden. Auf Konzernebene variieren die Steuerzahlungen zwischen 1,5 Mio. Euro bei einem Verrechnungspreis in Höhe der Herstellungskosten von 10 Euro und 0,5 Mio. Euro bei einem Verrechnungspreis in Höhe des Verkaufspreises von 15 Euro.

Ein konkretes Beispiel bezieht sich auf Starbucks. Das Unternehmen nutzt Verrechnungspreise beim Bezug von Kaffeebohnen, um Gewinne länderübergreifend zu verlagern. Starbucks bezieht ca. 75 % seines weltweiten Bedarfs an grünen Arabica-Kaffebohnen durch die Schweizer Tochter Starbucks Coffee Trading S. a.r.L. Im Anschluss verkauft Starbucks Schweiz die Bohnen zu einem um 20 % höheren Preis an eine verbundene niederländische Tochter Starbucks Coffee EMEA B.V., welche die Kaffeebohnen röstet und wiederum mit einem Gewinnaufschlag an die Vertriebsgesellschaften in Deutschland, Frankreich und Großbritannien liefert (Financial Times, Alphaville: Losing for tax purposes).

Info

S. a.r.L (Société à responsabilité limitée) ist eine Rechtsform im französischsprachigen Raum, die der deutschen GmbH entspricht und B.V. ist eine Rechtsform analog der deutschen GmbH in den Niederlanden.

Über Verrechnungspreise für Kaffeebohnen werden Gewinne aus Deutschland, Frankreich und Großbritannien in die vorgelagerten Länder »verschoben«. Ein weiterer Teil der Gewinne in Deutschland, Frankreich und Großbritannien wird über Lizenzgebühren verlagert, weil die Vertriebsgesellschaften in diesen Ländern an Starbucks Coffee EMEA B.V. eine Lizenzgebühr von 6 % ihres Umsatzes zahlen müssen (Kleinbard, 2013, S. 1522).

Missbrauchsvorschriften und der Grundsatz des Fremdvergleichs

Das Beispiel zeigt, dass über Verrechnungspreise Gewinne innerhalb eines Konzerns willentlich verlagert werden können. Die Staaten haben deshalb verschiedene Instrumente entwickelt, um den Missbrauch von Verrechnungspreisen einzuschränken. Das wichtigste Instrument ist der Fremdvergleichsgrundsatz, der im Englischen als »dealing at arm's length« bezeichnet wird. Dieser Grundsatz besagt, dass Verrechnungspreise so gestaltet sein müssen, dass die Transaktion auch zwischen unabhängigen Dritten stattfinden könnte, d. h. Verrechnungspreise müssen einem Fremdvergleich standhalten. Dieser Grundsatz ist international anerkannt, findet sich in den gesetzlichen Regelungen vieler Staaten und wird auch im Musterabkommen der OECD aufgeführt. In Deutschland ist er niedergelegt im § 1 Abs. 1 und 2 AStG. Im Doppelbesteuerungsmusterabkommen der OECD findet sich der Fremdvergleichsgrundsatz im Art. 9 Abs. 1.

Für den Fremdvergleich werden drei Standardmethoden verwendet:

- Bei der Preisvergleichsmethode orientiert sich der Verrechnungspreis an dem Preis, den zwei unabhängige Unternehmen vereinbart hätten.
- Bei der Kostenaufschlagsmethode wird auf die Herstellungskosten des liefernden Unternehmens ein »angemessener Gewinnaufschlag« gesetzt.
- Die Wiederverkaufsmethode hingegen geht vom Endpreis des Produkts aus. Davon wird eine marktübliche Gewinnspanne abgezogen, um zum Verrechnungspreis zu gelangen.

Eine Rangfolge zwischen den Methoden gibt es nicht.

Wie bereits erwähnt, findet ein wesentlicher Anteil des Welthandels konzernintern zwischen verbundenen Unternehmen statt. Der Anteil wird auf über 60 % geschätzt. Den Verrechnungspreisen kommt somit eine enorme Bedeutung bei der Frage zu, welcher Staat welchen Anteil am Steueraufkommen hat. Mit dem Grundsatz des Fremdvergleichs können zwar manche Exzesse vermieden werden, dennoch haben Unternehmen einen großen Spielraum bei der Gestaltung. Während der Fremdvergleich beim konzerninternen Bezug von Gütern und Waren den Unternehmen noch engere Grenzen setzt, wird es beim konzerninternen Bezug von Dienstleistungen (Forschung, IT, Software, Beratungsleistungen) schwieriger.

Patente, Lizenzen und Markenrechte

Am schwierigsten dürfte der Fremdvergleich bei Patenten, Lizenzen und Markenrechten sein. Sie sind oft einmaliger Natur und haben deshalb keinen vergleichbaren Marktpreis. Sie sind deshalb sehr gut geeignet, um über entsprechende Verrechnungspreise die Gewinne in den gewünschten Konzerneinheiten anfallen zu lassen. Wie schwer im Einzelnen die Beurteilung ist, zeigt der Fall GlaxoSmithKline in 2005.

BEISPIEL

GlaxoSmithKline ist eines der größten Pharmaunternehmen mit Sitz in England. Ihre US-Tochtergesellschaft vertreibt Zantac, ein Medikament gegen Sodbrennen. Der Gewinn der US-Tochter wurde stark durch die Lizenzgebühren an die britische Muttergesellschaft geschmälert. Die US-Steuerbehörden waren der Ansicht, dass die Lizenzgebühren zu hoch seien, weil der Erfolg von Zantac nicht primär auf das von der britischen Muttergesellschaft gehaltene Patent zurückzuführen sei, sondern auf die Marketing- und Vertriebskraft der US-Tochter. Demzufolge wurde die Höhe der Lizenzgebühren steuerlich nicht anerkannt, was zu einer geforderten Steuernachzahlung von knapp fünf Mrd. US-Dollar in 2005 führte. Der Fall wurde vertraulich und einvernehmlich zwischen beiden Seiten gelöst.

17.5 Einkommenstransformation durch Rechteübertragung

Die Überlassung von Rechten und der damit einhergehende Abfluss von Steuersubstrat ins Ausland ist einer der beliebtesten und wirksamsten Methoden, um eine Gewinnbesteuerung markant ganz legal zu reduzieren. Dabei wird aktives Einkommen in Lizenzeinkommen oder Ähnliches transformiert. Die Logik zeigt die Abbildung.

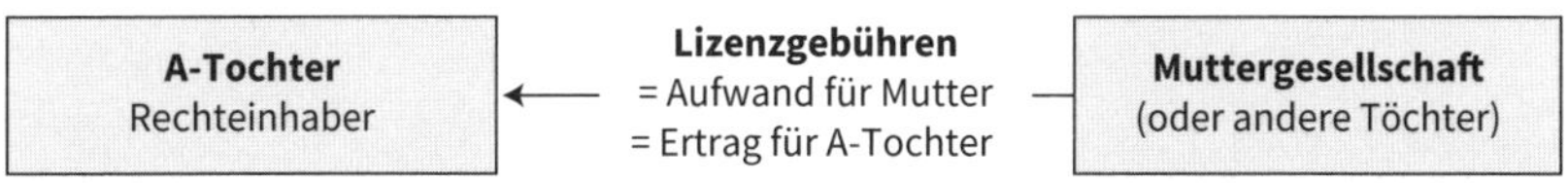

Abb. 17.4: Steuervermeidung durch Lizenzzahlungen

Eine ausländische A-Tochter wird innerhalb eines Konzernverbunds zum Rechteinhaber von Lizenzen, Patenten, Markenrechten, Muster, Verfahren, Design und Ähnlichem. Jeder im Konzern, der diese Rechte nutzt, muss an die A-Tochter Nutzungs- und Verwertungsgebühren bezahlen. Durch diesen Aufwand reduziert sich die steuerliche Bemessungsgrundlage bei all den Gesellschaften, die diese Rechte nutzen. Ihr zu versteuerndes Einkommen sinkt in Höhe des Lizenzaufwands. Im Gegenzug erzielt die A-Tochter Lizenz/Patenteinkommen. Aktives Einkommen im Mutterland wurde damit in passives Lizenzeinkommen im Ansässigkeitsstaat der Tochtergesellschaft verwandelt. Auf das Lizenzeinkommen der A-Tochter werden Steuern fällig nach Maßgabe der Bestimmungen des Ansässigkeitsstaats von A. Der Vorgang wäre steuerneutral, wenn der Ertrag auf Lizenzeinkommen so hoch besteuert werden würde, wie die gewinnmindernde Wirkung des Lizenzaufwands bei der Muttergesellschaft. Das ist aber selten der Fall. Tatsächlich gewähren viele Staaten eine präferenzielle steuerliche Behandlung von Lizenzeinkommen, wie folgende Tabelle verdeutlicht. Diese Ausnahmeländer sind nicht nur exotische Steuerparadiese, sondern viele befinden sich mitten in Europa. Sie machen es den internationalen Konzernen leicht Steuerzahlungen zu vermeiden.

Diese hier beschriebene Einkommenstransformation und Verlagerung des Steuersubstrats vom Mutterland funktioniert selbstverständlich auch zwischen Tochtergesellschaften. Nur aus sprachlichen Gründen und beispielhaft wird hier von der Muttergesellschaft gesprochen.

Staat	Steuersatz auf Lizenzeinnahmen	Regulärer Gewinnsteuersatz	Jahr der Einführung
Belgien	6,8	34	2007
Frankreich	15	33,3	2000
Lichtenstein	2,5	12,5	2011
Luxemburg	5,7	29,6	2007
Malta	0	35	2007

Staat	Steuersatz auf Lizenzeinnahmen	Regulärer Gewinnsteuersatz	Jahr der Einführung
Niederlande	5	25	2007
Portugal	11,5	23	2014
Schweiz/Nidwalden	8,8	20,6	2011
Spanien	10	30	2008
Ungarn	9,5	19	2003
Großbritannien	10	22	2012
Zypern	0	10	2012

Tab. 17.5: Präferenzsystem für Lizenzeinkommen innerhalb der EU (Wissenschaftliche Dienste, Deutscher Bundestag, Bedeutung und Ausmaß der Steuervermeidung anhand von Steuervermeidungsmodellen)

In Zypern und Malta bleiben die Lizenzeinkommen zur Gänze unversteuert. In all den anderen hier aufgeführten Ländern liegen die Steuersätze markant unter dem regulären Gewinnsteuersatz. Hier findet eine legale Steuervermeidung in aller Öffentlichkeit mit Kenntnis des politischen Systems mitten in Europa statt.

Als Begründung für die präferenzielle Behandlung von Lizenzeinkommen wird oft die Förderung von Forschung und Entwicklung genannt. Tatsächlich aber ist bisher das Vorhandensein signifikanter eigener F&E-Leistungen keine Conditio sine qua non. Die A-Tochter könnte auch eine Briefkastenfirma sein und von diesen reduzierten Steuersätzen profitieren. Allerdings sind die G20-Staaten und die OECD-Länder 2015 übereingekommen, dass künftig (bis 2021) Steuerprivilegien auf Lizenzeinkommen nur dann noch in den Einzelstaaten gewährt werden dürfen, wenn F&E-Aktivitäten auch tatsächlich in der das Lizenzeinkommen empfangenden Gesellschaft in ausreichendem Umfang durchgeführt werden.

Selbstverständlich gibt es auch außerhalb Europas sogenannte Steuerparadiese. Viele davon sind britische Überseegebiete wie die Bermuda Inselgruppe im Atlantik oder die Cayman Islands in der Karibik. Das extrem vorteilhafte Besteuerungssystem zieht viele wohlhabende Privatpersonen, aber auch viele Firmen an. So leben derzeit etwa 60.000 Personen auf Cayman Islands. Gleichzeitig sind dort aber mehr als 90.000 Firmen, 10.000 Hedgefonds und 220 Banken registriert!

Info

Britische Überseegebiete

Die derzeit 14 britischen Überseegebiete sind ein Erbe des britischen Weltreiches. Sie sind nicht Teil von Großbritannien, unterliegen aber seiner Hoheitsgewalt. Die formale Kontrolle der selbstverwalteten Gebiete wird durch je einen Gouverneur ausgeübt, der vom britischen Königshaus ernannt wird. Gibraltar stellt dahingehend eine Ausnahme dar, weil es Teil der Europäischen Union ist.

17.6 Einkommenstransformation durch Finanzierungsstrukturen

Rule-Shopping

Nicht nur die Übertragung von Rechten ist ein zentraler Baustein in der aggressiven Steuergestaltung internationaler Konzerne, sondern auch die gewählte Finanzierungsstruktur von Konzerneinheiten. Der Dreh- und Angelpunkt dabei ist die steuerliche Abzugsfähigkeit von Fremdkapitalzinsen beim Kreditnehmer.

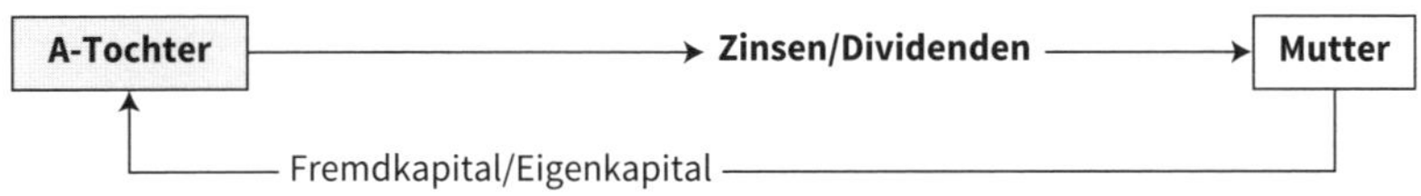

Abb. 17.5: Zinsertrag oder Dividende?

Die Muttergesellschaft kann die Auslandstocher mit Fremdkapital oder Eigenkapital finanzieren. Eine Finanzierung mit Eigenkapital hat Dividendenzahlungen an die Mutter zur Folge, wohingegen eine Gesellschafterfinanzierung (= Fremdkapital für die Tochtergesellschaft) Zinszahlungen nach sich zieht. Der große Vorteil einer Gesellschafterfinanzierung liegt an der steuerlichen Abzugsfähigkeit von Fremdkapitalzinsen. Dabei wird Steuersubstrat von der Auslandstochter ins Mutterland verschoben. Sofern der Steuersatz auf aktives Einkommen im Ansässigkeitsstaat der Tochter höher ist als der Steuersatz auf Zinseinkommen im Mutterland, findet eine Steuerersparnis statt.

BEISPIEL

Im A-Land betrage der Gewinnsteuersatz 40 %, wohingegen im Mutterland Zinseinkommen mit 25 % besteuert werden. Die Muttergesellschaft vergibt an die A-Tochter ein Gesellschafterdarlehen über 100 Mio. GE zu einem Zinssatz von 5 %. Durch das Darlehen entsteht ein Zinsaufwand, der das zu versteuernde Einkommen der A-Tochter um 5 Mio. GE reduziert. Beim Steuersatz von 40 % verringert sich der Steueraufwand von A folglich um 2 Mio. GE. Auf der anderen Seite entstehen der Muttergesellschaft zusätzliche Zinserträge von 5 Mio. GE. Beim Steuersatz von 30 % werden folglich Steuerzahlungen auf Zinserträge in Höhe von 1,5 Mio. GE fällig. Konzernweit betrachtet führt die Gesellschafterfinanzierung damit zu einer Steuerersparnis von 0,5 Mio. GE.

Die Gesellschafterfinanzierung hätte keine so durchschlagende Wirkung, wenn sie sich auf ein einfaches Mutter-Tochter-Verhältnis reduzierte. Da die Geschäftssitze von Tochter und Mutter nach operativen Überlegungen getroffen werden, wäre es Zufall, wenn ein attraktives Steuergefälle zwischen den Staaten beider Gesellschaften und beiden Einkommensarten (aktives Einkommen und Zinseinkommen) vorläge. Auf Zufälle verlassen sich die internationalen Konzerne allerdings nicht. Sie können nämlich in jedem beliebigen Land dieser Erde eine Zwischenholding gründen, über die dann die entsprechenden Zahlungen geleitet werden.

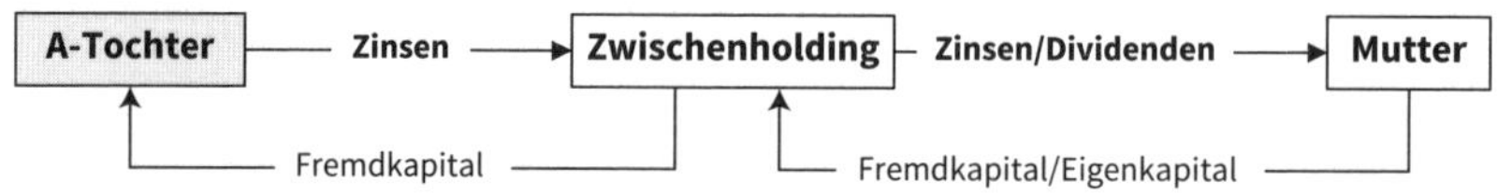

Abb. 17.6: Optimierung durch Einschaltung einer Zwischenholding

Die Vergabe des Gesellschafterdarlehens erfolgt nun nicht mehr direkt, sondern über eine Zwischenholding. Wie im Beispiel zuvor reduziert der Zinsaufwand das zu versteuernde Einkommen der A-Tochter. Doch die dadurch ausgelösten Zinserträge fallen nun nicht mehr im Mutterland, sondern in einer Zwischenholding an, die selbstverständlich in einem Land gegründet wird, das steuerbegünstigte Regelungen für Zinserträge vorsieht.

Faktisch werden bei diesem Vorgehen die Tochtergewinne in Zinserträge transformiert, die der Konzern in einer Zwischenholding anfallen lassen kann, die in einem hierzu aus Steuersicht günstigem Staat angesiedelt wird. Man nennt dieses Verfahren »Rule-Shopping«, weil sich Unternehmen die für sie günstigste Besteuerungsregelung für Zins- und Dividendeneinkünfte aussuchen.

Die Finanzierung der Zwischenholding kann die Muttergesellschaft mit Eigenkapital oder Fremdkapital durchführen. Entsprechend fließen aus dem Ansässigkeitsstaat der Zwischenholding Zins- oder Dividendenzahlung an die Muttergesellschaft, je nach steuerlicher Zweckmäßigkeit.

Die EU bietet im Rahmen der MTR und der Zins-Lizenz-Richtlinie (ZLR) leider ein gutes Umfeld für Rule-Shopping. Die MTR gewährleistet, dass Dividendenausschüttungen quellensteuerfrei bleiben, während die ZLR Zins- und Lizenzeinkünfte von jeglichen Quellensteuern freistellt. Zinsen und Lizenzgebühren dürfen damit nur im Empfängerland besteuert werden.

Info

Die Zins-Lizenz-Richtlinie wurde zum 01.01.2004 eingeführt. Sie umfasst neben der Mutter-Tochter-Beziehung auch Mutter-Enkel-, Schwester-Schwester- und Schwester-Enkel-Verhältnisse. Voraussetzung ist eine Mindestbeteiligung von 25 % über einen Zeitraum von wenigstens zwei Jahren.

Zwischenholding als Finanzierungsgesellschaft

Die Zwischenholding muss die Zinserträge nicht notwendigerweise als Gewinnausschüttung an die Muttergesellschaft weiterleiten, sondern kann sie in Kreditform an andere Tochtergesellschaften oder selbst an die Mutter zur Finanzierung deren Investitionen weiterreichen. Damit unterbleiben die Ausschüttung an die Muttergesellschaft und auch die mögliche Belastung mit Ertragssteuern. Damit wird die Zwischenholding zum Finanzierungszentrum des Konzerns. Wie kreativ Unternehmen dabei sind, etwaige Steuern zu vermeiden, zeigt das Beispiel von Hewlett-Packard.

BEISPIEL

Für das von HP eingesetzte Kreditprogramm dienen seit 2008 im Wesentlichen zwei ausländische Tochtergesellschaften: das Belgian Coordination Center (BCC) in Belgien und die Compaq Cayman Holding Corp. (CCHC) auf den Cayman Islands. Während das BCC auch für andere weltweit ansässige Gesellschaften der Unternehmensgruppe als interne Bank fungiert, ist die bestimmende Aufgabe der CCHC, die in den USA ansässigen Einheiten von HP mit Liquidität zu versorgen (Senator Carl Levin, Memorandum, Offshore Profit Shifting and the U.S. Tax Code, 2012, S. 25). Für das Geschäftsjahr 2011 sah das Kreditprogramm wie folgt aus: BBC und CCHC leihen HP Company abwechselnd, jeweils für einen Zeitraum von 45 Tagen, bedarfsweise bis zu 3,2 Milliarden US-Dollar.
Normalerweise unterliegen Kredite einer ausländischen aber von Inländern beherrschten Tochtergesellschaft an eine verwandte US-amerikanische Unternehmenseinheit der Besteuerung in den USA, doch gilt dies nur, wenn sie länger als 60 Tage ausstehen. Durch die alternierende Kreditvergabe von CCHC und BCC von jeweils nur 45 Tagen erhält HP USA faktisch einen Kredit mit unbegrenzter Laufzeit und vermeidet gleichzeitig die Besteuerung durch die individuelle Begrenzung jedes einzelnen Kredits.

Tax-Rate-Shopping zwischen Tochtergesellschaften

Die Finanzierung von Zwischenholding und Tochtergesellschaft mit Eigenkapital oder Fremdkapital kann beliebig kombiniert werden, um entsprechende Einkünfte im Form von Zinsen oder Dividenden zu erzielen. Selbstverständlich kann dieser Ansatz auch genutzt werden, um ein Steuergefälle zwischen den Quellstaaten von zwei Tochtergesellschaften zu nutzen. In der Abbildung vergibt die A2-Tochter einen Kredit an die A1-Tochter. Für die A1-Tochter erhöht sich der Aufwand, was zu einem sinkenden Steueraufwand bei A1 führt. Zwar müssen die Zinseinnahmen bei A2 versteuert werden, doch wenn die Ertragssteuerbelastung im Ansässigkeitsstaat von A2 kleiner ist als die von A1, reduziert sich der Steueraufwand im Gesamtkonzern.

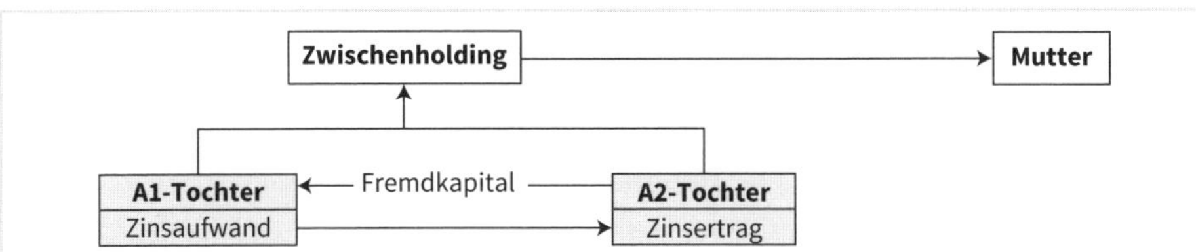

Abb. 17.7: Tax-Rate-Shopping

Zinsschranken und Thin-Capitalization-Rule

Das Steueraufkommen der Unternehmen, die das Fremdkapital erhalten, wird geschmälert. Je höher das Fremdkapital, desto höher der Zinsaufwand, desto geringer das zu versteuernde Einkommen. Davon betroffene Staaten versuchen, sich gegen eine zu hohe grenzüberschreitende Gesellschafterfinanzierung und damit gegen eine Erosion des nationalen

Besteuerungssubstrats zu wehren. Ein häufig genutzter Ansatz eine Unterkapitalisierung mit Eigenkapital zu erschweren (Thin-Capitalization) besteht darin, Zinsaufwendungen im Rahmen einer konzerninternen Kreditvergabe nur bis zu einer gewissen Höhe als Betriebsaufwand steuerlich anzuerkennen. Diesen Weg hat Deutschland 2008 in Form der Zinsschranke eingeführt. Demnach werden Zinsaufwendungen nur in Höhe der anfallenden Zinserträge vollständig anerkannt. Die Anerkennung darüber hinausgehender Zinsaufwendungen wird auf 30 % des im Geschäftsjahr erzielten EBITDA beschränkt. Ähnliche Regelungen finden sich auch in anderen Staaten. Bulgarien etwa beschränkt den Zinsabzug auf 75 % des EBIT, Griechenland und Portugal auf 50 % bzw. 75 % des EBITDA. Eine weitere Möglichkeit zur Begrenzung der Gesellschafterfinanzierung besteht in der Limitierung des steuerlich anerkannten Verschuldungsgrades. In Rumänien etwa liegt die steuerliche Obergrenze bei einem Verschuldungsgrad von 3, in Litauen bei 4 und in Belgien bei 5. Eine gute Übersicht über alle EU-Länder findet sich in Taxation Paper, Center for Economic Research, 2016.

In den USA wurde mit der Steuerreform 2018 ebenfalls die Regelung zur Verhinderung exzessiver Gesellschafterfinanzierung eingeführt. Hier stand die deutsche Zinsschranke Pate, denn ab 01.01.2018 ist der steuerlich anerkannte Nettozinsaufwand ebenfalls auf 30 % des EBITDA begrenzt. Ab 01.01.2022 wird die Regelung verschärft, weil dann eine Grenze von 30 % des EBIT gilt.

Unternehmen haben »kreative« Gestaltungsspielräume, um mithilfe von Banken die Begrenzung der Gesellschafterfinanzierung zu umgehen. Betrachten wir hierzu Abbildung 17.8.

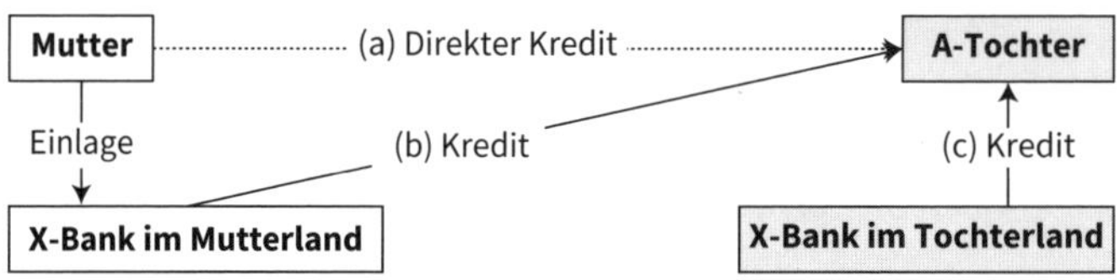

Abb. 17.8: Indirekte Gesellschafterfinanzierung über Banken

Die Muttergesellschaft kann ihrer Auslandstocher auf direktem Wege (a) einen Kredit geben. Damit werden aber möglicherweise die Grenzen einer steuerlich anerkannten Gesellschafterfinanzierung überschritten. Alternativ kann die Muttergesellschaft auch die X-Bank beauftragen, der A-Tochter einen Kredit zu geben. Dieser Kredit wird mit einer Einlage seitens der Mutter besichert. Die Muttergesellschaft erzielt durch die Geldanlage Zinseinkommen, die A-Tochter schmälert durch den Zinsaufwand die Bemessungsgrundlage des Gewinns. Die wirtschaftliche Situation ist wie bei einer Gesellschafterfinanzierung unter (a), doch nun von neutraler Bankenseite her gestaltet. Die X-Bank selbst hat kein Risiko, da der Kredit an die A-Tochter mit der Geldanlage seitens der Mutter besichert ist. Der Gewinn der Bank besteht in der Differenz zwischen Einlage- und Kreditzins.

Die als Bankkredit »getarnte« Gesellschafterfinanzierung wird noch schwieriger zu erkennen, wenn die Niederlassung bzw. Tochter der X-Bank im Land der A-Tochter einen Kredit vergibt (c), der mit der Einlage der Mutter gedeckt ist.

Anstelle der Mutter können wir selbstverständlich auch eine Zwischenholding setzen oder eine andere Tochtergesellschaft. Mithilfe von Banken können multinationale Unternehmen auf diese Weise Gewinne von Tochtergesellschaften in Zinseinkommen transformieren, das in den gewünschten Ländern anfällt.

17.7 Steuervermeidung am Beispiel Apple

Apple ist eine der vielen Gesellschaften, denen es durch ihre aggressive Steuerplanung gelingt, die Gewinne aus ihrem Auslandsgeschäft fast steuerfrei zu halten. Im Jahr 2013 musste sich Apple Inc. deswegen dem US-Senat erklären. Dabei wurden die hierfür verwendeten Strukturen einer breiten Öffentlichkeit bekannt (Levin/McCain, 2013).

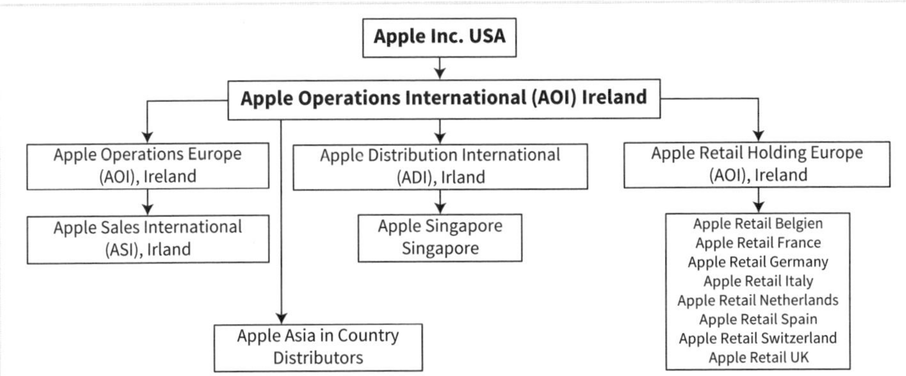

Abb. 17.9: Steuervermeidung am Beispiel Apple

Apple bedient sich für alle Geschäfte außerhalb von Amerika mehrerer Holdinggesellschaften, an denen Apple zu 100 % direkt oder indirekt beteiligt ist. Apples Zwischenholdinggesellschaft, die alle Beteiligungen hält, ist die Apple Operations International, kurz AOI, 1980 in Irland gegründet. AOI wiederum hält alle Anteile an der Apple Sales International (ASI) mit Sitz ebenfalls in Irland. ASI kauft Appleprodukte, die von Dritten (vorwiegend Foxconn) erstellt wurden, an und verkauft sie weiter an die Apple Distribution International, kurz ADI, oder an Apple Singapore. Sitz der ADI ist ebenfalls Irland. ADI und Apple Singapore liefern die Waren weiter an die einzelnen Apple-Retail-Gesellschaften. Alle Apple-Retail-Gesellschaften in Europa, werden dabei von der Apple Retail Holding Europe gehalten, welche ebenfalls in Irland ansässig ist. Alle irischen Holdinggesellschaften teilen sich dieselbe Anschrift in der Stadt Cork. Bis 2012 gab es keine physische Präsenz und keine Beschäftigten bei AOI und ASI. Erst nach 2012 wurden der

ASI 250 Mitarbeiter zugeschlüsselt, um eine vorteilhafte Teilungsvereinbarung von Forschungs- und Entwicklungskosten mit Apple zu ermöglichen, denn durch Kostenteilungsvereinbarungen können Lizenzrechte steuersparend umgeleitet werden.

Kostenteilungsvereinbarungen erlauben es, durch gemeinsame Forschungs- und Entwicklungsleistungen konzernintern Lizenzen zu gewähren und Rechte zu teilen. Eine solche Vereinbarung liegt zwischen Apple Inc./USA und den beiden Tochtergesellschaften AOE und ASI vor. Die Aufteilung der Kosten für Forschung und Entwicklung zwischen Apple Inc. und der ASI wird anhand des prozentualen Absatzes festgemacht. Apple-Offshore-Geschäfte machen ca. 60 % vom gesamten Umsatz aus, die restlichen 40 % fallen auf Amerika. Somit übernimmt die ASI 60 % der Forschungs- und Entwicklungskosten und Apple Inc. die restlichen 40 %. Im Jahr 2011 hatte Apple im Gesamtkonzern 2,4 Mrd. $ Kosten für Forschung und Entwicklung. Die Kostenteilungsvereinbarung sorgt für eine »unentgeltliche« Übertragung der immateriellen Vermögenswerte von der Muttergesellschaft (Apple Inc.) auf die Tochtergesellschaft (ASI). Durch diese Eigentumsrechte hat die ASI zwischen 2009 bis 2012 kumuliert 74 Mrd. USD eingenommen und dafür gesorgt, dass diese nicht im Inland anfallen und versteuert werden müssen. Insgesamt, so Schätzungen der Europäischen Kommission, soll Apple zwischen 1991 und 2007 einen effektiven Steuersatz von weniger als 1 % auf seine Auslandsgewinne gezahlt haben. Die EU forderte deshalb Irland im August 2016 auf, von Apple eine Steuernachzahlung von rund 13 Mrd. Euro wegen unrechtmäßiger (steuerlicher) Beihilfe zu verlangen. Da Irland dieser Aufforderung bis heute nicht nachgekommen ist, wurde der Fall an den Europäischen Gerichtshof verwiesen.

Apple selbst hat sich zwischenzeitlich von Irland auf Jersey »zurückgezogen«, wie die Paradise Papers belegen. Eine Gewinnbesteuerung von 0 % für viele ausländische Kapitalgesellschaften (der Steuersatz ist branchenabhängig) ist der offenkundige Grund dafür.

Info

Kronbesitz von England: Isle of Man and Jersey

Jersey ist die größte der sogenannten Kanalinseln im Ärmelkanal vor der Küste Frankreichs. Wie die anderen Kanalinseln ist Jersey kein Teil von Großbritannien, sondern wie die »Isle of Man« in der Irischen See sogenannter Kronbesitz, d. h. direkt dem englischen Königshaus unterstellt. Jersey ist daher nicht Teil der Europäischen Union, sondern hat ein eigenes Rechts- und Steuersystem. Insbesondere die vorteilhaften Steuersätze sind den Mitgliedstaaten der EU ein Dorn im Auge, helfen sie doch Privatpersonen wie internationalen Konzernen sich ihrer Besteuerung weitgehend zu entziehen.

Die Paradise Papers belegen, dass die zwei Schlüsselgesellschaften von Apple, die AOI und die ASI, seit 2015 zumindest zeitweilig von Jersey aus operieren, um weiterhin Steuerzahlungen zu vermeiden. Apples Jahresabschluss für 2017 belegt, dass außerhalb der USA einem Gewinn von 44,7 Mrd. USD Steuerzahlungen von lediglich 1,65 Mrd. USD gegenüberstanden, ein Steuersatz von gerade mal 3,7 %.

17.8 Nutzung und Besteuerung von Zwischenholdings

Bei vielen der bisher dargestellten Steuermodelle werden Zwischengesellschaften eingeschaltet, um Einkommen zu transformieren oder um Einkommen in andere Länder umzuleiten. Der Zweck der Zwischenholding ist dabei die Aufnahme der Gewinne der Tochtergesellschaft, deren Transformation und die Durchleitung an die Muttergesellschaft und umgekehrt. Doch Zwischenholdings werden auch noch in anderer Weise zur Steuerersparnis genutzt.

Treaty-Shopping

Ein sehr populärer Anwendungsfall ist das sogenannte »Treaty-Shopping«. Der Begriff Treaty steht hier für Abkommen im Sinne von Doppelbesteuerungsabkommen. Die Abbildung 17.10 verdeutlicht das Vorgehen.

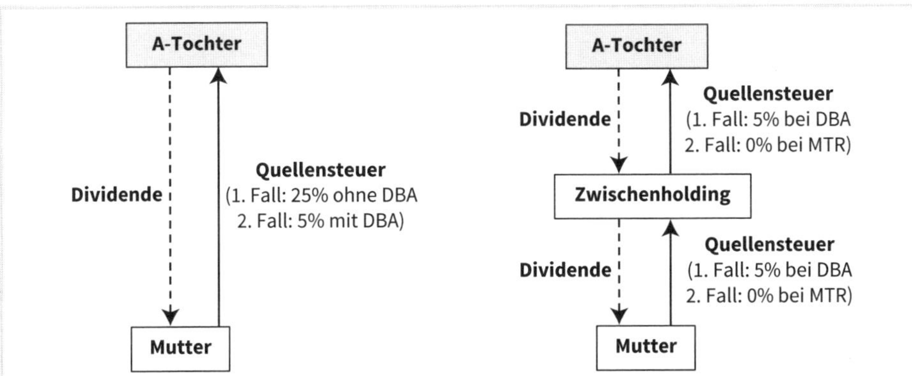

Abb. 17.10: Treaty-Shopping

Im linken Teil der Abbildung schüttet die Auslandstochter Gewinne an die Mutter aus. Betrachten wir zunächst den 1. Fall, dass zwischen Quellenstaat und Mutterland kein DBA besteht. In diesem Szenario fallen annahmegemäß 25 % Quellensteuer an. Werden die Gewinne hingegen über eine Zwischenholding geleitet, deren Sitzstaat sowohl mit dem Mutter- als auch mit dem Tochterland ein DBA hat, reduziert sich die Quellensteuerbelastung auf 5 %. Die Muttergesellschaft profitiert damit vom bestehenden DBA mit dem Drittstaat.

Selbst falls ein DBA vorliegt (2. Fall), lassen sich mit der Umleitung über eine Zwischenholding Steuerzahlungen vermeiden, falls das Mutterland mit dem Ansässigkeitsstaat der Zwischenholding weitergehende Steuerbeschränkungen vereinbart hat. Ideal ist, wenn alle drei involvierten Gesellschaften in der EU angesiedelt sind. Dann entfallen wegen der Mutter-Tochter-Richtlinie (MTR) automatisch alle Quellensteuerverpflichtungen.

Directive-Shopping

Muttergesellschaften, die außerhalb der EU angesiedelt sind, können sich mit einer in Europa angesiedelten Zwischenholding für ihre europäischen Tochtergesellschaften in den Geltungsbereich der MTR »einkaufen« wie folgende Abbildung zeigt.

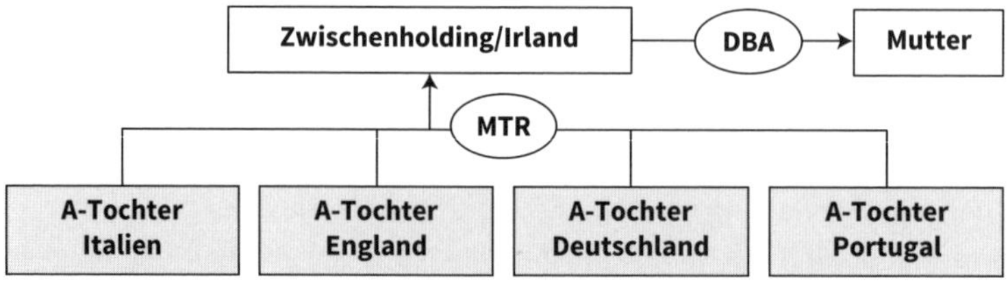

Abb. 17.11: Directive-Shopping

In einer Zwischenholding können die Gewinne der europäischen Tochtergesellschaften quellensteuerfrei im Rahmen der MTR gesammelt und dann an die Muttergesellschaft übertragen werden. Der Sitz der Zwischenholding wird in dem Staat angesiedelt, der aus steuerlicher Betrachtung das beste DBA mit dem Mutterland hat. Man nennt dieses Vorgehen »Directive-Shopping«. Der Begriff Directive ist dabei die englische Übersetzung für (europäische Mutter-Tochter-)Richtlinie.

Ein populärer Anwender dieser Gestaltung ist Exxon Mobile, eine der weltweit größten Mineralölgruppen. Zwischen 2009 und 2011 diente, Berichten der Financial Times zufolge, die Holdinggesellschaft Exxon Mobil Spain SL dazu, insgesamt 9,9 Billionen Euro quellensteuerfrei aus der EU zu transferieren. Aber auch andere internationale Unternehmen wie HP, Pepsi, Anheuser-Busch und Vodafone kennen und nutzen diese Gestaltungsvariante (vgl. Financial Times (Hrsg.): Multinationals beach tax bills in Spanish shells, 2013).

Umleitung von Einkünften

Ein weiterer Ansatz Steuern zu vermeiden, ist die Umleitung von Einkommen in Gesellschaften, die in steuerlich attraktiven Ländern angesiedelt werden. Ein gutes Bespiel hierfür bietet Amazon.

BEISPIEL

Amazon

Der Versandhändler ist ein US-amerikanisches Unternehmen mit Hauptsitz in Seattle. Für das Deutschlandgeschäft unterhält Amazon mehrere rechtlich selbstständige Tochtergesellschaften in Deutschland. Neben einer Zentrale in München und zwei Kundenzentren in Berlin und Regensburg existieren acht weitere Logistikzentren, die in sechs Tochtergesellschaften organisiert sind. Diese Tochtergesellschaften sind in Deutschland unbeschränkt steuerpflichtig, da ihr Sitz in Deutschland liegt. Dem Umsatz aus dem deutschen Online-Geschäft von 4,8 Mrd. Euro in 2012 standen Ertragssteuern von lediglich 9,8 Mio. Euro (siehe Bundesanzeiger der veröffentlichten Jahresabschlüsse 2012 aller Deutschlandtöchter) gegenüber, weil die Einnahmen aus dem Online-Geschäft an keine deutsche Tochtergesellschaft flossen, sondern an die Luxemburger Muttergesellschaft Amazon EU S.à.r.L. weitergeleitet wurden. Ein deutscher Kunde schloss juristisch mit der Luxemburger Gesellschaft den Kaufvertrag ab. Diese Luxemburger Gesellschaft hatte weder operative Tätigkeiten noch Personal. Da nach Angaben der Europäischen

Kommission Amazon Luxemburg eine steuerliche Sonderstellung eingeräumt wurde, zahlte Amazon Luxemburg keine Gewinnsteuern. Die EU forderte deshalb Luxemburg im August 2016 auf, von Apple eine Steuernachzahlung von rund 13 Mrd. Euro wegen unrechtmäßiger (steuerlicher) Beihilfe zu verlangen.

Die EU-Kommission hat 2017 Luxemburg eine unrechtmäßige steuerliche Beihilfe zugunsten von Amazon vorgeworfen. Deshalb müsse Luxemburg eine Steuernachzahlung von 250 Mio. Euro von Amazon verlangen. Gegen diesen Bescheid hat Luxemburg allerdings Berufung eingelegt.

Die Praxis, Umsätze über Luxemburg umzuleiten, wurde im Mai 2015 für die in Deutschland, Spanien, Großbritannien und Frankreich anfallenden Umsätze geändert.

Insgesamt scheint Amazon aber hervorragende Steuerberater zu haben. Der Konzern hatte 2018 einen Gewinn in den USA von 11,2 Mrd. $ gemacht. Statt Steuern zu zahlen, erhielt Amazon eine Steuergutschrift über 129 Mio. $. Der effektive Steuersatz lag damit bei minus einem Prozent!

Hinzurechnungsbesteuerung
Da die Einschaltung von Zwischengesellschaften von Unternehmen missbraucht werden kann, um ungerechtfertigte Steuervergünstigungen zu erhalten, versuchen sich viele Staaten, durch Missbrauchsvorschriften zu schützen. In Deutschland gibt es dafür die sogenannte Hinzurechnungsbesteuerung, ein Instrument der Finanzbehörden, das in Deutschland gesetzlich in den §§ 7–14 Außensteuergesetz geregelt ist. Ihr Ziel ist es, die Abschirmwirkung der ausländischen Kapitalgesellschaft (Zwischenholding) zu durchbrechen und deren Einkünfte unter bestimmten Voraussetzungen ganz oder teilweise auf die Einkünfte der Muttergesellschaft hinzuzurechnen. Bei der Hinzurechnungsbesteuerung wird damit so getan, als ob das Einkommen der Zwischengesellschaft an die Muttergesellschaft ausgeschüttet worden wäre (Ausschüttungsfiktion der Hinzurechnungsbesteuerung). Die wesentlichen Voraussetzungen hierfür sind nach deutschem Steuerrecht die Inländerbeherrschung der ausländischen Gesellschaft, die Erzielung von passiven Einkünften und eine niedrigere ausländische Besteuerung dieser Einkünfte als in Deutschland.

Info

§ 8 Außensteuergesetz grenzt passive Einkünfte negativ ab, d. h. gibt nur vor, in welchen Fällen es sich um aktive Einkünfte handelt. Lizenz- und Patenteinkünfte, aber auch Zinseinkommen stellen passive Einkünfte dar, sofern es sich nicht um Banken und Versicherungen handelt.

BEISPIEL

Umgehung der Hinzurechnungsbesteuerung Alphabet/Google
Der Hauptumsatz von Google sind automatisierte Werbedienstleistungen. Für dieses Online-Geschäft ist weder eine Betriebsstätte noch eine Tochtergesellschaft in den

Kundenländern von Google notwendig. Google Inc. USA leitet die Umsätze für die Region Europa, Naher Osten und Afrika über Google Irland Ltd. in Dublin. Dennoch zahlt Google Irland kaum Gewinnsteuern, weil hohe Lizenzzahlungen an Google Ltd./Niederlande entrichtet werden müssen. In der niederländischen Tochtergesellschaft liegen nämlich die Markenrechte, Patente und Lizenzen, die Google Ltd. in Irland nutzt. Aber auch Google Niederlande zahlt keine Gewinnsteuern, weil deren Lizenzertrag durch Lizenzzahlungen neutralisiert wird, die an eine zweite irische Gesellschaft fließen, die Holding Google Irland. Google Niederlande ist eine reine Durchlaufgesellschaft.
Die Holdings Google Irland ist eine doppelt ansässige Gesellschaft, die in Irland gegründet wurde, aber ihren Verwaltungssitz auf Bermuda hat. Da der Inselstaat praktischerweise keine Körperschaftsteuer erhebt, bleiben die Lizenzeinkünfte am Ende der Kette steuerfrei. Auch eine mögliche US-Hinzurechnungsbesteuerung greift nicht. Im US-Steuerrecht ist nämlich für die Einordnung einer Gesellschaft lediglich der Gründungsort relevant. Damit gilt die Holding Google Irland als irische Gesellschaft. Da die irische Holding und die irische Ltd. von den US-Steuerbehörden als ein Steuersubjekt behandelt werden, saldieren sich die Lizenzeinnahmen und -ausgaben.
Die Kombination von zwei Irland-Gesellschaften im Zusammenspiel mit einer dazwischengeschalteten niederländischen Durchlaufgesellschaft wird im US-Jargon als »Double Irish« oder auch »Dutch-Sandwich« bezeichnet. Mit dieser Struktur können Gewinne steuerfrei in eine Steueroase transferiert und der US-Hinzurechnungsbesteuerung entzogen werden.

17.9 Maßnahmen der Staatengemeinschaft: BEPS

Nach Berechnungen des Ökonomen Gabriel Zucman musste die Bundesrepublik Deutschland wegen Steueroasen auf rund ein Drittel ihrer Einnahmen aus der Unternehmenssteuer verzichten (Quelle: Statista). Dass Unternehmen nicht immer dort Steuern zahlen, wo sie operativ tätig sind, zeigt eine andere Statistik. Im Jahr 2012 fielen fast 55 % der Auslandsgewinne der US-Konzerne in den Staaten Singapur, Bermudas, Luxemburg, Niederlanden und der Schweiz an, obwohl in diesen Ländern nachweislich kaum realwirtschaftliche Umsätze getätigt wurden (Kohnz, BEPS, 2017). Durch die aggressive Steuerplanung entgehen den EU-Staaten nach Schätzungen der EU-Finanzminister jährlich zwischen 50 und 70 Mrd. Euro an Steuereinnahmen. Die tatsächlich gezahlten Steuersätze weichen dabei eklatant von den »offiziellen Steuersätzen« ab. Nach einer Studie der Grünen im Europaparlament vom Januar 2019 beträgt der **tatsächliche** Steuersatz für deutsche multinationale Konzerne 20 %, ein deutlich geringerer Satz verglichen mit dem **offiziellen** Steuersatz von rund 30 %. Für die Studie wurden dabei die Gewinne von mehr als 10.000 deutsche Firmen ausgewertet. Am gravierendsten sind die Abweichungen in Luxemburg. Auf Basis von mehr als 1.000 Firmen ergibt sich ein tatsächlich gezahlter Steuersatz 2 %, obwohl der offizielle Steuersatz dort 29 % beträgt.

Wegen der massiven Steuervermeidung multinationaler Konzerne starteten OECD und die G20-Staaten 2014 ein Projekt namens »BEPS«. Es steht für »Base Erosion and Profit Shifting«. Der Name ist dabei Programm. Die zunehmende Erosion der nationalen Steuerbemessungsgrundlage und die massive Verlagerung von Gewinnen in steuergünstige ausländische Staaten sollen durch geeignete Maßnahmen der Staatengemeinschaft verhindert oder zumindest abgemindert werden.

Hintergrund für BEPS war die zunehmende Ausnutzung vonseiten multinationaler Konzerne der bestehenden zwischenstaatlichen Besteuerungsinkongruenzen, die es den Konzernen oft ermöglicht ihre Steuerlast auf ein gesellschaftlich nicht mehr vertretbares Maß zu reduzieren. Die Ausnutzung dieser Steuerschlupflöcher hat nicht nur fiskalische Folgen, sondern führt auch zu erheblichen Wettbewerbsverzerrungen, denn national agierenden Unternehmen fehlen diese Instrumente der Steuervermeidung. Darüber hinaus wird die Steuergerechtigkeit massiv verletzt, was bei kleinen und mittelständischen Betrieben, aber auch bei vielen Bürgern Enttäuschung oder sogar Wut auslöst. Den beteiligten Staaten ist dabei bewusst, dass nur international abgestimmte Maßnahmen Erfolg versprechend sind und der bestehende Steuerwettbewerb zwischen den Staaten selbst Teil des Problems ist.

Fünfzehn Aktionspunkte von BEPS

Im Jahr 2015 wurden 15 Maßnahmenbündel vorgestellt. Übergeordnetes Leitprinzip der Vorschläge ist der Grundsatz, dass die Besteuerung dort erfolgen soll, wo die wirtschaftliche Aktivität und Wertschöpfung stattfinden. Im Folgenden werden die zentralen Vorschläge kurz erörtert:

Neutralisierung der Effekte hybrider Gestaltungen: Bei grenzüberschreitenden Transaktionen haben die involvierten Staaten häufig unterschiedliche Regelungen für die steuerliche Behandlung bestimmter Finanzierungsinstrumente oder gesellschaftsrechtlicher Konstrukte, was im Ergebnis zu einer Nichtbesteuerung führen kann.

Stärkung der Vorschriften zur Hinzurechnungsbesteuerung: Die Hinzurechnungsbesteuerung soll die Abschirmwirkung der ausländischen Gesellschaften durchbrechen und deren Einkünfte unter bestimmten Voraussetzungen ganz oder teilweise auf die Einkünfte der inländischen Gesellschaft hinzurechnen. So soll verhindert werden, dass inländische Einkünfte in niedriger besteuerte ausländische Gesellschaften verlagert werden.

Begrenzung des Abzugs von Zinsaufwendungen: Zinsaufwendungen reduzieren die Steuerbemessungsgrundlage. Durch konzerninterne Finanzierungskonstruktionen lassen sich so Gewinne verlagern. Staaten können dies verhindern, wenn sie die steuerliche Abzugsfähigkeit von Fremdkapitalzinsen ganz oder teilweise einschränken, ähnlich wie bei der deutschen Zinsschranke.

Verhinderung von Abkommensmissbrauch: Um Doppelbesteuerungen zu vermeiden, wurden weltweit mehr als 3000 Doppelbesteuerungsabkommen (DBA) geschlossen. Allerdings werden die Bestimmungen oft ausgenutzt, um Steuerzahlungen in den betroffenen Staaten zu vermeiden oder stark zu reduzieren, d.h. aus Doppelbesteuerungsabkommen wurden manchmal Nichtbesteuerungsabkommen durch die geschickte Ausnutzung der nationalen und internationalen Bestimmungen. Die Empfehlungen zur Verhinderung des DBA-Missbrauchs sollen in das OECD-Musterabkommen aufgenommen werden und parallel in die bereits bestehenden DBA übernommen werden. Um diesen Prozess zu beschleunigen, wurde ein Multilateraler Vertrag erarbeitet, der die bestehenden Doppelbesteuerungsabkommen ergänzt. Der letzte Sachverhalt entspricht dem Aktionspunkt 15 des BEPS-Aktionsplans (multilaterales Instrument).

Aktualisierung des Betriebsstättenbegriffs: Die Besteuerung einer Gesellschaft setzt das Vorhandensein einer Betriebsstätte voraus. Einige Steuergestaltungen zielen genau darauf ab. Um das Vorliegen einer Betriebsstätte zu umgehen, wird z.B. bei Vertragsschlüssen das tatsächliche Aushandeln des Vertrags vor Ort von der formalrechtlichen Befugnis zur Unterschrift getrennt, um eine Betriebsstätte und damit das Besteuerungsrecht zu verhindern. Logistikzentren erscheinen dann nicht als Betriebsstätte, sondern mutieren zu einfachen Auslieferungslagern. Um diesen Gestaltungen entgegenzuwirken, soll der Begriff der Betriebsstätte in den DBA-Abkommen und im OECD-Musterabkommen modifiziert werden.

Aktualisierung der Verrechnungspreisrichtlinien (8-10; 13): Wie im vorausgegangenen Kapitel gezeigt, können Unternehmen durch eine passende Festlegung der Verrechnungspreise bei grenzüberschreitenden Transaktionen zwischen den einzelnen Gesellschaften eines Konzerns Besteuerungssubstrat zwischen den involvierten Staaten verschieben. Der international anerkannte Standard für die Bestimmung sachgerechter Verrechnungspreise ist der Fremdvergleichsgrundsatz. In diesem Zusammenhang sollten insbesondere die OECD-Verrechnungspreisleitlinien zu Geschäftsvorfällen mit immateriellen Werten und für Geschäftsvorfälle konkretisiert werden, die nicht oder nur selten zwischen voneinander unabhängigen Dritten stattfinden. Beim BEPS-Aktionspunkt 13 wurde auch eine standardisierte Dokumentationsanforderung für Verrechnungspreise vereinbart. Auch ein country-by-country reporting (CbCR) soll es geben, bei dem alle betroffenen Steuerverwaltungen Informationen über die globale Aufteilung der Erträge und Steuern sowie die geografische Verteilung der Wirtschaftstätigkeit erhalten. Für das CbCR ist ein automatischer Informationsaustausch mit den Steuerverwaltungen anderer Staaten vorgesehen, allerdings keine allgemeine Veröffentlichung dieser Informationen.

Messen und Monitoring der Gewinnverkürzung: Hier geht es um eine plausible Bewertung und ein Nachhalten der Steuerausfälle, die durch die aggressive Steuerpolitik der internationalen Konzerne ausgelöst werden auf Basis harmonisierter Modelle. Ersten Schätzungen zu Folge haben die Steuerausfälle ein Volumen von 4%–10% des weltweiten Körperschaftssteueraufkommens.

Offenlegungsregelung für aggressive Steuerplanung: Steuerkanzleien, Steuerberater und Steuerpflichtige selbst sollen gezwungen werden ihre verwendeten Steuervermeidungsmodelle gegenüber den Finanzverwaltungen offenzulegen.

Verhinderung von Steuerwettbewerb: Eine Erosion der steuerlichen Bemessungsgrundlage erfolgt häufig mithilfe einer grenzüberschreitenden Überlassung von Rechten. Dabei wird insbesondere die Niedrigbesteuerung von Lizenzeinkommen von sog. Patent-, Lizenz- oder IP-Boxen ausgenutzt, die Einzelstaaten den Gesellschaften gewähren. Diese präferenzielle Besteuerung darf künftig nur noch gewährt werden, wenn die das Lizenzeinkommen empfangende Gesellschaft selbst substanzielle F&E-Aktivitäten nachweisen kann. Ferner verpflichten sich die teilnehmenden Staaten zukünftig Informationen über steuerliche Zusagen, sogenannte Tax Rulings, ohne vorheriges Ersuchen auszutauschen.

Die an der BEPS-Initiative teilnehmenden Staaten haben bereits begonnen Teile des beschlossenen Maßnahmenbündels in nationales Recht umzusetzen. So gab es in Deutschland bereits 2017 ein BEPS-Umsetzungsgesetz, in dem einige der geforderten Punkte angegangen wurden. Auch der Aktionspunkt 5 (Verhinderung von Steuerwettbewerb) wurde bereits umgesetzt. Die privilegierte Behandlung von Lizenzeinkünften sollen die Mitgliedstaaten bis zum 30.06.2021 umsetzen. Deutschland hat aber bereits 2017 mit der »Lizenzschranke« in § 4j EStG ein Gesetz beschlossen, dass die präferenzielle Niedrigbesteuerung von Lizenzen, Marken, Patenten, Designmuster … untersagt. Zulässig soll eine begünstigte Besteuerung in Zukunft nur noch dann sein, wenn eine substanzielle Geschäftstätigkeit gegeben ist, insbesondere, weil im Ausland aktiv geforscht und entwickelt wird (sog. Nexus-Approach).

Digitalsteuer

Am 21.03.2018 hat die EU-Kommission den Mitgliedstaaten einen Vorschlag unterbreitet, der sicherstellen soll, dass digitale Geschäftstätigkeiten in der EU fair und wachstumsfreundlich besteuert werden. Der Vorschlag sieht im Einzelnen vor, dass

- zukünftig Erträge aus dem Verkauf von Online-Werbeflächen, Erträge aus digitalen Vermittlungsgeschäften und Erträge aus dem Verkauf von Nutzerdaten in den Staaten besteuert werden, in denen die Nutzer ansässig sind und
- die Besteuerung auf Unternehmen begrenzt wird, deren Gesamterträge 750 Mio. Euro weltweit und innerhalb der EU 50 Mio. Euro übersteigen. So würden Start-ups und kleinere Unternehmen ausgenommen werden und sich die Steuer im Wesentlichen auf GAFA beschränkt, benannt nach den Anfangsbuchstaben von Google, Amazon, Facebook und Apple.
- Der Steuersatz soll 3 % vom Ertrag betragen.

Während einige Staaten wie Deutschland, Irland oder die Niederlande dem Vorschlag skeptisch gegenüberstehen, versuchen andere Staaten wie Frankreich und Österreich den Vorschlag umzusetzen, notfalls im nationalen Alleingang.

18 Investitionsentscheidung internationaler Unternehmen

Investitionen sind der entscheidende Faktor, wie erfolgreich ein Unternehmen seine Zukunft bewältigt. Sie determinieren die Produkte und Dienstleistungen und sind der wesentliche Träger des technischen Fortschritts. Nur durch Investitionen können Produktinnovationen eingeführt oder Produktionsprozesse effizienter gestaltet werden. Investitionen verändern die Produktionskapazitäten und bestimmen letztlich das Umsatz- und Gewinnwachstum. Da Investitionen ein wesentlicher Teil der Gesamtausgaben darstellen, können unprofitable oder gar falsche Investitionen ein Unternehmen nach wenigen Jahren in ihrer Existenz gefährden.

Grundsätzlich spielt es für die Beurteilung einer Investition keine Rolle, ob sie im Heimatland der Muttergesellschaft oder im Ausland durchgeführt wird. In jedem Fall muss die Investition eine Rendite aufweisen, die zumindest ihre Kapitalkosten deckt. Doch bei der Klärung dieser einfachen Bedingung stößt man bei Auslandsinvestitionen auf zusätzliche Schwierigkeiten, weil die Muttergesellschaft in einem anderen Land sitzt als das Zielland der Investition. Damit sind zwei Länder involviert, die sich in wichtigen Investitionsparametern unterscheiden können, etwa der Inflationsrate, den Zinssätzen, den politischen Risiken oder der Steuergesetzgebung. Auch Wechselkursänderungen kommen ins Spiel und Leistungsbeziehungen zwischen Tochter und Mutter im Rahmen des Projekts, etwa die Lieferung von Vorprodukten oder die Finanzierung des Projekts durch einen konzerninternen Kredit. Hinzu kommt, dass die Beurteilung des Investitionsprojekts aus Sicht der Tochtergesellschaft eine völlig andere sein kann als aus Muttersicht. Bevor wir aber auf diese zusätzlichen Schwierigkeiten eingehen, soll in aller Kürze der methodische Rahmen für die Beurteilung von Investitionsprojekten dargelegt werden:

18.1 Methodischer Rahmen für Investitionsprojekte

Um die Vorteilhaftigkeit von Investitionen beurteilen und vergleichen zu können, wird aus dem investitionsbedingten Cashflow der Kapitalwert der Investition berechnet. Die Berechnung erfolgt in fünf Schritten:

1. Schritt: Schätzung des relevanten Zeitraums (Zeile 1)
Zunächst wird der Zeitraum ermittelt, in denen die Investition voraussichtlich zu Ein- und Auszahlungen führen wird. Im Beispiel der Tabelle 18.1 sind es drei Jahre.

1		Jahr 0	Jahr 1	Jahr 2	Jahr 3	KW
2	Einzahlungen		3,0	4,0	1,5	
3	Operative Auszahlungen		-1,0	-1,0	-0,5	
4	Investitionen	-5,0				
5	Operativer Einzahlungs-überschuss (2+3)		2,0	3,0	1,0	
6	Netto-Cashflow der Investition, **NCFI** (2+3+4)	-5,0	2,0	3,0	1,0	
7	Barwertberechnung	$-5/(1{,}07)^0$	$2/(1{,}07)^1$	$3/(1{,}07)^2$	$1/(1{,}07)^3$	
8	Barwerte/Kapitalwert	-5,00	1,87	2,62	0,82	**0,31**

Tab. 18.1: Ermittlung des Kapitalwerts von investitionsbedingten Cashflows (in Mio. Euro)

2. Schritt: Schätzung der Einzahlungen (Zeile 2)
Für diesen Zeitraum werden alle investitionsbedingten Einzahlungen geschätzt. Einzahlungen sind typischerweise Mehrerlöse durch investitionsbedingte Umsatzsteigerungen, aber auch Einsparungen können als Einzahlungen interpretiert werden, etwa, wenn durch eine Rationalisierungsinvestition der Personal- oder Sachaufwand sinkt. Ein möglicher Verkauf des vorhandenen Anlage- und Umlaufvermögens am Ende des betrachteten Investitionszeitraums zählt gleichfalls als Einzahlung. Denken Sie an ein Containerschiff, das ein Reeder nach 10-jähriger betrieblicher Nutzung weiterverkauft.

Die Schätzung der investitionsbedingten Einzahlungen ist oft schwierig und stellt die größte Herausforderung in jeder Investitionsrechnung dar.

3. Schritt: Schätzung der Auszahlungen (Zeile 3 und 4)
Für den gleichen Zeitraum werden alle investitionsbedingten Auszahlungen geschätzt. Auszahlungen resultieren einerseits aus den unmittelbaren Auszahlungen für das geplante Investitionsprojekt (Zeile 4). Auszahlungen sind aber auch alle operativen Auszahlungen, wie Material- und Personaleinsatz im laufenden Betrieb des Investitionsprojekts.

4. Schritt: Ermittlung des Netto-Cashflows der Investition (Zeile 5 und 6)
Im vierten Schritt werden die Einzahlungsüberschüsse der Investition ermittelt. Bleiben die unmittelbaren Auszahlungen für die Investition selbst unberücksichtigt, spricht man vom operativen Einzahlungsüberschuss (Zeile 5). Zieht man vom operativen Einzahlungsüberschuss die Investitionsausgaben ab (Zeile 6), dann erhält man die entscheidende Zahlungsreihe für die Beurteilung eines Projekts, den Netto-Cashflow der Investition (*NCFI*). Für den *NCFI* jeder Periode *t* kann man schreiben:

$$NCFI_t = Operativer\ Einzahlungsüberschuss_t + Cashflow\ aus\ Investition_t$$

Im Beispiel wurde die Investition nur in t = 0 getätigt. Es gibt jedoch viele Investitionsprojekte, bei denen sich die Investitionen auf mehrere Jahre verteilen.

5. Schritt: Ermittlung des Kapitalwerts der Investition (Zeile 7 und 8)
Werden die Werte des einzelnen *NCFI* diskontiert, erhält man deren Barwerte. Berechnung und Ergebnis sind in Zeile 7 und 8 aufgeführt. Wir unterstellen dabei einen Diskontierungszins von 7,0 %. Die Summe der Barwerte ergibt den sogenannten Kapitalwert, der im Beispiel 0,31 Mio. Euro beträgt.

Den Kapitalwert *KW* einer Investition kann man allgemein schreiben als

$$KW = NCFI_0 + \frac{NCFI_1}{(1+r)^1} + \frac{NCFI_2}{(1+r)^2} + \ldots + \frac{NCFI_n}{(1+r)^n} = \sum_{t=0}^{n} \frac{NCFI_t}{(1+r)^t}$$

Dabei bezeichnet $NCFIt$ den Einzahlungs- bzw. Auszahlungsüberschuss der Periode *t, n* die Laufzeit des Projekts und $1/(1+r)$ den Diskontierungsfaktor zur Berechnung der Barwerte. Im Beispiel beträgt $n = 3$, $r = 7{,}0\,\%$, mit (in Millionen).

$$NCFI_0 = -5{,}0\,€;\ NCFI_1 = 2{,}0\,€;\ NCFI_2 = 3{,}0\,€;\ NCFI_3 = 1{,}0\,€.$$

18.2 Finanzierung und Zins bei inländischen Investitionen

Ein Stolperstein für die methodisch korrekte Berechnung des Kapitalwerts einer Investition ist die Berücksichtigung der Finanzierung des Projekts und die damit verbundenen Zinszahlungen. Hier stehen zwei Alternativen zur Verfügung, die zum gleichen Beurteilungsergebnis führen, die aber unter keinen Umständen gemischt werden dürfen.

Alternative 1: Beurteilung ohne Finanzplan
Man kann den Netto-Cashflow der Investition ohne Finanzplan und ohne Berücksichtigung der Finanzierungskosten in der Auszahlungsseite ermitteln, d. h. alle Finanzierungselemente der Investition werden ausgeblendet. Zinszahlungen bleiben bei der Erfassung der investitionsbedingten Auszahlungen ebenso unberücksichtigt wie die erforderliche Kreditaufnahme zur Finanzierung der Investition sowie die Tilgung des Kredits am Ende des Investitionsprojekts. Dieses Vorgehen wird bei der Beurteilung von inländischen Investitionsprojekten üblicherweise gewählt und liegt auch dem Beispiel in Tabelle 18.1 zugrunde. Die Auszahlungswerte in Zeile 3 beinhalten damit *nicht* den Zinsaufwand. Zinsen sind nicht Bestandteil der operativen Auszahlungen und damit nicht Bestandteil des *NCFI*! Die Finanzierungskosten werden *nicht* auf der Auszahlungsseite erfasst.

Alternative 2: Beurteilung mit Finanzplan
Alternativ kann eine Investition auch unter Berücksichtigung der Finanzierung beurteilt werden, indem der Netto-Cashflow der Investition die erforderliche Kreditaufnahme, den Zinsaufwand

sowie die Tilgung der Kredite einschließt. Man erhält in diesem Fall den investitionsbedingten gesamten Cashflow. Der auf dieser Grundlage ermittelte Kapitalwert stimmt jedoch mit dem Kapitalwert aus Alternative 1 überein!

Auf den ersten Blick verwundert es sehr, dass die beiden Alternativen zum gleichen Kapitalwert und damit zur gleichen Entscheidung führen, da doch bei der Alternative 1 die Finanzierungskosten scheinbar unberücksichtigt bleiben. Der Grund liegt aber darin, dass im verwendeten Diskontierungsfaktor die Finanzierungskosten indirekt enthalten sind. Wenn wir annehmen, dass das Unternehmen jeden beliebigen Geldbetrag zum Diskontierungssatz am Kapitalmarkt aufnehmen oder anlegen kann, dann lassen sich Investitionen ohne explizite Berücksichtigung des Finanzplans beurteilen.

Ermittlung des Diskontierungssatzes

Wem steht der investitionsbedingte Netto-Cashflow zu? Weil die Zinszahlungen bei der Berechnung des Kapitalwerts nicht abgezogen werden, müssen aus dem *NCFI* die Verzinsungsansprüche der Eigenkapitalgeber und Fremdkapitalgeber befriedigt werden. Wer welchen Teil davon zu welchem Zinssatz erhält, hängt von der Finanzierung der Investition ab. Werden Investitionen ausschließlich mit Fremdkapital finanziert, dann wäre der richtige Diskontierungssatz identisch mit dem für das Unternehmen relevanten Fremdkapitalzins i. Im Falle einer vollständigen Eigenkapitalfinanzierung müsste man die Eigenkapitalkosten k des Unternehmens als Diskontierungssatz heranziehen. Erfolgt eine Mischfinanzierung aus Eigenkapital und Fremdkapital, spiegelt der Diskontierungssatz entsprechend das Mischungsverhältnis wider.

Doch wie wird eine bestimmte Investition finanziert? Ein Unternehmen generiert aus den unterschiedlichsten Quellen Finanzierungsmittel, die gedanklich in einen Topf wandern, aus dem heraus die Finanzmittelverwendung erfolgt.

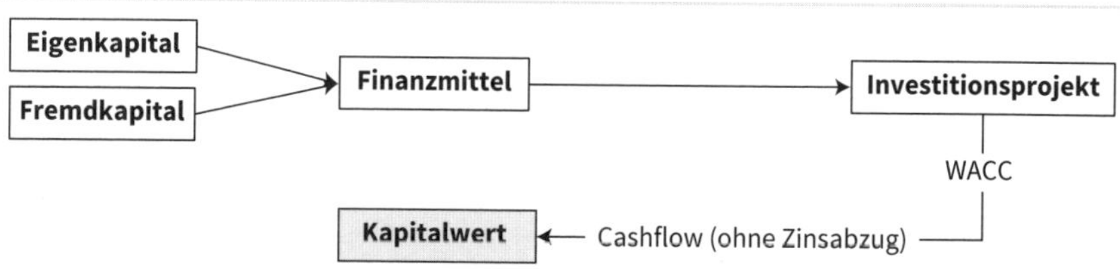

Abb. 18.1: Kapitalwert eines inländischen Investitionsprojekts

Eine eindeutige Zuordnung von spezifischen Finanzmitteln zur Finanzierung von Investitionen ist damit nicht möglich. Darüber hinaus wäre es auch sehr problematisch, wenn ein Unternehmen bestimmte Investitionen mit Eigenkapitalkosten und andere mit Fremdkapitalkosten belegen würde. Da der Kapitalwert sinkt, wenn der Diskontierungszins steigt, ist die Höhe des verwendeten Zinssatzes von enormer Wichtigkeit. Weil die Eigenkapitalkosten höher sind als die Fremdkapitalkosten, würde das Unternehmen mit einer derartigen Zuordnung massiv den Kapitalwert einer Investition und damit die relative Vorteilhaftigkeit von Investitionen beeinflussen. Um Investitionen »fair« zu beurteilen, müssen daher die durchschnittlichen Finanzierungskosten bzw. die durchschnittlichen Kapitalkosten herangezogen werden, zu denen sich das Unternehmen aktuell sein Eigenkapital und Fremdkapital beschaffen könnte. Häufig findet man dafür die englische Übersetzung »*Weighted Average Cost of Capital*«, abgekürzt mit *WACC*. Wir ermitteln diese Größe aus dem gewichteten Durchschnitt der zum Betrachtungszeitpunkt unternehmensrelevanten Eigen- und Fremdkapitalkosten, wobei die Gewichte die Eigen- und Fremdkapitalanteile am Gesamtkapital darstellen. Zwei Dinge müssen wir dabei berücksichtigen:

Die Gewichte der Eigen- und Fremdkapitalanteile beziehen sich auf die Marktwerte und nicht die Buchwerte. Bei der Ermittlung der durchschnittlichen Kapitalkosten stellen wir uns ja die Frage, zu welchen durchschnittlichen Kapitalkosten ein Unternehmen *jetzt*, zum Analysezeitpunkt sein vorhandenes Eigen- und Fremdkapital beschaffen könnte. Hierfür sind die Marktpreise relevant. Werden stattdessen Buchwerte herangezogen, dann spiegeln die durchschnittlichen Kapitalkosten die Kapitalkosten wider, zu denen sich das Unternehmen sein Kapital in der *Vergangenheit* tatsächlich beschafft hat. Aus Vereinfachungsgründen wird in der betrieblichen Praxis oft so verfahren, doch methodisch korrekt ist nur die Verwendung von Marktwerten.

Der zweite Punkt betrifft die unterschiedliche Behandlung von Eigenkapital und Fremdkapital aus steuerlicher Sicht. Während der Zinsaufwand das zu versteuernde Einkommen reduziert, bleiben die Eigenkapitalkosten in der Ermittlung der Bemessungsgrundlage unberücksichtigt. Die Fremdkapitalkosten nach Steuern betragen daher $i \times (1-t)$, wobei t den Steuersatz und i den Zinssatz für das Fremdkapital des Unternehmens bezeichnet.

Wir kennen nun alle Komponenten, um die durchschnittlichen Finanzierungskosten bzw. Kapitalkosten nach Steuern (WACC) bestimmen zu können.

$$Durchschnittliche\ Kapitalkosten = WACC = k \times \frac{EK^M}{EK^M + FK^M} + i \times (1-t) \times \frac{FK^M}{EK^M + FK^M}$$

Formel 18.1

Dabei bezeichnet k den Eigenkapitalkostensatz. Das hochgestellte ^{M} soll sichtbar machen, dass es sich hierbei um Marktwerte handelt.

ÜBUNG

Die Eigenkapitalkosten eines Unternehmens betragen 10 %. Aktuell könnte das Unternehmen Fremdkapital zu 4,0 % aufnehmen. Der Steuersatz beträgt 30 %. Der Buchwert des Eigenkapitals beträgt 300 Mio. Euro, an der Börse werden die Aktien jedoch mit einem Gesamtwert von 500 Mio. Euro gehandelt. Das Fremdkapital (Marktwert) beträgt 400 Mio. Euro. Welchen Diskontierungszins sollte das Unternehmen zur Beurteilung seiner Investitionsprojekte verwenden?

Antwort: Bei der aktuellen Finanzierungsstruktur und den aktuellen Eigen- und Fremdkapitalkostensätzen betragen die durchschnittlichen Kapitalkosten 6,09 %.
WACC = 10 % × 500/900 + 4,0 % × (1–0,3) × 400/900 = 6,09 %

Durch die Verwendung des *WACC* als Diskontierungszins für Investitionsprojekte

- wird die Finanzierungsstruktur des Unternehmens erfasst,
- berücksichtigt man über *(1 – t)* die steuerliche Abzugsfähigkeit des Fremdkapitals,
- erfasst man die Verzinsungsansprüche der Kapitalgeber unter
- Berücksichtigung des Risikos aus Sicht der Eigenkapitalgeber (über *k*) und unter
- Berücksichtigung des Risikos aus Sicht der Fremdkapitalgeber (über *i*).

Abbildung 18.2 fasst die Ermittlung und Quellen des *WACC* zusammen. Die Größe r_f steht dabei für den risikolosen Zinssatz.

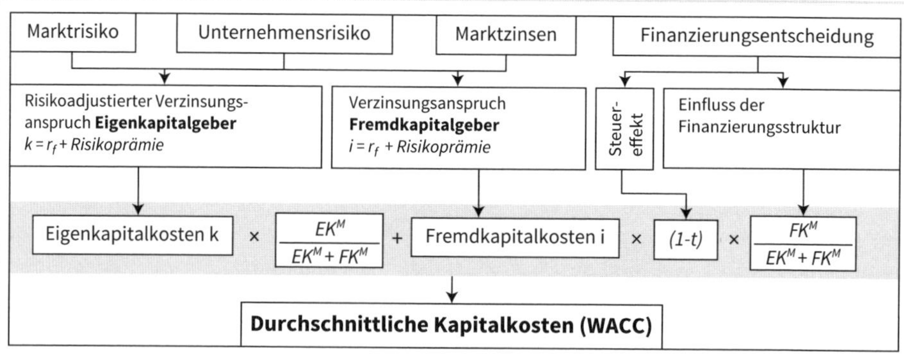

Abb. 18.2: Bestandteile der durchschnittlichen Kapitalkosten *WACC*

Interpretation des Kapitalwerts

Der Kapitalwert einer Investition lässt sich nun wie folgt schreiben und interpretieren:

$$KW = NCFI_0 + \frac{NCFI_1}{(1+WACC)} + \frac{NCFI_2}{(1+WACC)^2} + \ldots + \frac{NCFI_n}{(1+WACC)^n} = \sum_{t=0}^{n} \frac{NCFI_t}{(1+WACC)^t}$$

KW = 0*:* Der operative Einzahlungsüberschuss reicht genau aus, um die anfänglichen Investitionsausgaben und die durchschnittlichen Kapitalkosten auf das jeweils gebundene Kapital abzudecken. Die interne Rendite der Investition stimmt mit dem *WACC* überein, weshalb die Verzinsungsansprüche der Fremdkapitalgeber (*i*), aber auch die der Eigenkapitalgeber (*k*) exakt erfüllt werden. *KW = 0* bedeutet nicht, dass solche Investitionen »ohne Gewinn« sind. Es wird für die Eigenkapitalgeber vielmehr ein Gewinn generiert, der sich nach dem jeweils eingesetzten Eigenkapital und den im *WACC* zugrunde liegenden Verzinsungsansprüchen der Eigenkapitalgeber bemisst. Es handelt sich dabei nicht um einen Gewinn im handelsrechtlichen Sinne, sondern um eine Gewinngröße im ökonomischen Sinne.

KW > 0: Die operativen Einzahlungsüberschüsse sind höher als die ursprünglichen Investitionsausgaben plus die durchschnittlichen Kapitalkosten auf das jeweils gebundene Kapital. Der Überschuss in Höhe des Kapitalwerts steht den Eigenkapitalgebern zu, weil die Fremdkapitalgeber einen vertraglich festgelegten Zinssatz erhalten und am Überschuss des Projekts nicht beteiligt werden. In Höhe des Kapitalwerts steigt der Marktwert des Eigenkapitals.

KW < 0: Investitionen mit einem Kapitalwert kleiner null sind wertvernichtend, da der Einzahlungsüberschuss nicht ausreicht, um die durchschnittlichen Kapitalkosten zu decken. Der negative Kapitalwert geht vollständig zulasten der Eigenkapitalgeber und reduziert den Marktwert des Eigenkapitals. Investitionen mit $KW < 0$ können zwar noch zu einem Gewinnbeitrag führen, doch reicht dieser nicht aus, die Verzinsungsansprüche der Eigenkapitalgeber zu decken.

Diese Interpretation des Kapitalwerts legt folgende Entscheidungsregeln nahe: Eine Einzelinvestition muss einen Kapitalwert von mindestens null aufweisen. Die Hürde, die jedes Investitionsprojekt somit überspringen muss, sind ihre durchschnittlichen Kapitalkosten. Die Höhe der Hürde ist von Unternehmen zu Unternehmen unterschiedlich und wird von seiner Finanzierungsstruktur und seinem Geschäftsfeldrisiko bestimmt.

Beim Vergleich von Investitionsalternativen wird die Alternative mit dem höheren Kapitalwert gewählt. Die beste Alternative darf dabei die Bedingung $KW \geq 0$ nicht verletzen. Die Kapitalwertmethode setzt dabei Investitionsalternativen mit gleicher Laufzeit voraus. Anderenfalls muss der Kapitalwert in Annuitäten umgerechnet werden, um die Werte sinnvoll vergleichen zu können.

Kapitalwert auf Basis von investitionsbedingten Ertrags- und Aufwandsgrößen

Die Entscheidungsgrundlagen einer Investition sind der Umfang und die zeitliche Verteilung der investitionsbedingten Einzahlungsüberschüsse. Der Beurteilung liegen damit Einzahlungen und Auszahlungen zugrunde. Allerdings kann man es meist nicht vermeiden, auf Aufwands- und Ertragsgrößen zurückzugreifen:

- Die durch ein Investitionsprojekt ausgelösten Einzahlungsüberschüsse lösen Ertragssteuerzahlungen aus. Die steuerliche Bemessungsgrundlage dafür ist aber nicht der Einzahlungsüberschuss, sondern das Betriebsergebnis (EBIT), das auf Aufwands- und Ertragsgrößen beruht.
- Das Management möchte nicht nur die investitionsbedingten Cashflowströme kennen, sondern auch die Wirkung der Investition auf den zukünftigen Gewinn.
- Viele vom betrieblichen Rechnungswesen zur Verfügung gestellten Kennziffern beziehen sich nicht auf Cashflowgrößen, sondern auf Aufwands- und Ertragsgrößen, etwa die Nettomarge oder die operative Marge, definiert als EBIT/Umsatz.

Man kann den Netto-Cashflow einer Investition ohne Schwierigkeiten auf Basis von Ertrags- und Aufwandsgrößen formulieren. Damit werden alle hier aufgeführten Probleme vermieden. Ausgangspunkt ist der *NCFI*:

$$\mathbf{NCFI_t = Operativer\ Einzahlungsüberschuss^*_t + Zahlungen\ für\ Investition_t}$$

Der investitionsbedingte operative Einzahlungsüberschuss wird auch Operativer Cashflow (OCF) genannt. Indirekt ermittelt lautet er:

$$\mathbf{OCF = JÜ + AFA - \Delta WC}$$

Dabei steht JÜ für Gewinn im Sinne von Jahresüberschuss, AFA für Abschreibungen, ΔWC für Veränderung des WC, des nicht monetären Working Capital. Veränderungen von Rückstellungen sind zwar ebenfalls Bestandteil des Operativen Cashflows, doch da sich Rückstellungen nicht systematisch durch Investitionen verändern, bleiben sie üblicherweise außer Betracht.

Für unsere Berechnungen benötigen wir nicht den OCF, sondern den OCF*, d. h. den OCF *ohne* Abzug des Zinsaufwands, da wir ja die Zuflüsse an Eigenkapital- und Fremdkapitalgeber ermitteln wollen. Deshalb addiert man zum OCF den Zinsaufwand unter Berücksichtigung seiner steuerlichen Abzugsfähigkeit.

$$\mathbf{OCF^* = OCF + Zinsaufwand \times (1\text{-}t) = JÜ + AFA - \Delta WC + Zinsaufwand \times (1\text{-}t)}$$

Für *JÜ* können wir nach der Bestimmungsgleichung des Gewinns schreiben:

$$\mathbf{JÜ = (EBIT - Zinsaufwand) \times (1\text{-}t)}$$

Wir lösen nach *EBIT × (1-t)* auf und setzen das Ergebnis in OCF* ein.

$$EBIT \times (1\text{-}t) = JÜ + Zinsaufwand \times (1\text{-}t)$$

$$OCF^* = EBIT \times (1\text{-}t) + AFA - \Delta WC$$

Damit erhalten wir folgende sehr wichtige Bestimmungsgleichung für den *NCFI* auf Basis von Ertrags- und Aufwandsgrößen:

$$\mathbf{NCFI_t = [EBIT \times (1\text{-}t) + AFA - \Delta WC - Investitionen]_t}$$

Formel 18.2

Wenn wir bei der Bestimmung des *NCFI* einer Investition zum Zeitpunkt *t* auf Ertrags- und Aufwandsgrößen zurückgreifen, starten wir mit dem investitionsbedingten *EBIT*. Davon ziehen wir die Ertragssteuern *(t × EBIT)* ab und addieren die AFA, d. h. den nicht auszahlungswirksamen Aufwand. Wir betrachten mit dieser Größe daher wiederum den investitionsbedingten Cashflow, der den Eigenkapital- und Fremdkapitalgebern gemeinsam zur Verfügung steht, nachdem alle operativen Auszahlungen inklusive Steuern geleistet wurden. Von dieser Größe subtrahieren wir die Investitionen ins Working Capital und ins Anlagevermögen. Der Kapitalwert der Investition KW auf Basis von Aufwand- und Ertragsgrößen lautet damit:

$$KW=\sum_{t=0}^{n}\frac{NCFI_t}{(1+WACC)^t}=\sum_{t=0}^{n}\frac{\left[EBIT\times(1-t)+AFA-\Delta WC-Investitionen\right]_t}{(1+WACC)^t}$$

Formel 18.3

Die Größe EBIT × (1-t) wird als operatives Ergebnis nach Steuern bzw. als NOPAT bezeichnet (net operating profit after taxes) bezeichnet.

18.3 Besonderheiten bei grenzüberschreitenden Investitionen

Es gibt eine Reihe von Zahlungen, bei denen nicht unmittelbar klar ist, ob sie Bestandteil einer Investitionsentscheidung sein sollten. Einige dieser Problemfälle treten zwar auch bei inländischen Investitionsprojekten auf, doch bei grenzüberschreitenden Investitionen sind sie besonders ausgeprägt. Die generelle Leitlinie zur Berücksichtigung einer Zahlung in der Investitionsrechnung lautet: Es dürfen nur die Zusatzeinzahlungen und die Zusatzauszahlungen betrachtet werden, die sich ursächlich auf das Investitionsprojekt zurückführen lassen. Betrachten wir vor diesem Hintergrund die wichtigsten Problemfelder.

Produktkannibalisierung
Mit Produktkannibalisierung wird ein Phänomen angesprochen, das sehr häufig bei Investitionsprojekten auftritt. Wenn ein Unternehmen ein neues Produkt am Markt anbietet, dann leidet oft der Umsatz von vergleichbaren konzerninternen Produkten.

BEISPIEL

Durch die Neugründung einer Tochtergesellschaft erfolgen Produktion und Vertrieb eines Produkts zukünftig vom lokalen ausländischen Markt. Infolge werden die Exporte der Muttergesellschaft in die davon betroffenen Länder abnehmen.

Muss die Produktkannibalisierung beim Investitionsprojekt »Gründung Tochtergesellschaft« berücksichtigt werden? Es gibt hierzu kein einfaches Ja oder Nein. Die Antwort hängt entscheidend vom Umfeld des Unternehmens ab.

Einerseits: Wenn durch die Gründung der Tochtergesellschaft die Exporte der Muttergesellschaft zurückgehen, dann sind die Umsatzrückgänge innerhalb des Konzernverbunds bei der Beurteilung des Investitionsprojekts zu berücksichtigen. Erreicht der Kapitalwert des Projekts wegen der Produktkannibalisierung keinen positiven Wert, dann sollte keine Tochtergesellschaft gegründet werden, sondern das Ausland weiterhin durch Exporte bedient werden.

Andererseits: Stellen wir uns vor, dass die Regierung im Ansässigkeitsstaat der Tochtergesellschaft nur noch den Vertrieb von solchen Produkten erlaubt, die im eigenen Land hergestellt werden. In diesem Fall würde durch die Gründung der Tochtergesellschaft zwar der Export der Muttergesellschaft zurückgehen, doch wäre der Export auch ohne Tochtergesellschaft infolge der veränderten Rahmenbedingungen zum Erliegen gekommen. Es wäre nun falsch den Umsatzrückgang dem Investitionsprojekt zuzurechnen, da nicht die Gründung der Tochtergesellschaft den Exportrückgang ursächlich auslöst, sondern die veränderten politischen Rahmenbedingungen. Die Gründung der Tochtergesellschaft ist bereits Teil der betrieblichen Strategie auf den erwarteten Exportrückgang zu reagieren.

Die richtige Berücksichtigung einer Produktkannibalisierung hängt vom Einzelfall ab und ist nicht immer so einfach zu lösen wie im letzten Beispiel, wo politische Rahmenbedingungen die Antwort diktierten. Um die Frage nach einer möglichen Produktkannibalisierung richtig beantworten zu können, muss man die Folgen abschätzen, wenn die Investition *nicht* durchgeführt wird. Meistens ist nicht der Status quo der relevante Vergleich, sondern die Rahmenbedingungen, die sich aus dem dynamischen Verhalten der Wettbewerber ergeben. Unternehmen, die aus Angst vor einer Kannibalisierung ihre Produkte oder ihre Produktionsbedingungen nicht ändern, laufen Gefahr, dass Wettbewerber ihnen den Platz streitig machen.

BEISPIEL

Im Ausland wird eine Tochtergesellschaft gegründet, weil dort die Löhne sehr viel niedriger sind als im Mutterland. Die dort hergestellten Produkte kannibalisieren den Export der Muttergesellschaft.

Für eine Berücksichtigung des Exportrückgangs bei der Beurteilung des Investitionsprojekts spricht, dass der Auslandsmarkt weiterhin ohne Einschränkungen über Exporte bedient werden könnte. Gegen eine Berücksichtigung hingegen spricht, dass die Exporte u. U. in wenigen Jahren zum Erliegen kommen, weil die lokal produzierenden Unternehmen wegen der tieferen Löhne einen Preisvorteil haben und deshalb die Muttergesellschaft in wenigen Jahren nicht mehr konkurrenzfähig ist. Im Rahmen einer Investitionsrechnung könnte man den Fall pragmatisch so lösen, dass der Exportrückgang bei der Ermittlung des Kapitalwerts nur für die nächsten zwei Jahre berücksichtigt wird.

Umsatzsteigerung

Auslandsinvestitionen können sich auch positiv auf den Umsatz der Muttergesellschaft auswirken, etwa wenn durch die lokale Präsenz im Ausland das Produktangebot der Muttergesellschaft populärer wird und damit der Export der Muttergesellschaft steigt. Ein anderes Beispiel ist, wenn die Mutter Vorprodukte an die Auslandstochter liefert. Mit jeder verkauften Einheit der Tochtergesellschaft steigt auch der konzerninterne Export der Vorprodukte der Muttergesellschaft. Diese positiven Effekte müssen bei der Beurteilung des Investitionsprojekts berücksichtigt werden.

Overhead-Kosten, Lizenz- und Patentgebühren, Markenrechte

In der Kalkulation von Produktkosten werden über die Kostenrechnung den einzelnen Produkten und Regionen nicht nur die unmittelbar zurechenbaren Kosten zugerechnet, sondern nach gewissen Regeln auch anfallende Gemeinkosten wie Verwaltungsaufwand, Marketing und

Vertrieb, Stabstellen usw. Wird eine Tochtergesellschaft oder eine Niederlassung im Ausland gegründet, dann werden üblicherweise Gemeinkosten verrechnet. Für den Begriff »Gemeinkosten« wird häufig der englische Begriff Overhead-Kosten benutzt.

Sollen Projekte bei der Ermittlung des Kapitalwerts mit einem Teil der Gemeinkosten »belastet« werden? Hier müssen wir uns die ausgegebene Leitlinie ins Gedächtnis zurückrufen: Wir dürfen nur solche Zusatzaufwendungen berücksichtigen, die unmittelbar durch das Investitionsprojekt ausgelöst werden. Das bedeutet, dass *bisherige* Gemeinkosten nicht bei der Beurteilung einer Investition berücksichtigt werden dürfen. Eine Entscheidung für oder gegen das Projekt ändert nichts am Umfang der bisherigen Gemeinkosten. Sollten die Gemeinkosten aber wegen des Projekts steigen, dann muss diese Gemeinkostensteigerung bei der Investitionsrechnung entsprechend berücksichtigt werden.

BEISPIEL

Ein Unternehmen verfügt über neun Produktionsstätten. Die allgemeinen Verwaltungskosten betragen aktuell 900.000 Euro und werden anteilig auf die Produktionsstätten umgelegt. Nun wird die Eröffnung eines zusätzlichen Werks im Ausland geplant.

Fall 1: Es fallen keine zusätzlichen Gemeinkosten an. Eine Zurechnung der anteiligen Gemeinkosten in Höhe von dann 90.000 Euro je Standort wäre falsch. Die neue Produktionsstätte würde die anderen neun Produktionsstätten mit jeweils 10.000 Euro »subventionieren«.

Fall 2: Durch die neue Produktionsstätte steigen die Gemeinkosten auf 930.000 Euro an. In diesem Fall dürfen nicht 93.000 Euro Gemeinkostenanteil dem Projekt zugeordnet werden, sondern nur die Zusatzgemeinkosten von 30.000 Euro.

Ein vergleichbares Thema ist die Verrechnung von konzerninternen Leistungen wie Lizenzgebühren, Patentgebühren oder Markenrechte. Diese Gebühren werden häufig eingesetzt, um den Gewinn innerhalb eines Konzernverbunds »steuerschonend« zu verlagern (siehe hierzu Kapitel 17.4), doch für eine Investitionsentscheidung sind sie nur bedingt relevant. Wenn eine Tochtergesellschaft an die Muttergesellschaft 1,0 Mio. Euro Lizenzgebühren zahlt, steigen zwar die Einnahmen der Mutter zulasten der Tochter, aber für den Gesamtkonzern heben sich Einnahmen und Ausgaben auf. Derartige Gebühren sind daher nicht entscheidungsrelevant, es sei denn, dass auf Gesamtkonzernebene dadurch eine Steuerentlastung erfolgt. Können durch die Verrechnung von konzerninternen Leistungen Steuern gespart werden, dann muss dies als »Einzahlung« berücksichtigt werden.

Transferpreise

Ein eng verwandtes Thema sind Transferpreise. Wenn die Muttergesellschaft für ihre Vorprodukte hohe Preise verlangt, sinkt die Profitabilität der Tochter zugunsten der Mutter und umgekehrt. Verrechnungspreise können die Profitabilität von Auslandsinvestitionen daher markant beeinflussen. Um das Ergebnis einer Auslandsinvestition nicht zu sehr zu verzerren, sollten

Transferpreise so marktgerecht wie möglich festgelegt werden. Mögliche Steuerersparnisse sollten dabei aber berücksichtigt werden.

18.4 Mutter- oder Tochterperspektive?

Die Verrechnung von Transferleistungen zeigt in aller Deutlichkeit, dass die Mutterperspektive nicht mit der Tochterperspektive übereinstimmt. Dies wirft die wichtige Frage auf: Aus welcher Sicht und in welcher Währung soll eine Auslandsinvestition beurteilt werden? Soll der Cashflow und damit der Kapitalwert aus Sicht der Tochter oder aus Sicht der Mutter ermittelt und bewertet werden? Wenn der Kapitalwert aus Tochtersicht +5 Mio. US-Dollar und aus Sicht der Mutter -2 Mio. Euro beträgt, wie soll dann entschieden werden? Die Finanzwirtschaft gibt hierauf eine eindeutige Antwort: Eine Auslandsinvestition muss wie jede andere Investition auch aus Sicht der Eigenkapitalgeber beurteilt werden und damit aus Sicht der Muttergesellschaft. Egal wie profitabel eine Investition aus Tochtersicht ist, entscheidend ist der Kapitalwert der Auslandsinvestition in der Währung und aus Sicht der Mutter. Nur diese Perspektive stellt sicher, dass jede Investition die Eigenkapitalgeber der Mutter zur entscheidungsrelevanten Instanz macht. Betrachten wir hierzu ein einfaches Beispiel.

BEISPIEL

Siemens Deutschland kauft einen US-amerikanischen Medizinausrüster für 120 Mio. US-Dollar über ihre Tochtergesellschaft in den USA. Hierzu stellt sie 120 Mio. US-Dollar als Eigenkapital zur Verfügung, was zum Kaufzeitpunkt beim Kurs Euro/US-Dollar = 1,20 einem Betrag von 100 Mio. Euro entspricht. Nach einem Jahr verkauft Siemens USA den Medizinausrüster zum Preis von 140 Mio. US-Dollar. Der Erlös wird an Siemens Deutschland ausgeschüttet. Zum Ausschüttungszeitpunkt wird ein Wechselkurs von Euro/US-Dollar = 1,60 erwartet. Als WACC nehmen wir einen Zinssatz von jeweils 10 % an.

KW Investition (in Mio.) Sicht Siemens USA	-120 \$ + 140 \$/1,1= 7,27 \$.
KW Investition (in Mio.) Sicht Siemens Deutschland	-100 € + (140/1,60)/1,1 € = -20,45 €.

Aus Sicht der Tochtergesellschaft ein gutes Geschäft mit einem Kapitalwert von 7,27 Mio. US-Dollar. Aus Sicht der Muttergesellschaft jedoch werden 20,45 Mio. Euro vernichtet.

Berücksichtigung der Finanzierungsstruktur einer Investition

Wie wir in Kapitel 18.2 gesehen haben, können *inländische* Investitionsprojekte anhand des Kapitalwerts ohne explizite Berücksichtigung eines Finanzplans beurteilt werden, da die Finanzierungsstruktur und daraus abgeleitet die Kapitalkosten nach Steuern im WACC enthalten sind. Bei grenzüberschreitenden Investitionen ist das nicht ganz so einfach, weil zwei Länder mit zwei Perspektiven involviert sind. Betrachten wir zunächst den einfacheren Teil, die Ermittlung des Kapitalwerts aus Sicht der Tochtergesellschaft. Hier können wir in gewohnter Weise den Kapitalwert ohne Finanzplan erstellen, weil wir stets in einer Währung bleiben. Das Investitionsvolumen aus Tochtersicht ist die Summe aus den Finanzmitteln der Mutter plus etwaige Finanzmittel von konzernexterner Seite, etwa ein lokaler Bankkredit.

Etwas schwieriger ist die entscheidungsrelevante Muttersicht. Die Mutter stellt der Tochter Finanzmittel zur Verfügung. Ob diese Finanzmittel auf Ebene der Tochtergesellschaft formal als Eigenkapital oder Fremdkapital ausgewiesen werden, darf bei der Beurteilung der Investition keine Rolle spielen, da die bereitgestellten Finanzmittel eine Mischung aus Eigenkapital und Fremdkapital der Muttergesellschaft darstellen. Die Kapitalkosten im $WACC_M$ der Mutter beziehen sich daher auf die Finanzierungsstruktur der Mutter und nicht der Tochter. Die Höhe der bereitgestellten Mittel entspricht dem Investitionsvolumen aus Muttersicht. Der investitionsbedingte Cashflow, der von der Tochtergesellschaft an die Mutter fließt, muss in die Währung der Mutter umgerechnet werden und wie auch bei inländischen Investitionen mit den durchschnittlichen Kapitalkosten der Mutter diskontiert werden. Da die Höhe des ausschüttungsfähigen Gewinns vom Wechselkurs, von der Bilanzierung der Finanzmittel als Eigenkapital oder Fremdkapital und vom Steuersystem des Investitionslands abhängt, muss eine aussagekräftige Investitionsrechnung die Finanzierung der Tochter explizit erfassen, um den Kapitalwert der Muttergesellschaft berechnen zu können. Abbildung 18.3 fasst kurz die bisherigen Aussagen zusammen.

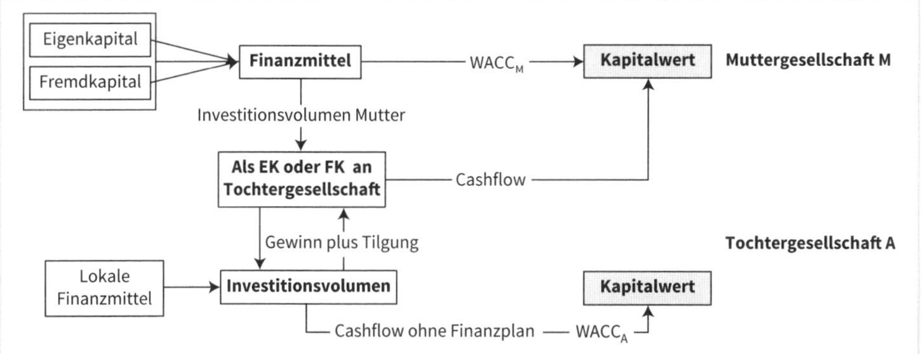

Abb. 18.3: Kapitalwertermittlung bei Auslandsinvestitionen

18.5 Illustration am Beispiel einer Investition in Brasilien

Um die Herangehensweise und die Herausforderungen einer Investitionsrechnung transparent zu machen, hilft oft ein einfaches Beispiel. Betrachten wir eine deutsche Muttergesellschaft (M), die in Brasilien für 300 Mio. Brasilianische Real (BRL) einen neuen Produktionsstandort für Großturbinen errichten will, der in Form einer rechtlich selbstständigen Tochtergesellschaft (A) betrieben werden soll. Bei einem Wechselkurs von Euro/BRL = 3,0 entspricht dies einem Investitionsvolumen von 100 Mio. Euro. Es wird erwartet, dass jährlich 100 Turbinen zum Preis von je 10 Mio. BRL verkauft werden können, die nicht den bisherigen Export von M beeinflussen, weil

M bereits die Kapazitätsgrenze erreicht hat. Die Herstellungskosten betragen 80 % des Umsatzes. 5 % des Umsatzes fallen als Lizenz- und Patentgebühren an, die an M gezahlt werden müssen. Laufzeit des Projekts und Abschreibungsdauer der Investitionen betragen je fünf Jahre.

50 % des Finanzierungsbedarfs erfolgen in Form von Eigenkapital und 20 % über einen konzerninternen Kredit zum Eurozinssatz von 4,0 %. Die verbleibenden 30 % werden über einen Bankkredit in Brasilien zum Zinssatz von 7,0 % in BRL finanziert. Der $WACC_M$ beträgt 10 %, für die Tochter werden 15 % angesetzt.

Betrachten wir zunächst die Investition aus Sicht der Tochter in BRL.

Jahr	0	1	2	3	4	5	Σ
Menge		100	100	100	100	100	
Preis (BRL)		10,0	10,0	10,0	10,0	10,0	
Umsatz		1.000,0	1.000,0	1.000,0	1.000,0	1.000,0	
Herstellungskosten		-800,0	-800,0	-800,0	-800,0	-800,0	
Lizenzgebühren		-50,0	-50,0	-50,0	-50,0	-50,0	
AFA		-60,0	-60,0	-60,0	-60,0	-60,0	
EBIT		90,0	90,0	90,0	90,0	90,0	
EBIT(1-t); t = 25 %		67,5	67,5	67,5	67,5	67,5	
Investition	-300,0						
NCFI	-300,0	127,5	127,5	127,5	127,5	127,5	
Barwerte/KW (BRL)	**-300,0**	**110,9**	**96,4**	**83,8**	**72,9**	**63,4**	**127,4**

Tab. 18.2: Kapitalwert aus Tochtersicht; Währungsangaben in Mio. BRL

Wir gehen zunächst davon aus, dass sich Preise, Mengen und Wechselkurs nicht ändern. Die Wirkung von Inflation werden wir später näher analysieren. In diesem Fall beträgt der jährliche Umsatz 1.000 Mio. BRL und der operative Ertrag nach Steuern EBIT·(1 – t) 67,5 Mio. BRL, da der Steuersatz 25 % beträgt. Die NCFI-Werte der fünf Jahre erhält man, wenn man zum operativen Ertrag nach Steuern noch die Abschreibungen addiert, da diese ja nicht auszahlungswirksam sind. Bei einem Investitionsvolumen von 300 Mio. BRL folgt daraus ein Kapitalwert von 127,4 Mio. BRL.

Bei einer »ordentlichen« Investitionsrechnung würde man selbstverständlich Veränderungen des Working Capital mit in Betracht ziehen. Da hier aber die Besonderheiten von grenzüberschreitenden Investitionen im Vordergrund stehen, verzichten wir der Übersichtlichkeit wegen darauf.

Aus Tochtersicht ist die Investition sehr profitabel, da sich das Kapital von 300 Mio. BRL nicht nur mit 15 % verzinst, sondern darüber hinaus noch eine Wertsteigerung des Eigenkapitals von 127,4 Mio. BRL stattfindet.

Betrachten wir nun die Zahlungen aus Muttersicht. Hierzu müssen wir zunächst berechnen, welchen Gewinn die Tochtergesellschaft ausschütten kann. Ausgehend vom EBIT in Höhe von 90,0 Mio. BRL subtrahieren wir die Zinszahlungen an die lokalen Kapitalgeber und an die Mutter in Höhe von 2,4 bzw. 6,3 Mio. BRL. Bitte beachten Sie, dass die lokalen Zinszahlungen unabhängig von der angenommenen Wechselkursentwicklung sind, während die Zinszahlungen für den konzerninternen Kredit einem Wechselkursrisiko unterliegen. Da die Tochter einen Eurozinssatz von 4 % bei einem konzerninternen Kredit von 20 Mio. Euro vereinbart hat, fallen jährlich Eurozinsen von 0,8 Mio. an. In BRL umgerechnet entspricht dies 2,4 Mio. BRL. Sollte der Euro aufwerten, erhöht sich der Zinsaufwand in BRL. Wir gehen zunächst aber von einem unveränderten Wechselkurs aus.

Beim Steuersatz von 25 % errechnet sich ein Nachsteuergewinn von 61,0 Mio. BRL.

Jahr		**1**	**2**	**3**	**4**	**5**	
EBIT		90,0	90,0	90,0	90,0	90,0	
Zinsaufwand Lokal (BRL)		-6,3	-6,3	-6,3	-6,3	-6,3	
Zinsaufwand Mutter (BRL)		-2,4	-2,4	-2,4	-2,4	-2,4	
zu versteuerndes Einkommen		81,3	81,3	81,3	81,3	81,3	
Steuern (25 %)		-20,3	-20,3	-20,3	-20,3	-20,3	
Gewinn (BRL)		61,0	61,0	61,0	61,0	61,0	

Tab. 18.3: Gewinn der Tochtergesellschaft; Währungsangaben in Mio. BRL

Fassen wir nun alle Zahlungen an M zusammen. M erhält neben den ausgeschütteten Gewinnen (61 Mio. BRL) auch Lizenzgebühren (50 Mio. BRL) und die Zinszahlungen für den konzerninternen Kredit (2,4 Mio. BRL). Auf diese Zahlungen fällt annahmegemäß jeweils eine Quellensteuer in angegebener Höhe an – die Werte sind beispielhaft und sollen das Prinzip verdeutlichen. Sie entsprechen nicht notwendigerweise dem aktuellen Stand des DBA zwischen Deutschland und Brasilien. Alle Nettozahlungen müssen dann in die Währung der Mutter von Euro/BRL = 3,0 umgerechnet werden (vgl. Tabelle 18.4). Da die Zahlen aus Gründen der Übersichtlichkeit fast immer nur mit einer Stelle hinter dem Komma ausgewiesen werden, kann es hier und in den nachfolgenden Tabellen zu kleineren Abweichungen kommen, wenn die Rechnung nachvollzogen wird.

Euro/BRL	**3,00**	**3,00**	**3,00**	**3,00**	**3,00**	**3,00**	**Σ**
Jahr	0	1	2	3	4	5	
Dividende (BRL)		61,0	61,0	61,0	61,0	61,0	
10 %-Quellensteuer (BRL)		-6,1	-6,1	-6,1	-6,1	-6,1	

Euro/BRL	**3,00**	**3,00**	**3,00**	**3,00**	**3,00**	**3,00**	**Σ**
Nettodividende (BRL)		54,9	54,9	54,9	54,9	54,9	
Lizenzgebühren (BRL)		50,0	50,0	50,0	50,0	50,0	
5 %-Quellensteuer (BRL)		-2,5	-2,5	-2,5	-2,5	-2,5	
Nettolizenzgebühren (BRL)		47,5	47,5	47,5	47,5	47,5	
Zinszahlungen (BRL)		2,4	2,4	2,4	2,4	2,4	
5 %-Quellensteuer (BRL)		-0,12	-0,12	-0,12	-0,12	-0,12	
Nettozinszahlungen (BRL)		2,28	2,28	2,28	2,28	2,28	
Nettozahlungen an Muttergesellschaft in Euro							
Nettodividende (Euro)		18,3	18,3	18,3	18,3	18,3	
Nettolizenzgebühren (Euro)		15,8	15,8	15,8	15,8	15,8	
Nettozinsen (Euro)		0,8	0,8	0,8	0,8	0,8	
Steuern		0	0	0	0	0	
Tilgung Fremdkapital (Euro)						20	
Investition (Euro)	-70,0						
NCFI (Euro)	-70,0	34,9	34,9	34,9	34,9	54,9	
Barwerte/KW (Euro)	**-70,0**	**31,8**	**28,9**	**26,2**	**23,9**	**34,1**	**74,8**

Tab. 18.4: Kapitalwert aus Sicht der Muttergesellschaft; Währungsangaben in Mio.

Grundsätzlich unterliegen diese Einnahmen im Mutterland der Besteuerung. Da zur Investitionsbeurteilung der Kapitalwert nach Steuern betrachtet wird, müssen an dieser Stelle mögliche Steuerzahlungen berücksichtigt werden. Wir nehmen an dieser Stelle jedoch vereinfachend an, dass die ausländischen Zins-, Lizenz- und Dividendeneinkünfte entweder freigestellt sind oder die Anrechnung der im Ausland entrichteten Steuern die Einkünfte im Inland steuerfrei stellen, um das Beispiel übersichtlich zu halten.

Eine weitere relevante Zahlung der Tochter an die Mutter ist die Tilgung des konzerninternen Kredits in Höhe von 20 Mio. Euro am Ende des Projekts.

Die relevante Investition aus Muttersicht beträgt 70 Mio. Euro, da 30 Mio. Euro lokal in BRL finanziert wurden und bei der Gewinnermittlung der Tochtergesellschaft bereits eingeflossen sind. Bei einem $WACC_M$ von 10 % errechnet sich ein KW von 74,8 Mio. Euro. Auch aus Muttersicht lohnt sich das Vorhaben demnach.

Wechselkursentwicklung und Inflation

Jede Investitionsrechnung beinhaltet über die Schätzung der Verkaufspreise und Herstellungskosten implizit eine Schätzung der Inflationsrate für die projektspezifischen Komponenten.

Die Preisentwicklung der verkauften Produkte kann dabei sehr unterschiedlich zur Preisentwicklung der Herstellungskosten verlaufen, insbesondere wenn die Fertigwaren lokal verkauft werden und benötigte Vorprodukte aus Drittstaaten importiert werden müssen. Eine Abschätzung der relevanten Preis- und Kostensteigerungsraten ist häufig sehr schwierig, da viele Faktoren zusammenwirken. Eine Fehleinschätzung kann aber zu gravierenden Abweichungen vom geschätzten Cashflow eines Investitionsprojekts führen. Betrachten wir den einfachsten Fall, dass Preise und Kosten jährlich um 5 % steigen.

Jahr	0	1	2	3	4	5	Σ
Menge		100	100	100	100	100	
Preis (BRL)		10,5	11,0	11,6	12,2	12,8	
Umsatz (BRL)		1.050,0	1.102,5	1.157,6	1.215,5	1.276,3	
Herstellungskosten		-840,0	-882,0	-926,1	-972,4	-1.021,0	
Lizenzgebühren		-52,5	-55,1	-57,9	-60,8	-63,8	
AFA		-60,0	-60,0	-60,0	-60,0	-60,0	
EBIT		97,5	105,4	113,6	122,3	131,4	
EBIT(1-t); t = 25 %		73,1	79,0	85,2	91,7	98,6	
Investition	-300,0						
NCFI	-300,0	133,1	139,0	145,2	151,7	158,6	
Barwerte/KW (BRL)	**-300,0**	**115,8**	**105,1**	**95,5**	**86,8**	**78,8**	**182,0**
Zinsaufwand Lokal (BRL)		-6,3	-6,3	-6,3	-6,3	-6,3	
Zinsaufwand Mutter (BRL)		-2,5	-2,6	-2,8	-2,9	-3,1	
zu versteuerndes Einkommen		88,7	96,4	104,6	113,1	122,1	
Steuern (25 %)		-22,2	-24,1	-26,1	-28,3	-30,5	
Gewinn (BRL)		**66,5**	**72,3**	**78,4**	**84,8**	**91,6**	

Tab. 18.5: Kapitalwert Tochtersicht; Inflation 5 %

Die Preissteigerungen führen zu einem höheren Umsatz und zu höheren Kosten. Unterm Strich steigen aber das EBIT und der jährliche Gewinn, der an die Mutter ausgeschüttet werden kann. Der Kapitalwert des Projekts aus Tochtersicht klettert deutlich auf 182 Mio. BRL, verglichen mit 127,4 Mio. BRL in der Ausgangssituation der Tabelle 18.2.

Wechselkursänderungen verändern den Wert der Zahlungen, den die Muttergesellschaft von ihrer Auslandstochter erhält. Steigt oder sinkt der BRL zum Euro, erhält die Mutter für die gleichen BRL-Auszahlungen weniger Euro und umgekehrt. Aus Muttersicht ist eine schwache Auslandswährung daher unvorteilhaft und umgekehrt.

Um den Eurogegenwert der Auslandszahlungen berechnen zu können, muss jede Investitionsrechnung eine Schätzung der Wechselkursentwicklung beinhalten. Über die damit verbundenen Schwierigkeiten wurde in Kapitel 8 ausführlich berichtet.

Glücklicherweise stehen Wechselkursänderungen häufig in einem engen Zusammenhang zu Preisänderungen über die relative Kaufkraftparität, die ausführlich in Kapitel 8.2 dargelegt wurde. Länder mit hohen Inflationsraten haben demnach schwache Währungen und umgekehrt. Eine hohe Inflation im Tochterland führt damit zwar zu einem höheren EBIT und damit zu höheren Ausschüttungen an die Muttergesellschaft, doch werden diese höheren Ausschüttungen ganz oder teilweise vom Wertverlust der Auslandswährung aufgezehrt. Die Wirkungen von Inflation und Wechselkursänderungen neutralisieren sich daher teilweise. Schätzfehler in der Kalkulation addieren sich daher nicht, sondern heben sich teilweise auf.

Falls die Gültigkeit der relativen Kaufkraftparität zwischen den beiden betroffenen Ländern unterstellt wird, d. h. falls die Wechselkursänderungen der Differenz der erwarteten Inflationsraten entsprechen, gleichen sich die Effekte im operativen Bereich des Investitionsprojekts aus. Wechselkursänderungen haben in diesem Fall nur noch eine geringe Auswirkung auf den KW. Um dies zu zeigen, ermitteln wir nun die Zahlungen und den Kapitalwert aus Sicht der Muttergesellschaft unter der Annahme, dass Inflationsrate und Abwertung des BRL zum Euro jährlich 5 % betragen.

Sicht Muttergesellschaft							
Euro/BRL	3,00	3,15	3,31	3,47	3,65	3,83	
Jahr	0	1	2	3	4	5	
Dividende (BRL)		66,5	72,3	78,4	84,8	91,6	
10 %-Quellensteuer		-6,7	-7,2	-7,8	-8,5	-9,2	
Nettodividende (BRL)		59,9	65,1	70,6	76,3	82,4	
Lizenzgebühren (BRL)		52,5	55,1	57,9	60,8	63,8	
5 %-Quellensteuer		-2,6	-2,8	-2,9	-3,0	-3,2	
Nettolizenzgebühren (BRL)		49,9	52,4	55,0	57,7	60,6	
Zinszahlungen		2,52	2,65	2,78	2,92	3,06	
5 %-Quellensteuer		-0,13	-0,13	-0,14	-0,15	-0,15	
Nettozinszahlungen		2,39	2,51	2,64	2,77	2,91	
Nettodividende (Euro)		19,0	19,7	20,3	20,9	21,5	
Nettolizenzgebühren (Euro)		15,8	15,8	15,8	15,8	15,8	
Nettozinsen (Euro)		0,8	0,8	0,8	0,8	0,8	

Sicht Muttergesellschaft							
Tilgung Fremdkapital (Euro)						20,00	
Investition (Euro)	-70						
NCFI (Euro)	**-70**	**35,6**	**36,3**	**37,0**	**37,6**	**58,2**	
Barwerte/KW (Euro)	**-70,0**	**32,4**	**30,0**	**27,8**	**25,7**	**36,1**	**81,9**

Tab. 18.6: Zahlungen aus Muttersicht mit Inflation und BRL-Abwertung (je 5 %)

Die Zahlungen in BRL sind inflationsbedingt höher als in der vergleichbaren Tabelle 18.4. Doch durch die Umrechnung in Euro zum jeweils gültigen Wechselkurs der oberen Zeile wird der Löwenanteil des Anstiegs wieder aufgezehrt. Unter dem Strich steigt der Kapitalwert von 74,8 Mio. in Tabelle 18.4 nur leicht auf 81,9 Mio. Euro an. Der Anstieg kann damit erklärt werden, dass die inflationsbedingten Steigerungen der Gesamtkosten geringer ausfallen als die Umsatzsteigerungen, weil der Zinssatz für das lokale Fremdkapital von 7 % nicht an die Inflationsrate angepasst wurde. In einer Welt mit 5 % Inflation würde aber der Nominalzins ebenfalls um ca. 5 % steigen, wie in Kapitel 8.3 dargelegt wurde (Fisher-Effekt).

18.6 Weitere wichtige Themen bei Auslandsinvestitionen

Restwert der Aktiva am Ende des Planungshorizonts

Bei jeder Investitionsrechnung muss für die Berechnung des Kapitalwerts die Laufzeit des Investitionsprojekts festgelegt werden. Am Laufzeitende haben die eingesetzten Investitionsgegenstände häufig noch einen Restwert, der bei der Berechnung berücksichtigt werden muss. Methodisch muss hierzu lediglich der geschätzte Barwert des Verkaufserlöses der am Projektende vorhandenen Aktiva als investitionsbedingte Einzahlung des entsprechenden Jahres erfasst werden. Bei kleineren Investitionsprojekten, wie dem Kauf von Maschinen, bereitet dies keine größeren Schwierigkeiten, weil erstens die Nutzung der Aktiva zeitlich begrenzt ist, zweitens deren Restwert im Verhältnis zum Kapitalwert relativ klein ist und drittens häufig ein Markt für die relevanten Aktiva existiert. Bei Auslandsinvestitionen liegen diese Voraussetzungen im Normalfall nicht vor, weil die Nutzungsdauer von Investitionen wie etwa für den Aufbau oder die Erweiterung von Produktionsstätten, Forschungseinrichtungen usw. zeitlich nicht klar begrenzt ist. Damit ist am Projektende der Wert der noch vorhandenen Aktiva beträchtlich und noch über viele weitere Jahre nutzbar. Nach fünf Jahren wird im vorausgegangenen Beispiel in Brasilien immer noch eine Tochtergesellschaft existieren, die Großturbinen produzieren kann.

Es gibt drei Ansatzpunkte, den Restwert eines Projekts in der Investitionsrechnung zu berücksichtigen.

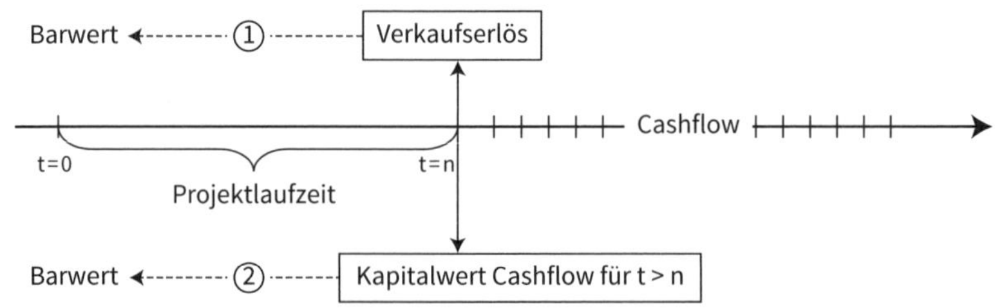

Abb. 18.4: Berücksichtigung des Restbuchwerts

Der erste Ansatz (siehe ①) besteht darin, den geschätzten Barwert des Verkaufserlöses der noch vorhandenen Aktiva am Ende des Planungshorizonts in $t = n$ als Einzahlung zu berücksichtigen. Das verschiebt die Problemlösung allerdings oft nur, denn wie soll man wissen, wie viel ein potenzieller Käufer am Ende des Planungshorizonts für eine dann noch vorhandene Produktionsstätte zahlen will?

Der zweite Ansatz (siehe ②) ist eng mit dem ersten verwandt. Hier wird zunächst der Kapitalwert des Cashflows jenseits von $t = n$ geschätzt und auf $t = 0$ diskontiert. Allerdings stellt sich auch hier die schwierige Frage nach der Höhe des Cashflows jenseits der Projektlaufzeit, zumal der Cashflow für einen außenstehenden Käufer völlig anders sein kann als der Cashflow aus Muttersicht, insbesondere, wenn konzerninterne Leistungsverrechnungen stattfinden.

Beim dritten Ansatz wird der Break-even-Restwert ermittelt, der den Kapitalwert des Gesamtprojekts mindestens null werden lässt. Dieser Wert dient dann als Benchmark, um besser entscheiden zu können, mit welcher Wahrscheinlichkeit dieser Wert erreicht werden kann.

BEISPIEL

Angenommen der Kapitalwert unseres Projekts in Brasilien beträgt aus Muttersicht ohne Restwertbetrachtung -100 Mio. Euro. Da nach fünf Jahren allerdings noch eine voll funktionsfähige Produktionsstätte vorhanden ist, ist der Restwert beträchtlich. Ihr Break-even-Wert ist mit 161,05 Mio. Euro einfach ermittelt, da er folgender Gleichung genügen muss.

$$KW = 0 = KW\ (ohne\ Restwert) + \frac{Restwert}{(1+WACC)^n} = -100 + \frac{Restwert}{(1+0{,}1)^5}$$

Wir erhalten: Restwert = 100 € × $1{,}1^5$ = 161,05 €.

Damit weiß das Management, dass der geschätzte Verkaufserlös des Werks mindestens 161,05 Mio. Euro sein muss, damit sich das Projekt lohnt.

Politische und ökonomische Risiken

Auslandsinvestitionen unterliegen politischen Risiken wie Beschränkungen der Vertragsfreiheit, Import- oder Exportbeschränkungen, mögliche Verstaatlichungen oder willkürliche Änderungen der relevanten Vorschriften, Auflagen und Gesetze. Auch ökonomischen Risiken wie unerwartete Wechselkursänderungen oder Einschränkungen des Kapitalverkehrs können beträchtliche Auswirkungen nach sich ziehen. Es gibt drei Wege, wie Unternehmen diese Risiken in ihre Berechnung einbauen, wobei keine davon ohne Nachteil ist.

Anpassung des Diskontierungssatzes: Unternehmen erhöhen häufig den Diskontierungszins, um einem erhöhten politischen und ökonomischen Risiko Rechnung zu tragen. Je unsicherer und je riskanter eine Investition sei, so die Begründung, desto höher müsse der Wert des verwendeten Diskontierungszinssatzes sein. Bei einem höheren Diskontierungszins sinkt der Kapitalwert der Investition, wodurch Investitionen mit höherer Unsicherheit weniger attraktiv werden. Dieses Korrekturverfahren ist jedoch in vielerlei Hinsicht kritisch zu bewerten:

- Das Ausmaß von Unsicherheit und Risiko lässt sich nur schwer objektiv messen.
- Selbst wenn wir Unsicherheit und Risiko messen könnten, wissen wir nicht, wie stark sich eine »Risikoeinheit« erhöhend auf den Diskontierungssatz auswirkt. Eine Anpassung des Zinssatzes ist daher stets willkürlich.
- Die möglichen Auswirkungen von politischen und ökonomischen Risiken auf ein konkretes Investitionsprojekt werden nicht erfasst. Damit werden aber nicht alle relevanten Informationen in die Berechnung eingebaut. Wenn z. B. zu befürchten ist, dass bei der nächsten Wahl in drei Jahren eine Regierung gewählt wird, die Verstaatlichungen in ihrem Wahlprogramm hat, dann macht eine uniforme Erhöhung des WACC methodisch keinen Sinn.
- Der Diskontierungsfaktor im Sinne der Kapitalkosten ist eine der wenigen Größen, die ein Unternehmen gut schätzen kann. Warum sollte gerade eine in ihrem Wert bekannte Größe geändert und damit die Interpretation des errechneten Kapitalwerts erschwert werden?

Anpassung der geforderten Payback-Periode: Eine gleichfalls willkürliche Methode, Risiken zu berücksichtigen, ist die Anpassung des Zeitraums, bis das eingesetzte Kapital aus Sicht der Muttergesellschaft zurückgeflossen sein soll. Auch hier stellt sich die Frage, wie Risiko gemessen wird und wie sich eine »Risikoeinheit« auf die geforderte Payback-Periode auswirkt.

Anpassung des geschätzten Cashflows: Dies ist die beste Methode, weil bei diesem Ansatz versucht wird, die Risiken auf das konkrete Investitionsprojekt zu beziehen und herunter zu brechen. Damit werden alle verfügbaren Informationen in die Kapitalwertberechnung eingebaut. Wenn zu befürchten ist, dass bei der nächsten Wahl in drei Jahren eine Regierung gewählt wird, die Verstaatlichungen in ihrem Wahlprogramm hat, dann sollte zunächst der Kapitalwert bis zu diesem Zeitpunkt berechnet werden. Für die Zeit danach müsste geschätzt werden, welche konkreten Folgen eine Verstaatlichung haben könnte und welche Ausgleichszahlungen möglich sind. Darüber hinaus würde das Risiko einer Verstaatlichung zu Ausweichreaktionen der Muttergesellschaft führen, indem sie das Projekt weitgehend mit lokalem Fremdkapital finanziert.

Aber auch dieses Verfahren hat Schwächen. Das Hauptproblem liegt darin, dass die konkreten Auswirkungen von politischen und ökonomischen Risiken weder vom Inhalt noch vom Timing her bekannt sind und daher nur sehr begrenzt auf ein konkretes Investitionsprojekt bezogen werden können. Darüber hinaus können unerwartete politische Ereignisse das Klima in einem Land so beeinflussen, dass das Investitionsprojekt in seiner Gesamtheit unmöglich gemacht wird.

Die beiden folgenden Methoden, Sensitivitäts- und Szenarioanalysen, sind klassische Methoden, um der Unsicherheit zu begegnen, die mit der Schätzung der Ein- und Auszahlung von Investitionsprojekten verbunden sind. Es geht dabei nicht wie bei den drei oben genannten Ansätzen darum, wie die politischen und ökonomischen Risiken in die Berechnung einfließen sollen. Vielmehr sollen die Auswirkungen transparent gemacht werden, wenn es zu Abweichungen von den unterstellten Annahmen kommt.

Sensitivitätsanalyse

Bei vielen Investitionen gibt es einen kritischen Faktor, der den Erfolg vom Misserfolg trennt. Solch ein kritischer Faktor kann der Verkaufspreis sein, die Inflation, die Wechselkursentwicklung usw. Eine Sensitivitätsanalyse soll die finanziellen Auswirkungen transparent machen, falls der tatsächliche Wert des kritischen Faktors vom Schätzwert abweicht. Wir müssen hierzu lediglich den Kapitalwert eines Projekts für alternative kritische Werte ermitteln und vergleichen. Die Entscheidungsträger erhalten so ein sehr viel schärferes Bild vom Risiko einer Investition und gewinnen klare Hinweise darauf, bei welchen Details es sich lohnt, noch zusätzliche Informationen zu sammeln und auszuwerten.

Eine Schwachstelle der Sensitivitätsanalyse liegt darin, dass sie keine Anhaltspunkte gibt, warum und mit welchen Wahrscheinlichkeiten es zu Abweichungen der kritischen Werte kommt. Die Analyse zeigt zwar die Konsequenz auf, belässt aber die Gründe und die möglichen Ursachen im Dunkeln. Damit verbunden offenbart sich eine zweite Schwäche: Hinter den betrachteten kritischen Werten verbergen sich häufig weitere Ursachen, die das Unternehmen nicht beeinflussen kann. Angenommen der Verkaufspreis ist solch ein Erfolgsfaktor. Der Verkaufspreis wiederum wird von der Konjunkturentwicklung, den möglichen Reaktionen der Konkurrenz, technologischen Veränderungen, Wechselkursentwicklungen usw. beeinflusst. Zur Beseitigung der Schwachstellen der Sensitivitätsanalyse setzen Unternehmen häufig ergänzend die Szenarioanalyse ein.

Szenarioanalyse

Es gibt viele Kräfte, die auf die kritischen Erfolgsfaktoren einwirken, die aber nicht der Kontrolle des Unternehmens unterliegen. Nennen wir sie »Umweltzustände«. Diese Umweltzustände beeinflussen die kritischen Erfolgsfaktoren einer Investition, die ihrerseits den Kapitalwert determinieren. Solche Umweltzustände können die Konjunkturentwicklung sein, die Entwicklung auf den Rohstoffmärkten, Reaktionen der Konkurrenz, Wechselkurse oder auch politische Faktoren. Multinationale Unternehmen können die für ihr Investitionsprojekt relevanten Umweltzustände meistens sehr gut identifizieren, haben aber keine sichere Kenntnis über deren zukünftige Ausprägungen.

Für die Umweltzustände gibt es eine Vielzahl von Kombinationsmöglichkeiten. Im Rahmen einer Szenarioanalyse werden sie jedoch häufig auf drei »Szenarien« reduziert: Das Worst-Case-Szenario, das erwartete Szenario und das Best-Case-Szenario. Der Anglizismus Worst-Case betrachtet die schlechteste anzunehmende Kombination aller Umweltzustände, während bei der Best-Case-Variante all die Faktoren zum Tragen kommen, die sich für das Unternehmen am Günstigsten auswirken. Das erwartete Szenario wird häufig auch Basisszenario genannt.

19 Die Finanzierung multinationaler Unternehmen

19.1 Einfluss der Finanzierungsstruktur der Tochter auf die Mutter

Die Finanzierung eines multinationalen Unternehmens kann aus zwei sehr unterschiedlichen Perspektiven vorgenommen werden, die klar getrennt werden müssen. Wie der linke Teil der Abbildung 19.1 zeigt, kann die Finanzierung aus Sicht der Muttergesellschaft betrachtet werden. Hier geht es um die klassischen Finanzierungsfragen jeder Unternehmung: Wie viel Eigenkapital wird benötigt, wie viel Fremdkapital in welchen Fremdkapitalinstrumenten in welcher Währung soll aufgenommen werden und welche Finanzierungsstruktur, d. h. welche Aufteilung des Gesamtkapitals in Eigen- und Fremdkapital wird angestrebt, um die durchschnittlichen Kapitalkosten so gering wie möglich zu halten. Diese Fragen sind für rein national orientierte Unternehmen ebenso zu stellen wie für internationale und multinationale Unternehmen, wenngleich bei international operierenden Unternehmen vor allem Währungsüberlegungen hinzukommen.

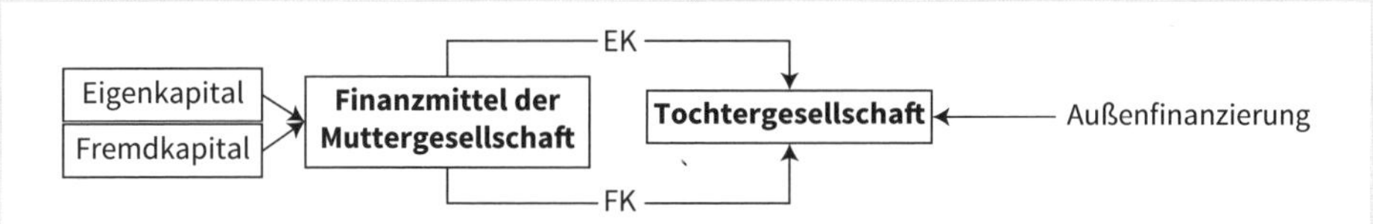

Abb. 19.1: Grundfragen der Finanzierung

Eine davon weitgehend unabhängige Frage ist die Finanzierungsstruktur der ausländischen Tochtergesellschaft im rechten Teil der Tabelle 19.1. Soll die Tochter konzernintern mit Eigenkapital oder Fremdkapital ausgestattet werden oder konzernextern etwa in Form eines lokalen Bankkredits? Es ist dabei wichtig zu verstehen, ob und wie sich die Finanzstruktur der Tochtergesellschaft auf die Finanzstruktur der Muttergesellschaft auswirkt. Dies ist der Zweck der nachfolgenden Betrachtungen.

Betrachten wir hierzu Tabelle 19.1. Sie zeigt die Bilanz der Muttergesellschaft, die einen Betrag von 10 Euro zur Gründung einer Tochtergesellschaft investiert. Da die Investition annahmegemäß über einen Bankkredit finanziert wird, steigt der Verschuldungsgrad von 1,5 auf 1,75.

Ausgangssituation M	
Inland = 100 €	EK = 40 €
	FK = 60 €
FK/EK = 1,5	

M nach Auslandsinvestition	
Inland = 100 €	EK = 40 €
Ausland = 10 €	FK = 70 €
FK/EK = 1,75	

Tab. 19.1: Finanzstruktur der Muttergesellschaft M

Betrachten wir nun vier mögliche daraus resultierende Finanzierungsstrukturen der Tochtergesellschaft, die in Tabelle 19.2 aufgeführt werden.

Im Fall 1 nutzt die Mutter die Finanzmittel von 10 Euro, um ihre Tochter zur Hälfte mit Eigenkapital und zur Hälfte mit Fremdkapital auszustatten. Der Verschuldungsgrad der Tochter beträgt folglich eins.

Im Fall 2 werden die Finanzmittel ausschließlich in Eigenkapitalform weitergereicht, was einen Verschuldungsgrad von null zur Folge hat.

Im Fall 3 wird die Tochtergesellschaft ausschließlich über ein Gesellschafterdarlehen finanziert, was den Verschuldungsgrad theoretisch ins Unendliche treibt.

Die Finanzierungsstruktur der Tochter kann jeden beliebigen Wert annehmen und hat keinerlei Einfluss auf die Kapitalstruktur der Mutter. Ein von der Mutter zur Verfügung gestellter Währungsbetrag kann aus Tochtersicht beliebig in Eigenkapital oder zu Fremdkapital »verwandelt« werden. Hierzu sind lediglich zwischen Mutter und Tochter entsprechende vertragliche Regelungen zu treffen und seitens der Tochtergesellschaft in verabredeter Form zu bilanzieren. Wir können uns die konzerninterne Finanzierung damit so vorstellen, dass die Muttergesellschaft Finanzmittel zur Verfügung stellt, die je nach Zweckmäßigkeit vertraglich als Eigenkapital oder als Fremdkapital ausgewiesen werden. In allen drei hier grafisch dargestellten Fällen bleibt die Finanzierungsstruktur der Mutter unverändert bei 1,75.

Fall 1: Mutterfinanziert		Fall 2: Mutterfinanziert	
A = 10 €	EK = 5 €	A = 10 €	EK = 10 €
	FK = 5 €		FK = 0 €
FK/EK = 1		FK/EK = 0	
Fall 3: Mutterfinanziert		**Fall 4: Extern finanziert**	
A = 10 €	EK = 0 €	A = 10 €	EK = 0 €
	FK = 10 €		FK = 10 €
FK/EK = unendlich		FK/EK = unendlich	

Tab. 19.2: Mögliche Finanzierungsstrukturen der Tochter

Die Tochtergesellschaft könnte ihre Aktiva auch konzernextern finanzieren, etwa durch die Aufnahme eines lokalen Bankkredits. Das ist unser vierter Fall. Hier nimmt annahmegemäß nicht die Mutter, sondern die Tochtergesellschaft einen Kredit auf, um eigenständig die notwendigen Investitionen in Höhe von 10 Euro zu finanzieren. Da die Schulden der Tochter auf Konzernebene aber Schulden der Mutter darstellen, bleibt die Mutterbilanz weiterhin wie in Tabelle 19.1 beschrieben. Das Fremdkapital von 70 Euro setzt sich aus 60 Euro Fremdkapital seitens der Mutter und aus 10 Euro Fremdkapital seitens der Tochter zusammen, d. h. der Bankkredit der Mutter wird durch einen Bankkredit seitens der Tochter ersetzt.

Betrachten wir nun den Fall, dass die Muttergesellschaft die Auslandsinvestitionen aus freien Finanzmitteln finanziert (vgl. Tabelle 19.3).

M Ausgangssituation		M nach Auslandsinvestition	
Inland = 100 €	EK = 40 €	Inland = 90 €	EK = 40 €
	FK = 60 €	Ausland = 10 €	FK = 60 €
FK/EK = 1,5		FK/EK = 1,5	

Tab. 19.3: Finanzstruktur der Muttergesellschaft bei Finanzierung aus freien Mitteln

In der Bilanz der Muttergesellschaft ändert sich, verglichen mit der Ausgangssituation, bei diesem Finanzierungsszenario nur die Aktivseite, weil vorhandene freie Zahlungsmittel verwendet werden, um die Auslandsinvestition in Höhe von 10 Euro konzernintern zu finanzieren. Die 10 Euro werden nun an die Tochter als Eigenkapital und/oder Fremdkapital weitergereicht, deren mögliche Finanzierungsstruktur damit weiterhin den Fällen 1 bis 3 in der Tabelle 19.2 entspricht. Selbst im Fall 4, d. h. der externen Finanzierung der Tochter durch einen lokalen Kredit, muss sich die Finanzierungsstruktur der Muttergesellschaft nicht ändern, falls dies nicht erwünscht ist. Zwar erhöhen sich die Schulden auf Konzernebene durch die Kreditaufnahme der Tochter zunächst auf 70 Euro. Da die Mutter aber überschüssige Finanzmittel in Höhe von 10 Euro hat, die sie nun ja nicht an die Tochter weiterreicht, könnte sie Kredite in dieser Höhe tilgen. Die Aktivposition »Inland« entspricht dann weiterhin 90 Euro plus 10 Euro Ausland, während das Fremdkapital konzernweit weiterhin 60 Euro beträgt.

Der Zweck dieser Ausführungen liegt darin zu zeigen, dass die Finanzierungsstruktur der Tochtergesellschaft irrelevant für den angestrebten Verschuldungsgrad innerhalb des Konzerns ist. Die Muttergesellschaft kann daher die Kapitalstruktur ihrer Tochtergesellschaften im Rahmen der lokalen rechtlichen Vorschriften nach Belieben festlegen und sich dabei ausschließlich an wirtschaftlichen Kriterien orientieren. Dabei stehen die Reduktion von Länder- und Währungsrisiken und die Vermeidung von Steuerzahlungen auf Konzernebene an oberster Stelle.

19.2 Finanzierungsstruktur der Tochtergesellschaft

Wenn ein multinationales Unternehmen im Ausland vertreten ist, dann sind zwei Extreme denkbar. Die eine Seite des Spektrums bildet eine Betriebsstätte, die definitionsgemäß zwar eine wirtschaftliche, aber keine rechtliche Selbstständigkeit aufweist. Die Finanzierung einer Betriebsstätte kann daher nur aus Sicht der Muttergesellschaft selbst betrachtet werden und bleibt deshalb im Weiteren außer Betracht.

Das andere Extrem ist eine Tochtergesellschaft, die völlig unabhängig und völlig eigenständig von der Muttergesellschaft die Frage nach ihrer Finanzierung beantwortet. Bei diesem Extrem gibt die Muttergesellschaft weder Garantien, Bürgschaften oder Sicherheiten für die Fremdkapitalaufnahme der Tochtergesellschaft, noch fühlt sie sich moralisch in der Pflicht, im Insolvenzfall deren Verbindlichkeiten zu übernehmen. Da dieses Unternehmen wie eine unabhängige Gesellschaft operiert, deren Aktionär (= Muttergesellschaft) weder strategisch, operativ noch finanziell ins Geschehen eingreift, kann dieser Fall wie jedes beliebige nationale Unternehmen behandelt werden. Erfahrungsgemäß ist solch eine Situation aber sehr selten, denn die Insolvenz einer Tochtergesellschaft hat gravierende Auswirkungen auf die Kunden und Zulieferer der Mutter und auch auf die möglichen zukünftigen Geschäftsaktivitäten im Ausland. Wir werden diesen Fall im Weiteren deshalb ebenfalls nicht weiter betrachten. Die Tochtergesellschaft, die wir im Blick haben, besitzt zwar rechtliche Selbstständigkeit, unterliegt aber den strategischen und finanziellen Entscheidungen, die von der Muttergesellschaft vorgegeben und aus ihrer Sicht und in ihrem Interesse getroffen werden.

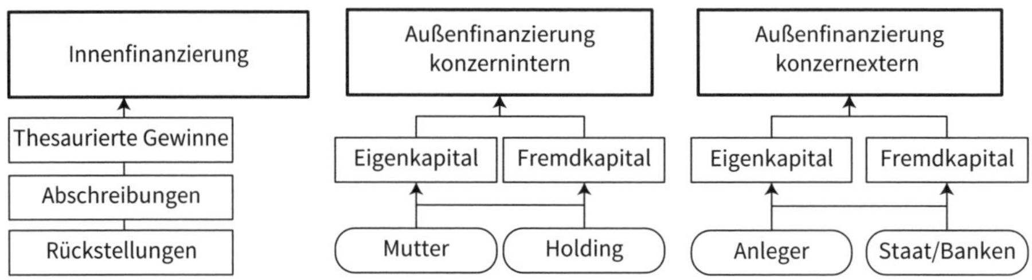

Abb. 19.2: Finanzierungsquellen einer Tochtergesellschaft

Abbildung 19.2 zeigt alle Finanzierungsquellen, die einer Tochtergesellschaft offenstehen. Zunächst einmal stehen alle Instrumente der Innenfinanzierung zur Verfügung wie die Thesaurierung von Gewinnen oder die Finanzierung über Abschreibungsgegenwerte und Rückstellungen. Die Muttergesellschaft trägt in einem erheblichen Maß im Rahmen der vereinbarten Verrechnungspreise dazu bei, wie hoch die Gewinne sind, die auf Ebene der Tochtergesellschaft anfallen. Auch das Ausmaß der Thesaurierung wird maßgeblich durch die Gewinnverwendungspolitik der Mutter determiniert.

Die Finanzierung kann durch eine konzerninterne Außenfinanzierung erfolgen, wenn die Muttergesellschaft oder eine konzerninterne Holdinggesellschaft die Tochter mit Eigenkapital oder Fremdkapital ausstatten. Eine dritte Quelle stellt eine konzernexterne Außenfinanzierung dar, sei es mit Eigenkapital oder mit den verschiedenen Fremdkapitalinstrumenten. Mögliche Kapitalgeber sind dabei der Staat oder staatliche Organisationen im Ansässigkeitsland, private/institutionelle Anleger oder Banken.

Um die einzelnen Finanzierungsformen und -quellen beurteilen zu können, muss festgelegt werden, aus welcher Sicht die Entscheidung beurteilt wird und welche Kriterien hierzu herangezogen werden.

Entscheidungssicht: Wir haben an verschiedenen Stellen des Buchs bereits dargelegt, dass die Entscheidungen aus Sicht der Muttergesellschaft und deren Aktionären getroffenen werden und nicht aus der Perspektive anderer Stakeholder. Dies muss betont werden, weil die Interessen der Muttergesellschaft nicht notwendigerweise in völliger Übereinstimmung mit den

Interessen des lokalen Managements, der Mitarbeiter, der externen Kapitalgebern oder des Ansässigkeitsstaats stehen.

Kriterien: Das übergeordnete Kriterium bei der Entscheidung ist die Erhöhung des Werts des Eigenkapitals für die Aktionäre der Muttergesellschaft. Dies tritt dann ein, wenn sich die Rentabilität des Eigenkapitals erhöht und/oder sich das Risiko der Eigenkapitalgeber reduziert. Darauf wollen wir uns zunächst konzentrieren.

Länderrisiko
Auslandsinvestitionen sind unterschiedlichen politischen Risiken im Gastland ausgesetzt, wie wir in Kapitel 16 gesehen haben. Aus finanzwirtschaftlicher Sicht besteht ein besonderes Risiko in einer unerwarteten Beschränkung des Kapitalverkehrs im Gastland in Form einer Devisenverkehrsbeschränkung. Dabei begrenzt das Gastland den Währungsbetrag, den Privatpersonen oder Unternehmen zwischen dem In- und Ausland bewegen können. Diese Beschränkungen reichen von der Genehmigungspflicht für einzelne ausgesuchte Zahlungsverkehrstransaktionen bis hin zum vollständigen Verbot des Geld- oder Kapitalverkehrs. Eine weitreichende Folge von Devisenverkehrsbeschränkungen ist, dass davon betroffene Tochtergesellschaften keine Devisen mehr aus dem Gastland abziehen und ins Mutterland transferieren können. Davon betroffen können konzerninterne Finanzmittel sein wie die laufenden Gewinne, die Repatriierung von freien Gewinnrücklagen, aber auch die vereinbarten Zins- und Tilgungszahlungen für konzerninterne Kredite. Solange diese Beschränkungen nur vorübergehender Natur sind, sind sie sehr begrenzt in ihren Wirkungen. Die Beschränkungen können aber auch auf unbestimmte Zeit oder in Teilen sogar auf Dauer angelegt sein. Ein häufig anzutreffendes Beispiel hierfür ist ein Ausschüttungsverbot für im Gastland erwirtschaftete Gewinne. Diese Beschränkung hat zum Ziel, die Investitionen und damit das Wirtschaftswachstum im Gastland zu fördern.

Ein politisches Risiko mit den stärksten Folgen für die Vermögenslage ist eine mögliche Enteignung von allen oder von bestimmten Aktiva der Tochtergesellschaft. In Abhängigkeit von der gewährten Entschädigungssumme können davon nicht nur die Eigenkapitalgeber, sondern auch Fremdkapitalgeber betroffen sein.

Enteignungen treten häufiger auf, als man denkt. Das ICSID, das International Centre for Settlement of Investment Disputes, ist ein Schiedsgericht der Weltbank für mutmaßlich ungerechtfertigte Enteignungen von Unternehmen, bei dem derzeit weit über hundert internationale Verfahren anhängig sind. Auch deutsche Firmen klagen: Fraport verteidigte Eigentumsrechte von 293 Mio. Euro gegen die Philippinen und erhielt 2016 eine Entschädigung von 243 Mio. Euro. Die Deutsche Bank klagt gegen Sri Lanka wegen eines mutmaßlichen Vertragsbruchs der staatlichen Ölgesellschaft oder der Wasserversorger Gelsenkirchen gegen Algerien.

Ein weiteres Risiko stellt eine unerwartete markante Änderung in der Besteuerung dar, allem voran die Erhöhung der Gewinnbesteuerung oder die Einführung/Erhöhung der Quellensteuersätze für Gewinn- und Zinseinkommen. Es geht hierbei nicht um die häufigen Änderungen, die bei einem Wechsel von politischen Parteien eintreten können, sondern um eine Besteuerung, die einer Enteignung nahekommt, wie etwa bei einer Gewinnbesteuerung von 95 %.

Alle hier aufgeführten Risiken (Devisenbewirtschaftungsrisiko, Enteignungsrisiko, Besteuerungsrisiko) können Unternehmen im Umfang einer konzernexternen lokalen Finanzierung vermeiden. Beschränkungen des Geld- und Kapitalverkehrs, der Vermögensverlust bei Enteignung oder bei einer höheren Besteuerung sind dann das Problem von Dritten, nicht aber von Einheiten des Konzerns.

Eine konzernexterne Finanzierung reduziert die finanziellen Auswirkungen einer Enteignung und einer enteignungsgleichen Besteuerung für den Konzern. Eine konzernexterne Außenfinanzierung reduziert darüber hinaus aber auch die Wahrscheinlichkeit, dass die hier beschriebenen politischen Risiken eintreten. In dem Maße nämlich, in dem lokale Banken, lokale staatliche Organisationen oder lokale Eigenkapitalgeber zur Finanzierung beitragen, treffen die Maßnahmen nicht Ausländer, sondern Inländer. Damit aber wird es unwahrscheinlicher, dass die Regierung im Gastland entsprechende Maßnahmen ergreift.

Währungsrisiko

Währungsrisiken bei der konzerninternen Fremdfinanzierung treten deshalb auf, weil sich zwischen dem Zeitpunkt der Kreditvergabe und dem der Zins- und Tilgungszahlungen der Wechselkurs verändern kann. Dabei muss festgelegt werden, wer im Konzern formal das Währungsrisiko (Transaktionsrisiko) trägt. Werden Kreditsumme und Zinszahlung in der Währung der Muttergesellschaft festgelegt, trägt die Tochtergesellschaft formal das Risiko. Wird hingegen die Kreditvergabe in der Währung der Tochtergesellschaft vereinbart, trägt das Risiko die Muttergesellschaft.

BEISPIEL

Siemens Deutschland gibt ihrer Schweizer Tochter einen Jahreskredit von 100 Mio. Euro bei einem Euro-Zinssatz von 2,0 %. Zum Kreditzeitpunkt liegt der Kurs Euro/SFR bei 1,24. Die Schweizer Tochter kann damit 124 Mio. SFR eintauschen. Das Währungsrisiko liegt bei der Tochter, denn sollte der Euro aufwerten und der Kurs nach einem Jahr bei 1,30 liegen, muss die Tochtergesellschaft für die Tilgung des Euro-Kredits 130 Mio. SFR aufbringen plus die Zinszahlung von 2,6 Mio. SFR. Faktisch beträgt der Kreditzins bei diesem unterstellten Wechselkurs aus Schweizer Sicht dann 6,94 % = 8,6/124. Sollte der Euro hingegen auf 1,20 SFR abwerten, dann fällt ein Währungsgewinn von 4 Mio. SFR an.

Das Währungsrisiko stellt nur formal ein Wechselkursrisiko für die Tochtergesellschaft dar, denn wirtschaftlich wird es ja vom Eigentümer, der Muttergesellschaft getragen. Dennoch ist es bedeutsam, wer das Währungsrisiko in seiner GuV-Rechnung erfasst, denn damit verbundene Umrechnungsgewinne/-verluste haben steuerliche Auswirkungen, wie in Kapitel 14 gezeigt wurde.

Währungsrisiken treten bei einer konzernexternen Kreditfinanzierung in lokaler Währung nicht auf, da die Kreditzinsen in der gleichen Währung anfallen wie die operativen Einnahmen und deshalb saldiert werden. Die Muttergesellschaft ist deshalb bei dieser Finanzierungsform von Währungsänderungen nicht betroffen. Wir hatten die Kreditaufnahme in lokaler Währung ja auch als das klassische Instrument beim Hedgen von Transaktionsrisiken kennengelernt.

Die hier vorgetragenen Überlegungen gelten nicht für eine konzerninterne Eigenkapitalfinanzierung, da der Wert von Gewinnausschüttungen von der Währungsentwicklung abhängt. Je stärker die Währung der Muttergesellschaft im Vergleich zur Währung im Land der Tochtergesellschaft aufwertet, desto weniger Gegenwert haben die Gewinnausschüttungen.

19.3 Konzerninterne Finanzierung unter steuerlichen Aspekten

Die Finanzierungsstruktur eines Unternehmens hat steuerliche Wirkungen, da Fremdkapitalzinsen im Gegensatz zu Gewinnausschüttungen steuerlich abzugsfähig sind und folglich die Steuerbemessungsgrundlage reduzieren. Eine konzerninterne Ausstattung der Tochtergesellschaft mit Eigen- oder Fremdkapital hat daher einen markanten Einfluss auf den Gewinn der Tochtergesellschaft und Auswirkungen auf die Einkommensart der Muttergesellschaft wie in Kapitel 17.6 gezeigt wurde. Eine hohe Eigenkapitalausstattung führt zu hohen Gewinnen bei der Tochtergesellschaft, während eine konzerninterne Fremdkapitalfinanzierung den Gewinn schmälert und ein Zinseinkommen seitens der Mutter erzeugt. Damit kann ein Konzern durch die Finanzierungsstruktur ein mögliches Steuergefälle zwischen dem Inland und dem Ausland nutzen und gleichzeitig mögliche Besteuerungsunterschiede zwischen Gewinn- und Zinseinkommensbesteuerung im Mutterland nutzen, um den Nachsteuergewinn im Konzern zu erhöhen.

Betrachten wir an einem simplen Beispiel, wie die Finanzierungsstruktur den Steueraufwand verändert. Nehmen wir hierzu an, dass die Muttergesellschaft eine Beteiligungsfinanzierung durch eine Gesellschafterfinanzierung ersetzt. Der Zinsaufwand betrage 100 Euro. Der Gewinn der Tochtergesellschaft sinkt in dieser Höhe und löst eine Steuerersparnis von $t_{GA} \times 100$ Euro aus. Dabei bezeichne t_{GA} den **G**ewinnsteuersatz im **A**usland. Im Gegenzug muss die Muttergesellschaft die Zinseinnahmen versteuern, was zu einer Steuermehrbelastung von $t_{ZI} \times 100$ Euro führt. Die Größe t_{ZI} steht dabei für den Steuersatz auf **Z**inseinkommen im **I**nland. Die Gesellschaftsfinanzierung ist offenkundig steuerlich dann vorteilhaft, wenn $t_{ZI} < t_{GA}$. Je höher die Gewinnbesteuerung im Ausland im Verhältnis zur Zinseinkommensbesteuerung im Mutterland ist, desto größer ist die Steuervermeidung im Konzern, falls die Tochter mit konzerninternem Fremdkapital finanziert wird. Umgekehrt gilt, dass eine konzerninterne Beteiligungsfinanzierung steuerlich attraktiver ist, falls $t_{ZI} > t_{GA}$. Sollten die Quellensteuersätze für Zins- und Gewinneinkommen unterschiedlich sein, sind diese in der Berechnung zu berücksichtigen.

Die Steuervermeidung lässt sich durch die Einschaltung von Finanzierungsholdings oft noch steigern, wenn der Holdingsitz in steuerlich hierfür geeigneten Ländern angesiedelt wird. Wir verweisen hier auf die Ausführungen zum Steuermanagement.

Steuerliche Wirkungen am Beispiel Deutschlands
In diesem Abschnitt werden die steuerlichen Wirkungen unterschiedlicher konzerninterner Finanzierungen im Detail dargestellt. Da die Wirkungen von Land zu Land sehr unterschiedlich sind, konzentrieren wir uns im Folgenden auf Deutschland als Ansässigkeitsstaat der Muttergesellschaft. Im Inland (Deutschland) unterstellen wir einen Steuersatz von 30 %. Sofern nicht notwendig, differenzieren wir nicht zwischen dem Gewerbesteuersatz, dem Körperschaftssteuersatz und dem Solidaritätszuschlag.

Info

Gewinnbesteuerung Deutschland Kapitalgesellschaften
Nach aktueller Rechtslage setzt sich die Gewinnbesteuerung für Kapitalgesellschaften aus KSt (15 %) plus SolZ (0,825 % = 5,5 % von KSt) plus GewSt (14,175 % = Gewerbesteuersatz 3,5 % × Hebesatz 405 %) = 30 %. Der Hebesatz muss daher 405 % betragen, um in Summe auf eine Gewinnbesteuerung von 30 % zu kommen.

Der Körperschaftssteuersatz im Ausland wird mit 25 % angenommen. Bezogen auf unser obiges Beispiel gilt hier t_{ZI} (30 %) > t_{GA} (25 %). Damit zeichnet sich ohne Berücksichtigung der Quellensteuer ab, dass aus Sicht einer deutschen Muttergesellschaft eine konzerninterne Beteiligungsfinanzierung vorteilhafter ist als eine Gesellschafterfinanzierung. Doch wir werden die Werte nun exakt ableiten und berechnen.

Um die verschiedenen Einzelfälle gut vergleichen zu können, wird ein zu versteuerndes Auslandseinkommen von 100 Geldeinheiten unterstellt. Damit lassen sich die ermittelten Werte auch als Prozentsatz interpretieren.

Die Quellensteuer auf ausgeschüttete Gewinne – in Deutschland nennt man sie Kapitalertragsteuer auf Dividenden – unterliegt nationalem Recht, falls kein Doppelbesteuerungsabkommen vorliegt. Wir unterstellen einen Satz von 25 %. Sollte hingegen ein DBA vorliegen, nehmen wir den maximalen Satz von 5 % an, der im DBA-Musterabkommen der OECD vorgesehen ist. Sollten Mutter und Tochter beide in einem EU-Staat ansässig sein, wird gemäß der EU-Mutter-Tochter-Richtlinie (MTR) keine Quellensteuer erhoben.

Vollständige Eigenkapitalfinanzierung: Betrachten wir zunächst den Ausgangsfall, dass die Muttergesellschaft ihre Auslandstochter vollständig mit Eigenkapital ausstattet. Bei den Werten im linken Teil der Tabelle 19.4 unterstellen wir, dass die im Ausland erzielten Gewinne thesauriert werden. Daher fällt auch keine Quellensteuer an und die Gesamtsteuer entspricht der Gewinnbesteuerung im Ausland.

Gewinnthesaurierung		**Gewinnausschüttung**		
Besteuerung im Ausland		**ohne DBA**	**DBA**	**EU**
zu versteuerndes Einkommen	100	100	100	100
KSt (25 %)	25	25	25	25
Gewinn	75	75	75	75
Quellensteuer (25 %/5 %/0 %)	0	18,75	3,75	0
Besteuerung im Inland				
zu versteuerndes Einkommen	0	3,75	3,75	3,75
Gewinnbesteuerung (30 %)	0	1,125	1,125	1,125
Gesamtsteuerbelastung	25	44,875	29,875	26,125

Tab. 19.4: Steuerbelastung bei Eigenkapitalfinanzierung der Tochter

Werden die Gewinne hingegen ausgeschüttet, fällt in Abhängigkeit vom Vorliegen eines DBA bzw. auf Grundlage der MTR eine Quellensteuer von 18,75 (75 × 25 %), 3,75 bzw. null an. In Deutschland müssen lediglich 5 % der ausgeschütteten Auslandsgewinne von 75 versteuert werden, im vorliegenden Beispiel daher 3,75. Bei einem Steuersatz von 30 % beträgt die Besteuerung im Inland daher 1,125. Da Deutschland mit der Freistellungsmethode auf ausländische Gewinne arbeitet, kann die im Ausland entrichtete Quellensteuer nicht im Inland angerechnet werden. Die Quellensteuer ist damit definitiv.

Die Summe der im In- und Ausland fälligen Steuern liegt im Thesaurierungsfall bei 25, d. h. bei der im Ansässigkeitsstaat der Tochter fälligen Ertragssteuer. Im Ausschüttungsfall schwankt die Gesamtsteuerbelastung zwischen 44,875 ohne DBA und 26,125 bei Anwendbarkeit der MTR. Aus Sicht einer deutschen Muttergesellschaft ist daher nur dann ein Anreiz zur Thesaurierung der Auslandsgewinne gegeben, wenn kein DBA vorliegt und damit eine hohe Quellensteuer anfällt.

Finanzierung durch Gesellschafterdarlehen: Betrachten wir nun die Finanzierung über ein Gesellschafterdarlehen, bei der auf der Ebene der Tochtergesellschaft Zinszahlungen anfallen, die die Muttergesellschaft als Zinseinkünfte versteuern muss. Die Zinszahlungen lösen auch eine Quellensteuer aus, deren Höhe davon abhängt, ob ein DBA vorliegt oder nicht. Ohne DBA unterliegen die Sätze nationalem Recht. Zur besseren Vergleichbarkeit gehen wir wiederum von 25 % aus. Falls hingegen ein DBA vorliegt, nehmen wir den maximalen Satz von 10 % an, der im DBA-Musterabkommen der OECD für Zinszahlungen vorgesehen ist. Sollten Mutter und Tochter beide in einem EU-Staat ansässig sein, wird gemäß der Zins-Lizenz-Richtlinie keine Quellensteuer erhoben.

Die Zinszahlungen der Tochter reduzieren den Auslandsgewinn. Um die Berechnung so einfach wie möglich zu halten und um die Ergebnisse unmittelbar vergleichen zu können, unterstellen wir Zinszahlungen in der Höhe des Vorsteuergewinns ohne Zinszahlung. Durch das Gesellschafterdarlehen reduziert sich der Gewinn der Auslandstocher somit auf null.

Besteuerung im Ausland	**ohne DBA**	**DBA**	**EU**
Gewinn	0	0	0
Zinszahlung an Mutter	100	100	100
Quellensteuer	25	10	0
Besteuerung im Inland			
KSt	15	15	15
Anrechnung Quellensteuer	15	10	0
Tatsächliche KSt	0	5	15
SolZ (5,5 % × KSt)	0	0,275	0,825
GewSt	14,175	14,175	14,175
Inländische Steuer	14,175	19,45	30
Gesamtsteuer	39,175	29,45	30

Tab. 19.5: Finanzierung über ein Gesellschafterdarlehen

Die Zinszahlungen lösen eine Quellensteuer aus, deren Höhe davon abhängt, ob ein DBA vorliegt bzw. ob Mutter und Tochter in einem EU-Staat ansässig sind. Die im Ausland entrichtete Quellensteuer kann dabei im Inland angerechnet werden. Allerdings ist die Anrechnung in fast allen Staaten auf die Höhe des inländischen Körperschaftsteuersatzes begrenzt (Teilanrechnungsverfahren). Dies gilt auch im Falle Deutschlands. Zwar beträgt in Deutschland die Gewinnbesteuerung annahmegemäß 30 %, bestehend aus einem Körperschaftssteuersatz von 15 %, einem daraus abgeleiteten Solidaritätszuschlag von 0,825 % und einem Gewerbesteuersatz von 14,175 % (siehe letzter Infoteil). Allerdings erfolgt die Anrechnung der im Ausland entrichteten Steuer gemäß § 26 Abs. 1 KStG nur auf die Körperschaftsteuer und nicht auf die Gewerbesteuer. Die Quellensteuer von 25 % ohne DBA im Ansässigkeitsstaat der Tochter kann damit nur in Höhe von 15 Prozentpunkten bei der Körperschaftsteuer angerechnet werden. Da in diesem Fall keine Körperschaftsteuer anfällt, entfällt auch der Solidaritätszuschlag. Es verbleibt die Gewerbesteuer von 14,175 %. Die Gesamtsteuerbelastung beträgt folglich 39,175 %.

Beim Vorliegen eines DBA liegt die Quellensteuerbelastung im Ansässigkeitsstaat der Tochter unter dem deutschen KSt-Satz. Folglich kann die Kapitalertragssteuer vollständig im Inland angerechnet werden und reduziert die Körperschaftsteuer entsprechend. Zusammen mit dem SolZ und der Gewerbesteuer ergibt sich eine Gesamtbelastung von 29,45 % bzw. 30 %.

Im Ergebnis zeigt sich, dass im vorliegenden Fall eine Beteiligungsfinanzierung steuerlich attraktiver ist als eine konzerninterne Fremdfinanzierung. Dies hatte ja bereits der Vergleich zwischen t_{ZI} und t_{GA} vermuten lassen.

Externe Fremdkapitalfinanzierung versus interne Konzernfinanzierung

Bisher wurde eine konzerninterne Eigenkapitalfinanzierung mit einer konzerninternen Fremdkapitalfinanzierung verglichen. Doch wie vergleicht man unter steuerlichen Aspekten eine konzernexterne Finanzierung der Tochtergesellschaft mit einer konzerninternen Finanzierung? Hier muss darauf geachtet werden, dass man nicht den falschen Vergleich anstellt, denn bei einer konzernexternen Tochterfinanzierung über eine Anleihe oder einen Bankkredit verändert sich die Verschuldung im Konzern. Sofern die Mutter für die Verbindlichkeiten der Tochter haftet, ist die Verschuldung auf Konzernebene unabhängig davon, ob die Mutter oder die Tochter das Fremdkapital aufnimmt. Damit müssen wir die Frage stellen: Ist es aus steuerlicher Sicht besser, Fremdkapital über die Tochter oder über die Mutter aufzunehmen?

Der Schlüssel zur Beantwortung dieser Frage ist die steuerliche Abzugsfähigkeit von Fremdkapitalzinsen. Sie führt dazu, dass sich der Fremdkapitalzinssatz i nach Steuern auf $i \times (1-t)$ reduziert. Folglich wird sich der Konzern in dem Land verschulden, in dem der Steuersatz höher ist und damit der Nachsteuerzins niedriger. Beträgt der Steuersatz t_I im Inland I 30 % und im Ausland A 40 %, dann ist es vorteilhaft, wenn die Tochtergesellschaft einen Kredit zum Nachsteuerzinssatz von $i \times (1-0{,}4)$ aufnimmt, da die Muttergesellschaft einem höheren Satz von $i \times (1-0{,}3)$ gegenübersteht.

Natürlich müssen wir bei dieser Argumentation unterstellen, dass der Finanzmarkt im Ausland eine entsprechend hohe Kreditaufnahme erlaubt und die Fremdkapitalzinsen für Mutter und Tochter vor Steuern gleich hoch sind. Innerhalb eines Haftungsverbunds ist diese Annahme aber nicht abwegig. Sollten sich die Zinssätze unterscheiden, müssen wir $i_A \times (1-t_A)$ und $i_I \times (1-t_I)$ vergleichen.

Sollte es vorteilhafter sein, das Fremdkapital durch die Mutter zu beschaffen, dann müssen die Finanzmittel an die Tochtergesellschaft weitergeleitet werden. Ob dies in Form von Eigenkapital oder Fremdkapital vollzogen wird, ist eine Frage, die wir ja bereits im vorigen Kapitel beantwortet haben.

19.4 Finanzierung und Kapitalkosten der Muttergesellschaft

Im Kapitel 19.1 wurde argumentiert, dass die Finanzierungsstruktur der Tochter keinen Einfluss auf die gewünschte Finanzierungsstruktur der Muttergesellschaft hat. Doch welches Verhältnis zwischen Eigen- und Fremdkapital soll die Muttergesellschaft anstreben? Multinationale Unternehmen stehen bei dieser Frage grundsätzlich vor der gleichen Entscheidung wie national orientierte Konkurrenten. Sie müssen eine Finanzierungsstruktur wählen, die ihre durchschnittlichen Kapitalkosten *WACC* minimiert.

$$WACC = k(VG) \times \frac{EK^M}{EK^M + FK^M} + i(VG) \times (1-t) \times \frac{FK^M}{EK^M + FK^M}$$

Dabei bezeichnet *k* die Verzinsungsansprüche der Eigenkapitalgeber (Eigenkapitalkostensatz) und *i* die Verzinsungsansprüche der Fremdkapitalgeber (Fremdkapitalzins), deren jeweilige Höhe vom Verschuldungsgrad *VG* abhängen. Das hochgestellte ^{M} soll sichtbar machen, dass es sich hierbei um Marktwerte handelt.

Die Finanzierungstheorie lehrt uns, dass es eine bestimmte Mischung von Eigenkapital und Fremdkapital gibt, die die Kapitalkosten minimiert und damit den Unternehmenswert maximiert. Diesen optimalen Verschuldungsgrad VG* zu finden ist sehr schwer, denn er hängt von vielen Faktoren ab. Dennoch können wir folgende allgemeine Aussagen treffen, die in der Abbildung 19.3 zusammengefasst werden.

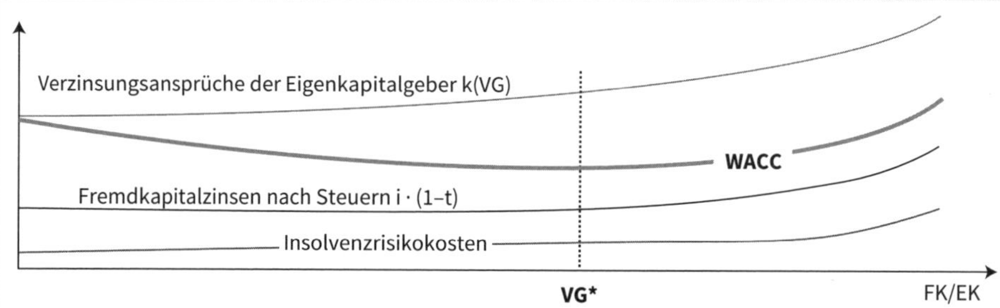

Abb. 19.3: WACC und Verschuldungsgrad

Die Fremdkapitalzinsen *i* sind bei jedem Verschuldungsgrad *VG* niedriger als die Verzinsungsansprüche *k* der Eigenkapitalgeber, da deren Verzinsungsrisiko höher ist als das der Fremdkapitalgeber. Fremdkapitalgeber haben nämlich einen vertraglichen Anspruch auf Zinszahlungen, während der Gewinn eine Restgröße darstellt, die sich erst nach Erfüllung der vertraglichen Ansprüche aller Stakeholder und damit auch der Zinsansprüche der Fremdkapitalgeber ergibt. Darüber hinaus reduziert die steuerliche Abzugsfähigkeit der Fremdkapitalzinsen die Fremdkapitalkosten weiter auf $i \times (1-t)$. Die Folge der unterschiedlichen Kosten für Eigenkapital und Fremdkapital ist, dass eine Erhöhung des Verschuldungsgrads c.p. den *WACC* senkt und damit den Unternehmenswert erhöht. Je weniger Eigenkapital, desto besser.

Bei der Umschichtung von Eigenkapital in Fremdkapital treten allerdings Reaktionen seitens der Stakeholder auf, die dem beschriebenen Effekt entgegenlaufen können: Ein steigender Verschuldungsgrad steigert das Ausfallrisiko und damit auch das Risiko für die Fremdkapitalgeber. Sie werden deshalb ihre Fremdkapitalzinsen dem gestiegenen Ausfallrisiko anpassen und bei nächster Gelegenheit die Zinssätze erhöhen. Die Größe *i* ist daher eine Funktion von *VG* in der

Abbildung. Die Reaktion der Fremdkapitalgeber dürfte umso heftiger ausfallen, je weiter sich der *VG* vom Normbereich wegbewegt. Höhere Zinssätze für Kredite sind aber nicht die einzigen Risiken eines steigenden Verschuldungsgrads. Gefährliche Reaktionen können auch von Kunden und Lieferanten ausgehen. Wenn die Lieferanten beginnen, die Lieferung der benötigten Vorprodukte einzuschränken, oder wenn Kunden in Käuferstreik treten, weil sie ein baldiges Ende des Unternehmens befürchten, dann steigen die Kosten eines zu hohen Verschuldungsgrads dramatisch an, Kosten, die unter dem Begriff »Insolvenzrisikokosten« zusammengefasst werden.

Mit zunehmendem Einsatz von Fremdkapital steigen auch die Verzinsungsansprüche der Eigenkapitalgeber, da Schwankungen des Umsatzes nun stärkere Schwankungen des Gewinns verursachen und das Risiko eines Totalverlusts durch Insolvenz steigt.

Als Folge der Reaktionen der Kapitalgeber, der Kunden und Lieferanten steigen die durchschnittlichen Kapitalkosten wieder an, wenn der optimale Verschuldungsgrad VG* überschritten wird.

Einfluss der Internationalisierung auf die Kapitalkosten
Unterscheiden sich die Kapitalkosten eines multinationalen Unternehmens von Unternehmen, die stark heimisch ausgerichtet sind? Eine schwierige Frage, die letztlich nur empirisch entschieden werden kann, allerdings lassen sich die möglichen Einflussfaktoren aus der Bestimmungsgleichung des *WACC* direkt ablesen. Es handelt sich um *k, i, t* und *VG*.

Größeneffekt: Multinationale Unternehmen sind üblicherweise sehr große Konzerne, die deshalb einen größeren Kapitalbedarf haben als rein national ausgerichtete Konkurrenten. Da die aufgenommenen Bankkredite, die Anleihe- und die Aktienemissionen größer sind, sind die Kapitalgeber möglicherweise bereit einen »Mengenrabatt« in Form von niedrigeren Zinsen *i* zu geben. Dadurch sinken c.p. die Kapitalkosten. Es muss betont werden, dass dieser Effekt ausschließlich auf die Größe des Unternehmens zurückzuführen und völlig unabhängig von seiner internationalen Ausrichtung ist.

Größeneffekt der Unternehmung	Zugang zum Kapitalmarkt	Effekt der Diversifikation	Internationales Steuergefälle	Erhöhtes Länder- und Währungsrisiko

Abb. 19.4: Einflussfaktoren auf die Kapitalkosten

Zugang zu internationalen Kapitalmärkten und Investoren: Multinationale Unternehmen haben als große und bekannte Konzerne fast immer einen guten Zugang zum internationalen Kapitalmarkt und zu internationalen Investoren. Da ihr Anleihe- und Aktienemissionsvolumen groß ist und diese Wertpapiere rege gehandelt werden, ist der Sekundärmarkt entsprechend tief und liquide. Dies wiederum ist für Anleger nicht nur attraktiv, sondern wird häufig mit einem niedrigeren Zinssatz »belohnt«. Dieser Zinsabschlag wird »Liquiditätsprämie« genannt.

Diversifikation der Erlöse: Je geringer die Erlösschwankungen eines Unternehmens sind, desto geringer ist das Risiko für Kapitalgeber, desto niedriger sind ihre Verzinsungsansprüche. Dies trifft insbesondere auf Eigenkapitalgeber zu, doch auch Fremdkapitalgeber reduzieren ihre Verzinsungsansprüche, weil das Insolvenzrisiko und damit ihr Ausfallrisiko sinkt, wenn die Erlöse stabil sind. Doch warum sollte ein internationaler Konzern stabilere Erlösstrukturen aufweisen als ein vergleichsweise national ausgerichteter Konzern? Der Grund liegt in der Unterschiedlichkeit seiner Erlösquellen. Da die Erlöse diversifiziert sind und aus vielen Regionen und vielen Ländern stammen, unterliegen die Erlöse nicht dem politischen und wirtschaftlichen Risiko einer einzelnen Volkswirtschaft. In dem Maße, in dem die einzelnen Ansässigkeitsländer eines multinationalen Unternehmens unabhängig voneinander sind, in dem Maße berühren Erlösschwankungen eines Landes nicht die Erlöse eines anderen. Die Folge davon ist ein stabilerer, weniger stark schwankender Einkommensstrom, der sich aus vielen Quellen speist. Das gleiche Argument trifft auf die Kostenseite zu: Lohnsteigerungen, Rohstoffpreisänderungen, Streik usw. in einem Land berühren die Kostenseite eines national ausgerichteten Unternehmens viel stärker als die eines Konzerns, der in vielen Ländern Produktionsstätten hat.

Erhöhtes Länder- und Währungsrisiko: Die Diversifikation der Erlöse und Kosten ist einerseits ein risikoreduzierender Faktor, doch sie ist andererseits auch Risikoquelle. Typischerweise sind multinationale Unternehmen nicht nur in politisch stabilen Regionen dieser Welt aktiv, sondern auch in Ländern, in denen das politische und wirtschaftliche Umfeld fragil ist und sich schnell ändern kann. Die Änderung kann dabei von der Erhebung neuer Zölle bis hin zur Verstaatlichung der Tochtergesellschaft reichen. Je höher der Umsatzanteil aus risikobehafteten Ländern erfolgt und je größer das Länderrisiko dieser Länder ist, desto höher ist das Insolvenzrisiko des Unternehmens. Kapitalgeber werden deshalb als Ausgleich eine höhere Eigenkapital- und Fremdkapitalverzinsung fordern.

Ähnlich wird häufig beim Währungsrisiko argumentiert. Die Umsätze eines multinationalen Unternehmens fallen in unterschiedlichen Währungen an, die teilweise starken Schwankungen unterliegen. Die zukünftigen Erlöse und Gewinne werden deshalb stärkeren Schwankungen unterliegen als bei Unternehmen ohne Auslandsaktivitäten. Investoren werden deshalb ihre Verzinsungsansprüche entsprechend anpassen.

Dieses häufig gehörte Argument steht allerdings in theoretischer Hinsicht auf etwas tönernen Füßen: Wir erinnern uns, dass heimische Unternehmen auch dann ökonomischen Währungsrisiken unterliegen, wenn sie keinerlei Auslandsaktivitäten aufweisen. Sobald ihre Produkte international gehandelt werden und die Konkurrenten in einem anderen Währungsraum produzieren, unterliegt ein heimisches Unternehmen einem ökonomischen Währungsrisiko, das es nur verhindern oder reduzieren kann, wenn es seinerseits eine Kosten- und Erlösbasis in diesem Währungsraum aufbaut. Erlös- und Kostenschwankungen durch ausländische Währungen sind hier Ausdruck eines aktiven Währungsmanagements und nicht Ausdruck eines erhöhten Währungsrisikos.

Steuervorteile durch internationales Steuergefälle: Die für einen Konzern gewünschte Verschuldung kann über eine Kreditaufnahme der Mutter, aber auch über die Tochter erfolgen, solange die Muttergesellschaft für die Schulden ihrer Tochtergesellschaften haftet oder sich verantwortlich fühlt. Für einen internationalen Konzern eröffnet sich damit die Möglichkeit Kredite in dem Land aufzunehmen, in dem die Steuerersparnis am größten ist. Da der Fremdkapitalzinssatz i nach Steuern $i \times (1\text{-}t)$ beträgt, wird sich der Konzern in dem Land verschulden, in dem der Steuersatz höher ist und damit der Nachsteuerzins niedriger. Sollten sich die Zinssätze zwischen Inland und Ausland unterscheiden, müssen wir $i_A \times (1\text{-}t_A)$ und $i_I \times (1\text{-}t_I)$ vergleichen. Eine rein national orientierte Unternehmung hingegen kann ein mögliches Steuergefälle zwischen Inland und Ausland nicht nutzen, um die Nachsteuerzinsen zu beeinflussen.

Die Faktoren Größeneffekt, Zugang zum Kapitalmarkt, Diversifikation und internationales Steuergefälle senken c.p. die Verzinsungsansprüche der Kapitalgeber, wohingegen das erhöhte Länder- und Währungsrisiko steigernd wirkt. Ob die Kapitalkosten internationaler Konzerne höher oder tiefer sind, als die von vergleichbaren heimischen Konkurrenten lässt sich nur empirisch beantworten. Hierzu gibt es zwar eine Reihe von Studien, doch die Ergebnisse sind nicht eindeutig (vergleiche hierzu Kwok/Reeb, 2000).

Aufgaben

1. Nennen Sie die wesentlichen Ansatzpunkte einer aggressiven Steuervermeidung von internationalen Konzernen.
2. Skizzieren Sie die Ansätze, wie multinationale Konzerne ihre Steuerschuld legal reduzieren.
3. Im Land der Muttergesellschaft liegt der Steuersatz auf Zinseinkommen bei 25 %, im Ansässigkeitsstaat der Tochtergesellschaft bei 15 %. Wie kann die Besteuerung im Konzern reduziert werden?
4. Der Gewinnsteuersatz in Sommerland und Winterland beträgt jeweils 30 %. In Sommerland erfolgt die grenzüberschreitende Besteuerung nach dem Teilanrechnungsverfahren, in Winterland nach der Freistellungsmethode. Eine Muttergesellschaft in Sommer- und Winterland hat jeweils eine Tochtergesellschaft im C-Land. In C liegt der Gewinnsteuersatz bei 20 %. C-Land hat jeweils ein DBA mit Sommer- und Winterland nach den OECD-Standards. Angenommen der Vorsteuergewinn der beiden Tochtergesellschaften liegt bei 100. Der Nachsteuergewinn soll komplett an die Muttergesellschaften ausgeschüttet werden. Wie viel Gewinn nach Steuern erhalten die Muttergesellschaften in Sommerland und Winterland?
5. Eine Unternehmung hat aktuell einen Umsatz von 10 Mio. €. Sie eröffnet einen neuen Laden und investiert dafür 1,8 Mio. € (im Jahr 0). Dadurch steigt der Umsatz im Jahr 1 um 20 % (und verharrt auf diesem Niveau). Das Warenlager umfasst stets 30 % des Umsatzes des Vorjahrs. Die EBIT-Marge beträgt 20 %. Ermitteln Sie den NCFI für die nächsten fünf Jahre, wenn die Investitionen auf fünf Jahre abgeschrieben werden. Legen Sie einen Steuersatz t von 30 % zugrunde.
6. Was versteht man unter Produktkannibalisierung und Sunk Costs im Zusammenhang mit einem Investitionsprojekt und wie soll man bei der Ermittlung der Ein- und Auszahlungen eines Investitionsprojekts mit diesen Problemen verfahren?

7. Bei jedem Investitionsprojekt sind die zukünftigen Kosten und Erträge nicht bekannt, sondern müssen geschätzt werden. Beschreiben Sie die kurz Verfahren, wie man mit diesem Problem umgeht.
8. Soll bei der Beurteilung einer grenzüberschreitenden Investition der KW aus Sicht der Mutter- oder der Tochtergesellschaft gewählt werden? Warum?
9. Wie wird die Erhöhung der zukünftigen Cashflows durch Inflation und durch Wechselkursänderungen bei der Ermittlung des KW berücksichtigt?
10. Wie können politische Risiken in die Berechnung des KW eingebaut werden? Welche Vor- und Nachteile hat jede der von Ihnen genannten Methoden?
11. BMW München (M) möchte in Großbritannien für 10 Mio. Britisch Pfund (GBP) ein neues Werk für Getriebe errichten. Das Werk soll als rechtlich selbstständige Tochtergesellschaft (A) geführt werden. Bei einem Wechselkurs von Euro/GPB = 0,8 entspricht dies einem Investitionsvolumen von 12,5 Mio. Euro. A erwartet einen Umsatz von 30 Mio. GBP, die nicht den bisherigen Export von M beeinflussen, weil M bereits die Kapazitätsgrenze erreicht hat. Die Herstellungskosten betragen 75 % des Umsatzes. 10 % des Umsatzes fließen an M für die Nutzung der Markenrechte. Laufzeit des Projekts und Abschreibungsdauer der Investitionen betragen je fünf Jahre. 20 % des Finanzierungsbedarfs erfolgen in Form von Eigenkapital, 30 % über einen konzerninternen Kredit zum Eurozinssatz von 4,0 %. Die verbleibenden 50 % werden über einen Bankkredit in England zum Zinssatz von 3,5 % in GBP finanziert. Der $WACC_M$ beträgt 6,0 %, für die Tochter werden 10 % angesetzt. Der Steuersatz in beiden Ländern beträgt 30 %. Die Gewinne der Tochter werden jährlich komplett an M ausgeschüttet. Lohnt sich die Investition?
12. Welchen Einfluss hat die Finanzierungsstruktur der Tochtergesellschaft auf die Finanzierungsstruktur der Muttergesellschaft?
13. Wer trägt bei einer konzerninternen Fremdkapitalfinanzierung (Eigenkapitalfinanzierung) ein mögliches Währungsrisiko? Die Muttergesellschaft oder die Tochtergesellschaft?
14. Ist es aus steuerlicher Sicht besser, Fremdkapital über die Tochter oder über die Mutter aufzunehmen?
15. Kann eine Unternehmung durch Internationalisierung ihre Kapitalkosten senken?

V Finanz- und Außenhandelsmanagement

LERNZIELE

- Wie erfolgt die Liquiditäts- und Finanzplanung einer Unternehmung? Welche Cashflowgrößen spielen dabei eine Rolle?
- Was ist ein unterjähriger Liquiditätsplan und wie wird er aufgebaut?
- Was versteht man unter »Netting« innerhalb eines Konzernverbundes und welche Vorzüge hat es?
- Welche großen Vorteile hat die Einführung eines zentralen Cash-Managements in einem Konzern gegenüber den verschiedenen Nettingverfahren?
- Welche rechtlichen Einschränkungen gibt es für Netting und ein zentrales Cash-Management?
- Warum spielen beim Außenhandel die dokumentären Zahlungsvereinbarungen eine so große Rolle? Wie kann man dabei die Risiken auf den Exporteur bzw. Importeur verlagern?
- Was versteht man unter den verschiedenen Formen der kurzfristigen Exportfinanzierung wie Akzeptkredit, Rembourskredit, Exportfactoring oder Negoziierungskredit?
- Welche verschiedenen Formen von Bankgarantien gibt es?
- Welche längerfristigen Instrumente zur Außenhandelsfinanzierung gibt es?
- Welche Unterstützung bieten Staaten ihren Unternehmen in der Außenhandelsfinanzierung an und welche Risiken sind sie bereit zu übernehmen?
- Wie ist die besondere Situation in Deutschland?

20 Internationales Finanz- und Cash-Management

20.1 Finanz- und Liquiditätsplanung

Bei einer Finanzplanung wird die geplante Verwendung von Finanzmitteln für einen bestimmten Zeitraum der geplanten Herkunft von Finanzmitteln gegenübergestellt. Die Differenz stellt die Veränderung der Liquidität im Sinne des Zahlungsmittelbestands dar.

Δ Liquidität = Finanzmittelherkunft – Finanzmittelverwendung

Umfasst der Planungszeitraum einen längeren Zeitraum, in dem strategische Größen wie Umsatzanteile, Kostenstrukturen, Standorte usw. geplant werden, spricht man von einer strategischen Finanzplanung. Eine operative Finanzplanung hingegen umfasst typischerweise einen Zeitraum von einem Jahr mit den Jahresplänen der einzelnen Einheiten eines Konzerns. Ist der Zeitraum sehr kurz und umfasst nur einige Tage oder Wochen, spricht man von einer unterjährigen Liquiditätsplanung.

Eine Finanzplanung soll helfen, sechs Aufgaben zu meistern:

1. Umsetzbarkeit eines Plans überprüfen
   Hier wird die finanzielle Umsetzbarkeit eines Plans überprüft sowie die Kompatibilität der Planungsgrößen für die einzelnen Konzerneinheiten.
2. Planungsgrößen ermitteln und bewerten (Plan-GuV, Plan-Cashflow und Planbilanz)
   Da sich die Planungsgrößen jeweils in konkrete zukünftige Zahlungsströme übersetzen lassen, ermöglicht ein Finanzplan eine Plan-GuV, eine Planbilanz sowie Plan-Cashflow-Größen. Dadurch können die Auswirkungen der Planungsgrößen auf die gesetzten Unternehmensziele wie Produktionsziele, Liquidität, Eigenkapitalrendite usw. beurteilt werden. Dies gilt sowohl für die Muttergesellschaft als auch für die betroffene Tochtergesellschaft.
3. Planungsalternativen rechnen und bewerten
   Jedes Unternehmen verfügt über Planungsalternativen. Soll ein neuer Standort eröffnet werden? Soll die Produktion ins Ausland verlagert werden? Die Finanzplanung hilft, diese Planungsalternativen durchzurechnen und zu bewerten.
4. Planungsszenarien aufstellen und bewerten (Was-wäre-wenn-Szenarien)
   Da Planung stets die Zukunft zum Inhalt hat, sind naturgemäß viele zukünftige Ereignisse nicht bekannt. Einige können sehr kritisch für den zukünftigen Erfolg sein. Unternehmen behelfen sich dann oft mit einer »Szenarioanalyse«, d. h. das Unternehmen unterstellt das Eintreten bestimmter »Umweltzustände«. Für die Umweltzustände gibt es eine Vielzahl von Kombinationsmöglichkeiten. Im Rahmen einer Szenarioanalyse werden sie jedoch häufig auf drei Kombinationen und damit auf drei »Szenarien« reduziert (Worst Case, erwartetes Szenario, Best Case). Die Finanzplanung rechnet dann auf Basis dieser Szenarien die Auswirkungen auf das Unternehmen durch.

5. Basis für Soll-Ist-Abweichungen schaffen
   Der Plan, auf den sich die Beteiligten im Planungsprozess einigen, wird zum Sollplan. Er bildet die Basis, um etwaige zukünftige Abweichungen erkennen zu können und um gegebenenfalls Korrekturen in der Planumsetzung vornehmen zu können.
6. Liquidität sicherstellen
   Eine Finanzplanung muss sicherstellen, dass das Unternehmen zu jedem Zeitpunkt seine Zahlungsverpflichtungen erfüllen kann. Dies erfolgt im unterjährigen Liquiditätsplan, den wir später in einem eigenen Kapitel betrachten werden.

Finanzplanung bei Mutter- und Tochtergesellschaft

Zunächst konzentrieren wir uns auf die Finanzplanung der Muttergesellschaft im unteren Teil der Abbildung 20.1. Da sich alle finanzwirtschaftlich relevanten Planungsgrößen in einer Erhöhung oder einer Reduktion der Finanzmittel niederschlagen, müssen zunächst alle Größen addiert werden, die zu einer Erhöhung der Finanzmittel führen (Planung Finanzmittelherkunft). Dies sind die Umsätze, aber auch eine Erhöhung des Eigen- oder Fremdkapitals. Davon werden alle Größen subtrahiert, die eine Verwendung von Finanzmitteln darstellen wie alle operativen Auszahlungen für Vorleistungen, Personal und Zinsaufwand, aber auch Auszahlungen für Investitionen, Gewinnausschüttungen an die Anteilseigner der Muttergesellschaft sowie Tilgungen an die Fremdkapitalgeber fallen darunter. Der grau unterlegte Teil entspricht dabei der Gewinnplanung der Muttergesellschaft.

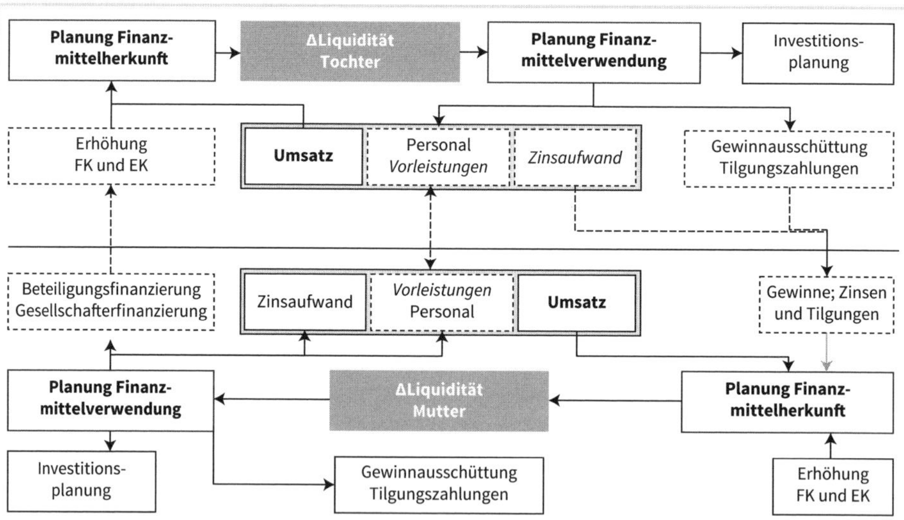

Abb. 20.1: Finanzplanung im Konzern

Machen wir uns das Vorgehen an einem Beispiel zunächst ohne Tochtergesellschaft klar. Dabei verwenden wir die in der Finanzwirtschaft bekannten Bestimmungsgleichungen für die Finanzmittelherkunft (*FMH*) und Finanzmittelverwendung (*FMV*). ΔRST kennzeichnet die Veränderung der Rückstellungen und ΔWC die Veränderung des nicht monetären Working Capital.

FMH = JÜ + AFA + ΔRST + Desinvestitionen + Neukreditaufnahme + EK-Erhöhung

FMV = Investitionen I+ ΔWC + Tilgung Kredite + Gewinnausschüttung

Info

Operativer Cashflow
Die Differenz zwischen operativen Einzahlungen und Auszahlungen (Operativer Cashflow) kann auch indirekt, d. h. auf Basis von Ertrags- und Aufwandgrößen formuliert werden.
Operativer Cashflow = JÜ + AFA + ΔRST. Da diese Bestimmungsgleichungen zum Standardrüstzeug der Finanzwirtschaft gehören, werden sie hier nicht weiter erläutert.

ÜBUNG 1

Ein Unternehmen plant für 2020 einen Umsatz von 100 Mio. Euro, Investitionsausgaben von 8 Mio. Euro und eine Eigenkapitalerhöhung von 5 Mio. Euro. Die Gewinnmarge soll plangemäß wie bisher 6 % betragen, wobei 50 % der Gewinne ausgeschüttet werden. Die geplanten Abschreibungen betragen 20 Mio. Euro. Darüber hinaus wird 2020 ein Kredit in Höhe von 15 Mio. Euro fällig. Erstellen Sie den Finanzplan für 2020.

Lösung (Werte in Mio. Euro):
Der Jahresüberschuss JÜ beträgt 6. Davon werden drei ausgeschüttet.
Geplante FMH: JÜ + AFA + Eigenkapitalerhöhung = 6 + 20 + 5 = 31.
Geplante FMV: Investition + Tilgung + Gewinnausschüttung = 8 + 15 + 3 = 26.
ΔL = FMH – FMV = 31 – 26 = 5.
Auf Basis dieser Planung ergibt sich für 2020 ein Finanzierungsüberschuss von 5 Mio. Euro, der die Liquidität entsprechend erhöht.

Die Finanzplanung für Tochtergesellschaften erfolgt grundsätzlich analog zur Finanzplanung der Muttergesellschaft. Allerdings müssen die Interdependenzen zwischen Mutter und Tochter berücksichtigt werden, die in der Abbildung durch gestrichelte Linien und Kästchen markiert werden. Die Muttergesellschaft stellt der Tochter Eigenkapital und Fremdkapital zur Verfügung. Aus Muttersicht stellt dies eine Verwendung von Finanzmitteln dar, wohingegen aus Tochtersicht dadurch die verfügbaren Finanzmittel erhöht werden. Im Gegenzug fließen Finanzmittel der Tochter für Zinszahlungen, Gewinnausschüttungen und Tilgungen an die Muttergesellschaft, was wiederum deren Finanzmittel entsprechend erhöht.

Die Bestimmungsgleichungen für *FMH* und *FMV* der Muttergesellschaft müssen dabei nicht verändert, sondern nur weiter interpretiert werden, indem die Investitionen nun auch die Finanzinvestitionen (an die Tochtergesellschaft) beinhalten und der Jahresüberschuss der Mutter die Zins- und Gewinnzahlungen der Tochter einschließt.

Interdependenzen bestehen nicht nur im Finanzbereich, sondern selbstverständlich auch im operativen Geschäft, etwa wenn die Mutter Vorprodukte von der Tochter bezieht oder die Tochter Lizenzzahlungen an die Mutter entrichtet.

ÜBUNG 2

Ergänzen wir die letzte Übung 1 um folgenden Sachverhalt. Die Muttergesellschaft plant für 2020 eine Erhöhung der Beteiligungsfinanzierung bei ihrer brasilianischen Tochter um 4 Mio. Euro. Gleichzeitig werden 3 Mio. Euro aus einem Gesellschafterdarlehen fällig. Die Tochter liefert Ersatzteile im Gegenwert von 15 Mio. Euro und entrichtet Lizenzzahlungen von 13 Mio. Euro. Durch die Zins- und Gewinnzahlungen der Tochter sowie die konzerninternen Leistungsverrechnungen erhöht sich der Jahresüberschuss der Mutter um zwei Mio. Euro. Wie schaut der neue Finanzplan aus?

Lösung

Im Vergleich zur letzten Übung ändern sich zwei relevante Werte, der Jahresüberschuss und die Investitionen. Der Jahresüberschuss liegt zwei Mio. Euro höher, d. h. bei 8 Mio. Euro. Gleichzeitig finden Finanzinvestitionen von saldiert einer Mio. Euro statt, da der Beteiligungsfinanzierung von 4 Mio. Euro Desinvestitionen von 3 Mio. Euro (= Rückzahlung des Gesellschafterdarlehens) gegenüberstehen. Die gesamten Investitionen belaufen sich folglich auf 9 Mio. Euro.

Geplante FMH: JÜ + AFA + Eigenkapitalerhöhung = 8 + 20 + 5 = 33.

Geplante FMV: Investition + Tilgung + Gewinnausschüttung = 9 + 15 + 3 = 27.

$\Delta L = FMH - FMV = 33 - 27 = 6$.

Unter Einbezug der Tochtergesellschaft ergibt sich bei der Muttergesellschaft für 2020 ein Finanzierungsüberschuss von 6 Mio. Euro.

Die einzelnen Unternehmensbereiche und die einzelnen Konzerneinheiten sind eng verwoben und interdependent, wie wir gesehen haben. Damit stellt sich die Frage, von welchem Punkt aus die Finanzplanung beginnt. Da Tochtergesellschaften Teil eines Konzernverbunds sind, muss deren Finanzplanung die durch die Muttergesellschaft vorgegebenen strategischen Rahmendaten berücksichtigen. Typischerweise werden in enger Abstimmung mit der Muttergesellschaft die Struktur und der Umfang der Investitionen bei den einzelnen Tochtergesellschaften festgelegt, worauf dann die Umsatzplanung aufbaut, die den konzerninternen Leistungsverbund berücksichtigt. Aus dem Umsatzplan wiederum werden die benötigten Finanzmittel für Vorleistungen und Personal abgeleitet. Parallel dazu erfolgen die Planungen für die externe Zufuhr von benötigten Finanzmitteln sowie die Dividenden-, Zins- und Tilgungszahlungen an die Muttergesellschaft oder externe Kapitalgeber.

20.2 Unterjährige Finanzplanung (Liquiditätsplanung)

Die Finanzplanung eines Unternehmens umfasst typischerweise einen Zeitraum von mindestens einem Jahr, da sie Jahresgrößen wie den Jahresüberschuss oder die Gewinnausschüttung beinhaltet. Dabei werden Finanzmittelverwendung und Finanzmittelherkunft gegenübergestellt. Wenn beide Größen in der Planungsperiode übereinstimmen, ist damit aber keineswegs sichergestellt, dass das Unternehmen auch *während* dieser Periode stets zahlungsfähig ist. Neben der Finanzplanung muss jedes Unternehmen daher auch eine ergänzende unterjährige Liquiditätsplanung durchführen. Sie hat zwei sehr wichtige Aufgaben.

Sicherung der Zahlungsfähigkeit

Die Liquiditätsplanung soll die Zahlungsfähigkeit des Unternehmens zu jedem Zeitpunkt sicherstellen, d. h. an jedem Tag müssen die Zahlungseingänge plus die vorhandene Liquidität mindestens so hoch sein wie die Zahlungsausgänge. Die Größen, auf denen jede Liquiditätsplanung aufbaut, sind zeitnahe Ein- und Auszahlungen. Eine indirekte Ermittlung der Zahlungsströme auf Basis von Ertrags- und Aufwandsgrößen ist nicht möglich, weil diese Größen für kurze Perioden nur schwer geschätzt und geplant werden können. Daher greift man auf Ein- und Auszahlungen direkt zurück. Es muss dabei für jede beliebig kurze Periode gelten:

Auszahlungen in Periode ≤ anfänglicher Liquiditätsbestand + Einzahlungen in Periode.

Das Hilfsmittel zur Erreichung des Ziels ist der Liquiditätsplan, der den jeweiligen Liquiditätsbestand zu Beginn der Periode sowie die Ein- und Auszahlungen während dieser Periode erfasst. Eine Periode umfasst dabei einen Tag bei einem taggenauen Liquiditätsplan, eine Woche bei einem wochengenauen Liquiditätsplan usw. In der Tabelle 20.1 finden Sie den Aufbau eines taggenauen Liquiditätsplans.

Liquiditätsplan vom 01.01.2020 bis 31.12.2020	Januar									Februar	März	April	.....	Dezember
	1	2	3	4	5	6	7	8	...					
I. Zahlungsmittelbestand	3	6												
Einzahlungen														
- aus Umsätzen														
- aus Finanzbereich														
- sonstige														
II. Summe Einzahlungen	9													
Auszahlungen für														
- Personal														
- Material														
- Anlagevermögen														
- Umlaufvermögen														
- sonstige														
III. Summe Auszahlungen	6													
IV. Liquiditätsüberschuss/ -fehlbetrag (I + II ./. III)	6													

Tab. 20.1: Grundsätzlicher Aufbau eines Liquiditätsplans (in Mio. Euro)

Ausgehend von einem Zahlungsmittelbestand von 3 Euro am 01.01.2020 erfolgen während des Tags geplante Einzahlungen in Höhe von 9 Euro. Da gleichzeitig Auszahlungen von 6 Euro erfolgen, beginnt der 02.01.2020 mit einem Zahlungsmittelbestand von 6 Euro. Auf diese Weise kann die Liquidität taggenau geplant werden. Die große Herausforderung in der Liquiditätsplanung besteht darin, möglichst schnell und möglichst genau alle hierfür relevanten Daten aus der Finanzbuchhaltung zu erhalten.

Cash-Management

Die zweite wesentliche Aufgabe der Liquiditätsplanung ist das Cash-Management. Häufig wird hierfür auch der Begriff Finanzdisposition benutzt. Sie erfolgt auf den Bankkonten des Unternehmens, über die die Zahlungseingänge und -ausgänge erfolgen. Etwaige Überschüsse auf den Konten (in der Tabelle haben wir ein Guthaben auf dem Konto in Höhe von 6 Euro, Position IV) müssen disponiert und zu möglichst hohen Zinsen angelegt werden. Geeignete Anlageformen hierfür sind Tagesgeldanlagen oder kurzfristige Termineinlagen bei Banken.

Umgekehrt muss die Finanzdisposition etwaige Unterdeckungen auf den Konten zu möglichst niedrigen Zinssätzen finanzieren. Die gebräuchlichsten Finanzierungsformen hierfür sind Lieferantenkredite oder kurzfristige Bankkredite wie etwa der Kontokorrentkredit. Eine vorausschauende und geschickte Finanzdisposition sichert einem Unternehmen nicht nur die jederzeitige Zahlungsfähigkeit, sondern leistet auch einen kleinen Beitrag zur Erhöhung seiner Rentabilität.

Das hier dargestellte Cash-Management gilt für eine Muttergesellschaft im Prinzip genauso wie für jede ihrer Tochtergesellschaften. Allerdings ist ein unabhängiges Vorgehen der einzelnen Konzerneinheiten unwirtschaftlich.

20.3 Netting

Um die Herausforderungen eines Cash-Managements für internationale Unternehmen besser verstehen und die Vorzüge einer zentralen Lösung erkennen zu können, betrachten wir die Tabelle 20.2. Sie zeigt die Zahlungsmatrix einer deutschen Muttergesellschaft und ihrer drei ausländischen Töchter in den USA, Japan und England. Die Zeilen erfassen die geplanten konzerninternen Zahlungseingänge einer bestimmten Periode, die Spalten die geplanten Zahlungsausgänge. Zahlungen an Externe werden hier nicht erfasst. Sie werden später integriert.

	in Mio. Euro	**Zahlungsausgang**				**Σ Eingang intern**	**Saldo**
		Deutschland	**USA**	**Japan**	**UK**		
Zahlungseingang	**Deutschland**	–	90	15	45	**150**	120
	USA	15	–	20	30	**65**	-115
	Japan	10	55	–	70	**135**	80
	England	5	35	20	–	**60**	-85
	Σ Ausgang intern	30	180	55	145	410	0

Tab. 20.2: Konzerninterne Zahlungsströme

Konzerninterne Zahlungen umfassen vorwiegend Zahlungen für konzerninterne Lieferungen und Dienstleistungen, aber auch Dividendenzahlungen an die Muttergesellschaft oder Zins- und Tilgungszahlungen an die konzerninternen Fremdkapitalgeber können betroffen sein.

Die Konzernmutter in Deutschland erwartet in der betrachteten Periode Zahlungen von insgesamt 150 Mio. Euro. Davon stammen 90 Mio. Euro von ihrer amerikanischen Tochter, 15 Mio. Euro aus Japan und 45 Mio. Euro aus England. Im Gegenzug hat die Mutter Zahlungsverpflichtungen von insgesamt 30 Mio. Euro. Davon müssen 15 Mio. Euro in die USA überwiesen werden, 10 Mio. Euro gehen an die japanische Tochter und 5 Mio. Euro nach England. Saldiert erwartet die Mutter daher einen Zahlungseingang von 120 Mio. Euro. Die übrigen Zahlungen der Tabelle sind analog zu interpretieren.

Die Summe der konzerninternen Zahlungsausgänge ist stets exakt so hoch wie die Summe der konzerninternen Zahlungseingänge, da jedem gezahlten Euro ein erhaltener Euro gegenübersteht. Im Beispiel beträgt die jeweilige Summe 410 Mio. Euro.

Manch einer wird sich fragen, warum die Tabellenwerte in Euro ausgewiesen sind, da doch alle drei Tochtergesellschaften eigene Währungen nutzen. Um die Zahlungen vergleichbar zu machen, müssen sie jedoch zum gleichen Wechselkurs und zum gleichen Zeitpunkt in eine gemeinsame Währung (hier in Euro) umgerechnet werden. In welcher Währung dann tatsächlich gezahlt wird, ist eine andere Sache, wie wir später sehen werden.

In unserem Beispiel werden innerhalb des Konzerns zwölf Zahlungen in vier Währungen mit einer Gesamtsumme von umgerechnet 410 Mio. Euro durchgeführt. Die Anzahl der notwendigen Transaktionen errechnet sich allgemein aus n ×·(n-1), wobei n die Anzahl der betroffenen Einheiten bezeichnet. Im vorliegenden Fall gilt n = 4, woraus sich 12 errechnet. Die Anzahl der konzerninternen Transaktionen explodiert mit der Anzahl der involvierten Konzerneinheiten. Bei 40 Einheiten springt die Zahl bereits auf 1.560 Transaktionen, sofern alle Einheiten untereinander Geschäftsaktivitäten aufweisen. Man braucht keine große Fantasie, um sich vorzustellen, wie hoch die Kosten all dieser Transaktionen sind, zumal viele verschiedene Währungen involviert sind.

Bilaterales Netting

Ein erster Schritt zur Verringerung der Transaktionszahl ist die Durchführung eines bilateralen Nettings. Dabei werden die Zahlungen zwischen zwei Einheiten jeweils saldiert. Da Deutschland von den USA 90 Mio. Euro und die US-Tochter von der Mutter 15 Mio. Euro erhält, können die zwei Zahlungen auf 75 Mio. Euro saldiert werden, die die Tochter an die Mutter zahlen muss.

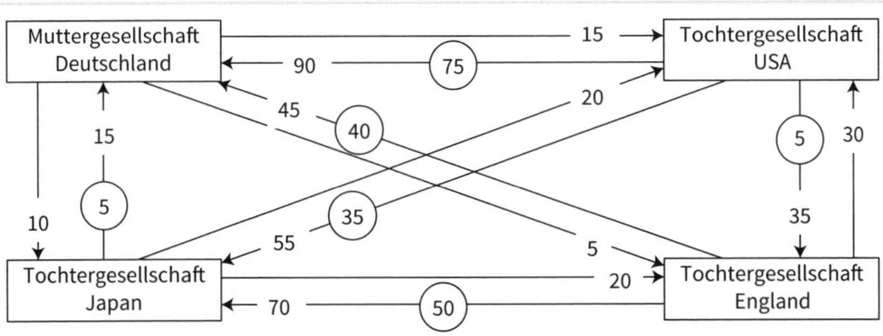

Abb. 20.2: Zahlungsströme ohne und mit bilateralem Netting

Um die saldierte Zahlung in der Abbildung 20.2 optisch von den Bruttozahlungen abzugrenzen, wird sie mit einem Kreis markiert. Die Zahlung von 75 Mio. Euro muss nicht zwangsläufig in Euro erfolgen, sondern kann selbstverständlich auch in US-Dollar durchgeführt werden. Bei einem bilateralen Netting wird die Anzahl der Transaktionen exakt halbiert. Wie sich dabei die Höhe der Gesamtzahlungen verändert, hängt von den konkreten Differenzen ab.

Multilaterales Netting

Eine weitere Reduktion der Transaktionen wird durch ein multilaterales Netting erreicht, bei dem alle Zahlungen über alle Einheiten hinweg saldiert werden. Betrachten wir nochmals die Zahlungsmatrix in der Abbildung 20.3. Die Muttergesellschaft erhält von ihren drei Töchtern konzerninterne Zahlungen von insgesamt 150 Mio. Euro und zahlt in Summe an die drei Töchter 30 Mio. Euro. Per Saldo resultiert daraus ein Zahlungseingang von 120 Mio. Euro. Analog ergibt sich für die US-Tochter saldiert eine Zahlungsverpflichtung von 110 Mio. Euro, für Japan ein saldierter Zahlungseingang von 80 Mio. Euro und für die britische Tochter eine Zahlungsverpflichtung von 90 Mio. Euro. Damit fallen nur vier Zahlungstransaktionen an. Beim multilateralen Netting ist die Summe der Transaktionen stets so hoch wie die Anzahl der involvierten Geschäftseinheiten wie die Abbildung 20.3 verdeutlicht. Da die Summe der konzerninternen Zahlungseingänge stets so groß ist, wie die Summe der konzerninternen Zahlungsausgänge, summieren sich die saldierten Werte auf null.

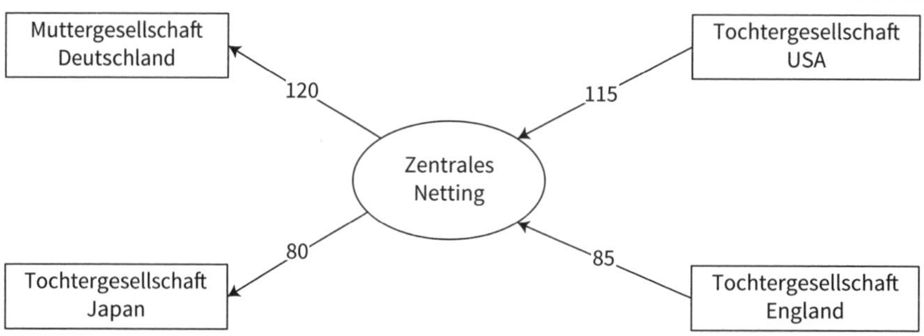

Abb. 20.3: Multilaterales Netting

Doch wer zahlt an wen wie viel? Von wem erhält die deutsche Muttergesellschaft ihre 120 Mio. Euro und die japanische Tochter die 80 Mio. Euro? Die britische und amerikanische Tochtergesellschaft müssen in Summe zwar die benötigten 200 Mio. Euro überweisen, doch es sind viele Kombinationen möglich.

Bei vier Konzerneinheiten ist die Situation noch übersichtlich und man wird sich leicht abstimmen können, doch wenn z. B. 40 Einheiten eingebunden sind, dann ist die einzig denkbare Lösung die Einführung einer zentralen Einheit, die das Netting operativ durchführt. Jede Defiziteinheit überweist den betreffenden Betrag an das Netting-Center, das das Geld im Gegenzug an die Überschusseinheiten weiterreicht. Das Netting-Center kann dabei auch etwaige Währungsumrechnungen vornehmen. Wenn die englische Tochter z. B. ihre Nettoverpflichtung von

90 Mio. Euro in britischem Pfund vornehmen will, Japan aber seine Zahlung in YEN erwartet, dann kann das Netting-Center die damit verbundenen Währungstransaktionen durchführen.

Wie enorm wertvoll und kostensparend die Einführung eines Netting-Centers ist, zeigt sich, wenn wir nochmals die Zahl von 40 Konzerneinheiten betrachten: Ohne Netting liegt die Anzahl der Zahlungsvorgänge bei 1.560, mit bilateralem Netting bei 780 und mit multilateralem Netting bei nur 40!

20.4 Zentrales Cash-Management

Es ist wichtig zu verstehen, dass ein multilaterales Netting nicht mit einem zentralen Cash-Management gleichgesetzt werden kann. Ein Blick auf Abbildung 20.3 verdeutlicht, dass das Netting-Center lediglich ein Durchlaufposten ist, das allenfalls einen Tausch der involvierten Währungen vornimmt. Das Liquiditätsmanagement selbst findet in den lokalen Einheiten statt. Der Gegenwert von 80 Mio. Euro etwa, der an die japanische Tochtergesellschaft fließt, wird auch dort verwaltet. Etwaige Über- oder Unterdeckungen verantworten und steuern die Tochtergesellschaften selbst.

Ein zentrales Cash-Management (ZCM) entsteht dann, wenn die lokalen Einheiten ihre Kompetenz für das Liquiditätsmanagement an eine zentrale Einheit abgeben und dort auch Über- und Unterdeckungen gesteuert werden. Die Einführung eines Zentrales Cash-Management hat drei wesentliche Vorteile gegenüber einer dezentralen Lösung:

- Es wird Know-how und eine Infrastruktur nur an einer zentralen Stelle vorgehalten, die die aus Konzernsicht vorteilhaftesten Anlage-, Finanzierungs- und Währungsentscheidungen trifft.
- Da eine zentrale Einheit alle Transaktionen der Geschäftseinheiten durchführt, hat sie einen Größenvorteil, der sich in den Konditionsverhandlungen mit Banken niederschlagen wird.
- Das ZCM kann in einem Land angesiedelt werden, das sich für diesen Zweck besonders gut eignet, sei es durch einen hoch entwickelten Finanzmarkt und/oder durch geeignete steuerliche und regulatorische Rahmenbedingungen. Beliebte Orte sind London, New York und Singapur, aber auch kleine Länder wie Liechtenstein oder Luxemburg.
- Eine zentrale Lösung reduziert den Cashbestand, der aus Vorsichtsgründen von Unternehmen gehalten wird.
- Ferner können mit einer zentralen Lösung die Zinskosten deutlich gesenkt werden.
- Die beiden letzten Punkte werden nun für unser Beispiel im Detail betrachtet.

Zentrales Cash-Management, Netting und Zinskosten
In der Abbildung 20.4 verantwortet das Netting-Center gleichzeitig das zentrale Cash-Management für den Konzern. Der Überschuss der deutschen Muttergesellschaft aus konzerninternen Transaktionen wird dem ZCM wieder zur Verfügung gestellt, das die Anlage dieser freien Liquidität verantwortet und der Muttergesellschaft auch Anlagezinsen gutschreiben wird. Da

die US-Tochter in der betrachteten Periode ein Defizit aufweist, wird ihr von ZCM Liquidität zur Verfügung gestellt und hierfür Sollzinsen in Rechnung gestellt. Die durchgezogenen Pfeile in der Abbildung 20.4 kennzeichnen den Nettozahlungsfluss aus konzerninternen Transaktionen, die gestrichelten Linien zeigen den Zahlungsstrom vom bzw. an das ZCM.

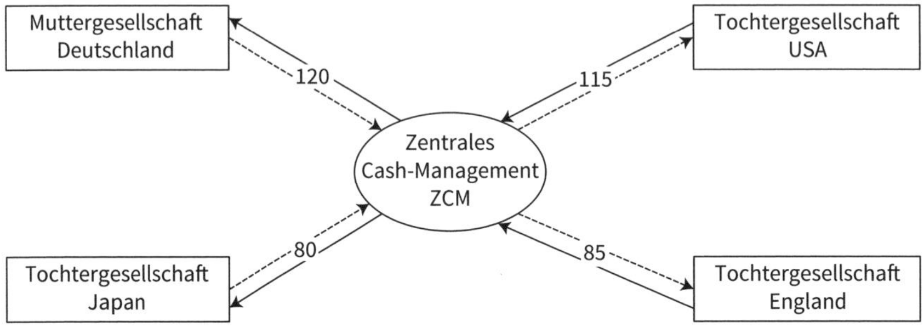

Abb. 20.4: Zentrales Cash-Management für konzerninterne Transaktionen

Operativ erfolgen die Zahlungen über Konten, die das ZCM für die einzelnen Konzerneinheiten verwaltet. Im vorliegenden Fall weist das Konto der Muttergesellschaft einen Überschuss von 120 Mio. Euro auf, die japanische Tochtergesellschaft hat ein Plus von 80 Mio. Euro auf ihrem Konto, während die Tochtergesellschaften in den USA und England ein Minus von 115 Mio. Euro bzw. 85 Mio. Euro aufweisen. Wenn die vier Konten auf der Ebene des ZCM (Masterkonto) zusammengefasst werden, dann ist das Konto ausgeglichen. Man spricht in diesem Zusammenhang von einem Cash-Pooling. Als Masterkonto fungiert das ZCM.

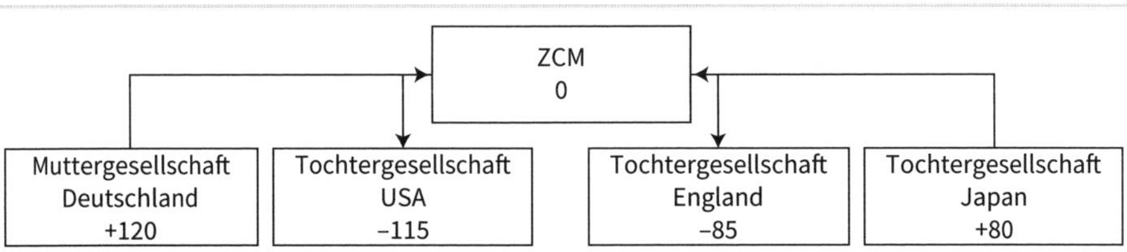

Abb. 20.5: Cash-Pooling

Bankkredit versus Finanzierung über ZCM: Einheiten mit einem Liquiditätsdefizit wie die englische Tochter könnten ihre Lücke grundsätzlich auch über einen Bankkredit schließen. Sie haben nur dann einen Anreiz, sich über das ZCM Liquidität zu beschaffen, wenn deren Zinssätze geringer sind als die Alternativen am Finanzmarkt. Umgekehrt werden Überschusseinheiten nur dann dem ZCM Liquidität zur Verfügung stellen, wenn deren Anlagezinsen höher sind als vergleichbare Bankeinlagen.

Warum sind konzerninterne Kredite günstiger und Anlagezinsen höher als Alternativen am Finanzmarkt? Der Grund liegt im Spread zwischen Kreditzinsen und Anlagezinsen. Da die Zinssätze für kurzfristige Überziehungen sehr hoch sind, beträgt die Differenz oft viele Prozentpunkte. So sind deutsche Banken derzeit bereit, Tagesgeld mit rund 1 % zu verzinsen, während Kontokorrentkredite rund 10 % kosten. Bei diesen Zinssätzen resultieren aus einer Geldanlage von 200 Mio. Euro für die deutsche Mutter und die japanische Tochter Zinseinnahmen von zwei Mio. Euro p. a., während die Finanzierung des aggregierten Defizits für die englische und amerikanische Tochter in England zu einem Zinsaufwand von 20 Mio. p. a. führt. Ein konzerninterner Liquiditätsausgleich führt folglich zu einer Konzernersparnis in Höhe von 18 Mio. Euro.

Ein Grund für den Zinsspread bei Banken sind die Kosten, die mit einer Kreditvergabe entstehen: Banken müssen ein Rating durchführen, um die Ausfallwahrscheinlichkeit und damit den notwendigen Zinsaufschlag zu berechnen. Diese Kosten fallen für ZCM nicht an, da innerhalb eines Konzerns ein Haftungsverbund besteht. Zweitens entfallen wesentliche für Banken relevante Regulierungsvorschriften, insbesondere die Mindestunterlegung eines Kredits mit teurem Eigenkapital. Drittens müssen Banken über den Zinsspread auch die hohen Gemeinkosten finanzieren wie etwa ihren Vertrieb oder das Filialnetz. Zentrale Cash-Management-Einheiten haben all diese Kosten nicht und können deshalb höhere Anlagesätze bieten und tiefere Kreditzinsen verlangen als Banken.

Die Durchführung des Cash-Pooling kann unterschiedlich gestaltet werden. Werden die Zahlungen tatsächlich zwischen Masterkonto und Unterkonten durchgeführt, spricht man von einem echten oder auch physischem Cash Pooling. Erfolgen die Zahlungen hingegen nur virtuell, d. h. werden die Konten nur fiktiv kompensiert, spricht man von einem unechten oder auch »notional pooling«. Diesen Service bieten fast alle Banken an. Hierbei werden Konten definiert, die als Gesamtkonto virtuell zusammengefasst werden.

Cash-Management bei Einbezug von Externen

Betrachten wir nun die Zahlungstransaktionen mit Nichtkonzerneinheiten (NKE), die in der Tabelle 20.3 zusammengefasst werden. Da die Konzerneinheiten im vorliegenden Beispiel neben der deutschen Muttergesellschaft die Auslandstöchter in den USA, Japan und England umfassen, sind Nichtkonzerneinheiten logischerweise alle Wirtschaftseinheiten außerhalb dieser vier Gesellschaften. Damit umfassen NKE konzernexterne Lieferanten, konzernexterne Kapitalgeber, staatliche Behörden, aber auch die eigenen Mitarbeiter und Angestellte. Um die Vergleichbarkeit der Zahlungen zu erreichen, werden alle Zahlungen zum gleichen Wechselkurs und zum gleichen Zeitpunkt in Euro umgerechnet.

	Eingang	Ausgang	Saldo
Deutschland	120	100	20
USA	110	95	15
Japan	60	75	-15
England	95	105	-10
Summe	385	375	10

Tab. 20.3: Zahlungsmatrix der Konzerneinheiten mit Externen

Laut Tabelle 20.3 resultiert für die Muttergesellschaft aus den Zahlungstransaktionen mit NKE in der betrachteten Periode ein Überschuss von 20 Mio. Euro, da in der betrachteten Periode den Zahlungsverpflichtungen von 100 Mio. Euro Zahlungseingänge von insgesamt 120 Mio. Euro gegenüberstehen. 20 Mio. Euro können daher dem ZCM zur kurzfristigen Geldanlage zur Verfügung gestellt werden, wie Abbildung 20.6 zeigt. Der Übersichtlichkeit halber wurden die Zahlungsströme mit Externen bei den Tochtergesellschaften nicht eingezeichnet, sondern nur die Salden. Die amerikanische Tochter kann dem ZCM netto 15 Mio. Euro zur Verfügung stellen, während Japan 15 Mio. Euro und England 10 Mio. Euro aus dem ZCM-Topf benötigt. In Summe resultiert aus den Zahlungsströmen mit Externen ein aggregierter Zahlungsmittelüberschuss von 10 Mio. Euro, der vom ZCM am Geldmarkt angelegt werden kann.

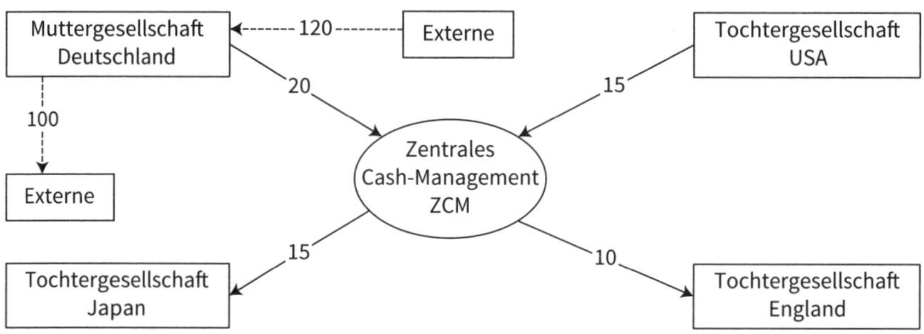

Abb. 20.6: Zentrales Cash-Management bei Transaktionen mit Externen

Aus didaktischen Gründen wurden die internen und externen Zahlungstransaktionen bisher getrennt dargestellt, eine Trennung, die in Wirklichkeit natürlich nicht stattfindet. Vielmehr werden alle erwarteten Zahlungstransaktionen in einer gemeinsamen Zahlungsmatrix wie in Tabelle 20.4 erfasst. Kursiv und eingerahmt sind die konzerninternen Zahlungen. Daneben werden die Zahlungstransaktionen mit NKE aufgeführt.

		Zahlungsausgang				**Eingang**			
		Deutschland	**USA**	**Japan**	**UK**	**∑ Intern**	**NKE**	**Gesamt**	**Saldo**
Zahlungseingang	Deutschland	–	*90*	*15*	*45*	***150***	120	270	**140**
	USA	*15*	–	*20*	*30*	***65***	110	175	**-100**
	Japan	*10*	*55*	–	*70*	***135***	60	195	**65**
	UK	*5*	*35*	*20*	–	***60***	95	155	**-95**
	∑ Intern	***30***	***180***	***55***	***145***	***410***			
	NKE	100	95	75	105	375	375	385	**10**
	Gesamt	130	275	130	250	785			

Tab. 20.4: Zahlungsmatrix an Konzerninterne und -externe

Die deutsche Muttergesellschaft erhält Gesamtzahlungen von 270 Mio. Euro. Davon stammen 150 Mio. Euro aus konzerninternen Transaktionen und 120 Mio. Euro von NKE. Verrechnet mit den Zahlungsausgängen von insgesamt 130 Mio. Euro, ergibt sich ein Saldo von 140 Mio. Euro, der dem ZCM zur Verfügung gestellt werden kann. In gleicher Weise ergeben sich die Salden für die Auslandstöchter. Addiert man alle Salden, erhält man den Zahlungsüberschuss, der aus Transaktionen mit NKE resultiert. In Kontenform ergibt sich folgendes Bild.

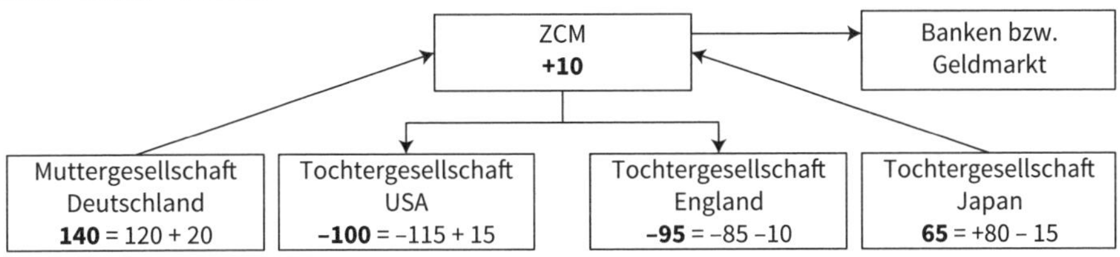

Abb. 20.7: Cash-Pooling mit internen und externen Einheiten

Die fett gedruckte Zahl ist der Kontostand auf den jeweiligen Unterkonten, der sich aus dem Saldo mit konzerninternen Einheiten plus den NKE zusammensetzt. Da sich aus den Zahlungstransaktionen mit Externen ein Plus von 10 Mio. Euro ergibt, entsteht nun auch auf dem Masterkonto ein Überschuss in dieser Höhe. Daher benötigt das ZCM eine Bank bzw. den Geldmarkt, um den Überschuss anzulegen. Sollte ein Defizit entstehen, muss sich das ZCM entsprechend Liquidität von außen beschaffen.

Cash-Management und Vorsichtskasse

Unternehmen müssen einen Kassenbestand vorhalten, um unvorhergesehene Ausgaben und unerwartete Einnahmeausfälle ausgleichen zu können. Eine Kassenhaltung, die mit dem Vorsichtsmotiv begründet wird, nennt man naheliegenderweise Vorsichtskasse. Bei einer dezentralen Lösung addieren sich die Vorsichtskassen über alle Geschäftseinheiten, während bei einer zentralen Lösung nur eine Vorsichtskasse gebildet werden muss. Sie fällt deutlich kleiner aus, weil sich, wie bei einer Versicherung, die Zahlungsausfallrisiken teilweise ausgleichen.

Machen wir hierzu ein Beispiel. Unterstellen wir, dass die Zahlungsausgänge zeitlich nach den Zahlungseingängen erfolgen und die Auszahlungen normal verteilt sind mit den in der Tabelle angegebenen Standardabweichungen (SA). Unterstellen wir ferner, dass die Vorsichtskasse einen Umfang hat, der dem zweifachen der Standardabweichung entspricht. Da die Zahlungen normal verteilt sind, wissen wir damit, dass die Wahrscheinlichkeit einer Unterdeckung jeder Einheit bei weniger als 5 % liegt. Der erwartete Zahlungsausgang plus die Vorsichtskasse addieren sich über alle Einheiten auf 725 Mio. Euro.

	Ausgang	SA	Vorsichtskasse = 2 × SA	Gesamtbedarf
Deutschland	100	50	100	200
USA	95	45	90	185
Japan	75	30	60	135
UK	105	50	100	205
Summe	375	175	350	725

Tab. 20.5: Vorsichtskasse

Berechnen wir nun die Vorsichtskasse einer zentralen Lösung. Hierzu ermittelt man zunächst die Standardabweichung eines zentralen Portfolios mit den Zahlungsausgängen der vier Einheiten:

$$SA_{ZCM} = \left(SA^2_{Deutschland} + SA^2_{USA} + SA^2_{Japan} + SA^2_{UK}\right)^{0,5} = \left(50^2 + 45^2 + 30^2 + 50^2\right)^{0,5} = 89{,}0$$

Die Standardabweichung der Zahlungsausgänge beim ZCM beträgt 89,0. Da die Vorsichtskasse das Doppelte der SA umfasst, müsste das ZCM 178 Mio. Euro vorhalten, verglichen mit 350 Mio. Euro einer dezentralen Lösung. Dies stellt eine deutliche Entlastung der Kassenhaltung dar. Man muss dabei unterstellen, dass die Zahlungsausgänge der vier Einheiten nicht korreliert sind. Je größer die Anzahl der involvierten Einheiten, desto ausgeprägter ist dieser Effekt, denn umso stärker wird der Versicherungscharakter einer zentralen Lösung.

20.5 Einschränkungen

Netting

Multilaterales Netting ist wegen der damit verbundenen impliziten Kreditvergabe nicht in allen Ländern einschränkungslos erlaubt. Da beim echten Cash-Pooling Liquidität von einer rechtlich selbstständigen Tochtergesellschaft auf eine andere Geschäftseinheit übertragen wird, findet eine Kreditvergabe statt, die teilweise ungesteuert und unkontrolliert verläuft. Damit aber können unter Umständen Konflikte mit anderen Regelungen auftreten. In Deutschland etwa war davon bis zur Einführung des Gesetzes zur Modernisierung des GmbH-Rechts und zur Bekämpfung von Missbräuchen im Oktober 2008 die Kapitalerhaltungsvorschrift des § 30 GmbHG bzw. § 57 AktG betroffen, wonach Kreditgewährungen an Gesellschafter, die nicht aus Rücklagen oder Gewinnvorträgen kommen, eine verbotene kapitalerhaltungsschädliche Auszahlung von Gesellschaftsvermögen darstellen. Ein immer noch bestehender Konflikt resultiert aus der deutschen Insolvenzordnung, wonach die Insolvenzanfechtung einer in einem Cash-Pool integrierten Gesellschaft höchstrichterlich noch nicht geklärt ist (vgl. Hübscher, S. 7, 2009).

Wenn schon das Cash-Pooling innerhalb eines Landes Konfliktpotenzial aufwirft, dann ist ein grenzüberschreitendes Cash-Pooling umso schwieriger, da zumindest beim echten

Cash-Pooling Devisen aus einem Land transferiert werden. In vielen Ländern ist daher die Teilnahme an einem grenzüberschreitenden Cash-Pooling stark eingeschränkt oder sogar wegen Devisenverkehrsbeschränkungen verboten, wie etwa in China. Eine Übersicht über die aktuellen Bestimmungen in vielen Ländern findet sich in CMS (7/2013).

Einschränkungen und Umgehungen zum Transfer von Finanzmitteln

Der Transfer von Finanzmittel zwischen den einzelnen Einheiten eines internationalen Konzerns ist aus verschiedenen Gründen erschwert. Falls Währungen nicht konvertibel sind oder falls Devisenverkehrsbeschränkungen vorliegen, können Finanzmittel nicht landesübergreifend transferiert werden. Beschränkungen können auch subtiler sein, etwa, wenn bestimmte Zahlungen wie etwa für Gesellschafterdarlehen, Gewinnausschüttungen oder für innerbetriebliche Leistungsverrechnungen mit Sonderabgaben, exzessiven Steuern oder bürokratischen Hürden versehen werden.

Multinationale Unternehmen haben eine Reihe von Möglichkeiten, die Transferbeschränkungen zu umgehen bzw. den Transfer möglichst kostengünstig zu gestalten (siehe hierzu Kapitel 16.4 Risikomanagement von politischen Länderrisiken). Der teuerste und schwierigste Transfer sind Dividendenausschüttungen. Teuer sind sie, weil sie versteuerte Finanzmittel betreffen, schwierig sind sie, weil viele Gastländer es nicht gerne sehen, wenn Gewinne ins Ausland transferiert werden, statt sie im Inland zu investieren. Im Rahmen der gesetzlichen Grenzen haben multinationale Unternehmen aber durchaus die Möglichkeit, Gewinne in Vorsteuerkosten »zu verwandeln«. Je höher die Preise sind, die Tochtergesellschaften für innerbetriebliche Leistungen zahlen müssen, desto geringer ist der Gewinn. Diese innerbetrieblichen Leistungen können Vorprodukte sein, Lizenz- oder Patentzahlungen, Managementleistungen, Software- oder RZ-Leistungen usw. Den gleichen Effekt erhält man auch, wenn die Leistungen, die die Tochtergesellschaft für die Mutter erbringt, mit zu niedrigen Preisen angesetzt werden.

21 Außenhandel und Außenhandelsfinanzierung

21.1 Überblick

Bei jedem Handelsgeschäft stehen für den Käufer das Produkt, sein Preis sowie der vereinbarte Service nach Vertragsabschluss im Mittelpunkt. Bei Exportgeschäften spielen jedoch auch die Liefer- und Zahlungsbedingungen eine besondere Rolle, weil Verkäufer und Käufer in unterschiedlichen Ländern sitzen. Daraus resultiert eine große geografische Distanz, aber auch erhöhte politische, rechtliche und wirtschaftliche Risiken für die Handelspartner. Betrachten wir hierzu Abbildung 21.1. Ein Exporteur liefert Waren und erwartet vom Abnehmer eine entsprechende Bezahlung. Er ist dabei einem Erfüllungsrisiko ausgesetzt. Wird der Importeur die gelieferten Waren auch bezahlen? Das Erfüllungsrisiko wird stark von der individuellen Zahlungsfähigkeit und -willigkeit des Abnehmers abhängen. Ein Exportgeschäft unterscheidet sich da grundsätzlich nicht von inländischen Handelsabschlüssen. Beim Export erschwert aber oft die große räumliche, rechtliche und kulturelle Distanz die wirtschaftliche Einschätzung des Vertragspartners.

Selbst wenn der Importeur den Kaufpreis bereitwillig entrichten will, können länderspezifische Faktoren die Zahlung behindern oder gar unmöglich machen. An erster Stelle ist hier das Transferrisiko zu nennen, wenn ein Land Devisenverkehrsbeschränkungen erlässt und die Ein- und Ausfuhr von Devisen verbietet oder unter Auflagen stellt. Aber auch unerwartete Einfuhrbeschränkungen, nicht tarifäre unerfüllbare Hürden, Streiks der Hafenarbeiter oder gar Krieg können die Ursache sein. Verzögert sich die Auslieferung oder können die Waren vom Importeur nicht entgegengenommen werden, verlieren sie möglicherweise schnell an Wert oder verderben wie Lebensmittel.

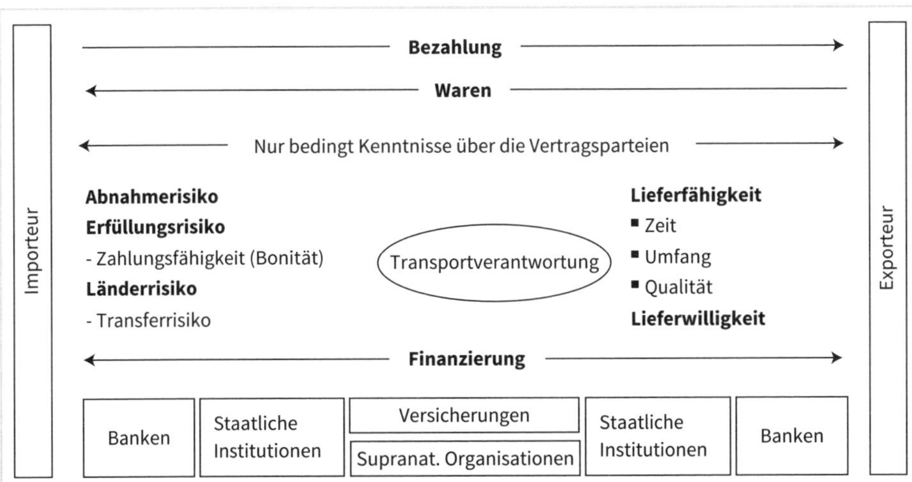

Abb. 21.1: Umfeld für Außenhandel

Nicht nur der Exporteur ist einem Risiko ausgesetzt. Betrachten wir die Käuferseite: Der Importeur muss fürchten, dass er trotz Bezahlung die bestellten Waren nicht rechtzeitig erhält, nicht im gewünschten Umfang oder in der geforderten Qualität. Er ist abhängig von der individuellen Lieferfähigkeit und Lieferwilligkeit des Exporteurs, aber auch von den politischen, rechtlichen und wirtschaftlichen Rahmenbedingungen im Exportland, das die Ausfuhr von Waren behindern oder unterbinden kann. Denken Sie dabei etwa an die unfreiwilligen Exportausfälle in Japan infolge des Reaktorunglücks von Fukushima oder an untersagte Exporte in einige arabische Länder, gegen die Sanktionen verhängt wurden. Waren werden oft über weite Distanzen transportiert. Speziell auf dem Seeweg sind die Waren oft wochenlang unterwegs und erreichen erst nach Tausenden von Kilometern ihren Bestimmungsort.

Bei jedem internationalen Handelsgeschäft stellt sich die Frage der Finanzierung. Sie kann vom Exporteur vorgenommen werden, falls er den gesamten Handelszyklus von der Produktion bis hin zur Bezahlung übernimmt. Aber auch der Importeur kann weite Teile der Finanzierung übernehmen, etwa, wenn er die bestellten Waren im Voraus bezahlt. Die Handelsparteien greifen bei länderübergreifenden Finanzierungsfragen dabei fast immer auf die Dienstleistungen von Finanzinstitutionen zurück.

Wir wollen an dieser Stelle nochmals auf die herausragende Bedeutung dieser Punkte hinweisen. Wie bereits öfters im Buch angesprochen, betragen die Exporte Deutschlands rund 1.100 Mrd. Euro und die Importe 900 Mrd. Euro. Die Abwicklung dieses Handelsvolumens von 2.000 Mrd. Euro, der Transport dieser riesigen Warenströme und seine Finanzierung sind von herausragender Bedeutung. Ein Verlust von nur einem Prozentpunkt des Umsatzes durch eine schlechte Finanzierung oder durch fehlerhafte Abwicklung bedeutet einen Verlust von 20 Mrd. Euro.

Wegen der besonderen Risiken im Außenhandel und der Besonderheiten bei grenzüberschreitenden Handelsfinanzierungen haben sich einige Institutionen auf die Bewältigung und die Übernahme dieser Risiken spezialisiert, allen voran Banken, aber auch staatliche Organisationen wie Ausfuhrkreditversicherungen oder supranationale Einrichtungen wie die Weltbank. Betrachten wir nun aber zunächst die Zahlungsbedingungen im Außenhandelsgeschäft.

21.2 Dokumentäre Zahlungsvereinbarungen

Im Auslandszahlungsverkehr unterscheidet man zwischen nicht dokumentären und dokumentären Zahlungen. Nicht dokumentäre Zahlungen wie etwa Überweisungen werden auch als reine Zahlungen oder als Clean Payment bezeichnet. Ihr Nachteil für den Einsatz im Außenhandel ist, dass sie ungesichert sind und der Zahlungsvorgang unabhängig von der Warenlieferung erfolgt. Anders bei dokumentären Zahlungen, wie etwa den später im Detail vorgestellten Instrumenten Dokumenteninkasso oder Dokumentenakkreditiv, bei denen die Zahlung mit der Warenlieferung und der Erfüllung der Liefer- und Leistungsverpflichtung verknüpft wird. Während der Zahlungsverkehr zwischen Beteiligten aus Industrieländern und vor allem innerhalb der EU weitgehend nicht dokumentär abgewickelt wird, spielen dokumentäre Zahlungen vor allen wegen ihres Sicherungscharakters vorwiegend in wirtschaftlich oder politisch unsicheren Ländern und in geografisch weit entfernten Ländern eine wichtige Rolle.

Die Interessen der internationalen Handelspartner sind unterschiedlich. Aus Sicht des Exporteurs geht idealerweise der Importeur in Vorleistung und umgekehrt. Die tatsächlich vereinbarte Zahlungsbedingung hängt aber stark von der Markt- und Finanzkraft der Handelspartner ab, der Dauer und Tiefe ihrer Geschäftsbeziehung sowie den politischen und wirtschaftlichen Rahmenbedingungen. Die Abbildung 21.2 zeigt die Risikoleiter verschiedener Zahlungsvereinbarungen. »Von oben nach unten« sinkt das Risiko für den Importeur immer mehr und im Gegenzug steigt das Risiko aus Sicht des Exporteurs. Betrachten wir die möglichen Zahlungsvereinbarungen genauer.

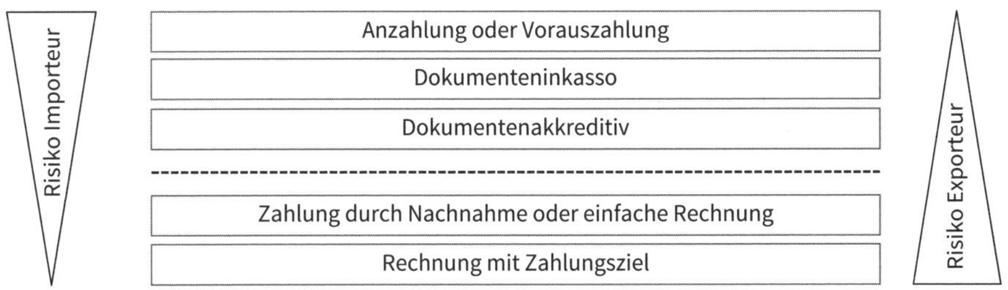

Abb. 21.2: Risikoleiter der Zahlungsbedingungen

Anzahlung/Vorauszahlung versus Zahlung mit Zahlungsziel
Bei einer Anzahlung bzw. Vorauszahlung werden die Waren erst verschifft oder befördert, wenn die bestellen Waren teilweise bzw. vollständig vom Besteller bezahlt wurden. Hier liegt das Risiko in Höhe der Vorauszahlung ausschließlich beim Importeur. Exporteure werden diese Zahlungsbedingungen bevorzugt dann wählen, falls der Besteller unbekannt, von schlechter Bonität ist oder hohe Länderrisiken vorliegen. Allerdings sind Importeure oft nicht willens oder kapitalmäßig in der Lage, das komplette Risiko zu übernehmen. Dies gilt insbesondere für langlebige Investitionsgüter oder Großanlagen.

Das Gegenstück ist eine Zahlung mit Zahlungsziel. Hier werden die Waren ausgeliefert und der Importeur begleicht die Rechnung nach Erhalt und Prüfung der Ware innerhalb einer vereinbarten Zahlungsfrist.

Dokumenteninkasso
Mit der Auslieferung verliert der Exporteur die Verfügungsgewalt über seine Ware, ohne sicher sein zu können, dass die Zahlung erfolgen wird. Da er nicht persönlich im Auslieferungsland und am Auslieferungsort des Importeurs die Ware gegen Entgegennahme der Bezahlung übergeben kann, beauftragt er beim Dokumenteninkasso eine Bank mit dieser Aufgabe wie Abbildung 21.3 zeigt.

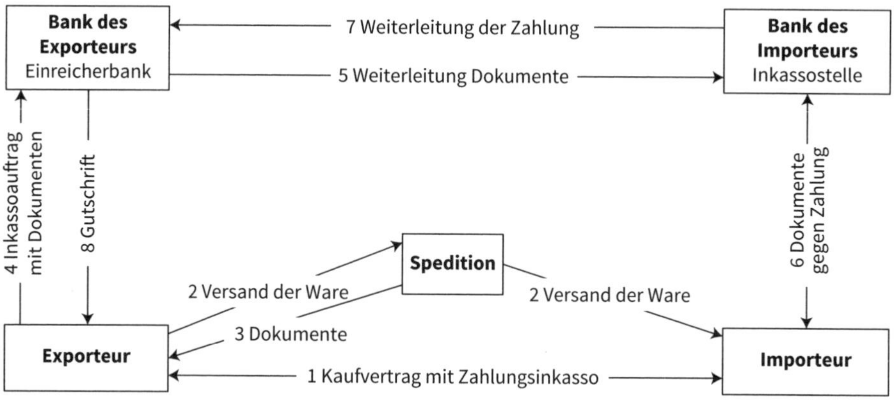

Abb. 21.3: Ablauf eines Dokumenteninkassos

Dokumente gegen Zahlung: Der Exporteur versendet nach Abschluss des Kaufvertrags (1) die Ware über eine Speditionsfirma (2). Er übergibt die vereinbarten Dokumente, insbesondere den vom Spediteur erhaltenen Versandnachweis (3) und die das Eigentum verkörpernden Papiere einer Bank, der sogenannten Einreicherbank (4). Sie ist die Inkassobeauftragte, die den Kundenauftrag an die Bank des Importeurs (Inkassostelle) weiterreicht (5). Dort werden die Dokumente dem zahlungspflichtigen Importeur »Zug um Zug« gegen Zahlung (D/P; documents against payment) ausgehändigt und die Zahlung an den Importeur durchgereicht (6) bis (8). Zahlung und Erfüllungsort beim Inkasso ist immer der Bestimmungsort der Ware, d. h. das Land des Importeurs.

Der Importeur erhält die Dokumente nur gegen Zahlung. Anderenfalls verbleiben sie im Eigentum des Exporteurs. Das Problem besteht dann darin, dass die Ware im Ausland auf Rechnung des Exporteurs liegt.

Werden die Waren über größere Entfernungen transportiert, sind die Dokumente schneller bei der Inkassostelle als die Waren selbst. Dies trifft insbesondere im interkontinentalen Seefrachtverkehr zu. Der Importeur müsste bei Vorlage der Dokumente bereits den Kaufpreis entrichten und so einen Teil der Transportdauer finanzieren. Die Vertragspartner vereinbaren deshalb häufig einen Zusatz wie »zahlbar bei Ankunft der Ware« oder »zahlbar 15 Tage nach Dokumentenvorlage«.

Dokumente gegen Akzept: Ein Dokumenteninkasso kann auch auf Basis eines Wechselkredits durchgeführt werden. Zur Sicherung seiner Forderung erhält der Exporteur dabei einen Wechsel. Man unterscheidet dabei folgende Wechselarten:

- Solawechsel (eigener Wechsel): Der Importeur verspricht die Zahlung des Wechselbetrags (»Gegen diesen Wechsel zahle ich ...).
- Tratte (gezogener Wechsel): Der Exporteur stellt den Wechsel aus und zieht ihn auf den Importeur (Gegen diesen Wechsel zahlen Sie ....). Wird der Wechsel vom Importeur

unterschrieben, wird die Zahlungsaufforderung akzeptiert. Die unterschriebene und damit akzeptierte Tratte nennt man Akzept.

Der besondere Vorteil eines Wechsels liegt darin, dass er ein Zahlungsversprechen ist, das vom Grundgeschäft unabhängig ist. Mögliche Einwendungen gegen das Grundgeschäft berühren nicht das im Wechsel verkörperte Zahlungsversprechen. Man nennt solche Zahlungsversprechen daher abstrakt.

Die den Besitz an der Ware verkörpernden Dokumente werden anschließend »Zug um Zug« vom Inkassobeauftragten gegen das Akzept oder den Solawechsel eingetauscht (D/A; documents against acceptance). Durch den Wechsel erhält der Importeur bis zum Fälligkeitstermin des Wechsels einen Zahlungsaufschub. Das Risiko für die Einbringlichkeit des Wechsels trägt ausschließlich der Exporteur.

Vor- und Nachteile: Die beteiligten Banken übernehmen beim Dokumenteninkasso weder eine Garantiefunktion noch prüfen sie die Dokumente. Der Importeur bekommt aber zumindest die Sicherheit, dass die Waren abgeschickt wurden. Er kann frei über die Annahme der Waren entscheiden, muss sich aber darauf verlassen, dass die Waren vertragskonform hinsichtlich Umfang und Qualität ausgeliefert werden. Der Exporteur andererseits muss die Waren versenden, bevor die Zahlung bzw. die Übergabe des Akzepts erfolgt. Das Risiko der Zahlungsunfähigkeit und Zahlungsunwilligkeit des Importeurs besteht unverändert, ebenso wie das Abnahmerisiko. Verweigert der Importeur die Annahme, muss der Exporteur auf eigene Kosten die Waren lagern, verwerten oder zurückführen. Das Dokumenteninkasso ist deshalb zur Zahlungssicherung nur bedingt geeignet. Seine Vorteile liegen in der leichten Handhabe und den vergleichsweise geringen Gebühren, aber es verbleiben erhebliche Risiken bei den Vertragspartnern. Es empfiehlt sich daher vorwiegend bei geringen Länderrisiken, wenn weitere Risiken anderweitig abgesichert wurden oder wenn sich die Parteien bereits seit mehreren Jahren als verlässliche Partner kennen.

Die Abwicklung des Dokumenteninkassos gestaltet sich einfacher, wenn Inkassobank und Einreicherbank identisch sind. Doch da die Handelspartner in zwei verschiedenen Ländern ihren Sitz haben, sind üblicherweise zwei Banken in den Geschäftsabwicklungsprozess eingebunden. International vertretene Großbanken haben hier einen Vorteil, da sie in den wichtigsten Import- und Exportländern vor Ort vertreten sind.

Dokumentenakkreditive

Etwas mehr Sicherheit aus Sicht des Exporteurs bietet ein Dokumentenakkreditiv. Es funktioniert ähnlich wie ein Dokumenteninkasso, doch es beinhaltet zusätzlich das Versprechen einer Bank, für die Verbindlichkeiten des Importeurs einzustehen. Ein Dokumentenakkreditiv ist ein abstraktes Schuldversprechen einer Bank (Akkreditivbank) für Rechnung ihres Auftragsgebers (Akkreditivsteller = Importeur) an einen Begünstigten (Akkreditierter = Exporteur) gegen Überreichung von vereinbarten Dokumenten innerhalb eines bestimmten Zeitraums

- einen bestimmten Währungsbetrag zu zahlen oder
- einen Wechsel zu akzeptieren und bei Fälligkeit zu zahlen.

Im ersten Fall spricht man von einem Auszahlungsakkreditiv (D/P credit), im zweiten Fall von einem Wechselakkreditiv (D/A credit).

Abstrakt wird das Schuldversprechen deshalb genannt, weil es rechtlich losgelöst ist vom Grundgeschäft, selbstständig neben dem Kaufvertrag steht und deshalb unabhängig davon eingefordert werden kann.

Beim Akkreditiv geht es nur um die Auslieferung und Prüfung der Dokumente, nicht um die Waren oder die Verträge selbst, denen die Warenlieferungen zugrunde liegen. Es bietet dem Exporteur eine große Sicherheit, dass er seinen Kaufpreis auch erhält. Der Exporteur erhält nicht nur »Zug um Zug« Zahlungen gegen Ware bzw. Dokumente, sondern auch die Haftungszusage der Akkreditivbank.

Auszahlungsakkreditiv: Den klassischen Ablauf eines Auszahlungsakkreditivs zeigt Abbildung 21.4.

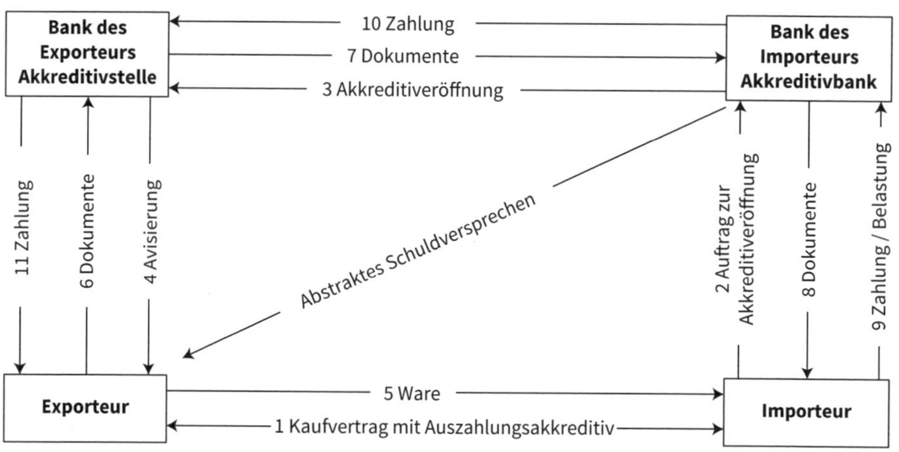

Abb. 21.4: Ablauf eines Zahlungsakkreditivs

Im Kaufvertrag wird als Zahlungsbedingung ein Auszahlungsakkreditiv vereinbart (1). Zunächst beauftragt der Importeur (Akkreditivsteller) seine Bank im Rahmen eines Geschäftsbesorgungsvertrags, ein Akkreditiv zugunsten des Exporteurs zu eröffnen (2). Durch den Akkreditivauftrag gibt die Akkreditivbank ein abstraktes Schuldversprechen an den Begünstigten, das sie verpflichtet, die vereinbarte Zahlung zu leisten, falls vom Exporteur ordnungsgemäße Dokumente vorgelegt werden. Die Akkreditivbank reicht das Akkreditiv an die Akkreditivstelle im Rahmen eines eigenen Geschäftsbesorgungsvertrags zur Ausführung und Zahlungsabwicklung vor Ort weiter (3). Anschließend informiert die Akkreditivstelle den Exporteur über die Eröffnung des

Akkreditivs (4). Bei einem sogenannten »bestätigten Akkreditiv« gibt die Akkreditivstelle ihrerseits dem Exporteur ein weiteres abstraktes Schuldversprechen, das dann unabhängig vom Zahlungsversprechen der Akkreditivbank existiert.

Der Exporteur verschickt die Waren (5) über eine Speditionsfirma (nicht dargestellt), da mit dem Akkreditiv die Zahlung sichergestellt ist. Die erforderlichen Dokumente werden zunächst an die Akkreditivstelle weitergereicht (6). Sie prüft die eingereichten Dokumente eigenverantwortlich. Ihre Entscheidung über die Qualität der Dokumente ist bindend für die Akkreditivbank. Entsprechen die Dokumente den Vereinbarungen, werden sie über die Akkreditivbank (7; 8) an den Importeur ausgegeben, was die Zahlungen an den Exporteur auslöst (9; 10; 11).

Wechselakkreditiv: Der Ablauf ist identisch. Beim Auszahlungsakkreditiv bezieht sich das abstrakte Schuldversprechen auf die Verpflichtung zur Zahlung, beim Wechselakkreditiv auf die Herausgabe eines Akzepts.

Auszahlungs- und Wechselakkreditive sind die zwei übergeordneten Arten von Dokumentenakkreditiven. Sie lassen sich noch weiter unterteilen.

Abb. 21.5: Unterteilung von Dokumentenakkreditiven

Die einfachste Form ist das Sichtakkreditiv, bei dem sich die Akkreditivbank verpflichtet, unmittelbar nach Sicht der Dokumente den vereinbarten Betrag auf das Konto des Exporteurs zu überweisen. Da Dokumente, wie bereits erwähnt, jedoch oft den Bestimmungsort schneller als Waren erreichen, insbesondere beim Warenversand auf dem Seeweg, werden manchmal auch Auszahlungsakkreditive mit hinausgeschobener Zahlung vereinbart. Hier erfolgt die Zahlung mit zeitlichem Abstand nach Eingang der Dokumente, etwa bei Ankunft des Schiffes oder nach x Tagen. Diese Form wird Deferred-Payment-Akkreditiv genannt.

Auch Wechselakkreditive können unterteilt werden. Bei einem Akzeptakkreditiv (auch Remboursakkreditiv genannt) erhält der Exporteur bei Vorlage der Dokumente ein Bankakzept. Ein Negoziationsakkreditiv wiederum zeichnet sich dadurch aus, dass die Akkreditivbank sich verpflichtet, die Dokumente anzukaufen (= negoziieren). Wir werden die beiden letzten Formen später noch etwas ausführlicher betrachten.

Vor- und Nachteile: Ein Akkreditiv erfüllt eine Zahlungssicherungsfunktion, da der Exporteur erst nach Empfang des Akkreditivs und damit des Schuldversprechens seitens der Akkreditivbank seine Waren verschickt. So wird verhindert, dass der Importeur gleichzeitig im Besitz der Ware und im Besitz des Kaufpreises ist.

Der Importeur reduziert sein Lieferrisiko, da er zumindest durch die Art, den Umfang und die Qualität der Dokumente Einfluss auf die Lieferung hat. Einen Schutz vor Qualitätsmängel der gelieferten Ware besteht allerdings nicht. Selbstredend ist, dass ein Akkreditiv auch eine für den Importeur bedeutsame Dokumentenprüffunktion hat. Zahlung und Erfüllungsort beim Akkreditiv sind immer im Land des Exporteurs.

21.3 Finanzierung im Außenhandel: Überblick

Die Finanzierung eines Exportgeschäfts unterscheidet sich grundsätzlich nicht von der Finanzierung eines Handelsgeschäfts im Inland. Vom Einkauf der benötigten Rohstoffe und Vorprodukte, über die Produktionsdauer, über den Verkauf bis hin zum Eingang der Zahlung muss ein Produkt vorfinanziert werden. Nicht umsonst verursachen Vorräte und Forderungen im Durchschnitt fast 50 % der Kapitalbindung von deutschen Unternehmen (siehe Deutsche Bundesbank, Statistische Sonderveröffentlichung 6, 2018). Dabei ist es völlig unerheblich, ob die Waren im Inland oder im Ausland verkauft werden. Ein kleiner Teil der Finanzierung erfolgt üblicherweise über Lieferantenkredite, der größere Teil über kurz- und mittelfristige Bankkredite oder auch Eigenkapital.

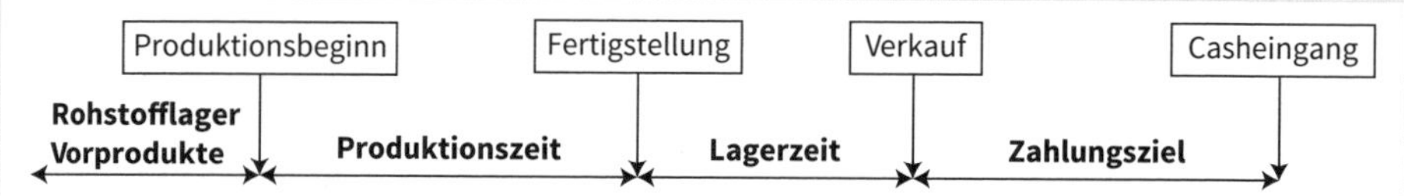

Abb. 21.6: Kapitalbindung

Auch bei der Finanzierung eines Außenhandelsgeschäfts stellt sich für den Exporteur wie bei jedem anderen Verkauf die Frage, welches Zahlungsziel er welchen Kunden mit welchen Konditionen einräumen soll. Hier spielen die Marktusancen für das spezifische Produkt ebenso eine Rolle, wie die Marktmacht der Handelspartner oder die allgemeine Wettbewerbssituation. Im Folgenden wollen wir aber keine allgemeine Gesamtschau der betrieblichen Finanzierung geben, sondern wir konzentrieren uns in diesem Kapitel auf die spezifischen Besonderheiten der Finanzierung im Außenhandelsgeschäft.

Einige Finanzierungsfragen wurden bereits im letzten Kapitel angesprochen, denn mit der vereinbarten Zahlungsbedingung wird weitgehend auch die Verteilung der Finanzierungskosten zwischen den Handelspartnern festgelegt. Abbildung 21.7 zeigt unter diesem Aspekt nochmals die im letzten Kapitel vorgestellten Zahlungsvereinbarungen.

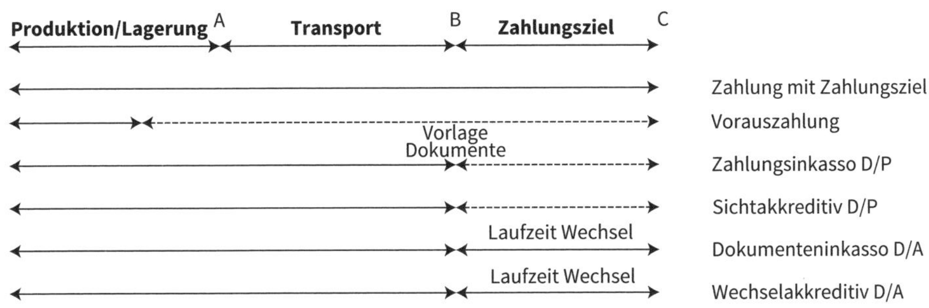

Abb. 21.7: Finanzierungswirkungen von Zahlungsvereinbarungen

Bei Zahlung auf Rechnung erfolgt die Finanzierung vollständig durch den Exporteur über den gesamten Zyklus hinweg, dargestellt durch eine durchgezogene Linie. Bei einer Vorauszahlung beteiligt sich der Importeur an der Finanzierung. In Abhängigkeit von der konkreten Vereinbarung reicht der Finanzierungsbeginn hinein bis zum Erstellungszeitraum der Ware, dargestellt als gepunktete Linie. Beim Zahlungsinkasso (=Dokumenteninkasso D/P) erfolgt die Exportfinanzierung bis zur Vorlage der Dokumente zum Zeitpunkt B, was den Transportzeitraum folglich mit einbezieht. Gleiches gilt für ein Sichtakkreditiv.

Beim Dokumenteninkasso D/A und beim Wechselakkreditiv erhält der Exporteur bei Vorlage der Dokumente einen Wechsel. Da der Wechsel erst zu einem späteren Zeitpunkt fällig wird, erhält der Importeur für diesen Zeitraum wirtschaftlich ein Zahlungsziel eingeräumt. Damit finanziert der Exporteur analog zur Zahlung mit Zahlungsziel den gesamten Zyklus. Trotz gleichen Finanzierungserfordernissen sind allerdings das Ausfallrisiko und Erfüllungsrisiko der beiden Zahlungsarten sehr unterschiedlich, wie im letzten Kapitel gezeigt. Ein weiterer Unterschied besteht darin, dass ein Exporteur den akzeptierten Wechsel zu seiner Refinanzierung einsetzen kann, wenn er ihn vorzeitig verkauft oder diskontiert. Beide Möglichkeiten werden im Folgenden aufgezeigt.

21.4 Kurzfristige Finanzierungen im Außenhandel

Bei Vorauszahlungen oder Lieferantenkrediten stellen sich die beteiligten Handelspartner untereinander Finanzmittel zur Finanzierung ihres Außenhandels zur Verfügung. Häufig sind aber Banken involviert, wie wir gesehen haben. Banken können Kredite ungesichert oder auf Basis von hereingenommenen Sicherheiten vergeben. Ein bedeutsames Beispiel im Außenhandel sind Lombardkredite, bei denen die Ware selbst bzw. die den Besitz verkörpernden Dokumente als Sicherheit bei der Kreditvergabe verlangt werden. Am häufigsten aber betreiben die Banken im Außenhandelsgeschäft eine sogenannte Kreditleihe. Dabei stellen sie keine liquiden Mittel unmittelbar zur Verfügung, sondern geben im Auftrag des Kreditnehmers nur ein Zahlungsversprechen zugunsten eines Dritten ab. Da sie dem Kreditnehmer ihren guten Namen und ihre Bonität leihen, ermöglichen bzw. erleichtern sie die Geschäftsabwicklung. Garantien sind Beispiele hierfür, die im nächsten Kapitel behandelt werden. Wir konzentrieren uns aber zunächst auf Akzeptkredite, die im Außenhandel eine herausragende Rolle spielen und häufig mit einem Dokumentenakkreditiv kombiniert werden.

Akzeptkredit

Akzeptkredite spielen bei Außenhandelsgeschäften eine bedeutsame Rolle. Falls die Bonität des Importeurs vom Exporteur nicht beurteilt werden kann oder als nicht ausreichend erachtet wird, muss sich der Importeur über einen Akzeptkredit eine gute Bonität »leihen«. Hierzu stellt der Importeur (=Kreditnehmer) einen Wechsel aus, den eine Bank als Bezogener akzeptiert. Durch das Bankakzept hat der Exporteur die Sicherheit, dass die akzeptierende Bank den Kaufbetrag am Fälligkeitstag des Wechsels begleicht. Zwei Tage vor Fälligkeit wird die Bank den Kaufbetrag vom Konto des Importeurs abbuchen. Folglich muss die Bank keine liquiden Mittel zur Verfügung stellen, sofern das Konto die nötige Deckung aufweist. Liegt einem Akzeptkredit ein Handelsgeschäft zugrunde, spricht man von einem Handels- oder Kreditakzept, anderenfalls von einem Finanzakzept.

Rembourskredit

Bei einem Rembourskredit wird ein Akzeptkredit mit einem Akkreditiv und der gleichzeitigen Diskontierung des akzeptierten Wechsels kombiniert. Der Begriff Rembourskredit leitet sich vom Verb »remboursieren« ab, was so viel heißt wie erstatten oder ausgleichen. Abbildung 21.8 verdeutlicht den Ablauf dieser Finanzierungsform.

Ausgangspunkt ist der Verkauf von Waren auf Basis eines Wechselakkreditivs (1). Der Importeur eröffnet bei seiner Akkreditivbank einen Rembourskreditvertrag (2). Bezogener des vom Importeur ausgestellten Wechsels ist die Akkreditivbank, Begünstigter der Exporteur. Der Abschluss des Vertrags und die Akzeptzusage werden dem Exporteur über seine Bank (= Akkreditivstelle) mitgeteilt (4), der daraufhin die Waren versendet (5). Die Dokumente werden Zug um Zug gegen das Bankakzept über die beteiligten Banken an den Importeur ausgehändigt (6; 7; 8).

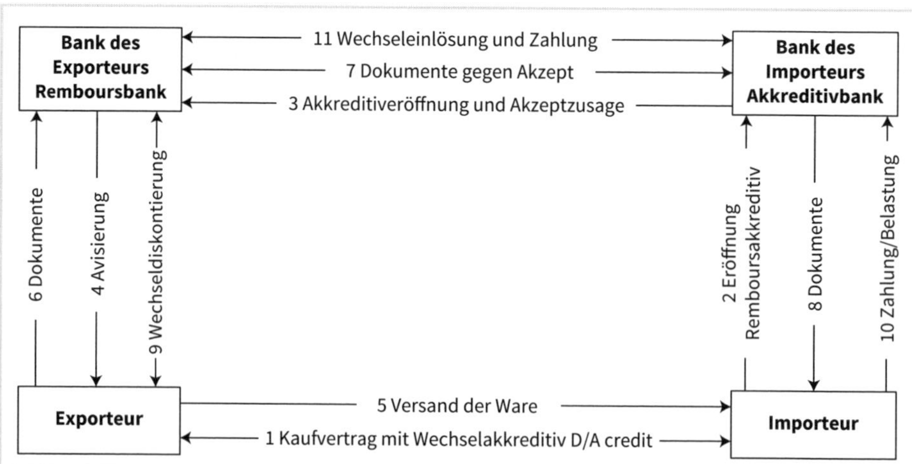

Abb. 21.8: Direkter Rembourskredit

Der Exporteur bewahrt das Akzept nicht bis zum Fälligkeitstag bei sich auf, sondern gibt es seiner Bank zur Diskontierung (9), d. h. die Bank kauft den noch nicht zur Zahlung fälligen Wechsel unter Vorwegabzug der Kreditzinsen an. Dadurch erhält der Exporteur den Gegenwert bereits vor dem Fälligkeitszeitpunkt des Wechsels. Ein Kredit auf der Basis von diskontierten Wechseln wird Diskontkredit genannt, der Zinssatz Wechseldiskontsatz. Zwei Tage vor Fälligkeit belastet die Importbank das Konto des Importeurs mit der vereinbarten Summe (10) und muss ihrerseits den von der Exportbank vorgelegten Wechsel einlösen (11).

Wenn, wie im vorliegenden Fall, der Rembourskredit über vier Beteiligte abgewickelt wird, dann spricht man von einem direkten Rembourskredit. Sollte noch eine weitere Bank (= Remboursbank) hinzugezogen werden, weil die Importbank der Exportbank nicht bekannt ist, eine zu geringe Bonität hat oder einfach nur keine Korrespondenzbankverbindung hat, dann spricht man von einem indirekten Rembourskredit.

Ein Rembourskredit kombiniert die Vorteile der drei Bestandteile Akkreditiv, Akkreditivkredit und Wechseldiskont: Der Importeur erhält Sicherheit über die ordnungsgemäße Lieferung gemäß Akkreditiv und erhält einen Lieferantenkredit. Der Exporteur hat kein Zahlungs- und Abnahmerisiko bei seiner Lieferung und kann den Lieferantenkredit durch die Diskontierung des Wechsels finanzieren.

Grundsätzlich kann die diskontierende Bank den Wechsel weiterverkaufen, d. h. rediskontieren. Bis 1999 führte die Deutsche Bundesbank eine Rediskontierung von Wechseln durch, d. h. die Bundesbank betrieb mit den Geschäftsbanken das gleiche Wechseldiskontgeschäft wie die Geschäftsbanken mit ihren Kunden. Mit dem Verantwortungsübergang der Geldpolitik an die Europäische Zentralbank stellte die Bundesbank jedoch die Rediskontierung ein. Banken können Wechsel aber immer noch zur Refinanzierung einsetzen, weil die EZB Handelswechsel als Kategorie-2-Sicherheiten bei der Vergabe von EZB-Krediten akzeptiert. Wenngleich die Bedeutung des Wechselkredits in Deutschland zurückgegangen ist, spielt sie im Ausland immer noch eine wichtige Rolle.

Negoziierungskredit

Bei einem Rembourskredit erhält der Exporteur ein Bankakzept von der Bank des Importeurs (Akkreditivbank), das er bei seiner Bank diskontieren lässt (Remboursbank). Im Gegensatz dazu wird bei einem Negoziierungskredit die Bank des Exporteurs von der Bank des Importeurs im Auftrag des Importeurs ermächtigt, zulasten der Importbank eine Tratte bzw. die Dokumente anzukaufen. Damit kann der Exporteur sofort über den Gegenwert der Kaufsumme verfügen, der von der Exportbank ausgezahlt wird. Die Exportbank wird sich bei Fälligkeit des Wechsels die Dokumente der Importbank zum Zahlungsausgleich präsentieren lassen.

Exportfactoring

Unter Factoring versteht man den Ankauf, die Verwaltung und den Einzug von kurzfristigen Forderungen. Beim echten Factoring übernimmt der Factor (Forderungskäufer) darüber hinaus das Ausfallrisiko (Delkredererisiko) der Forderungen. Ein Exportfactoring bezieht sich auf Forderungen, die durch Außenhandelsgeschäfte entstanden sind.

Exportfactoring bietet sich an, wenn häufig Warenlieferungen an viele Abnehmer gegen Rechnung erfolgen. Exportfactoring erfolgt dann auf Basis einer Globalzession (Globalabtretung) für die entstehenden Exportforderungen. Wegen der Vielzahl der Geschäfte wären dokumentäre Zahlungsvereinbarungen zu zeitaufwendig und teuer.

Eine der größten Herausforderungen beim Exportfactoring liegt in der Vielzahl der betroffenen Rechtsordnungen, wenn in mehrere Länder exportiert wird. In der betrieblichen Praxis hat sich deshalb wie in der Abbildung 21.9 ein »2-Factor-System« herausgebildet, wonach ein inländischer Factor im Land des Exporteurs als Factor fungiert, der mit mehreren ausländischen Factors in den betroffenen Exportländern zusammenarbeitet.

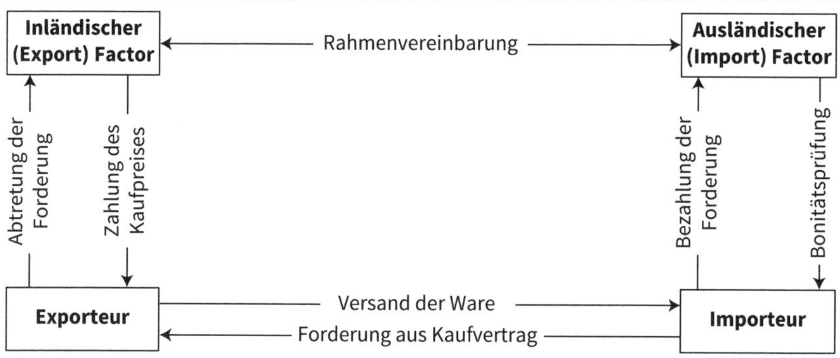

Abb. 21.9: Factor-System im Exportfactoring

Der inländische Factor hat einerseits einen Rahmenvertrag mit dem Exporteur, der die Abtretung der Auslandsforderungen regelt. Andererseits hat er auch einen Rahmenvertrag mit einem ausländischen Factor, der die Bonität des Importeurs beurteilt und dem Exportfactor grünes Licht für den Ankauf der Forderungen des Exporteurs gibt. Die Verwaltung und den Einzug der Forderungen übernimmt naheliegenderweise der Importfactor. Diese Arbeitsteilung zwischen in- und ausländischen Factor hat den großen Vorteil, dass jeder der beiden seine Dienstleistungen nur in einem vertrauten Land mit vertrauter Rechtsordnung erbringen muss.

Factoring setzt sich aus drei Bestandteilen zusammen:

- Übernahme des Ausfallrisikos beim echten Factoring: Üblich ist die Übernahme von wirtschaftlichen, nicht aber von politischen Risiken. Beim unechten Factoring hat der Factor ein Rückbelastungsrecht, falls der Schuldner seinen Zahlungsverpflichtungen nicht nachkommt.
- Finanzierungsfunktion: Bis zu 90 % der Kreditforderung werden sofort ausbezahlt. Dies verbessert die Liquidität und entlastet die Bilanz.

- Forderungsverwaltung: Die Übernahme der Forderungsverwaltung ist ein großer Vorteil, denn das Mahnwesen, das Inkasso vor Ort und gegebenenfalls die gerichtliche Eintreibung der Forderungen finden in einer anderen Rechtsordnung, in einer anderen Sprache und mit anderen Gepflogenheiten statt.

Da Factoring auf Grundlage einer Globalzession erfolgt, werden die Importeure üblicherweise über die Forderungsabtretung informiert (offenes Factoring), sodass die Zahlung nur über den Importfactor mit befreiender Wirkung erfolgen kann.

21.5 Bankgarantien

Bankgarantien stellen einen unverzichtbaren Baustein in der Abwicklung von vielen Außenhandelsgeschäften dar. Da sich der Kreditnehmer dabei den guten Namen und die Bonität einer Bank »leiht«, stellen Bankgarantien eine Form der Kreditleihe dar.

Bei einer Bankgarantie gibt die Bank dem Garantiebegünstigten gegenüber ein abstraktes Zahlungsversprechen ab, für Leistungen einzustehen, falls der Hauptschuldner seinen Verpflichtungen nicht nachkommt. Der Begünstigte kann Zahlung verlangen, falls der Umstand eintritt, für den die Garantie abgegeben wurde. Eine Garantie wird immer selbstschuldnerisch gegeben, meistens auf erste Anforderung. Eine Bankgarantie verpflichtet nur zu einer Geldzahlung. Falls etwa ein Gebäude nicht rechtzeitig fertiggestellt wird oder eine technische Anlage nicht funktioniert, dann schuldet die Bank weder die Fertigstellung des Gebäudes noch eine neue Maschine, sondern einen vereinbarten Schadensersatz. Da deren Ausmaß oft nicht geschätzt werden und sehr hoch sein kann, werden in Garantien häufig Zahlungsobergrenzen vereinbart.

Mit Garantien werden Außenhandelsgeschäfte mit dem Ziel besichert, die Einhaltung der Vertragspflichten zu gewährleisten und umständliche Rechtsauseinandersetzungen zu vermeiden. Zweck einer Garantie ist die Entschädigung des Garantienehmers für etwaige finanzielle Nachteile und Schäden, und zwar unabhängig von den Rechten und Pflichten des Hauptschuldners. Eine Garantie dient nicht der Bezahlung oder der Finanzierung eins Handelsgeschäfts, sondern nur der Ausfallhaftung.

Garantien sind in Deutschland nicht gesetzlich geregelt, sondern können frei aufgesetzt werden. Üblicherweise enthält eine Garantie einen Verweis zum Grundgeschäft (Präambel), die Zahlungsklauseln und die Garantiebedingungen. Da es keine rechtlichen Vorgaben gibt, sollte der Vertrag zumindest bestimmte Mindesterfordernisse beinhalten wie

- ein verbindliches, abstraktes Zahlungsversprechen des Garanten,
- dem Garantienehmer eine bestimmte Summe einer bestimmten Währung im Garantiefall zu zahlen, sowie
- eine Beschreibung der Art der Garantie im Rahmen des Grundgeschäfts.

Im internationalen Geschäftsverkehr haben sich feste Formulierungen herausgebildet, wie »Zahlung auf erstes und einfaches Anfordern unter Verzicht auf Einreden und Einwendungen«, »ohne Prüfung des Grundgeschäfts«, »unter Verzicht auf jedwede Einrede der Vorausklage« usw.

Am häufigsten fungieren Banken als Garantiegeber. Bankgarantien sind dabei so vielfältig wie die abzusichernden Grundgeschäfte:

Bietungsgarantie (tender guarantee): Hier verpflichtet sich der Garantiegeber, Schadensersatz zu leisten, falls der Teilnehmer einer Ausschreibung, der den Zuschlag zum Auftrag erhält, seinen Pflichten nicht nachkommen will oder kann.

Anzahlungsgarantie (down payment guarantee): Der Garant verpflichtet sich, die vom Importeur geleisteten Anzahlungen oder Vorauszahlungen zu erstatten, falls der Exporteur seinen geschuldeten Pflichten nicht nachkommen will oder kann.

Liefer- und Leistungsgarantie (delivery and performance guarantee): Bei einer Liefergarantie sichert der Garant die vertragsgerechte Lieferung einer Ware zu, bei einer Leistungsgarantie die vertragsgerechte Erfüllung einer vereinbarten Dienstleistung. Kann der Exporteur nicht liefern, erhält der Importeur Schadensersatzzahlungen vom Garanten. Zwar könnten die Handelspartner auch eine Vertragsstrafe vereinbaren. Da die Vertragsstrafe aber wiederum vom Exporteur geleistet werden müsste, ist eine Liefer- und Leistungsgarantie für den Importeur viel attraktiver, deckt sie doch auch den Fall ab, dass der Exporteur in wirtschaftliche Schwierigkeiten kommt. Im Insolvenzfall ist die Zahlung einer Vertragsstrafe nämlich sehr unwahrscheinlich.

Gewährleistungsgarantie (guarantee for warranty obligation): Sie deckt, wie der Name schon sagt, die Gewährleistungsrisiken ab, falls der Exporteur die Leistungen nach der Auslieferung der Waren bzw. nach Erbringung der Dienstleistung nicht mehr erbringen kann oder will. Insbesondere bei Investitionsgütern oder ganzen Industrieanlagen kann die volle Funktionsfähigkeit erst im Laufe der Zeit festgestellt werden. Damit sichert eine Gewährleistungsgarantie faktisch eine technisch einwandfreie, voll funktionstüchtige Ware bzw. Dienstleistung zu.

Vertragserfüllungsgarantie: Sie kombiniert die Gewährleistungsgarantie mit der Liefer- und Leistungsgarantie.

Zahlungsgarantie (payment guarantee): Sie sichert den Fall ab, dass der Importeur seine Rechnung nicht begleicht, weil er zahlungsunfähig oder zahlungsunwillig ist.

Zahlen zur Nutzung der Instrumente

Eine der wenigen Organisationen, die empirische Daten über den Einsatz der oben dargestellten Zahlungs- und Finanzierungsinstrumente zur Verfügung stellen, ist die Internationale

Handelskammer ICC in Paris, die International Chamber of Commerce. Für 2017 nahmen an ihrer Studie »Rethinking Trade and Finance« 255 Banken aus 98 Ländern teil.

Die ICC ist auch die Organisation, die in den sogenannten **E**inheitlichen **R**ichtlinien den Ablauf, die Haftung und Verantwortung der Akteure bei einem **A**kkreditiv (ERA) und bei einem Dokumenteninkasso (ERI) regelt und die relevanten Dokumente (Rechnungen, Frachtpapiere, Zertifikate) exakt festlegt und beschreibt. Obwohl die Richtlinien nur Empfehlungscharakter haben, bilden sie für alle Beteiligten einen verlässlichen und klar definierten Rahmen.

In der Abbildung 21.10 wird die überragende Bedeutung von Akkreditiven für die kurzfristige Exportfinanzierung deutlich. Mit 48 % wird fast die Hälfte aller Exportfinanzierungen über eines der vielen Ausprägungen von Akkreditiven durchgeführt. Klassische Kreditlinien, Dokumenteninkasso und Garantien folgen.

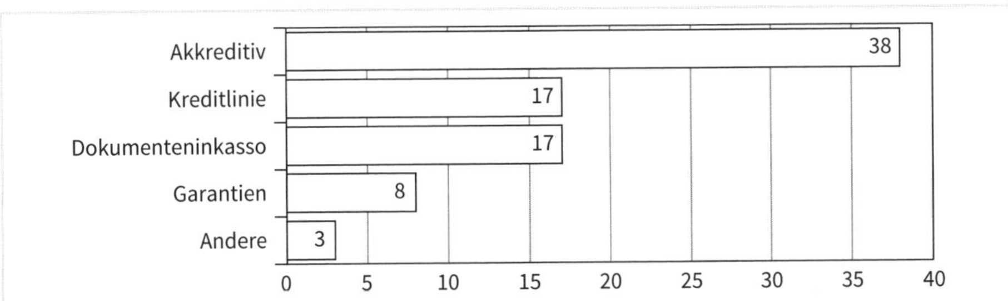

Abb. 21.10: Nutzung der einzelnen kurzfristigen Finanzierungsinstrumente in % in 2016

Die Gesamtzahl der Akkreditiv-Transaktionen der an der Studie teilnehmenden Banken beträgt rund 4,4 Mio. Dabei dominiert die Asien-Pazifik-Region mit weitem Abstand. Auch in Europa und selbst innerhalb der Eurozone wird das Akkreditiv aktiv eingesetzt. Am geringsten sind die Transaktionen für Afrika und Mittel/Lateinamerika.

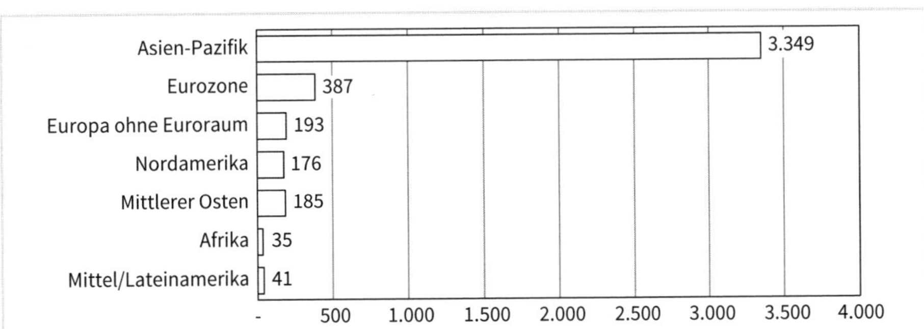

Abb. 21.11: Regionale Verteilung der Akkreditive in 2016; Transaktionen in 1.000

21.6 Längerfristige Instrumente der Außenhandelsfinanzierung

Fast die Hälfte der deutschen Exporte besteht aus Investitionsgütern. Einige Käufer sind allerdings nicht in der Lage, den Kaufpreis sofort und in vollem Umfang zu entrichten. Dies gilt insbesondere für technische Großanlagen oder Infrastrukturprojekte. Da sich die Nutzung dieser Investitionsgüter oft über sehr viele Jahre erstreckt, fordern manche potenziellen Käufer eine Unterstützung bei der mittel- bis langfristigen Finanzierung der Investitionskäufe und machen sogar ihre Kaufbereitschaft und Kauffähigkeit von einer Unterstützung abhängig. Die Regionen, die davon am meisten betroffen sind, sind Entwicklungs- und Schwellenländer, sei es in Südamerika, in Afrika oder Asien.

Auch der Staat in den betroffenen Exportländern hat ein Interesse »seine Exporteure« bei ihren Verkaufsbemühungen zu unterstützen, um Arbeitsplätze im Inland zu sichern bzw. auszubauen. Deshalb gibt es in fast allen Industrienationen eine staatlich unterstützte Exportförderung. Sie umfasst die (Teil)-Finanzierung von Außenhandelsgeschäften, aber auch den Versicherungsschutz beim Ausfall von Kreditforderungen.

Nationale Exportförderung
Hauptträger von staatlich geförderten mittel- bis langfristigen Außenhandelsfinanzierungen in Deutschland ist die in Frankfurt angesiedelte »Kreditanstalt für Wiederaufbau« (KfW), während die Euler-Hermes Kreditversicherungs-AG mit staatlicher Hilfe mögliche Kreditausfälle absichert.

KfW: Die KfW ist eine Anstalt des öffentlichen Rechts, die unter der Rechtsaufsicht des Bundesfinanzministeriums steht. Die KfW ist die größte nationale Förderbank mit einer Bilanzsumme von über 470 Mrd. Euro und 6.300 Mitarbeitern (2017). Eigentümer sind der Bund mit 80 % und die Bundesländer mit 20 %.

Im Jahre 2008 wurden die Exportfinanzierungsaktivitäten der KfW gebündelt und in die Tochtergesellschaft KfW IPEX-Bank ausgegliedert. 2017 lag laut Geschäftsbericht das Volumen der Exportkreditverträge bei 61,9 Mrd. Euro.

Euler-Hermes: Eine staatliche Bereitschaft zur Übernahme des Ausfallrisikos ist häufig eine Voraussetzung für Exporte in weniger entwickelte Regionen. Im Auftrag des Bundes bieten die Euler-Hermes Kreditversicherungs-AG und die PricewaterhouseCoopers (PwC) Versicherungsleistungen an, wobei die Federführung bei Euler-Hermes liegt. Sogenannte Hermesdeckungen sind Gewährleistungen des Bundes und damit staatliche Ausfuhrhilfen für deutsche Exporteure, die den wirtschaftlichen Schaden abdecken, falls der vereinbarte Zahlungseingang uneinbringlich ist. Um langwierige Auseinandersetzungen zu vermeiden, wurde festgelegt, dass der Versicherungsfall spätestens dann eintritt, wenn offene Rechnungen 6 Monate nach Fälligkeit noch offen sind. Dabei ist es unerheblich, ob der Zahlungsausfall wirtschaftliche oder politische Ursachen hat.

Der maximale Umfang der von den Mandataren zu übernehmenden Versicherungsleistungen wird im Haushaltsgesetz des Bundes in Höhe des sogenannten Ermächtigungsrahmens festgelegt. Im Haushaltsgesetz 2017 steht hierzu in § 3 (1): »Das Bundesministerium der Finanzen wird ermächtigt, Bürgschaften, Garantien oder sonstige Gewährleistungen ... zu übernehmen, ... davon bis zu 160 000 000 000 Euro im Zusammenhang mit förderungswürdigen oder im besonderen staatlichen Interesse der Bundesrepublik Deutschland liegenden Ausfuhren, ...«.

Bei den 160 Mrd. Euro handelt es sich um die Obergrenze für alle vergebenen Leistungen. Der jährliche Neuzugang ist natürlich viel geringer. 2018 sind 16,3 Mrd. Euro eingeplant.

Euler-Hermes hat alle Länder in sieben Ratingklassen eingeteilt. Beispiele für die Ratings sind: Frankreich 0, Taiwan 1, China 2, Indonesien 3, Indien 4, Tunesien 5, Albanien 6, Ukraine 7. Zu jedem Land gibt es sogenannte Länderbeschlüsse. Abbildung 21.12 zeigt die Infos beispielsweise zu China. Sämtliche Ratings und Länderbewertungen finden sich auf dem AGA-Portal (Auslandsgeschäftsabsicherung) der Bundesrepublik Deutschland, agaportal.de).

Kurz-, mittel- und langfristig	Es bestehen Deckungsmöglichkeiten innerhalb eines Plafonds in Höhe von 250 Mio. Euro mit einer Orientierungsgröße von 25 Mio. Euro Auftragswert pro Einzelgeschäft.
Sicherheiten	Bei mittel- und langfristigen Geschäften mit privaten Abnehmern ohne Staats- oder Bankgarantien sind nach internationalen Rechnungslegungsstandards erstellte und testierte Jahresabschlüsse notwendig, die eine Deckungsübernahme ohne weitere Sicherheiten rechtfertigen. Bei kurzfristigen Geschäften kann die Bonitätsprüfung des ausländischen Bestellers auch anhand anderer aussagefähiger Unterlagen erfolgen. Die Anerkennung einer Bank als Garant bzw. Darlehensnehmer erfolgt weiterhin von Fall zu Fall; aufgrund ausreichender Bonitätsbeurteilung wurden einzelne Banken generell anerkannt.

Tab. 21.1: Länderbeschluss Ukraine

Es gibt auch viele private Anbieter von Finanzierungs- und Versicherungsleistungen am Markt. Neben den größeren Geschäftsbanken ist hier die auf Exportfinanzierung spezialisierte Ausfuhrkredit-Gesellschaft mbH AKA zu nennen. Sie wird von derzeit 17 der größten deutschen Geschäftsbanken getragen. Konsortialführer ist die Deutsche Bank, auf deren Betreiben hin die AKA 1952 gegründet wurde. Gesellschafter sind nicht nur Privatbanken, sondern auch die Landesbanken. Da die AKA ihre Aufträge von den beteiligten Geschäftsbanken erhält und die Finanzierung auch weitgehend im Konsortium der beteiligten Geschäftsbanken erfolgt, ist die Kreditsumme der AKA mit 3,07 Mrd. Euro und gerade mal 100 Mitarbeitern vergleichsweise gering.

Die größten privaten Anbieter von Versicherungsleistungen sind der private Arm der Euler-Hermes Versicherungsgesellschaft und die COFACE Kreditversicherung AG. Allerdings versichern private Anbieter üblicherweise nur wirtschaftliche und keine politischen Risiken.

Bestellerkredit und Lieferantenkredit: Die zwei wesentlichen Leistungen der AKA und KfW im Rahmen der mittel- bis langfristigen Exportfinanzierung sind sogenannte Bestellerkredite und Lieferantenkredite.

Bei einem Bestellerkredit ist der Besteller, d. h. der ausländische Importeur Kreditantragsteller und Kreditnehmer bei der finanzierenden Bank. Der Exporteur hat nur die Rolle eines »Kreditanbahners«, der dem Importeur bei seinem Kreditantrag hilft. Das Kreditrisiko liegt bei der Bank. Deshalb ist die Bank auch nur zur Kreditvergabe bereit, wenn eine Hermes-Deckung (oder äquivalente Deckung einer privaten Kreditversicherung) vorliegt. Die Laufzeit des Kredits beträgt mindestens vier Jahre. Der Kredit wird dem Exporteur ausgezahlt, der damit seinen Kaufpreis sofort erhält. Bestellerkredite sind daher aus Sicht eines Exporteurs sehr attraktiv. Sie werden von der KfW nur für Besteller in den Ländern gewährt, die von Deutschland Entwicklungshilfe bekommen.

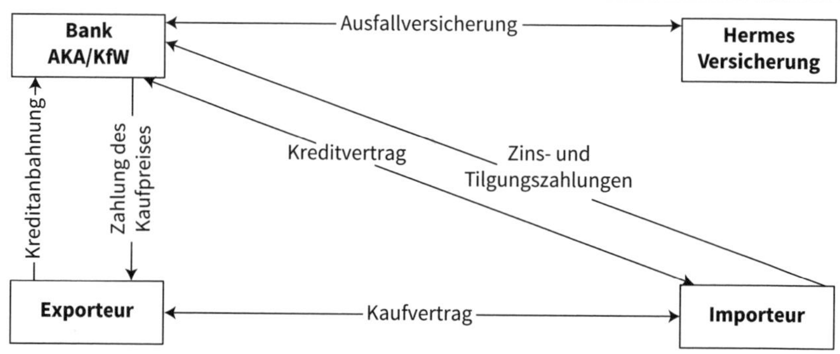

Abb. 21.12: Schematische Darstellung eines Bestellerkredits

Der Empfänger eines Lieferantenkredits ist der Exporteur. Ausgangspunkt ist der Kaufvertrag, der die Einräumung eines Lieferantenkredits vorsieht. Das Ausfallrisiko trägt der Exporteur. Um sich zu refinanzieren, beantragt der Exporteur bei der Bank einen Lieferantenkredit, der aber nur gewährt wird, wenn eine Hermes-Deckung (oder eine äquivalente private Kreditversicherung) vorliegt.

Eine hier nicht dargestellte Variante liegt vor, wenn nicht der Importeur, sondern eine vom Importeur beauftragte Bank den Bestellerkredit aufnimmt. Der entscheidende Vorteil liegt darin, dass diese Bank-zu-Bank-Kredite schneller abgewickelt werden können, weil erstens die Banken Rahmenverträge untereinander vereinbaren können, auf deren Grundlage sie diese Bestellerkredite immer wieder durchführen können und zweitens die Bonität dieser Bank dann besser beurteilt werden kann als die eines unbekannten Importeurs.

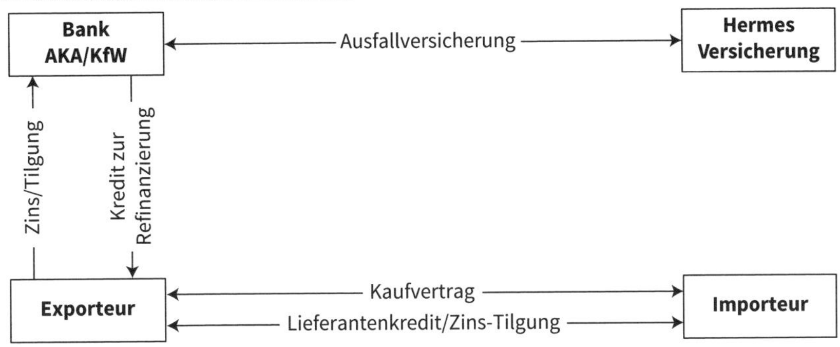

Abb. 21.13: Schematische Darstellung eines Lieferantenkredits

OECD-Konsensus

Die hier vorgestellten Finanzierungshilfen und die Übernahme von Kreditausfallrisiken stellen mächtige Instrumente dar, um die Exportindustrie eines Landes zu unterstützen. Nahezu jedes Industrieland setzt vergleichbare Instrumente ein und verfügt über die entsprechenden Institutionen. Im Deutschland ist es die KfW IPEX, in den USA etwa die OPIC (overseas private investment corporation). Um zu verhindern, dass die einzelnen Länder in einen Förderwettlauf zulasten der nationalen Haushalte und zulasten anderer Staaten eintreten, hat die OECD für öffentlich geförderte Exportkredite einen Leitfaden entwickelt. Demnach muss der Kreditzins für öffentlich geförderte Exportkredite der Höhe nach einem Referenzzins entsprechen, der mindestens dem Zinsniveau für Kredite an erstklassige inländische Schuldner in der jeweiligen Währung entspricht. Dieser Zinssatz wird CIRR (commercial interest reference rate) genannt. Ferner dürfen die An- und Zwischenzahlungen 15 % der Kreditsumme nicht unterschreiten. Die Kreditlaufzeit darf maximal 14 Jahre betragen. Es sind mindestens einmal jährlich Kreditzinsen zu entrichten, erstmalig nach sechs Monaten.

Forfaitierung

Bei einer Forfaitierung kauft eine Bank (Forfaiteur) Forderungen an, die aus Exportgeschäften resultieren und noch nicht fällig sind. Wesentlicher Punkt dabei ist, dass kein Rückgriff auf den Exporteur möglich ist, falls der Importeur seinen Verpflichtungen nicht nachkommt. Der Begriff stammt aus dem Französischen und bedeutet »in Bausch und Bogen« oder auch »auf Pauschalbasis«. Ein Verkauf à forfait bedeutet somit einen regresslosen Ankauf. Der Forfaiteur leistet damit einerseits eine Zahlungssicherungsfunktion, aber er übernimmt auch das wirtschaftliche und politische Ausfallrisiko. Den schematischen Ablauf verdeutlicht Abbildung 21.14.

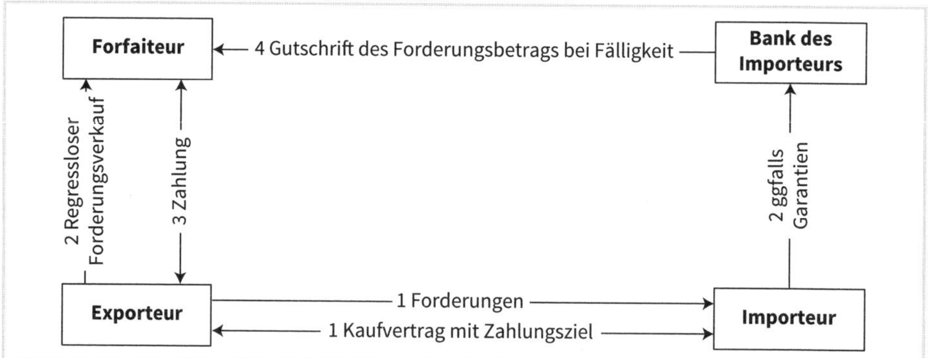

Abb. 21.14: Forfaitierung

Der Exporteur räumt dem Importeur im Kaufvertrag ein bestimmtes Zahlungsziel ein, erhält aber durch den regresslosen Verkauf der Forderungen vom Forfaiteur sofort den Kaufpreis. Der Forfaiteur wird den Ankauf allerdings nur dann tätigen, wenn die Forderungen einwandfrei dokumentiert, einredefrei, unwiderruflich und abstrakt sind und darüber hinaus auch zur Refinanzierung abgetreten werden können. Bevorzugte Instrumente sind Solawechsel, Hermes-gedeckte Buchforderungen, Forderungen im Rahmen von Deferred-Payment-Akkreditiven von erstklassigen Banken oder auch Bankgarantien.

Der bevorzugte Einsatz von Solawechseln erklärt sich aus der Ausstellerhaftung eines Wechsels. Wenn der Exporteur den Wechsel ausstellt, dann kann er seine Haftung als Aussteller nach dem Wechselgesetz nicht ausschließen. Deshalb wird meistens so verfahren, dass der Importeur einen Solawechsel ausstellt, der von der Bank des Importeurs garantiert wird. Bei Fälligkeit wird der Wechsel dem zahlungspflichtigen Importeur vorgelegt. Sollte der nicht zahlen können, dann wird auf die Bank des Importeurs als Garantiegeber zurückgegriffen.

Die Vorteile aus Sicht des Exporteurs sind die Verbesserung der Liquidität, die Schonung bestehender Kreditlinien, die Abwälzung des politischen und wirtschaftlichen Risikos auf den Forfaiteur, die Bilanzentlastung durch Umwandlung der Forderungen in liquide Mittel sowie die Entlastung der Debitorenbuchhaltung.

Grundsätzlich kann dieses Instrument aber auch zur Importfinanzierung eingesetzt werden. Hierzu stellt der Importeur einen Solawechsel aus und verkauft ihn an einen Forfaiteur. Mit dem Erlös kann der Importeur den Kaufpreis sofort bezahlen.

Aufgaben

1. Welche sechs Aufgaben/Ziele verfolgt die Finanzplanung?
2. Ein Unternehmen plant für 2020 einen Umsatz von 300 Mio. Euro, Investitionsausgaben von 18 Mio. Euro und eine Eigenkapitalerhöhung von 15 Mio. Euro. Die Gewinnmarge soll plangemäß wie bisher 6 % betragen, wobei 30 % der Gewinne ausgeschüttet werden. Die geplanten Abschreibungen betragen 20 Mio. Euro. Das Unternehmen plant ferner für 2020

eine Erhöhung der Beteiligungsfinanzierung bei ihrer britischen Tochter um 1 Mio. Euro. Gleichzeitig werden 3 Mio. Euro aus einem Gesellschafterdarlehen an die Tochter fällig. Die Tochter liefert Komponenten im Gegenwert von 15 Mio. Euro an die Mutter und entrichtet Lizenzzahlungen von 20 Mio. Euro. Durch die Zins- und Gewinnzahlungen der Tochter sowie die konzerninternen Leistungsverrechnungen erhöht sich der Jahresüberschuss der Mutter um zwei Mio. Euro. Wie schaut der Finanzplan aus?

3. Eine Muttergesellschaft hat 45 Tochtergesellschaften in 30 Ländern. Wenn jede Gesellschaft je eine Zahlungstransaktion mit jeder anderen konzerninternen Gesellschaft hat,
   a) wie viele konzerninterne Transaktionen gibt es?
   b) wie viele konzerninterne Transaktionen gibt es beim zentralen (=multilaterales) Netting?
   c) Bei einem zentralen Cash-Management?
   d) Was ist der Unterschied zwischen zentralem Netting und zentralem Cash-Management?
   e) Was sind die großen Vorteile vom zentralen Cash-Management gegenüber einem zentralen Netting?
4. Was sind die Unterschiede zwischen dokumentären und nicht-dokumentären Zahlungen?
5. Welche besonderen Risiken haben Importeure und Exporteure bei der Abwicklung ihrer grenzüberschreitenden Geschäfte?

Literaturverzeichnis

Bank für Internationalen Zahlungsausgleich: Triennial Central Bank Survey: Foreign exchange turnover in 9/2018.

Bank für Internationalen Zahlungsausgleich: BIS Quarterly Review International banking and financial market developments 12/2018.

Bekaert, Geert/Hodrick, Robert: International Financial Management, Pearson International Edition, 2013.

Bloomberg (Hrsg.): Offshore Cash Hoard Expands, 8.5.2013.

Bösch, Martin: Derivate, Verlag Vahlen 2014.

Bösch, Martin: Finanzwirtschaft, Verlag Vahlen, 2016.

Brähler, Gernot: Internationales Steuermanagement, Springer Gabler Verlag 2011.

Bruche, Gert: Umfelddynamik, Markteintrittsformen und Markteintrittszeitpunkt in den chinesischen Markt – Das Beispiel der multinationalen Pharmaunternehmen, in: Zeitschrift für betriebswirtschaftliche Forschung, 50. Jg., Nr. 1, 1998, S. 68–91.

Bundesfinanzministerium: Die wichtigsten Steuern im internationalen Vergleich, 2018.

Butler, Kirt: Multinational Finance, Thomson South Western, 2012.

Center for Economic Research (ZEW): The Effects of Tax Reforms to Address the Debt-Equity Bias on the Cost of Capital and on Effective Tax Rates, Taxation Paper 65, 2016.

C'M'S DeBacker: Cash Pooling, PDF, Juli 2013.

Dawid, Roman (Hrsg.): Verrechnungspreise. Grundlagen und Praxis, Wiesbaden 2016.

Deutsche Bundesbank: Statistik über Struktur und Tätigkeit von Auslandsunternehmenseinheiten deutscher Investoren (Outward FATS), 11/2018.

Deutsche Bundesbank: Verhältniszahlen aus Jahresabschlüssen deutscher Unternehmen, Statistische Sonderveröffentlichung 6, 2018.

Deutsche Bundesbank: Zahlungsbilanzstatistik, 12/2018.

Devinney, Timothy: The Eclectic Paradigm, in: Cheng, Joseph/Hitt, Michael (Hrsg.): Managing Multinationals in a Knowledge Economy, 2004, S. 29–42.

Dunning, John: The Eclectic (OLI) Paradigm of International Production: Past, Present and Future, International Journal of the Economics of Business, 2001, S. 173–190.

Dunning, John: Trade, location of economic activity and the MNE: a search for an eclectic approach, in: The International Allocation of Economic Activity, Herausgeber: Ohlin/Hesselborn/Wijkmann, 1977, S. 395–418.

Eitemann, David/Stonehill, Arthur/Moffett, Michael: Multinational Business Finance, Pearson, 2015.

Enders, Theodor: Grundzüge des internationalen Wirtschaftsrechts, Verlag Vahlen, 2016

Eun, Cheaon/Resnick, Bruce: International Financial Management, McGraw Hill, 2018.

Europäische Kommission: Investitionsschutz und Beilegung von Investor-Staat-Streitigkeiten in EU-Abkommen, 2013.

Financial Times, Alphaville: Losing for tax purposes, 2012.

Financial Times (Hrsg.): Multinationals beach tax bills in Spanish shells, 2013.

Geyer, Helmut: Schnelleinstieg Finanzmanagement und Liquiditätssteuerung. Planung des Kapitalbedarfs und Sicherung der Zahlungsfähigkeit. Haufe Verlag 2012.

Gräfer, Horst/Scheld, Guido: Grundzüge der Konzernrechnungslegung, Erich Schmidt Verlag, 2016.

Hamilton, Leslie/Webster, Philip: The International Business Environment, Oxford University Press, 2012.

Handbuch Unternehmenskauf & Due Diligence, LexisNexis ARD ORAC, 2010.

Haselauer, Wieland: Verrechnungspreise, in: Baumann, A./Waitz-Ramsauer, K. (Hrsg.): Konzernsteuerrecht, Verlag LexisNexis 2011.

Hofstede, Geert/Hofstede, Gert Jan: Lokales Denken, globales Handeln. Interkulturelle Zusammenarbeit und globales Management. Beck-Verlag, 4. Auflage, 2009.

Hübscher, Michael: Cash Pool und Insolvenzanfechtung, Unterlagen für ein Seminar Unternehmensinsolvenzrecht an der Universität Hamburg, 2009.

Institute for Economics & Peace. Global Terrorism Index 2018: Measuring the impact of terrorism, Sydney, November 2018.

Jacobs, Otto: Internationale Besteuerung, Verlag C.H. Beck, 2011.

Jahrmann, Fritz-Ulrich: Außenhandel, NWB-Verlag, 2010.

Jarass, Lorenz/Obermair, Gustav M.: Faire und effiziente Unternehmensbesteuerung – International geplante Maßnahmen und national umsetzbare Reformvorschläge gegen Gewinnverkürzung und Gewinnverlagerung, Münster 2015.

Johansson, Jan/Vahlne, Jan-Erik: The Internationalization process of the firm – a model of knowledge development and increasing foreign market commitment, in: Journal of International Business Studies, 1977, S. 23–32.

Kazantseva, Olesya: Base Erosion & Profit Shifting (BEPS). Geplante Maßnahmen zur Bekämpfung aggressiver internationaler Steuergestaltungen – Eine kritische Analyse, Kassel 2015.

Kleinbard, Edward: Through a Latte Darkly, in: Tax Notes, 2013.

Kiesel, Manfred: Internationale Betriebswirtschaft, in: Pepels, Werner (Hrsg.): Allgemeine Betriebswirtschaftslehre, 2010.

Kohnz, Christian: Base-Erosion-and-Profit-Shifting (BEPS) – Wie Apple, Alphabet und Co. Milliardengewinne ins Ausland verlagern, Hamburg 2017.

KPMG: Online Corporate Tax Rate Table, 2018.

Krugman, Paul/Obstfeld, Maurice: Internationale Wirtschaft, Pearson Studium, 2015.

Kutschker, Michael/Schmid, Stefan: Internationales Management, 2012.

Kwok, Chuck/Reeb, David: Internationalization and Firm Risk: An Upstream-Downstream Hypothesis, Journal of International Business Studies, Vol. 31/4, S. 611–630, 2000.

Levin, Carl/McCain, John: Offshore Profit Shifting and the U.S. Tax Code, 2013.

Macharzina, Klaus/Oesterle, Jörg: Handbuch Internationales Management: Grundlagen – Instrumente – Perspektiven, Gabler Verlag, 2002.

Madura, Jeff: International Financial Management, Thomson, South Western, 2018.

Meckl, Reinhard: Internationales Management, Vahlen Verlag, 2014.

Mössner, Jörg Manfred u.a: Steuerrecht international tätiger Unternehmen, Verlag Dr. Otto Schmidt, 2012.

Müller-Stewens/Lechner: Unternehmensindividuelle und gastlandbezogene Einflußfaktoren der Markteintrittsformen, in: Macharzina/Oesterle: Handbuch Internationales Management, Grundlagen – Instrumente – Perspektiven, Gabler Verlag, 2002.

Pinkernell, Reimar: Ein Musterfall zur internationalen Steuerminimierung durch US-Konzerne, 2012.

Pepels, Werner (Hrsg.): Allgemeine Betriebswirtschaftslehre, UTB, 2010.

Perlmutter, Howard: The tortuous evolution of the multinational corporation, in: Columbia Journal of World Business, 4. Jg., 1969, S. 9–18.

Porter, Michael: The Competitive Advantage of Nations, Macmillan Press, 1990.

Sauga, Michael/Simons, Stefan/Wiegrefe, Klaus: Der Preis der Einheit, in: Der Spiegel, 39/2010.

Schaft, Franziska/Schläger-Zirlik, Patricia/Schnitzer, Monika: Privatisierungen in Osteuropa, Arbeitspapier bei Forost, 2003.

Senator Carl Levin, Memorandum, Offshore Profit Shifting and the U.S. Tax Code, 2012.

Shapiro, Alan: Multinational Finance, Wiley, 2014.

Sinn, Hans-Werner: Die Target-Falle, Carl Hanser Verlag, 2012.

Sitkin, Alan/Bowen, Nick: International Business, Oxford University Press, 2013.

Sperber, Herbert/Sprink, Joachim: Internationale Wirtschaft und Finanzen, Oldenbourg Verlag, 2012.

Sperber, Herbert/Sprink, Joachim: Finanzmanagement internationaler Unternehmen, Verlag Kohlhammer, 1999.

United Nations Conference on Trade and Development: Investment Dispute Settlement Navigator.

Wall Street Journal: More Profits Parked Offshore, B1, 10.03.2013.

Wissenschaftliche Dienste, Deutscher Bundestag: Bedeutung und Ausmaß der Steuervermeidung anhand von Steuervermeidungsmodellen, WD 4 – 3000 – 032/18.

Stichwortverzeichnis

F

G